21世纪全国高校应用人才培养机械类规划教材

# 流体力学与液压传动

主　编　施绍宁

副主编　侯红玲

参　编　常红梅　冯　荣　王金元

天津大学出版社
TIANJIN UNIVERSITY PRESS

**图书在版编目(CIP)数据**

流体力学与液压传动 / 施绍宁主编；常红梅, 冯荣,
王金元参编. — 天津：天津大学出版社, 2020.9（2023.1重印）
21世纪全国高校应用人才培养机械类规划教材
ISBN 978-7-5618-6791-4

Ⅰ.①流… Ⅱ.①施… ②常… ③冯… ④王… Ⅲ.
①流体力学－高等学校－教材②液压传动－高等学校－教
材 Ⅳ.①O35②TH137

中国版本图书馆CIP数据核字(2020)第190159号

| | | |
|---|---|---|
| **出版发行** | 天津大学出版社 | |
| **地 址** | 天津市卫津路92号天津大学内(邮编:300072) | |
| **电 话** | 发行部:022-27403647 | |
| **网 址** | www.tjupress.com.cn | |
| **印 刷** | 廊坊市海涛印刷有限公司 | |
| **经 销** | 全国各地新华书店 | |
| **开 本** | 185 mm×260 mm | |
| **印 张** | 25.25 | |
| **字 数** | 631千 | |
| **版 次** | 2020年9月第1版 | |
| **印 次** | 2023年1月第3次 | |
| **定 价** | 63.00元 | |

# 前　言

随着高等教育改革的不断深入,改革课程内容、提高学生动手能力、培养高素质应用型人才是当前教育教学面临的一项重要任务。按照高等教育的培养目标和特点,编者结合多年的教学经验编写了本教材。本教材编写的指导思想是降低理论难度,加强实践培训,理论联系实际,注重培养解决实际问题的能力。本教材的内容力求先进,体系力求新颖,既保证高等教育的规格要求,又力求创新,体现应用特色。本教材中包括了大量课后习题,有利于学生巩固所学知识,加深对基本概念的理解,提高分析和解决实际问题的能力。

流体力学和液压传动是机械工程专业的两门专业基础课。编者在近几年的流体力学课程教学过程中,发现现有教材多追求内容全面,注重基本理论,与工程实际联系较少,且内容很少涉及学科发展的最新成果,存在重点不突出、概念抽象、公式推导冗长等问题。上述问题导致本科学生在有限课时内难以充分掌握相关内容。因此,参考国内已有的大量流体力学教材,编写一本课时适当、重点突出、理论和应用并重,且体现流体力学学科最新发展的教材显得尤为迫切。另外,液压传动技术发展较快,在机电一体化设备中使用广泛。特别是随着计算机技术的迅猛发展,液压自动化控制技术日益先进和成熟,利用液压自动化控制技术实现生产过程自动化,已成为实现工业自动化的一种重要技术手段。本教材根据高等学校课程教学改革的特点编写而成,在液压传动部分讲述了液压传动的基本原理、系统组成、液压元件、基本回路与系统基本设计等。本教材结合编者多年的教学与工程实践经验,兼顾了理工科院校学生的专业知识特点,具有内容系统、层次分明、专业适应性广的特点。

本教材结合流体力学和液压传动内容,分为上、下两篇。上篇为流体力学(第1~6章),下篇为液压传动(第7~13章)。流体力学部分突出理论基础,液压传动部分注重工程实践,二者相辅相成,将流体力学和液压传动结合起来,使学生在学习流体力学理论的过程中,通过液压传动的实际案例,增强自身分析解决工程实际问题的能力。

本教材流体力学部分包括绪论、流体静力学、流体动力学、流体的一维流动、孔口流动、缝隙流动,共6个章节;本教材液压传动部分包括液压传动基本知识、液压泵和液压马达、液压缸、液压控制元件、液压辅助元件、液压基本回路、典型液压系统及其设计,共7个章节。本教材由陕西理工大学施绍宁担任主编,陕西理工大学侯红玲担任副主编。具体编写分工如下:施绍宁编写第1、2、3、7、8、11章和附录;常红梅编写第4章;冯荣编写第5、6章;侯红玲编写第9、10章;王金元编写第12、13章;全书由施绍宁统稿。

尽管在探索教材的特色方面做出了诸多努力,但由于编者水平有限,本教材可能仍存在一些疏漏和不妥之处,恳请各教学单位和读者在使用本教材时多提宝贵意见和建议。

编者

2020年3月

# 目　　录

# 上篇:流体力学

# 第 1 章　绪论

## 本章导读

【基本要点】了解流体力学的研究内容和研究方法;理解流体质点和连续介质的概念;了解流体的相对密度、比体积及重度的概念;掌握流体的压缩性和膨胀性的定义;了解流体的黏性;掌握流体的牛顿内摩擦定律的推导及剪切变形速度梯度等的概念;理解牛顿流体和非牛顿流体及理想流体和黏性流体的概念。

【重点】流体的压缩性和膨胀性的定义,牛顿内摩擦定律的推导。

【难点】牛顿内摩擦定律的推导,剪切变形速度梯度等的概念。

## 1.1　流体力学的研究内容和研究方法

自然界物质存在的主要形式有固体、液体和气体。液体和气体具有共同的特征——易流动性,故将液体和气体统称为流体。常见的流体有空气和油等。从力学角度讲,流体是一种受到任何微小剪切力的作用都会连续变形的物体。只要这种力继续存在,变形就不会停止。固体则不一样,当受到剪切力作用时,固体仅能产生一定程度的变形。

### 1.1.1　流体力学的研究内容

流体力学是力学的一个重要分支。它以流体为研究对象,是研究流体平衡和运动规律的学科。流体力学内容包括流体静力学、流体运动学、流体动力学。流体静力学研究在外力作用下流体平衡的条件及压强分布规律;流体运动学研究在给定条件下流体运动的特征和规律,但不涉及运动发生和变化的原因;流体动力学研究在外力作用下流体的运动规律,以及流体与固体间的相互作用。

流体力学的基本任务是通过建立描述流体运动的基本方程,确定流体流经各种通道(如管道)及绕流不同物体时速度、压强的分布规律,探求能量转换及各种损失的计算方法,并解决流体与限制其流动的固体壁之间的相互作用问题。

在许多实际工程领域,工程流体力学一直起着十分重要的作用,并得到广泛的应用。在机械工业中,水轮机、燃气轮机、蒸汽轮机、喷气发动机、液体燃料火箭、内燃机等,都是以流体能量为原动力的动力机械;水压机、水泵、油泵、风扇、通风机、压缩机等,都是以流体为工作对象的工作机械。它们的工作原理、性能、使用和实验都是以工程流体力学为理论基础的。

在石油及天然气工业中,钻井、采油、石油化工、石油和油品的储存及运输、天然气的输送,都要涉及流体力学问题。输油管道的设计,管道直径的确定,输油泵的选择与安装,泵站位置的确定,管道水击现象的分析与控制,储油、储气罐的设计,以及收发油系统的操作与管理,都必须依据流体力学的基本原理进行分析与计算。

在其他领域,如海洋中的波浪、环流、潮汐,以及大气中的气旋、季风等也都涉及流体力学问题。此外,血液也是一种特殊的流体,血液在血管中的流动,心、肺、肾中的生理流体运动规律,人工心脏、心肺机及助呼吸器的设计都要依赖于流体力学的基本原理。由此可见,流体力学是一门重要的学科。

总之,了解和掌握流体力学知识可以更好地理解和设计相关系统或设备,如发电厂系统、化工系统与设备、水供给及处理系统与设备、供热与空调系统、废液和废气处理系统与设备、汽轮机、水泵及风机等流体机械设备、水坝溢水结构、阀门、流量计、水力波的吸收和制止装置,以及汽车、飞机、船舶、潜艇、火箭、轴承、人工器官,甚至体育项目中的高尔夫球和赛车,等等。流体力学是动力工程、城市建筑工程、环境工程、机械工程、石油和化学工程、航空航天工程和生物工程等诸多领域研究和应用的最基础知识之一。由此,在以上领域中从事与流体流动相关的研究和工程应用的技术人员都应该或必须了解流体力学的基本原理及应用。

## 1.1.2　流体力学的研究方法

流体力学的研究方法一般有三种。

### 1. 理论分析法

理论分析是根据流体运动的普遍规律,如质量守恒、动量守恒、能量守恒等,利用数学分析的手段,研究流体的运动,解释已知的现象,预测可能发生的结果。理论分析的大致步骤如下。

首先,建立"力学模型",即针对实际流体的力学问题,分析其中的各种矛盾,并抓住主要方面对问题进行简化,进而建立反映问题本质的"力学模型"。

其次,针对流体运动的特点,用数学语言将质量守恒、动量守恒、能量守恒等定律表达出来,从而得到连续性方程、动量方程和能量方程。

最后,求出方程组的解后,结合具体流动状态,解释这些解的物理含义和流动机理。通常还要将这些理论结果同实验结果进行比较,以确定所得解的准确程度和力学模型的适用范围。

### 2. 实验研究法

分析影响流体实际流动的各种因素,并抓住主要因素,根据相似原理设计实验模型;通过实验测定有关相似准则数中的物理量;将实验数据整理成相似准则数,并通过对实验数据的拟合找出准则方程,以便推广应用于相似的流动中。该方法更加接近实际,实验结果可靠;其可靠程度取决于实验模型符合实际的程度以及测量、拟合的精确度。影响实际流动的因素越多,实验模型越难实现;如果只能按主要影响因素设计实验模型,实验结果只是近似的。

3. 数值计算法

数值计算法一般按照理论分析法确定数学模型,合理选用计算方法,编制计算程序并上机计算,分析计算结果,以确定是否符合精确度要求。该方法的优点是,过去许多用解析方法不能求解的问题,在电子计算机上进行数值计算可以得到近似解。从一定意义上讲,它是理论分析法的延伸和拓展。此外,在电子计算机上进行数值计算还可模拟流体力学实验,并可对多个实验方案进行比较和优选,从而大大节省实验研究的时间和经费。

解决流体力学问题时,理论分析、实验研究和数值计算三方面是相辅相成的。实验需要理论指导,这样才能从分散的、表面上无联系的现象和实验数据中得出具有规律性的结论。反之,理论分析和数值计算也要依靠现场观测和实验模拟给出物理图案或数据,以建立流动的力学模型和数学模式;为判断计算的可靠程度,计算结果应与实验结果或解析方法的结果进行比较和验证,还须依靠实验来检验这些模型和模式的完善程度。

## 1.2　流体力学的物理性质

### 1.2.1　流体的定义及连续介质的概念

1. 流体的定义

流体(包括液体和气体)与固体是物质的不同表现形式,具有以下三个基本属性:由大量的分子组成;分子不断地做随机热运动;分子间存在分子间力的作用。但这三个物质的基本属性表现在气体、液体、固体上却有着量和质的差别。由于同体积物质的内部存在分子数量、分子间距、分子内聚力、分子排列顺序以及分子热运动状况等方面的微观差异,导致其宏观表象存在不同:固体有一定的体积和一定的形状;液体有一定的体积,无一定的形状,有自由表面;气体无一定的体积和一定的形状,也无自由表面。

综上所述,流体是一种受到任何微小剪切力作用都会发生连续变形的物体。流体的这个特点称为流体的易流动性。易流动性既是流体命名的由来,也是流体区别于固体的根本标志。

2. 流体质点和连续介质的概念

从微观结构上来看,流体分子自然有一定的形状,因而分子与分子之间必然存在着某些间隙,分子间的间隙虽然很小,但毕竟是存在的。这是分子物理学研究物质属性及流体物理性质的出发点,否则无从解释物理性质中的许多现象(如体积压缩及质量的离散分布等)。

对于研究宏观规律的流体力学来说,一般不需要探讨分子的微观结构,因而必须对流体的物理实体加以模型化,使之更适于研究大量分子的统计平均特性,更利于找出流体运动或平衡的宏观规律。

流体质点和连续介质的概念是流体力学学科中必须引用的理论模型。所谓流体质点,就是流体中宏观尺寸非常小而微观尺寸又足够大的任意一个物理实体。流体质点具有下列四层含义。

（1）流体质点的宏观尺寸非常小,甚至可以小到肉眼无法观察、工程仪器无法测量的程度,用数学用语来说就是流体质点所占宏观体积极限为零。

（2）流体质点的微观尺寸足够大,这种宏观为零的尺寸用微观仪器可以观测到。

（3）流体质点是包含足够多分子的一个物理实体,因而在任何时刻都应该具有一定的宏观物理量。

（4）流体质点的形状可以任意划定,因而质点和质点之间可以完全没有空隙。

连续介质指组成流体的最小物理实体是流体质点而不是流体分子,因而也就等于假定流体是由无穷多个无穷小的、紧密毗邻的、连绵不断的流体质点所组成的一种绝无间隙的介质,如图 1-1 所示。

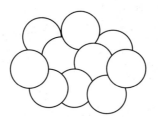

图 1-1　连续介质模型

通常把流体中任意小的一个微元部分称为流体微团,当流体微团的体积无限缩小,并以某一坐标点为极限时,流体微团就成为处在这个坐标点上的一个流体质点,它在任何瞬时都应该具有一定的物理量,如质量、密度、压强、流速等。

## 1.2.2　流体的密度

### 1.流体的密度

物体维持原有运动状态的属性称为惯性。任何物体都有惯性,流体也不例外。惯性的大小可以通过质量来表征。流体的密度反映流体在空间某点的质量密集程度,是流体重要的物理参数。

如流体中围绕某点的微元体积为 $\Delta V$,质量为 $\Delta m$,则 $\Delta m / \Delta V$ 为该微元的平均密度。令 $\Delta V \to 0$,则 $\Delta m / \Delta V$ 值的极限为该点的密度,即

$$\rho = \lim_{\Delta V \to 0} \frac{\Delta m}{\Delta V} = \frac{\mathrm{d}m}{\mathrm{d}V} \tag{1-1}$$

式中, $\Delta V \to 0$ 并不是数学意义上的趋向于一个点,而是趋向于一个流体质点。

若流体为均质流体,则流体的密度为

$$\rho = \frac{m}{V} \tag{1-2}$$

表 1-1 中给出了常见流体在不同温度下的密度。

表 1-1　常见流体在不同温度下的密度

| 流体名称 | 温度（℃） | 密度（kg/m³） | 流体名称 | 温度（℃） | 密度（kg/m³） |
|---|---|---|---|---|---|
| 水 | 4 | 1 000 | 重油 | 15 | 900 |
| 海水 | 20 | 1 025 | 水蒸气 | — | 0.804 |
| 空气 | 0 | 1.293 | 氮气 | 0 | 1.251 |
| 汞 | 0 | 13 600 | 氧气 | 0 | 1.429 |
| 乙醇 | 15 | 790 | 二氧化碳 | 0 | 1.976 |
| 汽油 | 15 | 750 | 一氧化碳 | 0 | 1.250 |
| 甘油 | 0 | 1 260 | 二氧化硫 | 0 | 2.927 |

2. 流体的相对密度

流体的相对密度通常指流体的密度与标准大气压、4 ℃时水的密度（kg/m³）的比值，即

$$d = \frac{\rho_f}{\rho_w} \tag{1-3}$$

式中　$d$——流体的相对密度；

$\rho_f$——流体的密度（kg/m³）；

$\rho_w$——标准大气压、4 ℃时水的密度（kg/m³）。

3. 流体的比体积和重度

单位质量的流体所占的体积称为流体的比体积（比容），用 $v$ 表示，单位为 m³/kg，即流体密度的倒数，表达式为

$$v = \frac{1}{\rho} \tag{1-4}$$

地球表面上的一切流体都受到地心引力的作用，因此具有质量的流体也必然具有重力，由于重力易于测量，在流体力学中多用单位体积流体的重力，即重度（容重）表示上述特征，其表达式为

$$\gamma = \frac{G}{V} \tag{1-5}$$

式中　$\gamma$——重度（N/m³）；

$G$——体积为 $V$ 的均质流体所受的重力（N）；

$V$——均质流体的体积（m³）。

表 1-2 给出了标准大气压下常见液体的物理性质，表 1-3 给出了标准大气压和 20 ℃下常见气体的物理性质。

表 1-2　标准大气压下常见液体的物理性质

| 液体种类 | 温度 $t$（℃） | 密度 $\rho$（kg/m³） | 相对密度 $d$ | 动力黏度 $\mu$（$1 \times 10^4$ Pa·s） |
|---|---|---|---|---|
| 纯水 | 20 | 998 | 1.00 | 10.1 |
| 海水 | 20 | 1 026 | 1.03 | 10.6 |

| 液体种类 | 温度 $t$（℃） | 密度 $\rho$（kg/m³） | 相对密度 $d$ | 动力黏度 $\mu$（$1\times10^4$ Pa·s） |
|---|---|---|---|---|
| 20% 盐水（质量分数） | 20 | 1 149 | 1.15 | — |
| 乙醇 | 20 | 789 | 0.79 | 11.6 |
| 苯 | 20 | 895 | 0.90 | 6.5 |
| 四氯化碳 | 20 | 1 588 | 1.59 | 9.7 |
| 氟利昂 -12 | 20 | 1 335 | 1.34 | — |
| 甘油 | 20 | 1 258 | 1.26 | 14 900 |
| 汽油 | 20 | 678 | 0.68 | 2.9 |
| 煤油 | 20 | 808 | 0.81 | 19.2 |
| 原油 | 20 | 850~958 | 0.30~0.85 | 72 |
| 润滑油 | 20 | 918 | 0.92 | — |
| 氢 | -257 | 72 | 0.072 | 0.21 |
| 氧 | -195 | 1 206 | 1.21 | 2.8 |
| 汞 | 20 | 13 555 | 13.58 | 15.6 |

**表 1-3　标准大气压和 20 ℃下常见气体的物理性质**

| 气体种类 | 密度 $\rho$（kg/m³） | 动力黏度 $\mu$（$1\times10^5$ Pa·s） | 气体常数 $R$[J/（kg·K）] |
|---|---|---|---|
| 空气 | 1.205 | 1.80 | 287 |
| 二氧化碳 | 1.84 | 1.48 | 188 |
| 一氧化碳 | 1.16 | 1.82 | 297 |
| 氦 | 0.166 | 1.97 | 2 077 |
| 氢 | 0.083 9 | 0.90 | 4 120 |
| 氮 | 1.16 | 1.76 | 297 |
| 氧 | 1.33 | 2.00 | 260 |
| 甲烷 | 0.668 | 1.34 | 520 |
| 饱和水蒸气 | 0.747 | 1.01 | 462 |

## 1.2.3　流体的压缩性和膨胀性

流体在一定的温度下，压强增大，密度变大；在一定的压强下，温度变化，密度也要发生相应的改变。这就是流体的压缩性和膨胀性，所有流体都具有这种属性。

1. 流体的压缩性

当温度保持不变时，单位压强增量引起流体体积的相对减小的性质称为流体的压缩性。任何流体都具有压缩性，但不同流体的压缩性是不同的。如在常温常压下，空气比水容易压缩。在一定的温度下，把单位压强变化（$\Delta p$）引起的体积变化率（$\Delta V/V$）定义为流体的等温压缩系数，可表示为

$$\beta_T = \lim_{\Delta p \to 0} \frac{-\Delta V / V}{\Delta p} = -\frac{1}{V}\frac{\mathrm{d}V}{\mathrm{d}p} \tag{1-6}$$

式中，$\beta_T$ 的下标 $T$ 表示对应的温度，$\beta_T$ 的单位是 $Pa^{-1}$。

流体的等温压缩系数的物理意义：当温度不变时，每增加单位压强所产生的流体体积的相对变化率。

在工程上也常用 $\beta_T$ 的倒数表示压缩性，$\beta_T$ 的倒数用 $K$ 表示，称作流体的体积模量，即

$$K = \frac{1}{\beta_T} = -V\frac{\mathrm{d}p}{\mathrm{d}V} \tag{1-7}$$

式中，$K$ 的单位是 Pa。

流体体积模量的物理意义：当温度不变时，每产生一个单位体积相对变化所需要的压强变化量。$K$ 值越大（$\beta_T$ 越小）表示流体越不容易被压缩。

流体的压缩系数与流体的种类有关，不同流体的压缩系数不同。同种流体在相同的温度下，若所处压强不同，其压缩系数也不同。一般用一定压强变化范围内的平均压缩系数和平均体积模量表示压缩系数，即

$$\beta_T = -\frac{1}{V}\frac{\Delta V}{\Delta p} \tag{1-8}$$

$$K = \frac{1}{\beta_T} = -V\frac{\Delta p}{\Delta V} \tag{1-9}$$

2. 流体的膨胀性

在一定的压强下，流体的体积随温度变化的属性称为流体的膨胀性。任何流体都具有膨胀性，但对于不同的流体，膨胀性是不同的。在一定的压强下，把单位温度变化（$\Delta T$）引起的体积变化率（$\Delta V/V$）定义为流体的膨胀系数，可表示为

$$\alpha_p = \lim_{\Delta T \to 0} \frac{\Delta V / V}{\Delta T} = \frac{1}{V}\frac{\mathrm{d}V}{\mathrm{d}T} \tag{1-10}$$

式中，$\alpha_p$ 的下标 $p$ 表示对应的压强，$\alpha_p$ 的单位是 $K^{-1}$。

流体膨胀系数的物理意义：当压强不变时，每增加单位温度所产生的流体体积相对变化量。

流体的膨胀系数与流体的种类有关，不同流体的膨胀系数不同。同种流体在相同的压强下，若所处温度不同，其膨胀系数也不同。一般用一定温度变化范围内的平均膨胀系数，即等压膨胀系数来表示，其表达式为

$$\alpha_p = \frac{1}{V}\frac{\Delta V}{\Delta T} \tag{1-11}$$

3. 理想气体的压缩性和膨胀性

气体与液体不同，气体密度变化大，气体常数 $R_g$ 随温度和气压变化而显著变化。气体的各种物理性质是相互关联的，而且不同气体具有不同的性质。实际上，当许多气体远离其液相状态时，其可被近似地看作理想气体。理想气体通常具有恒定比热，并遵循理想气体定律或状态方程。理想气体的状态方程为

$$pV = mR_g T \tag{1-12}$$

或写成

$$\frac{p}{\rho} = pv = R_g T \tag{1-13}$$

式中　$p$——绝对压强（Pa）；

　　　　$V$——气体体积（m³）；

　　　　$\rho$——气体密度（kg/m³）；

　　　　$v$——比体积（比容）（m³/kg）；

　　　　$T$——热力学温度（K）；

　　　　$R_g$——气体常数，其值由不同气体的性质决定，如空气的 $R_g$ 为 287 N·m/（kg·K）。

气体的等温压缩系数可由理想气体状态方程（$T$ 为常数）求得，即

$$\beta_T = -\frac{1}{V}\frac{\mathrm{d}V}{\mathrm{d}p} = -\frac{1}{V}\frac{\mathrm{d}}{\mathrm{d}p}\left(\frac{mR_g T}{p}\right) = -\frac{mR_g T}{V}\left(-\frac{1}{p^2}\right) = \frac{1}{p} \tag{1-14}$$

$\beta_T$ 与 $p$ 成反比，在气体状态方程适用的范围内，压强越高，气体的等温压缩系数越小，压缩越困难；反之，压强较低时，气体比较容易压缩。

气体的等压膨胀系数可由理想气体状态方程（$p$ 为常数）求得，即

$$\alpha_p = \frac{1}{V}\frac{\mathrm{d}V}{\mathrm{d}T} = \frac{1}{V}\frac{\mathrm{d}}{\mathrm{d}T}\left(\frac{mR_g T}{p}\right) = \frac{mR_g}{Vp} = \frac{1}{T} \tag{1-15}$$

$\alpha_p$ 与 $T$ 成反比，在气体状态方程适用的范围内，温度越低，气体的等压膨胀系数越大，气体越不容易膨胀；反之，温度越高，气体的等压膨胀系数越小，气体比较容易膨胀。

【例题 1-1】容器中盛有某种液体，当压强为 $1 \times 10^6$ Pa 时，液体的体积为 1 000 cm³；当压强增为 $2 \times 10^6$ Pa 时，体积为 995 cm³。试求该液体的等温压缩系数 $\beta_T$ 和体积模量 $K$。

解：根据式（1-8）得

$$\beta_T = -\frac{1}{V}\frac{\Delta V}{\Delta p} = -\frac{1}{1\,000}\frac{995-1\,000}{2\times10^6-1\times10^6} = 5\times10^{-9}\ \mathrm{Pa}^{-1}$$

根据式（1-9）得

$$K = \frac{1}{\beta_T} = 2\times10^8\ \mathrm{Pa}$$

# 1.3　流体的黏度

对于实际的流体，无论是液体还是气体，当其相对于物体运动时，总会产生切向力或剪切力。因为切向力或剪切力总是与质点的运动方向相反，从而产生了摩擦力。这种产生在流体内部的摩擦力的性质称为流体黏性，它是流体物理性质之一。

流体黏度反映了流体反抗切向变形或角变形的能力。例如，感觉很黏的机油就具有很高的黏度和切向流动阻力，而汽油的黏度则较低。流动中的流体由于分子间黏度和分子间动量交换而产生摩擦力。流体的黏度与温度有关，一般流体的黏度取决于温度，如图 1-2 所示。当温度升高时，所有液体的黏度是下降的，而所有气体的黏度是上升的。这是因为液体

内黏附力起主要作用,并随温度升高而减小;气体内不同速度流层间的动量交换起主要作用,一个快速运动的气体分子进入慢速运动的流层时会使慢速流体质点速度加快,而慢速运动的气体分子进入快速运动的流层时会使快速流体质点速度减慢。这种分子间的动量交换产生了切向力或在相邻流层间产生了摩擦力。温度越高,分子活动越剧烈,气体黏度反而随着温度升高而增加。

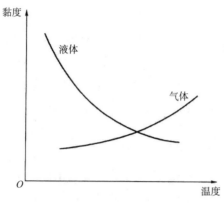

图 1-2　流体的黏度随温度变化趋势

### 1.3.1　牛顿内摩擦定律

下面分析在相互平行且间隙 $\delta$ 很小的两平板之间充满流体,且平板间存在相互运动的情况。如图 1-3 所示,平板间距离为 $\delta$,中间充满了流体,下平板静止,上平板在外力 $F$ 的作用下以速度 $v_0$ 向前做平行移动,平板面积为 $A$。

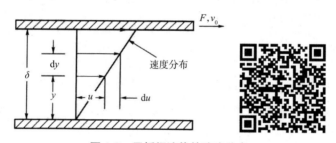

图 1-3　平板间流体的速度分布

由于流体与固体分子间的附着力,紧贴上平板的一层流体黏附于上平板并与上平板一起以速度 $v_0$ 运动,紧贴下平板的一层流体黏附于下平板而固定不动。在流体内部,由于液体分子间的内聚力,上层流体必然带动下层流体运动,而下层流体必然阻滞上层流体运动,于是在流体横截面上就出现如图 1-3 所示的速度分布,当间隙 $\delta$ 很小时,流体的速度分布近似满足直线规律 $u = ky$( $k$ 为速度分布曲线斜率)。

牛顿对图 1-3 所示的流动进行了实验研究,发现推动上平板的外力 $F$ 与上平板运动速度 $v_0$ 及平板面积 $A$ 成正比,与两平板之间的微小距离 $\delta$ 成反比,比例常数(黏度) $\mu$ 与充入两平板之间的流体种类及其温度、压强有关。根据实验可得流体对上平板的摩擦力为

$$F = \mu \frac{v_0}{\delta} A \qquad (1-16)$$

克服摩擦并维持上平板以匀速 $v_0$ 运动所需要的摩擦功率为

$$P = F v_0 = \mu \frac{v_0^2}{\delta} A \qquad (1-17)$$

流体中的切应力为

$$\tau = \frac{F}{A} = \mu \frac{v_0}{\delta} \qquad (1-18)$$

研究两相邻的流层运动可知:运动较快的流层带动较慢的流层运动,而运动慢的流层阻滞较快的流层运动,不同速度的流层之间互相牵制,产生层与层之间的摩擦力,这就是流体在流动过程中由于黏性而产生的内摩擦力。由进一步的实验得知,上述平板实验的结果可以推广到具有任意速度分布的流体的流动情况,即

$$\tau = \mu \frac{\mathrm{d}u}{\mathrm{d}y} \qquad (1-19)$$

式中,$\dfrac{\mathrm{d}u}{\mathrm{d}y}$ 为沿速度的垂直方向每单位长度上的速度变化率,一般称为速度梯度。

式(1-19)被称为牛顿内摩擦定律或牛顿黏性方程。

## 1.3.2　牛顿流体与非牛顿流体

由牛顿内摩擦定律可知,在平行的层状流动条件下,流体剪切应力与速度梯度成正比关系,这类流体被称为牛顿型流体,简称牛顿流体。实践表明,气体与低分子量液体及其溶液都属于牛顿流体,常见的有空气和水。

不符合牛顿内摩擦定律的流体统称为非牛顿流体,它们有三种基本类型。非牛顿流体的切向应力与速度梯度之间的关系一般表示为

$$\tau = \mu \left( \frac{\mathrm{d}u}{\mathrm{d}y} \right)^n + \tau_0 \qquad (1-20)$$

式中,$\mu$ 为流体的动力黏度,$n$ 为指数,$\tau_0$ 为常数。

图 1-4 中,A 表示牛顿流体,即符合牛顿内摩擦定律的流体,如空气、水、汽油等,其基本表达式为

$$\tau = \mu \frac{\mathrm{d}u}{\mathrm{d}y} \qquad (1-21)$$

B 表示塑性流体,如凝胶、牙膏等,它们有一个保持不产生剪切变形的初始应力 $\tau_0$,其基本表达式为

$$\tau = \mu \frac{\mathrm{d}u}{\mathrm{d}y} + \tau_0 \qquad (1-22)$$

C 表示假塑性流体,如泥浆、纸浆、高分子溶液等。如图 1-4 所示,当速度梯度较小时,$\tau$ 在速度梯度变大时的变化率较大,近似于塑性流体有初始应力的情况,其基本表达式为

$$\tau = \mu \left( \frac{\mathrm{d}u}{\mathrm{d}y} \right)^n \quad (n<1) \qquad (1-23)$$

D 表示胀塑性流体,如油漆、油墨、乳化液等,它们的动力黏度随速度梯度的增大而增大。此外,还有大部分具有触变现象的胶状液体,静止时它很黏稠,甚至像凝固了一样,但它的动力黏度却随着速度梯度的增长而降低,其基本表达式为

$$\tau = \mu \left( \frac{\mathrm{d}u}{\mathrm{d}y} \right)^n \quad (n>1) \tag{1-24}$$

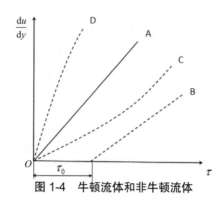

图 1-4　牛顿流体和非牛顿流体

### 1.3.3　黏度的定义及测定

1. 流体黏度的定义

对于牛顿流体, $\tau$ 与 $\dfrac{\mathrm{d}u}{\mathrm{d}y}$ 成比例,但比例常数 $\mu$ 则与流体种类有关。从牛顿内摩擦定律可知, $\mu$ 代表单位速度梯度下的切应力,不同的 $\mu$ 对应在单位速度梯度这样一个统一标准之下的不同大小的切应力,因而也就有不同的黏性,所以也将 $\mu$ 称为代表黏性大小的比例常数,即流体的动力黏度,可表示为

$$\mu = \frac{\tau}{\mathrm{d}u/\mathrm{d}y} \tag{1-25}$$

$\mu$ 的物理意义是单位速度梯度下的切应力,因而从 $\mu$ 的大小可以直接判断流体黏性的大小, $\mu$ 的单位为 Pa·s。

在流体力学中,还常引用动力黏度与密度的比值,称其为运动黏度,用 $\nu$ 表示,单位为 $\mathrm{m^2/s}$ ,其表达式为

$$\nu = \frac{\mu}{\rho} \tag{1-26}$$

2. 黏度的测定

流体的黏度不能直接测量,其数值往往是通过测量与其有关的其他物理量,再由有关方程进行计算而得到的。由于计算所根据的方程不同,因而测量方法有多种,其中所要测量的物理量也不尽相同。

从测定方法来看,黏度的测定可以分为直接测定法和间接测定法。直接测定法是根据黏性流体理论中的某一公式,通过测量该公式中除黏度外的所有参数,从而直接计算出黏度。目前,直接测定法所用的黏度计主要有转筒式、毛细管式、落球式等,这些黏度计的测试

方法比较复杂,使用不太方便。间接测定法是先利用仪器测定经过某一标准孔口流出一定量流体所需的时间,然后再利用仪器所特有的经验公式间接计算出流体的黏度。我国目前主要采用的是恩格勒(Engler)黏度计,其测定结果为恩氏黏度,用 $r$ 表示,单位为°E,其结构见图 1-5。

测定黏度的实验方法如下:先用木制针阀将锥形短管的通道关闭,把 220 cm³ 的蒸馏水注入储液罐 1;再开启水箱 2 中的电加热器,加热水箱中的水,以便加热储液罐中的蒸馏水,使其温度达到 20 ℃,并保持不变;然后迅速提起针阀,使蒸馏水经锥形通道泄入长颈瓶 4 至容积为 200 cm³,记录所需的时间 $t$;最后用同样的程序测定待测液体流出 200 cm³ 所需的时间 $t'$(待测液体的温度应为给定的温度)。则待测液体在给定温度下的恩氏黏度为

$$r = \frac{t'}{t} \ (°E) \tag{1-27}$$

待测液体在给定温度下的运动黏度可由已测得的恩氏黏度求出,即

$$\nu = 0.073\ 1r - 0.063\ 1/r\ (cm^2/s) \tag{1-28}$$

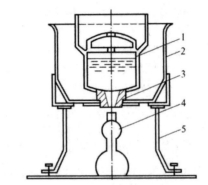

1—储液罐;2—水箱;3—锥形短管;4—长颈瓶;5—支架。

图 1-5　恩格勒黏度计

### 1.3.4　黏性流体和理想流体

实际流体都是有黏性的,都是黏性流体。不具有黏性的流体被称为理想流体,这是客观世界上并不存在的一种假想流体。理想流体是流体力学中的一个重要假设模型,假定其不具有黏性,即假设黏度 $\mu = \nu = 0$ 的流体为理想流体或无黏性流体。这种流体在运动时,不仅内部不存在摩擦力而且在它与固体接触的边界上也不存在摩擦力。理想流体虽然事实上并不存在,但这种理论模型却有重大的理论和实际价值。

在流体力学中引入理想流体的概念是因为在实际流体的黏性作用表现不明显的场合(如在静止流体中或在均匀等速流动的流体中),完全可以把实际流体作为理想流体来处理。在许多场合,想求得黏性流体流动的精确解是很困难的。在某些黏性不起主要作用的问题中,先不计黏性的影响,以使问题的分析大为简化,有利于掌握流体流动的基本规律。至于黏性的影响,则可根据实验引进必要的修正系数,以对由理想流体得出的流动规律加以修正。此外,即使是对于黏性为主要影响因素的实际流体流动问题,也可先研究不计黏性影

响的理想流体的流动,而后再引入黏性影响,以研究黏性流体流动中更为复杂的情况,也是符合认识事物由简到繁的规律的。基于以上诸点,在流体力学中,总是先研究理想流体的流动,而后再研究黏性流体的流动。

【例题 1-2】如图 1-6 所示,边长为 0.4 m 的正方形物体,所受重力 $W = 534$ N,沿一个与水平面成 $\theta = 30°$ 夹角并涂有润滑油的斜面匀速下滑,速度 $v_0 = 0.8$ m/s,油的动力黏度为 $0.14$ N·s/m$^2$,求油膜厚度 $y$。

解:促使物体做下滑运动的动力是重力在运动方向上的分力,即 $F' = W\sin 30°$;

另一方面,物体下滑引起的切向阻力 $F = \mu A \dfrac{\mathrm{d}u}{\mathrm{d}y}$。由于油膜很薄,$\dfrac{\mathrm{d}u}{\mathrm{d}y}$ 可按线性分布计算,即 $\dfrac{\mathrm{d}u}{\mathrm{d}y} = \dfrac{v_0}{y}$。

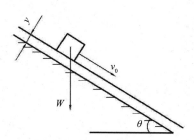

图 1-6　例题 1-2 示意图

根据平衡条件,重力在运动方向上的分力应等于切向阻力,即 $F' = F$,$\mu A \dfrac{v_0}{y} = W\sin 30°$;

代入已知条件,变换得

$$y = \frac{\mu A v_0}{W \sin 30°} = \frac{0.14 \times 0.4^2 \times 0.8}{534 \times \sin 30°} = 0.067 \text{ mm}$$

【例题 1-3】有一轴承宽 $L = 0.5$ m,轴的直径 $d = 150$ mm,转速 $n = 400$ r/min;轴与轴承径向间隙 $\delta = 0.25$ mm,其间充满润滑油,现测得作用在转轴上的摩擦力矩 $M = 10.89$ N·m,如图 1-7 所示。求润滑油的动力黏度 $\mu$。

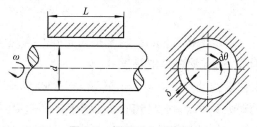

图 1-7　例题 1-3 示意图

解:忽略轴承两端的影响,用牛顿内摩擦定律计算摩擦力。

在转轴与轴承宽度对应的表面上,圆心角转过 $\mathrm{d}\theta$ 的微元面积 $\mathrm{d}A = L\dfrac{d}{2}\mathrm{d}\theta$ 上所受的摩擦力为

$$\mathrm{d}F = \mu \frac{\mathrm{d}u}{\mathrm{d}y}\mathrm{d}A = \mu \frac{\mathrm{d}u}{\mathrm{d}y}L\frac{d}{2}\mathrm{d}\theta$$

摩擦力矩（摩擦力对轴心的矩）为

$$\mathrm{d}M = \frac{d}{2}\mathrm{d}F = \left(\frac{d}{2}\right)^2 \mu \frac{\mathrm{d}u}{\mathrm{d}y}L\mathrm{d}\theta$$

整个转轴的摩擦力矩为

$$M = \int \mathrm{d}M = \int_0^{2\pi}\left(\frac{d}{2}\right)^2 \mu \frac{\mathrm{d}u}{\mathrm{d}y}L\mathrm{d}\theta$$

$$= \left(\frac{d}{2}\right)^2 \mu \frac{\mathrm{d}u}{\mathrm{d}y}L\cdot 2\pi = \frac{d^2}{2}L\pi\mu \frac{\mathrm{d}u}{\mathrm{d}y}$$

由于径向间隙 $\delta$ 与轴径 $d$ 相比很小，假定润滑油的速度分布为线性分布，即

$$\frac{\mathrm{d}u}{\mathrm{d}y} = \frac{\Delta u}{\delta} = \frac{\frac{d}{2}\omega}{\delta} = \frac{d\pi n}{60\delta}$$

于是，可得

$$M = \frac{d^2}{2}L\pi\mu \frac{d\pi n}{60\delta}$$

则

$$\mu = \frac{120M\delta}{d^3 L\pi^2 n} = \frac{120\times 10.89\times 0.25\times 10^{-3}}{0.15^3\times 0.5\times 3.14^2\times 400} = 0.049\ \mathrm{Pa\cdot s}$$

# 习题1

（1-1）已知某种物质的密度 $\rho = 2.94\ \mathrm{g/cm^3}$，试求它的相对密度 $d$。当压强增量为 50 000 Pa 时，某种液体的密度增长 0.02%，试求该液体的体积模量。

（1-2）压缩机压缩空气，绝对压强从 $9.806\ 7\times 10^4$ Pa 升高到 $5.884\ 0\times 10^5$ Pa，温度从 20 ℃ 升高到 78 ℃，试求空气体积减小了多少？

（1-3）设空气在 0 ℃ 时的运动黏度 $\nu_0 = 13.2\times 10^{-6}\ \mathrm{m^2/s}$、密度 $\rho_0 = 1.29\ \mathrm{kg/m^3}$，试求 150 ℃ 时空气的动力黏度。

（1-4）一平板距离另一固定平板 0.5 mm，两平板间充满流体，上平板在力（$2\ \mathrm{N/m^2}$）的作用下以 0.25 m/s 的速度移动，试求该流体的黏度。

（1-5）已知动力滑动轴承的轴直径 $d=0.2$ m，转速 $n=2\ 830$ r/min，轴承直径 $D=0.201\ 6$ m，宽度 $L=0.3$ m，润滑油的动力黏度 $\mu = 0.245\ \mathrm{Pa\cdot s}$，试求克服摩擦阻力所消耗的功率。

（1-6）一个重 500 N 的飞轮的回转半径为 30 cm，由于轴套间流体黏性的影响，当飞轮以 600 r/min 旋转时，它的角加速度为 $-0.02\ \mathrm{rad/s^2}$。已知轴套的长度为 5 cm，轴的直径为 2 cm 以及它们之间的间隙为 0.05 mm，试求流体的黏度。

（1-7）为了检查液压油缸的密封性，需要进行水压试验，试验前先将 $l=1.5$ m，$d=0.2$ m 的油缸用水全部充满，然后开动试压泵向油缸再供水加压，直到压强增加了 20 MPa，且不出

故障为止,如图 1-8 所示。假定水的压缩率为 $\beta=0.5\times10^{-9}$,忽略油缸变形,试求试验过程中,通过试压泵向液压缸又供应了多少水?

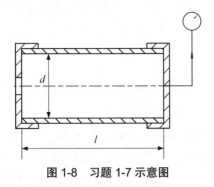

图 1-8　习题 1-7 示意图

(1-8)某油液在 20 ℃时,$r=3.2$ °E,在 70 ℃时 $r=1.6$ °E,试求其黏温指数 $\lambda$ 及其在 50 ℃时的运动黏度 $\nu$。

(1-9)在 $\delta=40$ mm 的两平行壁面之间充满动力黏度 $\mu=0.7$ Pa·s 的液体,在液体中有一边长 $a=60$ mm 的薄板以 $v_0=15$ m/s 的速度沿所在平面运动,如图 1-9 所示。假定铅直方向的速度分布符合直线规律。

①当 $h=10$ mm 时,试求薄板运动的液体阻力。

②如果 $h$ 可变,试求 $h$ 为多大时,薄板运动阻力最小? 最小阻力为多少?

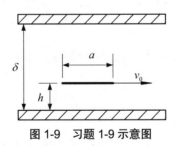

图 1-9　习题 1-9 示意图

(1-10)已知管内液体质点的轴向速度 $u$ 与质点所在半径 $r$ 成抛物线形规律分布,如图 1-10 所示。当 $r=0$ 时,$u=v_0$;当 $r=R$ 时,$u=0$。

①试建立 $u=u(r)$ 和 $\tau=\tau(r)$ 的函数关系式;

②如果 $R=6$ m,$v_0=3.6$ m/s,$\mu=0.1$ Pa·s,试求 $r=0$、2、4 和 6 m 处的切应力。

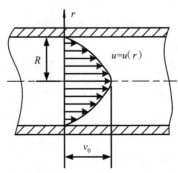

图 1-10　习题 1-10 示意图

# 第 2 章　流体静力学

## 本章导读

【基本要求】理解静压强的特性;掌握静力学基本方程、等压面和静止液体中静压强的计算;掌握压强的测量与表示方法;掌握作用在平面和曲面上液体总压力的计算方法。

【重点】静压强的特性;静压强的分布规律;总压力的计算方法。

【难点】曲面上液体总压力的计算方法。

流体静力学研究流体在外力作用下处于静止或平衡状态时的力学规律及其在工程中的实际应用。流体静力学是研究流体运动规律的基础。例如,河坝中的水、平静的海水和湖水,甚至是匀加速直线运动的容器中的流体都处于"静止"状态。流体处于"静止"状态的规律(如压强分布、等压面形状),以及静止流体对与之相互作用的固体壁面、浮体与潜体的作用力等问题,都属于流体静力学的研究范畴。

## 2.1　平衡流体上的作用力

作用在流体上的力,按物理性质,可分为惯性力、重力、黏性力、压力等;按作用特点,又可分为质量力和表面力。

### 2.1.1　质量力

与流体微团质量大小有关并且集中作用在微团质量中心上的力称为质量力。质量力主要有重力 $\Delta F_g = \Delta m \cdot g$,直线运动惯性力 $\Delta F_1 = \Delta m \cdot a$,离心运动惯性力 $\Delta F_R = \Delta m \cdot r\omega^2$。这些力的矢量和用 $\Delta \boldsymbol{F}_m$ 表示,则

$$\Delta \boldsymbol{F}_m = \Delta m \cdot \boldsymbol{a}_m = \Delta m (f_x \boldsymbol{i} + f_y \boldsymbol{j} + f_z \boldsymbol{k}) \tag{2-1}$$

$$|\Delta \boldsymbol{F}_m|^2 = F_x^2 + F_y^2 + F_z^2 \tag{2-2}$$

在直角坐标系中,$\Delta \boldsymbol{F}_m$ 在 $x$、$y$、$z$ 轴上的分量分别为 $F_x$、$F_y$、$F_z$。单位质量力在 $x$、$y$、$z$ 轴上的投影用 $f_x$、$f_y$、$f_z$ 表示,则

$$f_x = \frac{F_x}{\Delta m}, f_y = \frac{F_y}{\Delta m}, f_z = \frac{F_z}{\Delta m} \tag{2-3}$$

或

$$\boldsymbol{f} = f_x \boldsymbol{i} + f_y \boldsymbol{j} + f_z \boldsymbol{k} \tag{2-4}$$

质量力的单位为 N ,单位质量力的单位为 m/s²。

若作用在流体上的质量力只有重力 $G = mg$ ,则在直角坐标系中,各轴向的单位质量力为 $f_x = 0, f_y = 0, f_z = -g$。其中,负号表示 $z$ 轴上的力与 $z$ 轴正向相反(假设 $z$ 轴正向垂直向上)。

## 2.1.2　表面力

流体微团在流体内部不是孤立存在的,它与相邻微团在相互之间的接触表面上应该有力的相互作用,这种力起源于微团内部的分子运动。定义流体质点或微团时,虽然不考虑其中的个别分子,但分子总体的平均统计作用是不能忽略的,这种大小与表面面积有关而且分布作用在流体表面上的力称为表面力。

表面力按其作用方向可以分为两种:一种是沿表面内法线方向的压力;另一种是沿表面切向的摩擦力。因为流体不能抵抗拉力,所以除液体自由表面处的微弱表面张力外,在流体内部是不存在拉力或张力的。

流体静压力是一个有大小、方向、合力作用点的矢量,它的大小和方向都与受压面密切相关。如图 2-1 所示,在流体微团上取微元面积 $\Delta A$ ,设作用在 $\Delta A$ 表面上的总压力大小为 $\Delta F$。当 $\Delta A \to 0$ 时,流体微团极限成为某一坐标点 $(x, y, z)$ 上的流体质点,则平均流体静压强的极限为

$$p = \lim_{\Delta A \to 0} \frac{\Delta F}{\Delta A} = \frac{\mathrm{d}F}{\mathrm{d}A} \tag{2-5}$$

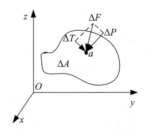

图 2-1　表面力的分解

表面力可以分解为沿法线方向的表面力 $p$ 和沿切线方向的表面力 $\tau$ ,其表达式分别为

$$p = \lim_{\Delta A \to 0} \frac{\Delta P}{\Delta A} \tag{2-6}$$

$$\tau = \lim_{\Delta A \to 0} \frac{\Delta T}{\Delta A} \tag{2-7}$$

流体静压强有两个重要特性。

特性一:流体静压强的方向是沿作用面的内法线方向。

这一特性可直接由流体的性质加以说明。流体具有流动性,流体在任何微小剪切力作用下都将连续变形。这就是说:若有剪切力作用,流体便要变形(流动);流体要保持静止状态,就不能有剪切力作用。一般情况下,流体在拉力作用下也将产生流动,即流体要保持静止状态,就不能有拉力作用(液体表面层除外)。因此,流体处于静止或相对静止状态时,既不能有剪切力作用,又不能有拉力作用(液体表面层除外),唯一的作用便是沿作用面内法

线方向的压强作用。

特性二：静止流体中任一点流体静压强的大小与其作用面在空间的方位无关，只是该点坐标的连续函数，也就是说，静止流体中任一点上不论来自何方的静压强均相等。

证明：在流体微团中取微元四面体 $OABC$，令边长 $OA$ 为 dx、边长 $OB$ 为 dy 和边长 $OC$ 为 dz，如图 2-2 所示。假设作用在 $\triangle OBC$、$\triangle OAC$、$\triangle OAB$ 和 $\triangle ABC$ 四个平面上的平均流体静压强分别为 $p_x$、$p_y$、$p_z$ 和 $p_n$，它们的方向分别为各自作用面的内法线方向，则作用在各平面上的流体总静压力应等于各平面下的平均静压强与该作用面面积的乘积，即

$$\left.\begin{aligned} P_x &= \frac{1}{2}\mathrm{dydz} \times p_x \\ P_y &= \frac{1}{2}\mathrm{dxdz} \times p_y \\ P_z &= \frac{1}{2}\mathrm{dxdy} \times p_z \\ P_n &= S_{\triangle ABC} \times p_n \end{aligned}\right\} \tag{2-8}$$

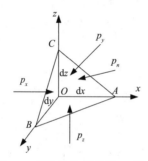

图 2-2　平衡流体中的微元四面体

假设 $\rho$ 为微元四面体的平均密度，$f_x$、$f_y$、$f_z$ 分别代表作用在微元四面体单位质量流体上的质量力的分力，而微元四面体的体积为 $\frac{1}{6}\mathrm{dxdydz}$，则微元四面体的质量力在 $x$、$y$、$z$ 方向上的分力分别为 $\frac{1}{6}\rho f_x\mathrm{dxdydz}$、$\frac{1}{6}\rho f_y\mathrm{dxdydz}$ 和 $\frac{1}{6}\rho f_z\mathrm{dxdydz}$，若微元四面体在表面力和质量力作用下处于平衡状态，则 $x$ 方向上的平衡方程为

$$\frac{1}{2}\mathrm{dydz} \times p_x + \frac{1}{6}\rho f_x\mathrm{dxdydz} - p_n \times S_{\triangle ABC} \times \cos(p_n \wedge x) = 0 \tag{2-9}$$

其中，"$p_n \wedge x$"表示 $p_n$ 方向与 $x$ 轴的夹角。因此，$S_{\triangle ABC} \times \cos(p_n \wedge x) = \frac{1}{2}\mathrm{dydz}$，则式（2-9）可化简为

$$p_x - p_n + \frac{1}{3}\rho f_x\mathrm{dx} = 0 \tag{2-10}$$

略去无穷小项，可得 $p_x = p_n$。

同理可证，$p_y = p_n$，$p_z = p_n$，即有

$$p_x = p_y = p_z = p_n \tag{2-11}$$

　　这就证明了在静止流体中的任一点,流体静压强的大小与其作用面在空间的方位无关。但是,不同空间点处的静压强可以是不相等的,即流体静压强是空间坐标的连续函数,可表示为

$$p = p(x, y, z) \tag{2-12}$$

## 2.2　流体平衡微分方程及应用

### 2.2.1　流体平衡微分方程

　　平衡流体只受质量力和由压强产生的法向表面力作用,本节中讨论在平衡状态下这些力满足的关系,建立表示流体平衡条件下的微分方程。

　　如图 2-3 所示,为求在静止流体中的压力分布规律,取一边长分别为 $dx$、$dy$ 和 $dz$ 的微元六面体流体微团,它的体积为 $dV$。设该流体微团的平均密度为 $\rho$,单位质量力在各坐标轴方向上的分力分别为 $f_x$、$f_y$ 和 $f_z$,则作用在该微团上的质量力在各坐标轴上的分量分别为 $\rho f_x dxdydz$、$\rho f_y dxdydz$ 和 $\rho f_z dxdydz$。

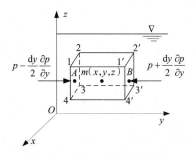

**图 2-3　微元六面体流体微团**

　　假设中心点 $m(x,\ y,\ z)$ 的压强为 $p$,则 $1-2-3-4$ 面的中心点 $A$ 的压强为 $p_A = p - \dfrac{1}{2} dy \dfrac{\partial p}{\partial y}$,$1'-2'-3'-4'$ 面的中心点 $B$ 的压强为 $p_B = p + \dfrac{1}{2} dy \dfrac{\partial p}{\partial y}$。

　　由于微元六面体足够小,所以 $p_A$ 和 $p_B$ 可作为面 $1-2-3-4$ 和面 $1'-2'-3'-4'$ 上的平均压强,则作用在这两个面上的表面力分别为

$$P_A = p_A dxdz = \left( p - \frac{1}{2} dy \frac{\partial p}{\partial y} \right) dxdz$$

$$P_B = p_B dxdz = \left( p + \frac{1}{2} dy \frac{\partial p}{\partial y} \right) dxdz$$

　　由于微元六面体处于平衡状态,所以在 $y$ 方向上的合力 $\sum F_y = 0$,即

$$\left( p - \frac{1}{2} dy \frac{\partial p}{\partial y} \right) dxdz - \left( p + \frac{1}{2} dy \frac{\partial p}{\partial y} \right) dxdz + \rho f_y dxdydz = 0$$

　　同理,可写出 $x$、$z$ 方向上的力平衡方程:

$$\left(p - \frac{1}{2}dx\frac{\partial p}{\partial x}\right)dydz - \left(p + \frac{1}{2}dx\frac{\partial p}{\partial x}\right)dydz + \rho f_x dxdydz = 0$$

$$\left(p - \frac{1}{2}dz\frac{\partial p}{\partial z}\right)dxdy - \left(p + \frac{1}{2}dz\frac{\partial p}{\partial z}\right)dxdy + \rho f_z dxdydz = 0$$

各式除以质量 $\rho dxdydz$，经整理可得单位质量流体的平衡方程为

$$\left.\begin{array}{c} f_x - \dfrac{1}{\rho}\dfrac{\partial p}{\partial x} = 0 \\[2mm] f_y - \dfrac{1}{\rho}\dfrac{\partial p}{\partial y} = 0 \\[2mm] f_z - \dfrac{1}{\rho}\dfrac{\partial p}{\partial z} = 0 \end{array}\right\} \tag{2-13}$$

上式称为流体平衡微分方程，是 1755 年由欧拉首先推导出来的，因此又被称为欧拉平衡微分方程。它是平衡流体中普遍适用的一个基本公式，无论平衡流体受到的质量力属于哪种类型、流体有无黏性，欧拉平衡微分方程都是适用的。该方程表明：平衡流体受哪个方向的质量力分量作用，则流体静压强沿该方向必然发生变化；反之，如果哪个方向没有质量力分量，则流体静压强在该方向上必然保持不变。

### 2.2.2 等压面方程

为便于应用，可以将欧拉平衡微分方程改写为全微分的形式。将式（2-13）两边分别乘以 $dx, dy, dz$，然后相加，可得

$$f_x dx + f_y dy + f_z dz = \frac{1}{\rho}\left(\frac{\partial p}{\partial x}dx + \frac{\partial p}{\partial y}dy + \frac{\partial p}{\partial z}dz\right)$$

由于流体静压强 $p$ 只是空间坐标的连续函数，则上式右端括号内表示的是静压强 $p$ 的全微分 $dp$，则有

$$dp = \rho(f_x dx + f_y dy + f_z dz) \tag{2-14}$$

式（2-14）是由欧拉平衡微分方程而得，它与欧拉平衡微分方程等价，是欧拉平衡微分方程中各单独方程的一个综合表达式，该式使用积分求解。

如果单位质量力与某一个坐标函数 $U(x, y, z)$ 具有下列关系

$$f_x = -\frac{\partial U}{\partial x}, f_y = -\frac{\partial U}{\partial y}, f_z = -\frac{\partial U}{\partial z}$$

则式（2-14）可变为

$$dp = -\rho\left(\frac{\partial U}{\partial x}dx + \frac{\partial U}{\partial y}dy + \frac{\partial U}{\partial z}dz\right) = -\rho dU$$

即

$$dp + \rho dU = 0 \tag{2-15}$$

$U(x, y, z)$ 是一个决定流体质量力的函数，称为力势函数，而具有这样力势函数的质量力称为有势力。流体只有在有势的质量力的作用下才能保持平衡。

静止流体中由压强值相等的各点组成的面（曲面或平面）称为等压面。根据等压面的

定义可知,在等压面上 $p$ 为常数,因此有

　　　　$\mathrm{d}p=0$

由于流体的密度不为零,于是由式(2-14)可得等压面的微分方程为

　　　　$f_x\mathrm{d}x+f_y\mathrm{d}y+f_z\mathrm{d}z=0$

将不同平衡情况下的 $x,y,z$ 轴上的分量分别代入式(2-14),积分即可得各种平衡情况下的等压面。

等压面具有如下三个性质。

(1)等压面也是等势面。

因为等压面上 $\mathrm{d}p=0$,所以由式(2-15)可得 $\mathrm{d}U=0$,即 $U$ 为常数。

(2)通过任意一点的等压面必与该点所受质量力相垂直。

设单位质量力的矢量为 $\boldsymbol{f} = f_x\boldsymbol{i} + f_y\boldsymbol{j} + f_z\boldsymbol{k}$,在等压面上取微小线段 $\mathrm{d}\boldsymbol{l} = \mathrm{d}x\boldsymbol{i} + \mathrm{d}y\boldsymbol{j} + \mathrm{d}z\boldsymbol{k}$,由矢量运算可得

　　　　$\boldsymbol{f}\cdot\mathrm{d}\boldsymbol{l} = f_x\mathrm{d}x + f_y\mathrm{d}y + f_z\mathrm{d}z$

由于等压面上 $f_x\mathrm{d}x + f_y\mathrm{d}y + f_z\mathrm{d}z=0$,所以

　　　　$\boldsymbol{f}\cdot\mathrm{d}\boldsymbol{l} = 0$

两矢量本身都不为零,而它们的内积为零,则说明两矢量相垂直。由于 $\mathrm{d}\boldsymbol{l}$ 是等压面上任选的矢量,因而等压面与质量力相垂直。当质量力仅为重力时,等压面必为水平面。

(3)两种互不相混合的流体处于平衡状态时,它们的分界面必为等压面。

如果在分界面上任意取 $A$ 和 $B$ 两点,设两点间存在任一静压差 $\mathrm{d}p$ 和势差 $\mathrm{d}U$,如图 2-4 所示。因为 $A$、$B$ 两点都取在分界面上,所以 $\mathrm{d}p$ 和 $\mathrm{d}U$ 同属于两种流体。设两种不同流体的密度为 $\rho_1$ 和 $\rho_2$,则分别有如下关系式:

　　　　$\mathrm{d}p=-\rho_1\mathrm{d}U,\ \mathrm{d}p=-\rho_2\mathrm{d}U$

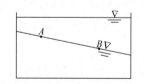

图 2-4　两种不相混合的流体

因为 $\rho_1 \neq \rho_2$,故上式只有当 $\mathrm{d}p=\mathrm{d}U=0$ 时才成立。由此可见,分界面必定为等压面或等势面。

### 2.2.3　重力场中平衡流体的压力分布

1.流体静力学基本方程

重力场是最常见的有势力场,在多数工程技术领域中,流体处于重力场中。因此讨论重力场中流体的平衡规律具有普遍意义。在重力场中,流体内的质量力只是朝向地心的重力,它与常取的坐标轴 $z$ 正方向相反,所以

　　　　$f_x = 0,\ f_y = 0,\ f_z = -g$

将以上各式代入式（2-14），可得

　　　$\mathrm{d}p = -\rho g \mathrm{d}z$

而对于均质流体，对上式积分可得

　　　$p + \rho g z = c$ 　　　　　　　　　　　　　　　　　　　　　　　　（2-16）

式中，$c$ 为积分常数，由边界条件决定。

利用液面上 $z = z_0$，$p = p_0$ 的边界条件，求得积分常数 $c = p_0 + \rho g z_0$，代入式（2-16），得

　　　$p = p_0 + \rho g (z_0 - z) = p_0 + \rho g h$ 　　　　　　　　　　　　（2-17）

式中，$h$ 为压强等于 $p$ 的点到液面的距离，称为淹没深度，如图 2-5 所示。

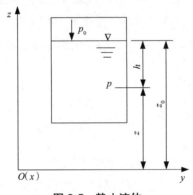

**图 2-5　静止流体**

式（2-16）就是重力作用下的液体平衡方程，称为液体静力学基本方程。式（2-16）亦为重力作用下的静止液体中任意一点处的静压强计算公式。分析该公式可知如下两点。

（1）当液体自由表面上方的压强一定时，静止液体内部任一点压强 $p$ 的大小与液体本身的密度和该点距液面的深度有关。

（2）当液面上方的压强有改变时，液体内部各点的压强也发生同样大小的改变。大家熟知的帕斯卡定理"在密闭容器内，施加于静止液体的压力将以相等的数值传递到液体内各点"，就是这个道理。

根据静压强的特征和静水压强分布公式（2-17）可知，与静止流体相接触的固体壁面上的流体作用力一定垂直指向固体壁面，其大小随着 $z$ 坐标线性分布，如图 2-6 所示。

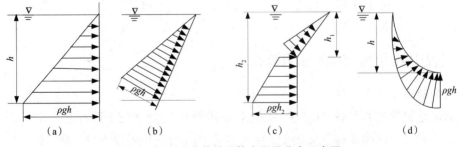

**图 2-6　不同固体壁面静水压强分布示意图**

（a）垂直边界　（b）斜边界　（c）锥边界　（d）曲面边界

2. 单位势能和测压管水头

将式（2-16）改写为

$$z + \frac{p}{\rho g} = c \qquad (2\text{-}18)$$

式（2-18）是静力学基本方程的一种形式，式中 $c$ 为积分常数，由边界条件确定。在流体中取位坐标 $z_A$（对应压强为 $p_A$ 的 $A$ 点）和位坐标 $z_B$（对应压强为 $p_B$ 的 $B$ 点），如图 2-7 所示。则可将式（2-18）写为

$$z_A + \frac{p_A}{\rho g} = z_B + \frac{p_B}{\rho g} \qquad (2\text{-}18a)$$

式（2-18）和式（2-18a）统称为流体静力学基本方程。下面讨论它们的物理意义和几何意义。

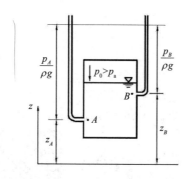

图 2-7　测压管水头

1）流体静力学基本方程的物理意义

式（2-18）中的第一项 $z$ 代表单位重量流体的位势能；第二项 $p/(\rho g)$ 代表单位重量流体的压强势能。位势能与压强势能之和为总势能。流体静力学基本方程的物理意义：在重力作用下的连续均质不可压缩静止流体中，各点单位重量流体的总势能保持不变。

2）流体静力学基本方程的几何意义

单位重量流体所具有的能量也可以用液柱高度表示，称为水头。某点所在位置到基准面的高度 $z$ 叫位置水头；压强作用下在完全真空的测压管中测得的高度 $p/(\rho g)$ 叫压强水头。位置水头与压强水头的和，称为静水头，各点静水头的连线为静水头线。式（2-18a）表明，静止流体中各点的静水头相等。流体静力学基本方程的几何意义：在重力作用下的连续均质不可压缩静止流体中，静水头线（液体上端为真空）和计示静水头线（液体上端为大气）均为水平线。

## 2.2.4　压强的度量和计量单位

1. 压强的度量

在工程上，测量某点的压强，可以用两种不同的基准表示，即绝对压强和相对压强。绝对压强是以没有一点气体的绝对真空为零点算起的压强，用 $p_b$ 表示。当问题涉及流体本身

的热力学特性时,必须用绝对压强。相对压强(计示压强)是以同高程的当地大气压 $p_a$ 为零点算起的压强,用 $p_e$ 表示,相对压强也称为表压强。

(1)绝对压强,是以完全真空为基准计量的压强,用 $p_b$ 表示。当图 2-7 中液面上的压强就是大气压强时,即 $p_0 = p_a$,则距离液面 $h$ 的某点上的绝对压强为

$$p_b = p_a + \rho gh \tag{2-19}$$

(2)计示压强,是以当地大气压强为基准计量的压强,用 $p_e$ 表示。若某点处的绝对压强大于当地大气压强,则该点的计示压强为

$$p_e = p_b - p_a = \rho gh \tag{2-20}$$

(3)真空度,指绝对压强小于当地大气压强时,两者的差值,用 $p_V$ 表示。其表达式为

$$p_V = p_a - p_b = -p_e \tag{2-21}$$

如用液柱高表示,则有

$$h_V = \frac{p_V}{\rho g} = \frac{p_a - p_b}{\rho g} \tag{2-22}$$

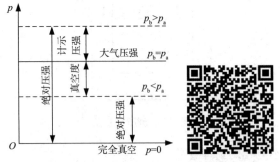

图 2-8   绝对压强、计示压强、真空度的关系

当流体的绝对压强为零时,表示其所处状态为完全真空,这在理论上是可以分析的,但在实际中把容器抽成完全真空是很难办到的。特别是当容器中盛有液体时,只要压强低于液体的饱和压强,液体便开始汽化,压强便不会再往下降。

2. 压强的计量单位

静压强的计量单位有三种。

(1)应力单位。其在法定计量单位中是 Pa( 1 Pa=1 N/m²)。应力单位多用于理论计算。

(2)液柱高单位。因为 $h = p/(\rho g)$,故将 $h$ 称为该压强的液柱高度,测压计中常用水或汞作为工作介质,因此液柱高单位有米水柱( mH₂O )、毫米汞柱( mmHg )等。液柱高单位来源于实验测定,因此多用于实验室计量。

(3)大气压单位。标准大气压( atm )是在北纬 45° 海平面上,温度为 15 ℃时测定的气压数值。

      1 atm=760 mmHg=1.013 25 bar=1.013×10⁵ Pa

大气压单位多用于机械或航天领域,因为在高压情况下,用应力单位或液柱单位表示时,压强值的数字过大。

表 2-1 列出了各种压强单位的换算关系。

表 2-1　各种压强单位及其换算关系

| 帕( Pa ) | 巴( bar ) | 标准大气压( atm ) | 毫米汞柱( mmHg ) | 米水柱( mH₂O ) |
|---|---|---|---|---|
| 1 | $10^{-5}$ | $0.987 \times 10^{-5}$ | $750 \times 10^{-5}$ | $10.2 \times 10^{-5}$ |
| $10^5$ | 1 | 0.987 | 750 | 10.2 |
| $1.013 \times 10^5$ | 1.013 | 1 | 760 | 10.33 |
| 133 | 0.001 33 | 0.001 31 | 1 | 0.013 6 |
| 9 810 | 0.098 1 | 0.096 8 | 73.6 | 1 |

## 2.2.5　静压强的测量

在工业生产和科学研究中,经常需要测量压强的大小。用于测量压强的仪器较多,其中最常用的有液柱式测压计和金属测压计。

液柱式测压计是用液柱高度或液柱高度差来测量流体的静压强或压强差。它结构简单,使用方便可靠,一般用于测量低压强、真空度和压强差。下面结合流体静力学基本方程的应用,介绍液柱式测压计。

1. 测压管

测压管是接于测点处,竖直向上的开口玻璃管,如图 2-9 所示。在静压强的作用下,液体在测压管中上升高度 $h_p$,设被测液体的密度为 $\rho$,由式( 2-17 )可得 $M$ 点的相对压强为

$$p = \rho g h_p$$

自由液面上的相对压强为

$$p_0 = \rho g h_0$$

用测压管测压,测压管高度不宜超过 2 m。测压管太长,不便测读,容易损坏。此外,为避免毛细管作用,测压管不能太细,一般直径 $d \geqslant 5\ mm$。

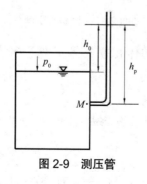

图 2-9　测压管

2. U 形管测压计

如图 2-10 所示,U 形管测压计内装入密度为 $\rho_p$ 的汞或其他界面清晰的工作液体。在测点压强 $p > 0$ 的作用下,U 形管左管的液面下降,右管的液面上升,直到平衡为止。设被测液

体的密度为 $\rho$，由 U 形管中两种液体交界面 $N—N$ 为等压面，有

$$p_A + \rho gh = \rho_p gh_p \Rightarrow p_A = \rho_p gh_p - \rho gh$$

U 形管真空计的测量原理与 U 形管测压计相似，如图 2-11 所示。

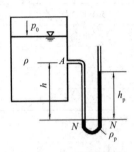

图 2-10　U 形管测压计

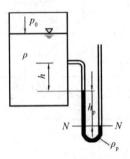

图 2-11　U 形管真空计

#### 3. 倾斜微压计

当被测流体压强很微小时，为了提高测量精度，常采用倾斜微压计。如图 2-12 所示，截面面积为 $A_1$，可调倾斜角为 $\alpha$ 的玻璃管与一容器相连，该容器的截面面积为 $A_2$，内盛工作液体，密度为 $\rho$。

在未测压时，倾斜微压计的两端通大气，容器与斜管中的液面在同一水平面上；当测压时，容器上部测压口与被测点相连，在被测压强 $p(p>0)$ 的作用下，容器内液面下降 $h_2$，斜管内液面上升的液体长度为 $L$，上升高度 $h_1 = L\sin\alpha$。

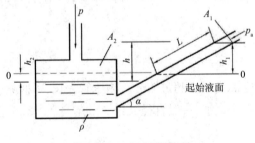

图 2-12　倾斜微压计

由于容器内液体下降导致的体积损失等于斜管中液体上升产生的体积增加，即有 $h_2A_2 = LA_1$，于是

$$p = \rho g(h_1 + h_2) = \rho gL\left(\frac{A_1}{A_2} + \sin\alpha\right) = ML$$

$$M = \rho g\left(\frac{A_1}{A_2} + \sin\alpha\right)$$

式中，$M$ 为倾斜微压计常数，当 $A_1$、$A_2$ 和 $\rho$ 不变时，它仅是倾斜角 $\alpha$ 的函数。改变 $\alpha$，可以得到不同的 $M$ 值，从而得到不同的放大倍数。

【例题 2-1】如图 2-13 所示的测量装置中，活塞直径 $d = 35\ \text{mm}$，油的密度 $\rho_y = 920\ \text{kg/m}^3$，

汞(水银)的密度 $\rho_{Hg}$=13 600 kg/m³,活塞与气缸无泄漏与摩擦。当活塞施加的压力 $F$=15 N 时,$h = 700$ mm。试计算 U 形管测压计的液面高度差 $\Delta h$。

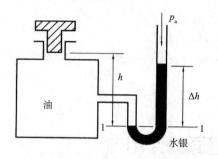

图 2-13 例题 2-1 示意图

解:活塞施加的液面压强为

$$p = \frac{4F}{\pi d^2} = \frac{4 \times 15}{\pi \times 0.035^2} = 15\ 599\ \text{Pa}$$

等压面 1—1 的平衡方程为

$$p + \rho_y gh = \rho_{Hg} g \Delta h$$

$$\Rightarrow \Delta h = \frac{p}{\rho_{Hg} g} + \frac{\rho_y}{\rho_{Hg}} h = \frac{15\ 599}{13\ 600 \times 9.8} + \frac{920}{13\ 600} \times 0.7 = 0.164\ \text{m} = 16.4\ \text{cm}$$

【例题 2-2】 如图 2-14 所示,用复式 U 形管差压计测量 $A$ 点的压力。已知 $h_1$=600 mm, $h_2$=250 mm, $h_3$=200 mm, $h_4$=300 mm, $\rho = 1\ 000\ \text{kg/m}^3$, $\rho_m = 13\ 600\ \text{kg/m}^3$, $\rho' = 800\ \text{kg/m}^3$, 当地大气压力为 $p_a = 1 \times 10^5\ \text{Pa}$。

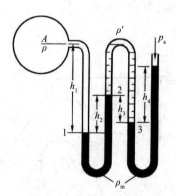

图 2-14 例题 2-2 示意图

解:按图中的分界面 1、2 和 3,根据等压面条件,分界面为等压面。

3 点的压力为

$$p_3 = p_a + \rho_m g h_4$$

2 点的压力为

$$p_2 = p_3 - \rho' g h_3$$

1 点的压力为

$$p_1 = p_2 + \rho_m g h_2$$

$A$ 点的压力为

$$
\begin{aligned}
p_A &= p_1 - \rho g h_1 = p_2 + \rho_m g h_2 - \rho g h_1 \\
&= p_3 - \rho' g h_3 + \rho_m g h_2 - \rho g h_1 \\
&= p_a + \rho_m g h_4 - \rho' g h_3 + \rho_m g h_2 - \rho g h_1
\end{aligned}
$$

将数据代入上式可得

$$p_A = 165\ 856\ \text{Pa}$$

## 2.3  平衡流体对壁面的作用力

### 2.3.1  平衡流体作用在平面上的总压力

在工程实际中,除了需要计算液体中某点的压强外,通常还需要确定液体作用在所压面上的总压力。力对物体的作用效果是由力的大小、方向和作用点三个要素决定的。因此,总压力的计算就是根据静压强的分布规律,确定合力的大小、方向和作用点。

如图 2-15 所示,有一任意形状的平面壁 $ab$ ,倾斜放置在液面压强为大气压强的静止液体中,它与水平液面的夹角为 $\alpha$ 、面积为 $A$ ,平面的右侧为大气。由于平面壁左右两侧均受大气压强的作用,相互抵消,只需计算液体作用在平面上的总压力。取平面的延长面与水平液面的交线为 $x$ 轴, $xOy$ 平面与平面壁在同一平面上。为便于看图分析,将平板绕 $y$ 轴旋转 $90°$ 置于纸面上,由于平面壁上各点的淹没深度各不相同,各点的静压强亦不相同,但各点的静压强方向相同,皆垂直于平面,组成一平行力系。

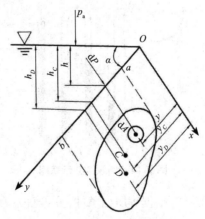

图 2-15　平面上的液体总压力

取微元面积 $\mathrm{d}A$ ,则该微元面积上的流体静压力大小为

$$\mathrm{d}P = p\mathrm{d}A = \rho g h \mathrm{d}A = \rho g \sin\alpha \cdot y \cdot \mathrm{d}A$$

对平行力系求和,则可得平面上的静压力为

$$P = \iint\limits_A \mathrm{d}A = \rho g \sin \alpha \iint\limits_A y \mathrm{d}A = \rho g \sin \alpha y_C A = \rho g h_C A$$

式中:$y_C$ 为该平面形心 $C$ 的 $y$ 轴坐标;$h_C$ 为 $C$ 点所在深度。

为了求出压力中心点 $D$ 在 $y$ 方向上的坐标 $y_D$,可将平行力系对 $Ox$ 轴取矩,得

$$y_D = \frac{\iint\limits_A y \mathrm{d}P}{P} = \frac{\rho g \sin \alpha \iint\limits_A y^2 \mathrm{d}A}{\rho g h_C A} = \frac{\rho g \sin \alpha I_{\mathrm{m}}}{\rho g \sin \alpha y_C A} = \frac{I_{\mathrm{m}}}{y_C A} \tag{2-23}$$

式中,$I_{\mathrm{m}} = \iint\limits_A y^2 \mathrm{d}A$ 是平面面积 $A$ 对 $Ox$ 轴的惯性矩,如果用 $I_C$ 表示面积 $A$ 对于通过其形心 $C$ 且与 $Ox$ 轴平行的轴的惯性矩,则由材料力学中的惯性矩平行换轴公式可得

$$I_{\mathrm{m}} = I_C + y_C^2 A$$

将上式代入式( 2-23 ),则有

$$y_D = \frac{I_C}{y_C A} + y_C \tag{2-24}$$

因为 $\dfrac{I_C}{y_C A} > 0$,所以 $y_D > y_C$,即压力中心点 $D$ 必在形心 $C$ 的下方,这两点 $y$ 坐标之差 $\varepsilon = y_D - y_C$ 为偏心距,偏心距 $\varepsilon > 0$。

### 2.3.2  平衡流体作用在曲面上的总压力

在工程实践中,如各类圆柱形容器、储油罐、球形压力罐、水塔、弧形闸门等的设计,都会遇到计算静止液体作用在曲面上的总压力的问题。由于作用在曲面上各点的流体静压强都垂直于容器壁,这就形成了复杂的空间力系。求总压力的问题便成为空间力系的合成问题。工程中用得最多的是二维曲面,三维曲面与二维曲面的计算方法类似,所以下面分析静止流体作用在二维曲面上的总压力。

设有一承受液体压强的二维曲面,其面积为 $A$。若参考坐标系的 $y$ 轴与此二维曲面的母线平行,则曲面在 $xOz$ 平面上的投影便成为曲线 $ab$,如图 2-16 所示。若在曲面 $ab$ 上任意点取一微元面积 $\mathrm{d}A$,它的淹深为 $h$,则液体作用在它上面的总压力为

$$\mathrm{d}F = \rho g h \mathrm{d}A$$

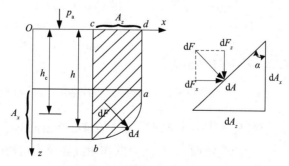

**图 2-16  二维曲面上的液体总压力**

为了便于计算,需要将 $\mathrm{d}F$ 分解为水平与铅直两个微元分力,并将这两个微元分力在整

个面积 $A$ 上积分,这样便可求得作用在曲面上的总压力的水平分力和铅直分力,进而求出总压力的大小、方向及作用点。

**1. 总压力**

1)总压力的水平分力

设微元面积 $dA$ 的法线与 $x$ 轴的夹角为 $\alpha$,则微元水平分力为

$$dF_x = \rho gh dA \cos\alpha$$

由图 2-16 可知, $dA_x = dA\cos\alpha$,故总压力的水平分力为

$$F_x = \rho g \iint\limits_{A_x} h dA_x$$

式中, $h_c A_x = \iint\limits_{A_x} h dA_x$ 为面积 $A$ 在 $yOz$ 坐标面上的投影面积 $A_x$ 对 $y$ 轴的面积矩,故上式可为

$$F_x = \rho g h_c A_x \qquad (2\text{-}25)$$

式中, $h_c$ 为 $A_x$ 形心的淹深。

式(2-25)表明液体作用在曲面上总压力的水平分力等于液体作用在该曲面对铅直坐标面 $yOz$ 的投影面 $A_x$ 上的总压力。同液体作用在平面上的总压力一样,水平分力 $F_x$ 的作用线通过 $A_x$ 的压力中心。

2)总压力的铅直分力

由图 2-16 可知,微元铅直分力 $dF_z = \rho gh dA \sin\alpha$,且 $dA_z = dA\sin\alpha$,故总压力的铅直分力为

$$F_z = \rho g \iint\limits_{A_z} h dA_z$$

式中, $V_p = \iint\limits_{A_z} h dA_z$ 为曲面 $ab$ 上的液柱体积 $abcd$ (图 2-16 中的阴影部分),称这样一个体积为压力体。用压力体表示时,上式变为

$$F_z = \rho g V_p \qquad (2\text{-}26)$$

式(2-26)表明液体作用在曲面上总压力的铅直分力等于压力体的重力,它的作用线通过压力体的重心。

3)总压力的大小、方向和作用点

总压力的大小为

$$F = \sqrt{F_x^2 + F_z^2} \qquad (2\text{-}27)$$

总压力与铅直线间的夹角的正切值为

$$\tan\theta = \frac{F_x}{F_z} \qquad (2\text{-}28)$$

由于总压力的铅直分力 $F_z$ 的作用线通过压力体的重心并指向受压面,水平分力 $F_x$ 的作用线通过 $A_x$ 的压力中心并指向受压面,故总压力的作用线必通过这两条作用线的交点 $D'$ 并与铅直线成 $\theta$ 角,如图 2-17 所示。这条总压力的作用线与曲面的交点 $D$ 就是总压力在曲面上的作用点。

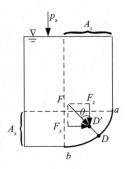

**图 2-17　总压力在曲面上的作用点**

**2. 压力体**

压力体是一个纯数学概念,与压力体内有无液体无关,在图 2-18 中有两个形状、尺寸和淹深完全相同的曲面 $ab$ 与 $a'b'$,只是 $ab$ 的凹面向着液体,而 $a'b'$ 的凸面向着液体。由于液体的静压强只与淹深有关,故作用在曲面 $ab$ 和曲面 $a'b'$ 上的压力体完全相同(图中阴影部分),所以两者垂直分力的大小相同。但是,这两个垂直分力的方向却正好相反。当与受压面相接触的液体和压力体位于受压曲面的同侧(如图中曲面 $ab$ 的压力体 $abcd$)时,所对应的垂直分力 $F_z$ 的方向向下,习惯上称为实压力体;当与受压面相接触的液体和压力体位于受压曲面的异侧(如图中曲面 $a'b'$ 的压力体 $a'b'c'd'$)时,所对应的垂直分力 $F_z'$ 的方向向上,习惯上称为虚压力体。由此可见,对压力体的理解应是液体作用在曲面上总压力的垂直分力的大小恰好与压力体内的液体重力相等,并非作用在曲面上的垂直分力就是压力体内的液体所受的重力。

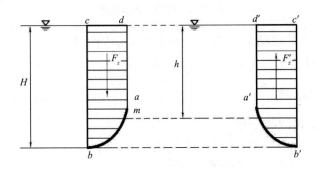

**图 2-18　实压力体和虚压力体**

对于水平投影重叠的曲面,可在液面与铅垂面相切处将曲面分开,分别绘出各部分压力体,然后相叠加,虚、实压力体重叠部分相抵消。例如,图 2-19(a)中的曲面 $ABCD$,分别按曲面 $AB$、$CD$ 界定压力体。前者得虚压力体 $ABCEA$,后者得实压力体 $DCEFD$。叠加后得虚压力体 $ABFA$ 和实压力体 $BCDB$,如图 2-19(d)所示。

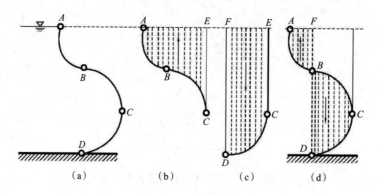

图 2-19　压力体叠加

（a）曲面 *ABCD*　（b）虚压力体　（c）实压力体　（d）叠加后的压力体

【例题 2-3】在水箱底部 $\alpha=60°$ 的斜平面上，装有一个直径 $d = 0.5$ m 的圆形泄水阀，如图 2-20 所示。阀的转动轴通过其中心（点 $C$）且垂直于水箱纵截面，为了使水箱内的水不经阀门外泄，试求在阀的转动轴上需施加多大的锁紧力矩？

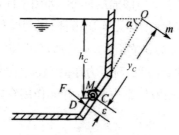

图 2-20　例题 2-3 示意图

解：设阀中心 $C$ 点的水深为 $h_C$，压力中心 $D$ 到 $C$ 的偏距为 $\varepsilon$。

根据式（2-25）得

$$F = \rho g h_C A = \rho g h_C \frac{\pi d^2}{4}$$

由 $\varepsilon$ 的表达式和式（2-23）得

$$\varepsilon = \frac{I_C}{y_C A} = \frac{\dfrac{\pi d^4}{64}}{\dfrac{h_C}{\sin\alpha} \dfrac{\pi d^2}{4}} = \frac{\sin\alpha d^2}{16 h_C}$$

设施加在转动轴上的力矩为 $M$，则根据内力矩平衡可得

$$F\varepsilon + M = 0$$

$$M = -F\varepsilon = -\frac{\rho g \pi \sin\alpha d^4}{4 \times 16}$$

$$= -\frac{9\,800 \times \pi \times \sin 60° \times 0.5^4}{64}$$

$$= -26 \text{ N·m}$$

# 2.4　液体的相对平衡

流体的相对平衡指流体质点与非惯性坐标间的相对平衡。此时,流体质点间仍然没有相对运动,所以流体内部及流体与固壁面间不存在剪切力。在相对平衡的流体中,质量力除了重力,还有惯性力。

## 2.4.1　匀加速直线运动液体的相对平衡

如图 2-21 所示,某液体容器沿 $x$ 正方向以水平的加速度 $a$ 做匀加速直线运动。此时,液体相对容器没有运动,液体处于相对平衡状态。

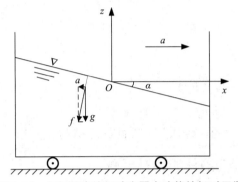

图 2-21　匀加速直线运动容器中液体的相对平衡

液体与容器达到相对平衡后,液面与水平面便形成倾斜角 $\alpha$,把参考坐标系选在容器上,坐标原点取在液面不变化的中心点 $O$,$z$ 轴铅直向上,$x$ 轴水平向右。当应用达朗伯原理分析液体对非惯性参考坐标系 $Oxz$ 的相对平衡时,作用在液体某质点上的质量力,除了铅直向下的重力外,还要虚加上一个大小等于液体质点的惯性力(质量乘以加速度),其方向与加速度方向相反,所以作用在单位质量液体上的质量力为

$$f_x=-a,\ f_y=0,\ f_z=-g$$

1. 液体静压强分布规律

将单位质量力的分力代入压强差公式,即式(2-14),得

$$\mathrm{d}p=\rho(-a\mathrm{d}x-g\mathrm{d}z)$$

对上式积分可得

$$p=-\rho(ax+gz)+c$$

根据边界条件,当 $x=0$,$z=0$ 时,$p=p_0$。代入上式,可得 $c=p_0$,于是

$$p=p_0-\rho(ax+gz) \tag{2-29}$$

这就是水平直线等加速运动容器中液体的静压强分布。式(2-29)表明,压强 $p$ 不仅随质点的铅直坐标 $z$ 变化,而且还随坐标 $x$ 变化。

2. 等压面方程

将单位质量力的分力代入等压面微分方程,即式(2-15),得

$adx+gdz=0$

对上式积分,可得

$$ax+gz=c \qquad (2\text{-}30)$$

式(2-30)为等压面方程,其中 $c$ 为常数。

水平直线等加速运动容器中液体的等压面是斜平面。不同的常数 $c$ 代表不同的等压面,故等压面是一簇斜面。由式(2-29)可知等压面对 $x$ 方向的倾斜角为

$$\alpha=-\arctan(a/g) \qquad (2\text{-}31)$$

可见,等压面与质量力的合力相互垂直。

在自由液面上,当 $x=0$, $z=0$ 时, $c=0$。此时,如果令自由液面上某点的铅直坐标为 $z_s$,则自由液面方程为

$$ax+gz_s=0$$



$$z_s=-ax/g \qquad (2\text{-}32)$$

将式(2-32)代入式(2-29),可得

$$p=p_0+\rho g(z_s-z)=p_0+\rho gh$$

可见,水平直线等加速运动容器中液体的静压强公式与静止流体中的静压强公式完全相同。

## 2.4.2 等角速度回转运动液体的相对平衡

如图 2-22 所示,盛有液体的容器绕铅直轴 $z$ 以等角速度 $\omega$ 旋转。由于液体有黏性,液体便被容器带动而随容器旋转。当旋转稳定后,液面呈现如图 2-22 所示的曲面。此后,液体就如同刚体一样保持原状随同容器一起旋转,形成液体对容器的相对平衡。根据达朗伯原理,作用在液体质点上的质量力,除了铅直向下的重力外,还要虚加上一个大小等于液体质点的惯性力(质量乘以向心加速度,其方向与向心加速度相反)。

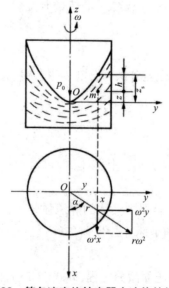

图 2-22　等角速度旋转容器中液体的相对平衡

从图 2-22 可知，$x = r\cos\alpha$，$y = r\sin\alpha$，则作用在单位质量液体上的质量力为

$$f_x = \omega^2 r\cos\alpha = \omega^2 x$$

$$f_y = \omega^2 r\sin\alpha = \omega^2 y$$

$$f_z = -g$$

**1. 流体静压强分布规律**

将单位质量力的分力代入式（2-14），得

$$\mathrm{d}p = \rho(\omega^2 x\mathrm{d}x + \omega^2 y\mathrm{d}y - g\mathrm{d}z)$$

对上式积分，可得

$$p = \rho\left(\frac{\omega^2 x^2}{2} + \frac{\omega^2 y^2}{2} - gz\right) + c = \rho g\left(\frac{\omega^2 r^2}{2g} - z\right) + c \tag{2-33}$$

根据边界条件，当 $r=0$，$z=0$ 时，$p=p_0$。代入上式，可得 $c=p_0$，故得

$$p = p_0 + \rho g\left(\frac{\omega^2 r^2}{2g} - z\right) \tag{2-34}$$

式（2-33）为等角速度旋转容器中液体的静压强分布。该式表明，在同一高度上，液体因旋转而产生的压强与旋转角速度的平方及质点所在半径的平方成正比。

**2. 等压面方程**

将单位质量力的分力代入式（2-15），得

$$\omega^2 x\mathrm{d}x + \omega^2 y\mathrm{d}y - g\mathrm{d}z = 0$$

对上式积分，得

$$\frac{\omega^2 x^2}{2} + \frac{\omega^2 y^2}{2} - gz = c$$

或

$$\frac{\omega^2 r^2}{2} - gz = c \tag{2-35}$$

式（2-35）是抛物面方程。不同的常数 $c$ 代表不同的等压面，故等角速度旋转容器中液体相对平衡时，等压面是一簇绕 $z$ 轴的旋转抛物面。

在自由液面上，当 $r=0$，$z=0$ 时，$c=0$。此时，如果令自由液面上某点的铅直坐标为 $z_s$，则自由液面方程为

$$\frac{\omega^2 r^2}{2} - gz_s = 0$$

或

$$z_s = \frac{\omega^2 r^2}{2g} \tag{2-36}$$

式（2-36）说明，自由液面上某点的铅直坐标与旋转角速度的平方及质点所在半径的平方成正比。

将式（2-36）代入式（2-34），可得

$$p = p_0 + \rho g(z_s - z) = p_0 + \rho gh$$

由此可见,绕铅直轴等角速度旋转的容器中液体的静压强公式与静止流体中静压强公式完全相同,即液体中任一点的静压强等于自由液面上的压强加上深度为 $h$、密度为 $\rho$ 的液体所产生的压强。

【特例1】半径为 $R$ 且中心开口并通大气的圆筒内装满液体。当圆筒绕铅直轴 $z$ 以等角速度 $\omega$ 旋转时,液体虽因受惯性力向外甩,但由于受容器顶盖的限制,液面并不能形成旋转抛物面。如图 2-23 所示,液体内各点的静压强分布仍为

$$p = p_{\mathrm{a}} + \rho g \left( \frac{\omega^2 r^2}{2g} - z \right)$$

作用在顶盖下各点的计示压强仍按抛物面规律分布,如图 2-23 中箭头所示。顶盖中心点 $O$ 处的流体静压强 $p_O = p_{\mathrm{a}}$,顶盖边缘点 $B$ 处的流体静压强 $p = p_{\mathrm{a}} + \rho \dfrac{\omega^2}{2}$。可见,边缘点 $B$ 处的流体静压强最大,且旋转角速度 $\omega$ 越高,边缘处的流体静压强越大。离心式铸造机和其他离心机械就是根据这一原理设计的。

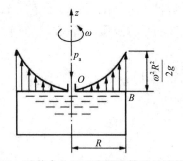

图 2-23　顶盖中心开口容器旋转时的液体平衡

如果只讨论顶盖($z=0$)各处的计示压强,则

$$p_{\mathrm{e}} = p - p_{\mathrm{a}} = \frac{\rho}{2} \omega^2 r^2$$

流体作用在顶盖上的静压力可以通过积分求得

$$F = \int_0^R p_{\mathrm{e}} 2\pi r \mathrm{d}r = \int_0^R \left( \frac{\rho}{2} \omega^2 r^2 \right) 2\pi r \mathrm{d}r$$

$$= \frac{\pi}{4} \rho \omega^2 R^4$$

其受力方向为铅直向上。

【特例2】半径为 $R$ 且边缘开口并通大气的圆筒内装满液体。当圆筒绕铅直轴 $z$ 以等角速度 $\omega$ 旋转时,液体虽因受惯性力向外甩,但由于在容器内部产生真空而把液体吸住,液体不会流出,如图 2-24 所示。

当 $r=R,z=0$ 时,则 $p=p_{\mathrm{a}}$,代入式(2-33)得积分常数 $c = p_{\mathrm{a}} - \dfrac{\rho \omega^2 R^2}{2}$,再代回式(2-33),得

$$p = p_{\mathrm{a}} - \rho g \left[ \frac{\omega^2 \left( R^2 - r^2 \right)}{2g} + z \right]$$

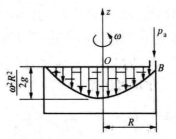

**图 2-24  顶盖边缘开口容器旋转时的液体平衡**

可见,尽管液面没有形成旋转抛物面,但作用在顶盖上各点的流体静压强仍按抛物面规律分布。顶盖边缘 $B$ 点的流体静压强 $p = p_a$,顶盖中心 $O$ 点的流体静压强为

$$p_O = p_a - \rho \frac{\omega^2 R^2}{2}$$

顶盖中心 $O$ 点处的计示压强为

$$p_e = p_O - p_a = -\rho \frac{\omega^2 R^2}{2}$$

上述计示压强为负,说明顶盖处各点存在真空度,且旋转角速度 $\omega$ 越高,中心处的真空度越大。离心水泵和离心风机都是利用中心处形成的真空把水或空气吸入壳体,再借助叶轮旋转所产生的离心惯性增压后,由出口流出。

流体作用在顶盖上的静压力也可以通过积分计算,即

$$F = \int_0^R p_e 2\pi r \mathrm{d}r = \int_0^R \frac{\rho}{2} \omega^2 (R^2 - r^2) 2\pi r \mathrm{d}r$$

$$= -\frac{\pi}{4} \rho \omega^2 R^4$$

该值为负,说明顶盖内作用着向下的吸力。

【例题 2-4】如图 2-25 所示,某圆筒高 $H = 0.7$ m,半径 $R = 0.4$ m,内装 $V = 0.25$ m³ 的水,以等角速度 $\omega = 10$ r/s 绕圆筒中心轴旋转。圆筒中心开孔通大气,顶盖的质量 $m = 5$ kg。试确定作用在所有顶盖固定螺栓上的力。

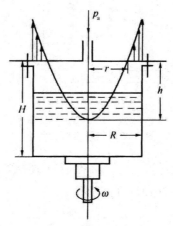

**图 2-25  例题 2-4 示意图**

解:圆筒以等角速度 $\omega$ 旋转时,将形成如图 2-25 所示的抛物面的等压面。令 $h$ 为抛物面顶点到顶盖的高度,$r$ 为抛物面与顶盖相交的圆周半径。根据旋转前后水的体积相等,有

$$\pi R^2 H - \frac{1}{2}\pi r^2 h = V$$

代入数据得

$$\pi \times 0.4^2 \times 0.7 - 0.5 \times \pi \times r^2 h = 0.25 \qquad (a)$$

$$h = \frac{\omega^2 r^2}{2g} = \frac{10^2 \times r^2}{2g} \qquad (b)$$

联立(a)、(b)两式,可得

$$h = 0.575 \text{ m}, r = 0.336 \text{ m}$$

顶盖内外都受到大气压力的作用,所以用相对压力计算。则作用在顶盖上的总压力为

$$F = \int_r^R \rho g \left( \frac{\omega^2 r^2}{2g} - h \right) 2\pi r \mathrm{d}r$$

$$= \frac{\pi \rho \omega^2}{4} \left( R^4 - r^4 \right) - \pi \rho g h \left( R^2 - r^2 \right)$$

$$= 175.6 \text{ N}$$

故螺栓所受的力为

$$F' = F - mg = 175.6 - 49 = 126.6 \text{ N}$$

# 习题 2

(2-1)如图 2-26 所示,U 形管压差计中水银液面高度差 $h = 15 \text{ cm}$。试求充满水的 A、B 两容器内的压强差。

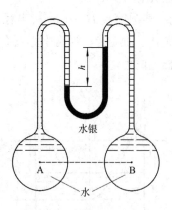

图 2-26   习题 2-1 示意图

(2-2)如图 2-27 所示,U 形管压差计与容器 A 连接,已知 $h_1 = 0.25 \text{ m}$,$h_2 = 1.61 \text{ m}$,$h_3 = 1 \text{ m}$,试求容器 A 中水的绝对压强和真空度。

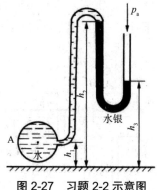

图 2-27　习题 2-2 示意图

（2-3）如图 2-28 所示，两根盛有水银的 U 形测压管与盛有水的密封容器连接。若上面的测压管的水银液面距自由液面的深度 $h_1 = 60\,cm$，水银柱高 $h_2 = 25\,cm$，下面的测压管的水银柱高 $h_3 = 30\,cm$，$\rho_{Hg} = 13\,600\,kg/m^3$。试求下面的测压管水银液面距自由液面的深度 $h_4$。

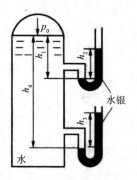

图 2-28　习题 2-3 示意图

（2-4）如图 2-29 所示，处于平衡状态的水压机，其大活塞上受力 $F_1 = 4\,905\,N$，杠杆柄上作用力 $F_2 = 147\,N$，杠杆臂 $a = 15\,cm$，$b = 75\,cm$。若小活塞直径 $d_1 = 5\,cm$，不计活塞的高度差及质量，计两活塞间的摩擦力的校正系数 $\eta = 0.9$，试求大活塞直径 $d_2$。

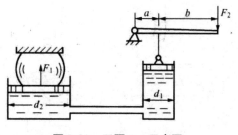

图 2-29　习题 2-4 示意图

（2-5）如图 2-30 所示，有一双液式微压计，A、B 两杯的直径均为 $d_1 = 50\,mm$，A 和 B 用 U 形管连接，U 形管直径 $d_2 = 5\,mm$，A 杯盛有乙醇水溶液，密度 $\rho_1 = 870\,kg/m^3$，B 杯盛有

煤油,密度 $\rho_2 = 830\,kg/m^3$。当两杯上的压强差 $\Delta p = 0$ 时,乙醇和煤油的分界面在 $o$–$o$ 线上。试求当两种液体的分界面上升到 $o'$–$o'$ 位置,$h = 280\,mm$ 时,$\Delta p$ 等于多少?

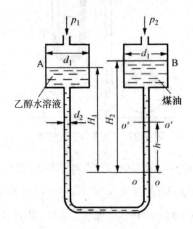

图 2-30 习题 2-5 示意图

(2-6)如图 2-31 所示,直线行驶的汽车上放置一内装液体的 U 形管,$l = 500\,mm$。试确定当汽车以加速度 $a = 0.5\,m/s^2$ 行驶时,两侧支管中液面的高度差。

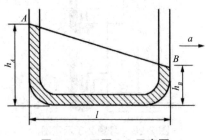

图 2-31 习题 2-6 示意图

(2-7)如图 2-32 所示,一底面为正方形的容器,底面积为 $200\,mm \times 200\,mm$,质量 $m_1 = 4\,kg$。该容器内水的高度 $h = 150\,mm$,且在 $m_2 = 25\,kg$ 的载荷作用下,该容器沿平面滑动。若容器的底面与平面间的摩擦系数 $C_f = 0.3$,试求不使水溢出时容器的最小高度 $H$ 是多少?

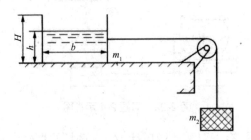

图 2-32 习题 2-7 示意图

（2-8）如图 2-33 所示,有一圆柱形容器,直径 $d=300\ \text{mm}$ ,高 $H=500\ \text{mm}$ ;容器内装水,水深 $h_1=300\ \text{mm}$ ;容器绕铅直中心轴做等角速度旋转。（1）试确定水正好不溢出时的转速 $n_1$ ;（2）试求水正好不溢出且刚好露出容器底面时的转速 $n_2$ ;（3）试求在（2）的状态下,容器停止旋转且水静止后的深度 $h_2$ 。

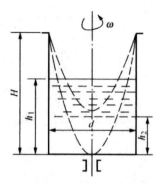

图 2-33　习题 2-8 示意图

（2-9）如图 2-34 所示,有一圆柱形容器,直径 $d=1.2\ \text{m}$ ,容器充满水,并绕铅直轴等角速度旋转。在顶盖上 $r_0=0.43\ \text{m}$ 处安装一开口测压管,管中的水位 $h=0.5\ \text{m}$ 。试求此容器的转速 $n$ 为多少时,顶盖所受的静水总压力为零?

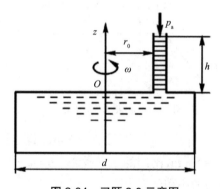

图 2-34　习题 2-9 示意图

（2-10）如图 2-35 所示,已知闸门直径 $d=0.5\ \text{m}$ ,$a=1\ \text{m}$ ,$\alpha=60°$ 。试求斜壁上圆形闸门上的总压力及压力中心。

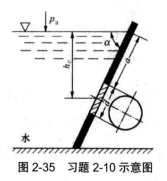

图 2-35　习题 2-10 示意图

（2-11）某容器内充满水,水作用在其截面上的 3/4 圆柱面 $ABCD$ 上,如图 2-36 所示。画出图中(a)、(b)、(c)三种开口测压管液面位置▽1、▽2、▽3 情况的压力体及总压力垂直分力的作用方向。

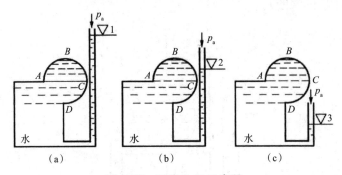

图 2-36　习题 2-11 示意图

（2-12）如图 2-37 所示,有一扇形闸门,宽度 $B=1$ m,$\alpha=45°$,水头 $H=3$ m。试求水对闸门的作用力的大小及方向。

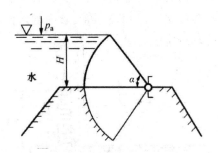

图 2-37　习题 2-12 示意图

（2-13）如图 2-38 所示,有一扇形闸门,半径 $R=7.5$ m,挡着渠中深度 $h=4.8$ m 的水,其圆心角 $\alpha=43°$,旋转轴距渠底 $H=5.8$ m,闸门的水平投影 $CB=a=2.7$ m,闸门宽度 $B=6.4$ m。试求作用在闸门上的总压力的大小和压力中心。

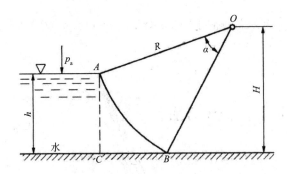

图 2-38　习题 2-13 示意图

（2-14）如图 2-39 所示,直径 $d=1$ m,高 $H=1.5$ m 的圆柱形容器内充满密度

$\rho = 900\,\text{kg}/\text{m}^3$ 的液体，顶盖中心开孔通大气。若容器绕中心轴以 $n=50\ \text{r/min}$ 的转速旋转，求容器的上盖、底面和侧面所受的液体总压力。

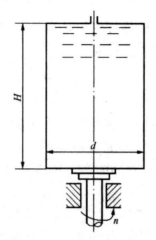

**图 2-39　习题 2-14 示意图**

（2-15）如图 2-40 所示，某汽油箱底部有锥阀，其中 $d_1=100\ \text{mm}$，$d_2=50\ \text{mm}$，$d_3=25\ \text{mm}$，$a=100\ \text{mm}$，$b=50\ \text{mm}$，汽油密度 $\rho = 830\,\text{kg}/\text{m}^3$，不考虑阀芯自重和运动时的摩擦阻力。试求：（1）当压强表读数为 $9.806\times10^3\ \text{Pa}$ 时，提升阀芯所需的初始力 $F$；（2）$F=0$ 时，箱中空气的计示压强 $p_e$。

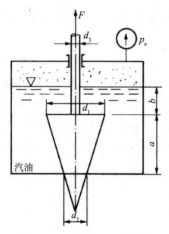

**图 2-40　习题 2-15 示意图**

# 第 3 章   流体动力学

## 本章导读

【基本要求】理解描述流体运动的两种方法;理解流动类型和流束与总流等相关概念;掌握总流连续性方程、能量方程和动量方程及其应用。

【重点】总流连续性方程、能量方程和动量方程及其应用。

【难点】综合应用总流三大方程。

与牛顿力学中的运动学一样,流体运动学也是主要从几何学角度讨论流体运动的描述方法和流体的运动参数等问题。但是,与牛顿力学不一样的是流体力学中更关心的是某个空间点或区域中的流动规律。在工程实际中,也常常需要对流体的运动规律进行分析和研究。本章主要介绍这些具有鲜明流体力学特点的运动学概念。

## 3.1   流体运动的描述

流体是由无限多流体质点组成的连续介质,流体的流动则是这些无限多流体质点运动的综合。充满运动流体的空间称为流场。由于着眼点的不同,有两种流体运动的描述方法。

### 3.1.1   拉格朗日法( 当地法 )

拉格朗日法着眼于流场中每个流体质点的流动参数随时间的变化,综合所有流体质点的运动,得到整个流体的运动规律。和质点动力学一样,该方法通过建立流体质点的运动方程来描述所有流体质点的运动规律,如流体质点的运动轨迹、速度和加速度等。

如果 $a$、$b$、$c$ 代表起始时刻 $t_0$ 流场中流体质点的坐标,该坐标取不同值可代表不同的流体质点,$t$ 为时间变量,则流体质点的运动方程为

$$\left.\begin{aligned} x &= x(a,b,c,t) \\ y &= y(a,b,c,t) \\ z &= z(a,b,c,t) \end{aligned}\right\} \quad (3\text{-}1)$$

当给定 $a$、$b$、$c$ 时,式( 3-1 )代表给定的流体质点的运动轨迹;当给定 $t$ 时,式( 3-1 )代表流体质点 $t$ 时刻所处的位置。则流体质点的速度可表示为

$$\left.\begin{aligned} u_x &= \frac{\mathrm{d}x}{\mathrm{d}t} = \frac{\partial x(a,b,c,t)}{\partial t} \\ u_y &= \frac{\mathrm{d}y}{\mathrm{d}t} = \frac{\partial y(a,b,c,t)}{\partial t} \\ u_z &= \frac{\mathrm{d}z}{\mathrm{d}t} = \frac{\partial z(a,b,c,t)}{\partial t} \end{aligned}\right\} \quad (3\text{-}2)$$

流体质点加速度可表示为

$$\left.\begin{array}{l} a_x = \dfrac{\mathrm{d}^2 x}{\mathrm{d}t^2} = \dfrac{\partial^2 x(a,b,c,t)}{\partial t^2} \\[3mm] a_y = \dfrac{\mathrm{d}^2 y}{\mathrm{d}t^2} = \dfrac{\partial^2 y(a,b,c,t)}{\partial t^2} \\[3mm] a_z = \dfrac{\mathrm{d}^2 z}{\mathrm{d}t^2} = \dfrac{\partial^2 z(a,b,c,t)}{\partial t^2} \end{array}\right\} \tag{3-3}$$

其他物理量,如压力、密度等,均可用 $a$、$b$、$c$ 和 $t$ 的函数表示,即

$$p = p(a,b,c,t) \tag{3-4}$$

$$\rho = \rho(a,b,c,t) \tag{3-5}$$

拉格朗日法的物理概念清晰,理论上能直接得出各质点的运动轨迹和运动参数在运动过程中的变化,但该方法的缺点是在数学上常常遇到很大的困难。在实际工程中,大多数工程问题并不需要知道每个质点的运动轨迹和运动情况的细节,如工程中的管流问题,一般只要求知道若干个控制断面上的流速、流量及压强等的变化即可,因此采用欧拉法更方便。

### 3.1.2　欧拉法(跟踪法)

欧拉法是一种被广泛用来描述流体运动的方法。它着眼于流场中所有空间点上流动参数随时间的变化,即研究表征流场内流体流动特性的各种物理量的矢量场与标量场,如速度场、压强场、密度场、温度场等。在欧拉法中,用质点的空间坐标 $(x, y, z)$ 与时间 $t$ 表达流场中流体质点的运动规律,$(x,y,z,t)$ 为欧拉变数。欧拉变数中的量不是各自独立的,因为流体质点在流场中的空间位置 $(x,y,z)$ 都与运动过程中的时间变量有关。

在不同时间,每个流体质点应该有不同的空间坐标,因此对任一流体质点来说,其位置为欧拉变数变量 $x, y, z$,它们应该是时间 $t$ 的函数,即

$$\left.\begin{array}{l} x = x(t) \\ y = y(t) \\ z = z(t) \end{array}\right\} \tag{3-6}$$

由此可见,欧拉变数 $(x,y,z,t)$ 与拉格朗日变数 $(a,b,c,t)$ 存在不同。后者变数中的 $a$, $b$, $c$ 是各自独立的流体质点的初始坐标,它们与 $t$ 无关;而前者变数中的 $x,y,z$ 并非独立变量,它们是随时间 $t$ 变化的中间变量。因此,欧拉变数中真正独立的只有时间变量 $t$。

用欧拉法描述流体运动时,最主要的是建立质点速度场的表达式,即

$$\left.\begin{array}{l} u_x = u_x(x,y,z,t) = u_x[x(t),y(t),z(t),t] \\ u_y = u_y(x,y,z,t) = u_y[x(t),y(t),z(t),t] \\ u_z = u_z(x,y,z,t) = u_z[x(t),y(t),z(t),t] \end{array}\right\} \tag{3-7}$$

由此可以得出任一时刻( $t$ 一定)质点速度在空间的分布规律,也可以得出任一空间点上( $x,y,z$ 一定)的质点速度随时间的变化规律。

有了速度场的表达式,也可以得出压强场、密度场和温度场的表达式,分别为

$$p = p(x,y,z,t) \tag{3-8}$$

$$\rho = \rho(x, y, z, t) \tag{3-9}$$

$$T = T(x, y, z, t) \tag{3-10}$$

流场中有两种特例:一种是定常场,另一种是均匀场。

【特例 1】如果流场中的速度($u$)、压强($p$)、密度($\rho$)、温度($T$)等物理量的分布与时间 $t$ 无关,即

$$\frac{\partial u}{\partial t} = \frac{\partial p}{\partial t} = \frac{\partial \rho}{\partial t} = \frac{\partial T}{\partial t} = \cdots = 0 \tag{3-11}$$

则称为定常场,或定常流动,此时物理量具有对时间的不变性。

【特例 2】如果流场中的速度($u$)、压强($p$)、密度($\rho$)、温度($T$)等物理量的分布与空间 $s$ 无关,即

$$\frac{\partial u}{\partial s(x, y, z)} = \frac{\partial p}{\partial s(x, y, z)} = \frac{\partial \rho}{\partial s(x, y, z)} = \frac{\partial T}{\partial s(x, y, z)} = \cdots = 0 \tag{3-12}$$

则称为均匀场,或均匀流动,此时物理量具有对空间的不变性。

### 3.1.3 流体质点的加速度

在欧拉法中,各运动参数是空间坐标和时间的函数。对运动质点而言,其位置坐标也随时间变化,即描述质点运动的坐标变量 $x, y, z$ 对质点而言也是 $t$ 的函数。在欧拉法中,流体质点的某运动参数对时间的变化率必须按复合函数的微分法则进行推导。如根据质点加速度的定义,可写出加速度在 $x$ 方向上的分量为

$$a_x = \frac{\mathrm{d}u_x}{\mathrm{d}t} = \frac{\partial u_x}{\partial t} + \frac{\partial u_x}{\partial x}\frac{\mathrm{d}x}{\mathrm{d}t} + \frac{\partial u_x}{\partial y}\frac{\mathrm{d}y}{\mathrm{d}t} + \frac{\partial u_x}{\partial z}\frac{\mathrm{d}z}{\mathrm{d}t}$$

由于运动质点的坐标对时间的导数等于该质点的速度分量,即

$$u_x = \frac{\mathrm{d}x}{\mathrm{d}t}, \quad u_y = \frac{\mathrm{d}y}{\mathrm{d}t}, \quad u_z = \frac{\mathrm{d}z}{\mathrm{d}t}$$

所以

$$\left.\begin{aligned} a_x &= \frac{\mathrm{d}u_x}{\mathrm{d}t} = \frac{\partial u_x}{\partial t} + u_x\frac{\partial u_x}{\partial x} + u_y\frac{\partial u_x}{\partial y} + u_z\frac{\partial u_x}{\partial z} \\ a_y &= \frac{\mathrm{d}u_y}{\mathrm{d}t} = \frac{\partial u_y}{\partial t} + u_x\frac{\partial u_y}{\partial x} + u_y\frac{\partial u_y}{\partial y} + u_z\frac{\partial u_y}{\partial z} \\ a_z &= \frac{\mathrm{d}u_z}{\mathrm{d}t} = \frac{\partial u_z}{\partial t} + u_x\frac{\partial u_z}{\partial x} + u_y\frac{\partial u_z}{\partial y} + u_z\frac{\partial u_z}{\partial z} \end{aligned}\right\} \tag{3-13}$$

由式(3-13)可以看出,用欧拉法描述的流体质点的加速度由两部分组成。

第一部分:$\frac{\partial u_x}{\partial t}$,$\frac{\partial u_y}{\partial t}$ 和 $\frac{\partial u_z}{\partial t}$。其是速度场随时间变化而引起的加速度,称为当地加速度或时变加速度,它反映流场的非定常性。显然,定常流动时一切当地加速度为零。

第二部分:$u_x\frac{\partial u_x}{\partial x} + u_y\frac{\partial u_x}{\partial y} + u_z\frac{\partial u_x}{\partial z}$,$u_x\frac{\partial u_y}{\partial x} + u_y\frac{\partial u_y}{\partial y} + u_z\frac{\partial u_y}{\partial z}$ 和 $u_x\frac{\partial u_z}{\partial x} + u_y\frac{\partial u_z}{\partial y} + u_z\frac{\partial u_z}{\partial z}$。其是速度场随空间位置变化而引起的加速度,它反映流场的非均匀性。显然,均匀流动时一

切迁移加速度为零。

由此可见,质点加速度是由当地加速度及迁移加速度两部分组成,它们的物理概念可以用图 3-1 所示的容器流体出流简例加以说明。

装在容器中的流体经过容器底部的一段等径管路 AB 及变径喷嘴 BC 向外流动。假如我们只讨论管中截面上的平均流速 v 而不研究截面上的速度分布。那么截面流动参数中,除时间变量外,就只随空间变量 s 变化,即 $u=u(s,t)$。这种流动统称为一元流动或一维流动。对于一元流动来说,如果容器中液位保持恒定,则整个管流成为定常流 $u=u(s)$,AB 段是定常均匀流,BC 段是定常非均匀流。质点从 A 流向 B 时既没有当地加速度也没有迁移加速度;质点从 B 流向 C 时虽然没有当地加速度,但是却有迁移加速度。

图 3-1　容器流体出流简例

如果容器中液位不保持恒定,则整个管路成为非定常流,AB 段是非定常均匀流,BC 段是非定常非均匀流。质点从 A 流向 B 时虽然没有迁移加速度,但是却有当地加速度;质点从 B 流向 C 时既有迁移加速度又有当地加速度。

【例题 3-1】如图 3-2 所示,直线过 $O(0,0)$ 点与 $(8,6)$ 点。若流体质点沿该直线以 $u=3\sqrt{x^2+y^2}$ m/s 的速度运动,试求质点在 $(8,6)$ 点的加速度。

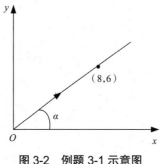

图 3-2　例题 3-1 示意图

解:设 u 在 x 轴上的分量为 $u_x$,在 y 轴上的分量为 $u_y$。

$$u_x = u\cos\alpha = 3\sqrt{x^2+y^2}\frac{x}{\sqrt{x^2+y^2}} = 3x$$

$$u_y = u\sin\alpha = 3\sqrt{x^2+y^2}\frac{y}{\sqrt{x^2+y^2}} = 3y$$

$$a_x = \frac{\partial u_x}{\partial t} + u_x \frac{\partial u_x}{\partial x} + u_y \frac{\partial u_x}{\partial y} = 9x = 72 \text{ m/s}^2$$

$$a_y = \frac{\partial u_y}{\partial t} + u_x \frac{\partial u_y}{\partial x} + u_y \frac{\partial u_y}{\partial y} = 9y = 54 \text{ m/s}^2$$

$$a = \sqrt{a_x^2 + a_y^2} = 90 \text{ m/s}^2$$

### 3.1.4 流体流动的基本物理量

运动流体所占据的空间称为流场。按欧拉法的观点,不同时刻流场中每个流体质点都有一定的空间位置、流速、加速度、压强等。研究流体运动就是求解流场中运动参数的变化规律。为深入研究流体运动的规律,需要继续引入有关流体运动的一些基本概念。

1. 迹线和流线

流体质点的运动轨迹称为迹线,迹线是拉格朗日法描述流体运动的几何基础,而欧拉法描述流体运动的几何基础则是流线。

1)迹线

如果流体运动由拉格朗日变量给出,便可以从其运动方程中消去时间 $t$,得到迹线方程。如果流体运动由欧拉变量给出,便可先给出迹线的运动微分方程组,即

$$\frac{\mathrm{d}x}{u_x} = \frac{\mathrm{d}y}{u_y} = \frac{\mathrm{d}z}{u_z} = \mathrm{d}t \qquad (3\text{-}14)$$

再对式(3-14)积分,得到流体质点坐标随时间的变化规律,消去时间 $t$ 即可。

2)流线

流线是流场中某一时刻假想的一条曲线,位于该曲线上的所有流体质点的运动方向都与这条曲线相切,如图 3-3 所示。

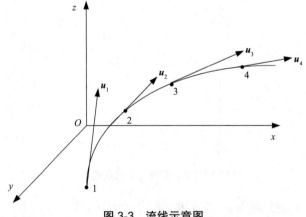

图 3-3　流线示意图

如图 3-3 所示,在流场中任取点 1 绘出 $t$ 时刻的速度矢量 $\boldsymbol{u}_1$,在 $\boldsymbol{u}_1$ 矢量线上取与点 1 相距极近的点 2,绘出同一瞬时点 2 的速度矢量 $\boldsymbol{u}_2$,再在 $\boldsymbol{u}_2$ 矢量线上取与点 2 相距极近的点 3,绘出同一瞬时点 3 的速度矢量 $\boldsymbol{u}_3$。依此类推,就可以得到 1—2—3—4…这样一条折线,

如果各点间的距离无限缩短,则这条折线就变成一条光滑曲线,这就是 $t$ 时刻从 1 点出发的一条流线。

如果在水流中均匀投入适量的轻金属粉末,同时采用适当的曝光时间拍摄照片,则许多依次首尾相连的短线就组成流场中的流线谱,由此可以清楚地看到流场中各点的瞬时速度方向,如图 3-4 所示。不断发展的"流场可视化"技术为研究流体运动提供了科学的实验手段,使流线不再是看不见、摸不着的抽象概念。

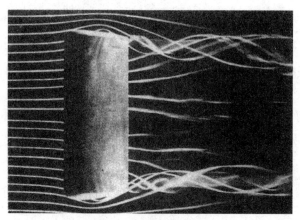

图 3-4　流线演示照片

设流线上某质点的瞬时速度为 $u=u_x i+u_y j+u_z k$,在流线上微元线段 $ds = dxi + dyj + dzk$。根据流线定义,速度矢量 $u$ 与流线矢量 $ds$ 方向一致,两矢量的向量积(叉乘)为零,于是有

$$u \times ds = \begin{vmatrix} i & j & k \\ dx & dy & dz \\ u_x & u_y & u_z \end{vmatrix} = 0 \tag{3-15}$$

整理可得流线微分方程为

$$\frac{dx}{u_x} = \frac{dy}{u_y} = \frac{dz}{u_z} \tag{3-16}$$

式(3-16)流线方程和式(3-14)迹线方程虽然在形式上非常相似,但上述两个方程有本质上的差别,即反映了流线和迹线的差别。

3)流线的性质

(1)流线不能相交也不能是折线。因为在流线的相交点或折点处,速度无法定义,即在同一空间点上速度不能有两个方向。但有两种情况例外。

【特例 1】速度为零的驻点。

例如,气流绕尖头直尾的物体流动时,其流线谱如图 3-5(a)所示,物体的前线点 $A$ 就是一个实际存在的驻点。

【特例 2】速度无穷大的奇点。

如图 3-5(b)所示,流体沿箭头方向从 $B$ 点流出或者向 $B$ 点流入的流动分别称为源或汇。$B$ 点是速度趋于无穷大的奇点,奇点处流线也是相交的。不过需要指出,实际流动中不可能出现无穷大的速度,因此奇点(源与汇)只是一种抽象的理论模型。

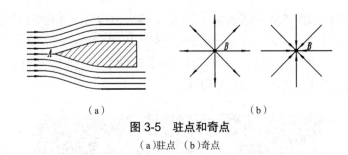

图 3-5　驻点和奇点

(a)驻点　(b)奇点

(2)流场中流线密集的地方,流速相对较大;流线稀疏的地方,流速相对较小。

(3)定常流动时,流线与迹线重合;非定常流动时,流线与迹线一般不重合。

(4)起点在不可穿透的光滑固体边界上的流线将与该边界位置重合,因为在不可穿透的固体边界上,沿边界法线流速分量为零。

2. 流管、流束和总流

(1)流管是在流动空间中取出的一个微小的封闭曲线,只要此曲线本身不是流线,则经过该封闭曲线上每一点作流线,所构成的管状表面就称为流管,如图 3-6 所示。因为流管上各点处的流速都与通过该点的流线相切,所以流体质点不能穿过流管表面流入或流出,流体在流管内的流动就像在固体管道中的流动一样。

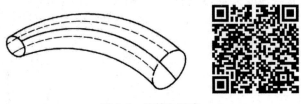

图 3-6　流管和流束

(2)流管内部的流体称为流束。断面无穷小的流束称为微元流束,微元流束的极限为流线。对于微元流束,可以认为其断面上各点的运动要素相等。

(3)总流是固体边界内所有微元流束的总和。例如,总流的边界线就是管壁、河渠的岸边槽底、液体与气体的分界面等。

3. 过流断面上的平均流速及动能、动量修正系数

(1)与流动方向正交的流束横断面称为过流断面。过流断面一般为曲面,如图 3-7(a)中的断面 1—1。当流线平行时,过流断面是平面,如图 3-7(b)中的断面 1—1。过流断面面积是对流束尺度的度量。过流断面面积无限小的流束称为元流,用 d$A$ 表示其面积,如图 3-7(a)所示。元流的过流断面上各点的运动要素可认为是相等的。

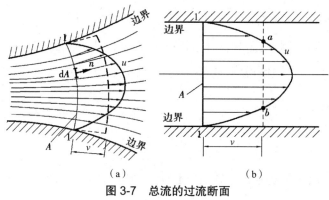

（a）　　　　　　　　　　　　　　（b）

**图 3-7　总流的过流断面**

（a）曲面　（b）平面

（2）单位时间通过流场中某曲面的流体量称为通过该曲面的流量。流体量可以用体积来计量，也可用质量来计量，分别称为体积流量 $Q$ 和质量流量 $Q_m$。若曲面为元流或总流的过流断面，由于速度方向和过流断面相垂直（图 3-8），其各类流量表达式为

体积元流　　　　$\mathrm{d}Q_V = u\mathrm{d}A$ 　　　　　　　　　　　　　　　　　　（3-17）

体积流量　　　　$Q_V = \int_A u\mathrm{d}A$ 　　　　　　　　　　　　　　　　　　（3-18）

质量元流　　　　$\mathrm{d}Q_m = \rho u\mathrm{d}A$ 　　　　　　　　　　　　　　　　　　（3-19）

质量流量　　　　$Q_m = \int_A \rho u\mathrm{d}A$ 　　　　　　　　　　　　　　　　　　（3-20）

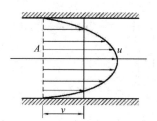

**图 3-8　流速分布与平均流速**

（3）体积流量与过流断面面积的比为过流断面平均流速。

$$v = \frac{Q_V}{A} = \frac{\int_A u\mathrm{d}A}{A}$$ 　　　　　　　　　　　　　　　　　　（3-21）

假设过流断面上各点的流速大小均等于 $v$，方向与实际流动方向相同，则通过的体积流量与真实流速 $u$ 流过此断面的实际体积流量相等。

（4）动能修正系数和动量修正系数。令 $u = v + \Delta v$，则 $\Delta v = u - v$ 代表真实速度 $u$ 与平均速度 $v$ 之差。$\Delta v$ 在管路过流断面的中心部位为正，在靠近壁面部位为负。速度分布越不均匀，$\Delta v$ 的绝对值越大。因为

$$Q_V = \int_A u\mathrm{d}A = \int_A (v + \Delta v)\,\mathrm{d}A = vA + \int_A \Delta v\mathrm{d}A$$

所以

$$\int_A \Delta v\mathrm{d}A = 0$$ 　　　　　　　　　　　　　　　　　　（3-22）

式（3-22）的几何关系从图 3-7 中可以看出，即以 $v=\dfrac{Q}{A}$ 为基准，$\Delta v>0$ 部位所超出的流量刚好补足 $\Delta v<0$ 部位流量的不足。在过流断面上的不同点处 $\Delta v$ 有正有负，但在整个过流断面 $A$ 上的 $\int_A \Delta v \mathrm{d}A=0$。顺便说明，在整个过流断面上的积分 $\int_A \Delta v^2 \mathrm{d}A \neq 0$，因为不论 $\Delta v$ 为正为负，其平方都是正值，因此

$$\int_A \Delta v^2 \mathrm{d}A>0 \tag{3-23}$$

而

$$\int_A \Delta v^3 \mathrm{d}A=\int_A (\Delta v)^2 \Delta v \mathrm{d}A=\Delta v^2 \int_A \Delta v \mathrm{d}A-\int \left[\int_A \Delta v \mathrm{d}A\right] \mathrm{d}(\Delta v)^2=0 \tag{3-24}$$

则流体的动能为

$$\begin{aligned}
m &= \int_{Q_m} \frac{u^2}{2} \mathrm{d}Q_m = \int_A \rho \frac{u^3}{2} \mathrm{d}A = \frac{\rho}{2} \int_A (v^3+3v^2\Delta v+3v\Delta v^2+\Delta v^3)\,\mathrm{d}A \\
&= \frac{\rho}{2} v^3 A \left(1+\frac{3}{v^2 A} \int_A \Delta v^2 \mathrm{d}A\right) \\
&= \alpha \cdot \frac{\rho}{2} v^3 A
\end{aligned} \tag{3-25}$$

式中，$\alpha=1+\dfrac{3}{v^2 A} \int_A \Delta v^2 \mathrm{d}A>1$，称为动能修正系数。也就是说，用平均流速表达单位时间内通过过流断面的流体动能时，需要乘以动能修正系数，才能使结果与真实动能相等。

流体的动量为

$$\begin{aligned}
I &= \int_{Q_m} u \mathrm{d}Q_m = \int_A \rho u^2 \mathrm{d}A = \rho \int_A (v^2+2v\Delta v+\Delta v^2)\,\mathrm{d}A \\
&= \rho v^2 A \left(1+\frac{1}{v^2 A} \int_A \Delta v^2 \mathrm{d}A\right) \\
&= \beta \cdot \rho v^2 A
\end{aligned} \tag{3-26}$$

式中，$\beta=1+\dfrac{1}{v^2 A} \int_A \Delta v^2 \mathrm{d}A>1$，称为动量修正系数。也就是说，用平均流速表达单位时间内通过过流断面的流体动量时，需要乘以动量修正系数，才能使结果与真实动量相等。

$\alpha$ 与 $\beta$ 均与过流断面上的速度分布有关，速度分布越均匀，则这两个修正系数越小。

4. 流动在空间的分类

按运动要素的空间变化，流动可分为一维流动、二维流动和三维流动。若运动要素是三个空间坐标的函数，该流动为三维流动，它是流体运动的一般形式。

任何实际流动从本质上讲都是在三维空间中发生的，二维流动和一维流动是在一些特殊情况下对实际流动的简化与抽象。

二维流动是指运动要素与某一空间坐标无关，且沿该坐标方向无速度分量的流动。如水流绕过很长的圆柱体（图 3-9），忽略两端的影响，令 $z$ 轴与圆柱体的轴线重合，该流动各空间点上的速度都平行于 $xOy$ 平面，有 $u_z=0,\dfrac{\partial u_x}{\partial z}=\dfrac{\partial u_y}{\partial z}=0$，且其他运动参数也与 $z$ 坐标无关，该流动为二维流动。

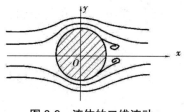

**图 3-9　流体的二维流动**

若运动参数只是一个空间坐标的函数,且流动只有沿该坐标方向的速度分量,这样的流动为一维流动。实际工程中经常遇到细长状的流道,如河道、渠道和各种水管、煤气管道、通风管道等。细长流道断面平均流速的方向为主方向,它接近流道轴线方向。称沿着轴线的坐标 $s$ 为流程坐标,如图 3-10 所示。尽管运动要素有可能随各坐标而变,但细长流道的断面均值,如平均流速,仅沿流程变化,是流程坐标的函数,故这类总流的流动经常近似成一维流动。

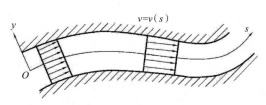

**图 3-10　流体的一维流动**

**5.稳定流动的类型**

(1)均匀流与非均匀流。流速的大小和方向沿流线不变的稳定流称为均匀流,均匀流中的流线必然是相互平行的直线。反之,速度矢量随空间位置变化的稳定流称为非均匀流,非均匀流中的流线不再是相互平行的直线。

(2)缓变流与急变流。工程中存在的流动大多不是均匀流。在非均匀流中,按流线沿流向变化的缓急程度,又可分为缓变流和急变流两类。流线的曲率和流线间的夹角都很小的流动称为缓变流,即该流动流线近乎是平行直线,如图 3-11 所示。与此相反,流线具有很大的曲率,或者流线间的夹角较大的流动,称为急变流。

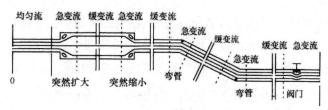

**图 3-11　缓变流和急变流**

【例题 3-2】已知平面速度场 $u_x = x + t$,$u_y = y + t$。

试求:(1)在 $t = 1$ 时刻过(1,2)点的质点的迹线方程;(2)在 $t = 1$ 时刻过(1,2)点的质点的流线方程。

解：（1）由式（3-14）迹线微分方程，将 $u_x$、$u_y$ 代入，可得

$$\frac{\mathrm{d}x}{\mathrm{d}t} = x+t, \frac{\mathrm{d}y}{\mathrm{d}t} = y+t$$

对上式积分，可得

$$x = C_1\mathrm{e}^t - t - 1, \quad y = C_2\mathrm{e}^t - t - 1$$

式中，$C_1$、$C_2$ 为积分常数。

利用条件 $t=1$ 时，$x=1, y=2$，可得

$$C_1 = 3\mathrm{e}^{-1}, C_2 = 4\mathrm{e}^{-1}$$

所以，迹线方程为

$$x = 3\mathrm{e}^{t-1} - t - 1, \quad y = 4\mathrm{e}^{t-1} - t - 1$$

（2）将 $u_x$、$u_y$ 代入式（3-16）流线微分方程，可得

$$\frac{\mathrm{d}x}{x+t} = \frac{\mathrm{d}y}{y+t}$$

对上式积分，可得

$$\ln(x+t) = \ln(y+t) + \ln C$$

或

$$(x+t) = C(y+t)$$

式中，$C$ 为积分常数。

利用条件 $t=1$ 时，$x=1, y=2$，可得

$$C = \frac{2}{3}$$

故所求流线方程为

$$3x - 2y + t = 0$$

## 3.2　连续性方程

### 3.2.1　系统与控制体的概念

系统是一团流体质点的集合。在流体运动中，系统的表面形状和体积是不断变化的，而系统所包含的流体质点是不变的，即系统所含有的流体质量不会增加，也不会减少，系统内质量是守恒的。系统的特点：①系统的边界随系统内质点一起运动，系统内的质点始终包含在系统内，系统边界的形状和所围体积的大小可随时间变化；②系统与外界无质量的交换，但可以有力的相互作用及能量（热和功）交换。

控制体是指流场中某一确定的空间区域，这个区域的周界称为控制面。与系统不同，控制体不是一个封闭的空间，而只是一个"框架"，控制体表面可以有流体出入。控制体的形状是根据流动情况和边界位置任意选定的，一旦选定之后，控制体的形状和位置相对于所选定的坐标系来说是固定不变的。控制体的特点：①控制体的边界（控制面）的相对坐标系是

固定不变的;②在控制面上,可以有质量和能量交换;③在控制面上,受到控制体以外流体或固体施加在控制体内流体上的力。

### 3.2.2　系统内物理量对时间的全导数

如图 3-12 所示,在流场中任取一控制体,用实线表示其周界。在 $t$ 时刻,此控制体的周界与所研究的流体系统的周界相重合,图中虚线表示流体系统的周界。设 $N$ 表示在 $t$ 时刻系统内流体所具有的某种物理量(如质量、动量等)的总量,$\eta$ 为单位质量流体所具有的这种物理量,则 $N = \iiint\limits_{V} \eta\rho \mathrm{d}V$。

图 3-12　流场中的系统与控制体

则系统所具有的某种物理量的总量对时间的全导数,可用下式表达

$$\frac{\mathrm{d}N}{\mathrm{d}t} = \frac{\partial}{\partial t}\iiint\limits_{CV} \eta\rho \mathrm{d}V + \oiint\limits_{CS} \eta\rho \boldsymbol{u}\cdot\mathrm{d}\boldsymbol{A} \tag{3-27}$$

式中,$\rho$ 为流体密度,$V$ 为控制体积,$\mathrm{d}\boldsymbol{A}$ 为控制面微元面矢,$CV$ 表示控制体,$CS$ 表示控制面。设 $\boldsymbol{n}$ 为沿控制面外法线方向的速度, 如图3-12所示。

【特例 1】定常流动。

在定常条件下,流场任何空间点处的密度均不随时间变化,因而整个控制体($CV$)中的质量也不随时间变化,即 $\frac{\partial}{\partial t}\iiint\limits_{CV} \eta\rho \mathrm{d}V = 0$,则有

$$\oiint\limits_{CS} \eta\rho \boldsymbol{u}\cdot\mathrm{d}\boldsymbol{A} = \iint\limits_{CS_{\mathrm{out}}} \eta\rho n\mathrm{d}A - \iint\limits_{CS_{\mathrm{in}}} \eta\rho n\mathrm{d}A = 0 \tag{3-28}$$

上式表明在定常流动条件下,整个系统内流体所具有的某种物理量的变化等于单位时间内通过控制面($CS$)的净通量,即某种物理量的变化只与通过控制面的流动情况有关,而与系统内部流动情况无关。

式(3-27)由两部分组成,一部分相当于当地导数,等于控制体内的这种物理量的总量的时间变化率;另一部分相当于迁移导数,等于单位时间内通过静止的控制面流出($CS_{\mathrm{out}}$)和流入($CS_{\mathrm{in}}$)的这种物理量的差值。这些物理量可以是标量(如质量、能量等),也可以是矢量(动量、动量矩)。

【特例 2】不可压缩流体流动。

流体不可压缩则表示其密度不但不随空间变化,而且也不随时间变化,于是由式(3-27)可得

$$\rho \left( \frac{\partial}{\partial t} \iiint\limits_{CV} \eta \mathrm{d}V + \oiint\limits_{CS} \eta \boldsymbol{u} \cdot \mathrm{d}\boldsymbol{A} \right) = 0$$

由 $\iiint\limits_{CV} \mathrm{d}V = V$，而控制体的位置、形状和体积在流动过程中相对于坐标系不变，故

$\frac{\partial V}{\partial t} = 0$，又 $\rho \neq 0$，于是最后得

$$\oiint\limits_{CS} \boldsymbol{u} \cdot \mathrm{d}\boldsymbol{A} = 0 \tag{3-29}$$

这就是不可压缩流体的连续性方程，它既适用于不可压缩的定常流动也适用于不可压缩的非定常流动。式（3-29）的含义：不可压缩流体流动时，任何瞬时流入控制体的流量均等于同一瞬时从控制体流出的流量。

### 3.2.3　流体一维流动连续性方程

工程中，一般认为流体是连续介质，即在流场内流体质点连续地充满整个空间，且在流动过程中，流体质点互相衔接，不出现空隙。根据质量守恒定律，可以推导出流体流动的连续性方程。

在选定的控制体内的流动系统的流体质量是不会发生变化的，如果设系统内的流体质量为 $m$，则由质量守恒定律有

$$\frac{\mathrm{d}m}{\mathrm{d}t} = 0$$

系统内流体质量对时间的导数可根据式（3-27）求得，此时 $N=m$，设 $\eta=1$，则有

$$\frac{\partial}{\partial t} \iiint\limits_{CV} \rho \mathrm{d}V + \oiint\limits_{CS} \rho \boldsymbol{u} \cdot \mathrm{d}\boldsymbol{A} = 0 \tag{3-30}$$

在定常流动条件下，$\iiint\limits_{CV} \rho \mathrm{d}V = 0$，则有

$$\oiint\limits_{CS} \rho \boldsymbol{u} \cdot \mathrm{d}\boldsymbol{A} = \iint\limits_{CS_{\text{out}}} \rho \boldsymbol{n} \mathrm{d}A - \iint\limits_{CS_{\text{in}}} \rho \boldsymbol{n} \mathrm{d}A = 0 \tag{3-31}$$

式（3-31）表明，在定常流动条件下，通过控制面的流体质量通量为零。

对于一维流动，取如图 3-13 所示的控制体。在一维流动的整个封闭控制表面中，只有两个过流断面是有流体通过的。因为出口过流断面的面积矢 $\mathrm{d}\boldsymbol{A}_2$ 与速度矢 $\boldsymbol{v}_2$ 方向一致，而进口过流断面的面积矢 $\mathrm{d}\boldsymbol{A}_1$ 与速度矢 $\boldsymbol{v}_1$ 方向相反。

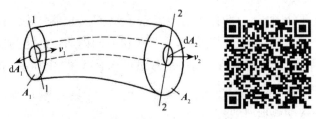

**图 3-13　流体一维流动**

如图 3-13 所示，式（3-31）可表示为

$$\oiint_{CS} \rho \boldsymbol{u} \cdot \mathrm{d}A = \iint_{CS_{\text{out}}} \rho n \mathrm{d}A - \iint_{CS_{\text{in}}} \rho n \mathrm{d}A = \rho_2 v_2 A_2 - \rho_1 v_1 A_1 = 0 \tag{3-32}$$

故，一维定常流动的连续性方程为

$$\rho_2 v_2 A_2 = \rho_1 v_1 A_1 \tag{3-33}$$

一维不可压缩流动的连续性方程为

$$v_2 A_2 = v_1 A_1 \tag{3-34}$$

上述公式中的 $\rho_1$、$v_1$ 和 $\rho_2$、$v_2$ 均是其过流断面上的平均值。

## 3.2.4　流体二维、三维流动连续性方程

首先，将对控制面的曲面积分 $\oiint_{CS} \rho \boldsymbol{u} \cdot \mathrm{d}A$ 化为对坐标的曲面积分，然后根据奥斯特罗格拉特斯基－高斯公式将其化为三重积分，即

$$\begin{aligned}
\oiint_{CS} \rho \boldsymbol{u} \cdot \mathrm{d}A &= \oiint_{CS} (\rho u_x \mathrm{d}y\mathrm{d}z + \rho u_y \mathrm{d}x\mathrm{d}z + \rho u_z \mathrm{d}x\mathrm{d}y) \\
&= \iiint_{CV} \left[ \frac{\partial(\rho u_x)}{\partial x} + \frac{\partial(\rho u_y)}{\partial y} + \frac{\partial(\rho u_z)}{\partial z} \right] \mathrm{d}x\mathrm{d}y\mathrm{d}z
\end{aligned} \tag{3-35}$$

其次，根据控制体与时间无关的特性，将 $\frac{\partial}{\partial t} \iiint_{CV} \rho \mathrm{d}V$ 先对控制体积分，后对时间微分的计算次序颠倒，则得

$$\frac{\partial}{\partial t} \iiint_{CV} \rho \mathrm{d}V = \iiint_{CV} \frac{\partial}{\partial t}(\rho \mathrm{d}V) = \iiint_{CV} \frac{\partial \rho}{\partial t} \mathrm{d}V = \iiint_{CV} \frac{\partial \rho}{\partial t} \mathrm{d}x\mathrm{d}y\mathrm{d}z \tag{3-36}$$

将式（3-35）、式（3-36）代入式（3-30），可得

$$\iiint_{CV} \left[ \frac{\partial(\rho u_x)}{\partial x} + \frac{\partial(\rho u_y)}{\partial y} + \frac{\partial(\rho u_z)}{\partial z} + \frac{\partial \rho}{\partial t} \right] \mathrm{d}x\mathrm{d}y\mathrm{d}z = 0$$

积分区域 $CV$ 即控制体体积，在流场中是任取的，积分为零则表示被积函数在流场中处处为零，故有

$$\frac{\partial(\rho u_x)}{\partial x} + \frac{\partial(\rho u_y)}{\partial y} + \frac{\partial(\rho u_z)}{\partial z} + \frac{\partial \rho}{\partial t} = 0 \tag{3-37}$$

这就是流体在流场中的三维流动连续性方程，它也有两种简化的特例。

【特例 1】定常流动：

$$\frac{\partial(\rho u_x)}{\partial x} + \frac{\partial(\rho u_y)}{\partial y} + \frac{\partial(\rho u_z)}{\partial z} = 0 \tag{3-38}$$

【特例 2】不可压缩流动：

$$\frac{\partial u_x}{\partial x} + \frac{\partial u_y}{\partial y} + \frac{\partial u_z}{\partial z} = 0 \tag{3-39}$$

在式（3-37）、式（3-38）和式（3-39）三个方程式，如果取消等号左端的第三项，则成为直角坐标系中的二维流动（平面流动）的连续性方程。

【例题 3-3】某段水管截面如图 3-14 所示，已知管径 $d_1 = 2.5$ cm，$d_2 = 5$ cm，$d_3 = 10$ cm，

试求当流量为 4 L/s 时,各段的平均流速。

解:根据不可压缩恒定总流的连续性方程

$$Q = v_1 A_1 = v_2 A_2 = v_3 A_3$$

得出

$$v_1 = \frac{Q}{A_1} = \frac{4Q}{\pi d_1^2} = \frac{4 \times 4 \times 10^{-3}}{\pi \times 0.025^2} = 8.15 \, \text{m/s}$$

$$v_2 = v_1 \frac{A_1}{A_2} = v_1 \left( \frac{d_1}{d_2} \right)^2 = 8.15 \times \left( \frac{2.5}{5} \right)^2 = 2.04 \, \text{m/s}$$

$$v_3 = v_1 \frac{A_1}{A_3} = v_1 \left( \frac{d_1}{d_3} \right)^2 = 8.15 \times \left( \frac{2.5}{10} \right)^2 = 0.51 \, \text{m/s}$$

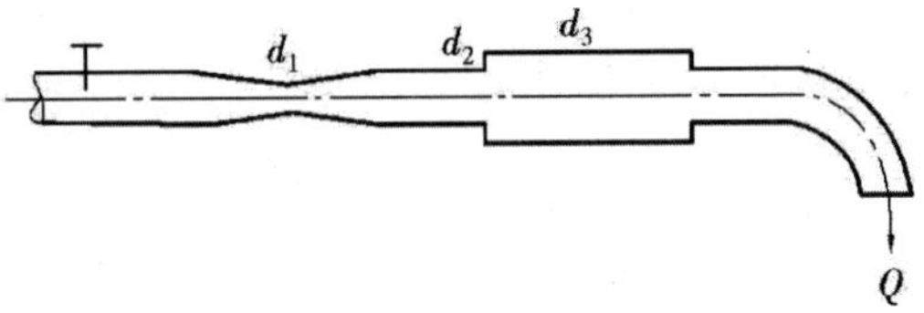

图 3-14　例题 3-3 示意图

## 3.3　伯努利方程及其应用

### 3.3.1　理想不可压缩流体运动微分方程

自然界中存在的所有真实流体都具有黏性,但是流体力学的发展过程表明,如果在任何情形下都考虑流体的黏性,那么绝大多数的流体力学问题会因数学上的复杂性而难以求解,甚至无法求解。大量的理论分析和实验结果表明,对于一些流动情形,忽略流体黏性的影响(即将流体视为没有黏性的理想流体)在工程中是允许的,相应问题的求解也因此变得容易。所以,研究理想不可压缩流体动力学具有理论和应用双重意义。

在如图 3-15 所示的直角坐标系下,选取一边长为 $dx$、$dy$ 和 $dz$ 的微元六面体系统。假定其中心位于坐标为 $(x, y, z)$ 的 $m$ 点的速度、压强及单位质量力分别为 $\boldsymbol{u}, \boldsymbol{p}$ 和 $\boldsymbol{f}, \boldsymbol{f}$ 在 $x$、$y$ 和 $z$ 上的分力分别为 $f_x$、$f_y$ 和 $f_z$。

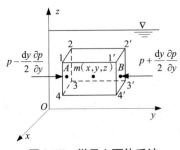

图 3-15　微元六面体系统

沿 $y$ 轴方向,对微元系统写出牛顿第二定律 $\boldsymbol{F}=m\cdot\boldsymbol{a}$,则有

$$\rho f_y \mathrm{d}x\mathrm{d}y\mathrm{d}z + \left(p - \frac{1}{2}\frac{\partial p}{\partial y}\mathrm{d}y\right)\mathrm{d}x\mathrm{d}z - \left(p + \frac{1}{2}\frac{\partial p}{\partial y}\mathrm{d}y\right)\mathrm{d}x\mathrm{d}z = \rho\frac{\mathrm{d}u_x}{\mathrm{d}t}\mathrm{d}x\mathrm{d}y\mathrm{d}z \quad (3\text{-}40)$$

整理可得

$$f_y - \frac{1}{\rho}\frac{\partial p}{\partial y} = \frac{\mathrm{d}u_x}{\mathrm{d}t}$$

类似地,可以得出 $x$ 和 $z$ 两个轴上的投影方程。于是,便得到理想不可压缩流体的运动微分方程为

$$\left.\begin{array}{l} f_x - \dfrac{1}{\rho}\dfrac{\partial p}{\partial x} = \dfrac{\mathrm{d}u_x}{\mathrm{d}t} \\[2mm] f_y - \dfrac{1}{\rho}\dfrac{\partial p}{\partial y} = \dfrac{\mathrm{d}u_y}{\mathrm{d}t} \\[2mm] f_z - \dfrac{1}{\rho}\dfrac{\partial p}{\partial z} = \dfrac{\mathrm{d}u_z}{\mathrm{d}t} \end{array}\right\} \quad (3\text{-}41)$$

这就是著名的欧拉运动微分方程,是欧拉在 1755 年提出的。

根据速度全微分形式,可将式(3-41)化为如下形式:

$$\left.\begin{array}{l} f_x - \dfrac{1}{\rho}\dfrac{\partial p}{\partial x} = \dfrac{\partial u_x}{\partial t} + u_x\dfrac{\partial u_x}{\partial x} + u_y\dfrac{\partial u_x}{\partial y} + u_z\dfrac{\partial u_x}{\partial z} \\[2mm] f_y - \dfrac{1}{\rho}\dfrac{\partial p}{\partial y} = \dfrac{\partial u_y}{\partial t} + u_x\dfrac{\partial u_y}{\partial x} + u_y\dfrac{\partial u_y}{\partial y} + u_z\dfrac{\partial u_y}{\partial z} \\[2mm] f_z - \dfrac{1}{\rho}\dfrac{\partial p}{\partial z} = \dfrac{\partial u_z}{\partial t} + u_x\dfrac{\partial u_z}{\partial x} + u_y\dfrac{\partial u_z}{\partial y} + u_z\dfrac{\partial u_z}{\partial z} \end{array}\right\} \quad (3\text{-}42)$$

式(3-41)可以用一个矢量方程表示为

$$\frac{\mathrm{d}\boldsymbol{u}}{\mathrm{d}t} = \boldsymbol{f} - \frac{1}{\rho}\nabla p \quad (3\text{-}43)$$

式中, $\nabla = \boldsymbol{i}\dfrac{\partial}{\partial x} + \boldsymbol{j}\dfrac{\partial}{\partial y} + \boldsymbol{k}\dfrac{\partial}{\partial z}$。

式(3-42)中的三个方程包含三个轴向流速分量 $u_x$、$u_y$、$u_z$ 及压强 $p$ 共四个未知参数。若再补充一个方程,通常是不可压缩流体的连续性方程,即可使方程组封闭。从理论上说,理想不可压缩流体的动力学问题是完全可以解决的。但实际情况是,除少数特殊情形外,一般很难得到这个非线性微分方程组的解析解。

## 3.3.2　实际流体的运动微分方程

实际流体的运动微分方程可以仿照欧拉运动微分方程推导,二者不同之处在于:对于实际流体,作用于微元六面体系统各个面上的力不仅有法向应力,还有切向应力,如图 3-16 所示。现在不加推导,直接给出实际流体的运动微分方程(具体推导过程可参阅有关文献):

$$f_x - \frac{1}{\rho}\frac{\partial p}{\partial x} + \nu\left(\frac{\partial^2 u_x}{\partial x^2} + \frac{\partial^2 u_x}{\partial y^2} + \frac{\partial^2 u_x}{\partial z^2}\right) = \frac{\mathrm{d}u_x}{\mathrm{d}t}$$

$$f_y - \frac{1}{\rho}\frac{\partial p}{\partial y} + \nu\left(\frac{\partial^2 u_y}{\partial x^2} + \frac{\partial^2 u_y}{\partial y^2} + \frac{\partial^2 u_y}{\partial z^2}\right) = \frac{\mathrm{d}u_y}{\mathrm{d}t} \qquad (3\text{-}44)$$

$$f_z - \frac{1}{\rho}\frac{\partial p}{\partial z} + \nu\left(\frac{\partial^2 u_z}{\partial x^2} + \frac{\partial^2 u_z}{\partial y^2} + \frac{\partial^2 u_z}{\partial z^2}\right) = \frac{\mathrm{d}u_z}{\mathrm{d}t}$$

式中，$\nu$ 为流体的动力黏度。

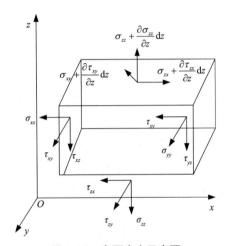

图 3-16　表面应力示意图

式（3-44）是实际不可压缩流体的运动微分方程，其是由纳维尔（Navier）和斯托克斯（Stokes）先后独立提出的，因此也称该方程为纳维尔 – 斯托克斯方程，简称 N-S 方程，它是实际流体运动的一般形式的控制方程。

与欧拉运动微分方程相比，N-S 方程是一个二阶非线性偏微分方程组，求解难度更大，一般极少能够得到解析解。但令人乐观的是，随着计算机与计算技术的日新月异，利用数值方法求解流体力学方程的解已经成为研究流体力学几种主要的方法之一。

### 3.3.3　伯努利方程及其应用

伯努利方程在工程流体力学基本理论中占有重要位置，它形式简单、意义明确，而且与实际的联系又最为密切。

1. 流线上的伯努利方程

（1）条件一：对于稳定流而言，流体速度、压强只是坐标的函数，即有

$$\frac{\partial u_x}{\partial t} = \frac{\partial u_y}{\partial t} = \frac{\partial u_z}{\partial t} = 0 \text{ 和 } \frac{\partial p}{\partial t} = 0$$

理想流体的欧拉运动微分方程可简化为

$$f_x - \frac{1}{\rho}\frac{\partial p}{\partial x} = \frac{\mathrm{d}u_x}{\mathrm{d}t} = u_x\frac{\partial u_x}{\partial x} + u_y\frac{\partial u_x}{\partial y} + u_z\frac{\partial u_x}{\partial z}$$

$$f_y - \frac{1}{\rho}\frac{\partial p}{\partial y} = \frac{\mathrm{d}u_y}{\mathrm{d}t} = u_x\frac{\partial u_y}{\partial x} + u_y\frac{\partial u_y}{\partial y} + u_z\frac{\partial u_y}{\partial z} \qquad (\text{I})$$

$$f_z - \frac{1}{\rho}\frac{\partial p}{\partial z} = \frac{\mathrm{d}u_z}{\mathrm{d}t} = u_x\frac{\partial u_z}{\partial x} + u_y\frac{\partial u_z}{\partial y} + u_z\frac{\partial u_z}{\partial z}$$

（2）条件二：沿流线积分。

将欧拉运动微分方程（I）中的三个式子分别乘以流线上两点的坐标增量 $\mathrm{d}x$、$\mathrm{d}y$、$\mathrm{d}z$，并相加可得

$$\left(f_x\mathrm{d}x + f_y\mathrm{d}y + f_z\mathrm{d}z\right) - \frac{1}{\rho}\left(\frac{\partial p}{\partial x}\mathrm{d}x + \frac{\partial p}{\partial y}\mathrm{d}y + \frac{\partial p}{\partial z}\mathrm{d}z\right) = \frac{\mathrm{d}u_x}{\mathrm{d}t}\mathrm{d}x + \frac{\mathrm{d}u_y}{\mathrm{d}t}\mathrm{d}y + \frac{\mathrm{d}u_z}{\mathrm{d}t}\mathrm{d}z \qquad (\text{II})$$

稳定流动时，流线与迹线重合，则此时的 $\mathrm{d}x$、$\mathrm{d}y$、$\mathrm{d}z$ 与时间 $\mathrm{d}t$ 的比为速度分量，即有

$$u_x = \frac{\mathrm{d}x}{\mathrm{d}t}, \quad u_y = \frac{\mathrm{d}y}{\mathrm{d}t}, \quad u_z = \frac{\mathrm{d}z}{\mathrm{d}t}$$

同时，压强只是坐标的函数，即有

$$\mathrm{d}p = \frac{\partial p}{\partial x}\mathrm{d}x + \frac{\partial p}{\partial y}\mathrm{d}y + \frac{\partial p}{\partial z}\mathrm{d}z$$

因此，式（II）可以转化为

$$(f_x\mathrm{d}x + f_y\mathrm{d}y + f_z\mathrm{d}z) - \frac{1}{\rho}\mathrm{d}p = u_x\mathrm{d}u_x + u_y\mathrm{d}u_y + u_z\mathrm{d}u_z = \frac{1}{2}\mathrm{d}\boldsymbol{u}^2 \qquad (\text{III})$$

式中，$\boldsymbol{u} = u_x\boldsymbol{i} + u_y\boldsymbol{j} + u_z\boldsymbol{k}$

（3）条件三：质量力只有重力。

若作用在流体上的质量力只有重力，则应有 $f_x = 0$，$f_y = 0$，$f_z = -g$，式（III）可以改写为

$$g\mathrm{d}z + \frac{\mathrm{d}p}{\rho} + \frac{\mathrm{d}\boldsymbol{u}^2}{2} = 0 \qquad (\text{IV})$$

（4）条件四：不可压缩流体。

对于不可压缩流体，$\rho$ 为常数。对式（IV）进行积分，可得

$$z + \frac{p}{\rho g} + \frac{u^2}{2g} = C \qquad (3\text{-}45)$$

对于流线上的任意两点 1、2，则有

$$z_1 + \frac{p_1}{\rho g} + \frac{u_1^2}{2g} = z_2 + \frac{p_2}{\rho g} + \frac{u_2^2}{2g} \qquad (3\text{-}46)$$

式（3-45）和式（3-46）为理想流体沿流线的伯努利方程，即能量方程。

式（3-45）的适用条件为理想流体、不可压缩流体、质量力只受重力作用、运动沿稳定流动的流线或微小流束。

伯努利方程中各项的物理意义和几何意义如下。

$z$：物理意义为单位重量流体的位能；几何意义为位置水头。

$\dfrac{p}{\rho g}$：物理意义为单位重量流体的压能；几何意义为压强水头。

$\dfrac{u^2}{2g}$：物理意义为单位重量流体的动能；几何意义为速度水头。

$z+\dfrac{p}{\rho g}$：物理意义为单位重量流体的势能；几何意义为总势能水头。

$z+\dfrac{p}{\rho g}+\dfrac{u^2}{2g}$：物理意义为单位重量流体的总机械能；几何意义为总水头。

理想流体没有能量损失，于是理想流体伯努利方程说明：在理想流体中，流体的总机械能（位能＋压能＋动能）守恒。由此可见，伯努利方程实质就是物理学能量守恒定律在流体力学上的一种表现形式。

2. 实际流体沿流线的伯努利方程

$z+\dfrac{p}{\rho g}+\dfrac{u^2}{2g}=C$ 为理想流体沿流线的伯努利方程，其中 $C$ 为常数。一方面，该方程仅适用于理想流体，而不适用于实际流体；另一方面，该方程仅适用于流线（微小流束），而不适用于总流。对于实际流体，由于其具有黏性，流动时将产生局部阻力和沿程阻力，导致能量损失。因此，实际流体在流动时，沿流线方向总比能将逐渐减小。

因此，对于流线上沿流动方向的点 1 和点 2，必有

$$z_1+\dfrac{p_1}{\rho g}+\dfrac{u_1^2}{2g}>z_2+\dfrac{p_2}{\rho g}+\dfrac{u_2^2}{2g}$$

设 $h'_{w1-2}$ 是点 1 和点 2 间单位重量流体的能量损失，则实际流体沿流线（微小流束）的伯努利方程（能量方程）可写为

$$z_1+\dfrac{p_1}{\rho g}+\dfrac{u_1^2}{2g}=z_2+\dfrac{p_2}{\rho g}+\dfrac{u_2^2}{2g}+h'_{w1-2} \qquad (3-47)$$

3. 实际流体总流的伯努利方程

工程计算中，一般并不关注某一条流线上的流动，而是着眼于总流在过流断面上的平均值，因此如将伯努利方程中的各项以过流断面上的平均值表示，则更有实际价值。

实际流体总流的伯努利方程需通过对微小流束伯努利方程积分后得出。

微小流束上某质点具有的单位重量的能量为

$$e=z+\dfrac{p}{\rho g}+\dfrac{u^2}{2g}$$

以 $\mathrm{d}G=\rho gu\mathrm{d}A$ 表示重量流量，其通过微小流束有效断面的流体总能量为

$$\mathrm{d}E=e\cdot\mathrm{d}G=\left(z+\dfrac{p}{\rho g}+\dfrac{u^2}{2g}\right)\rho gu\mathrm{d}A$$

单位时间内通过总流有效断面的流体总能量为

$$E=\int_A \mathrm{d}E=\int_A\left(z+\dfrac{p}{\rho g}+\dfrac{u^2}{2g}\right)\rho gu\mathrm{d}A$$

断面平均单位重量流体的能量为

$$\bar{e}=\dfrac{E}{\rho gQ}=\dfrac{1}{\rho gQ}\int_A\left(z+\dfrac{p}{\rho g}+\dfrac{u^2}{2g}\right)\rho gu\mathrm{d}A=z+\dfrac{p}{\rho g}+\dfrac{1}{2gQ}\int_A u^3\mathrm{d}A \qquad (3-48)$$

对于流线上沿流动方向的点 1 和点 2,根据式(3-47)可导出断面平均单位重量流体的总能量之间的关系式为

$$\frac{1}{\rho gQ}\int_{A_1}\left(z_1+\frac{p_1}{\rho g}+\frac{u_1^2}{2g}\right)\rho gu_1\mathrm{d}A_1$$

$$=\frac{1}{\rho gQ}\int_{A_2}\left(z_2+\frac{p_2}{\rho g}+\frac{u_2^2}{2g}\right)\rho gu_2\mathrm{d}A_2+\frac{1}{\rho gQ}\int_{A_1}^{A_2}h'_{w1-2}\rho gu\mathrm{d}A$$

(3-49)

式(3-49)即为实际流体总流的伯努利方程(能量方程)。由于总流有效断面上各运动参数不相等,因此求解该积分式有很大困难。为此,需引入两个概念:缓变流断面、动能修正系数。

1)缓变流断面

流线之间夹角比较小,流线曲率半径比较大的流动的断面称为缓变流断面。缓变流断面接近于平面,因为流线曲率半径 $R$ 很大,离心惯性力 $F_n=mu^2/R$ 可忽略。因此,质量力只有重力;缓变流有效断面上不同流线上各点的压力分布与静压力的分布规律相同,即满足 $z+\dfrac{p}{\rho g}=C$。

【证明】缓变流有效断面上的压力分布满足 $z+\dfrac{p}{\rho g}=C$。

在缓变流中取相距极近的两流线 $S_1$ 及 $S_2$,并在有效断面上取一面积为 $\mathrm{d}A$,高为 $\mathrm{d}z$ 的微小流体柱,则其受力情况如图 3-17 所示。

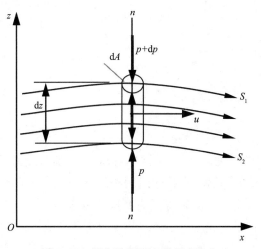

图 3-17　缓变流断面上的压力分布

根据达朗贝尔原理,沿 $n$—$n$ 方向外力与惯性力的代数和应为零,即

$$(p+\mathrm{d}p)\mathrm{d}A-p\mathrm{d}A+\mathrm{d}G-F_n=0$$

因为 $F_n=mu^2/R\approx0$,$\mathrm{d}G=\rho g\mathrm{d}A\mathrm{d}z$,所以 $\dfrac{\mathrm{d}p}{\rho g}+\mathrm{d}z=0$。

对于不可压缩流体,积分得 $z+\dfrac{p}{\rho g}=C$。

因此,有表达式

$$\frac{1}{\rho gQ}\int_A\left(z+\frac{p}{\rho g}\right)\rho gudA=\left(z+\frac{p}{\rho g}\right)\frac{1}{\rho gQ}\int_A\rho gudA=z+\frac{p}{\rho g}$$

急变流与缓变流相对应,其是指流动参量沿流程急剧变化的总流。例如,突然扩大管、突然缩小管、弯管及闸阀等处的流动都属于急变流。

2)动能修正系数

动能修正系数 $\alpha$ 是总流有效断面上实际流速($u$)对应的实际动能与按平均流速($v$)计算得出的假想动能之比,是由于断面上流速分布不均匀引起的。根据 $\alpha$ 的物理意义及式(3-25),有

$$\alpha=1+3\frac{\int_A\Delta v^2\mathrm{d}A}{v^2A}=\frac{\int_A\frac{\rho}{2}u^3\mathrm{d}A}{\frac{\rho}{2}v^3A}=\frac{\int_A u^3\mathrm{d}A}{v^3A}$$

动能修正系数 $\alpha$ 与水流流态有关,且其值与始终满足 $\alpha>1$。

层流时:$\alpha=2$。

紊流时:$\alpha=1.05\sim1.10$,且随着雷诺数 $Re$ 的增加,逐渐趋近于 1(在未讲述流态的概念之前,均以 $\alpha=1$ 近似处理)。

因此,根据式(3-48),可得实际流体总流伯努利方程,即式(3-49)的各项积分可分别表示为

$$\frac{1}{\rho gQ}\int_A\left(z+\frac{p}{\rho g}\right)\rho gudA=z+\frac{p}{\rho g};\quad\frac{1}{\rho gQ}\int_A\frac{u^2}{2g}\rho gudA=\frac{\alpha v^2}{2g}$$

令总流能量损失:

$$h_{\mathrm{w}1-2}=\frac{1}{\rho gQ}\int_{A_1}^{A_2}h'_{\mathrm{w}1-2}\rho gudA$$

最终实际流体总流伯努利方程可表示为

$$z_1+\frac{p_1}{\rho g}+\frac{\alpha_1 v_1^2}{2g}=z_2+\frac{p_2}{\rho g}+\frac{\alpha_2 v_2^2}{2g}+h_{\mathrm{w}1-2} \tag{3-50}$$

总流能量损失 $h_{\mathrm{w}1-2}$ 的物理意义:实际流体总流 1、2 有效断面间,单位重量流体的平均能量损失。实际流体总流的伯努利方程的适用条件:稳定流;不可压缩;质量力只有重力;计算断面 1、2 取在缓变流断面上;1、2 断面具有共同的流线。

当两个过流断面之间的总流段存在质量的输入或输出时,可采用流道分割法转化成简单流道的问题。如图 3-18 所示的分岔管,图中 $ABC$ 为两股流体的分界面。把上、下两股流体看成两个总流,当过流断面 1—1、2—2 和 3—3 为渐变流的过流断面时,有

$$z_1+\frac{p_1}{\rho g}+\frac{\alpha_1 v_1^2}{2g}=z_2+\frac{p_2}{\rho g}+\frac{\alpha_2 v_2^2}{2g}+h_{\mathrm{w}1-2}$$

$$z_1+\frac{p_1}{\rho g}+\frac{\alpha_1 v_1^2}{2g}=z_3+\frac{p_3}{\rho g}+\frac{\alpha_3 v_3^2}{2g}+h_{\mathrm{w}1-3}$$

由于两个总流的流动情况不同,一般有 $h_{\mathrm{w}1-2}\neq h_{\mathrm{w}1-3}$。

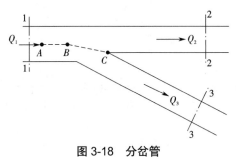

图 3-18　分岔管

### 4.伯努利方程的应用

#### 1）皮托管

皮托管是将流体动能转化为压能,从而通过测压计测定流体运动速度的仪器。图 3-19 所示是由弯成直角形状的细管所做成的最简单的皮托管。该皮托管的开口端正对着明渠水流的流动方向,水流冲击使皮托管中水柱上升。水流速度不变时,水柱上升至 $H+h$ 后,保持不变,皮托管内的流体呈平衡状态。设皮托管口前 1 点水流速度为 $v$,压强为 $p = \rho g H$（如果在 1 点处放置一个测压管,则测压管中的静压水头为 $H = \dfrac{p}{\rho g}$）。2 点是水流速度为零的驻点,其压强 $p_0=\rho g(H+h)$ 也称为驻点压强,此时皮托管中的水柱高 $\dfrac{p_0}{\rho g} = H + h$ 也称为总水头。

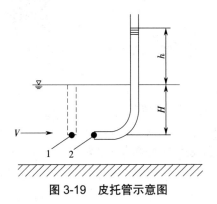

图 3-19　皮托管示意图

对 1、2 两点列伯努利方程,可得

$$\frac{p}{\rho g} + \frac{v^2}{2g} = \frac{p_0}{\rho g} \tag{3-51}$$

或

$$p_0 = p + \frac{\rho v^2}{2} \tag{3-52}$$

若 1、2 两点相距极近,也可以说是处在皮托管口内外交界处的一个点,因此可称 $p$ 为该点上的静压强,称 $\dfrac{\rho v^2}{2}$ 为该点上的动压强,称 $p_0$ 为该点上的总压强（即驻点压强）。式（3-52)说明,该点上的总压强等于静压强与动压强之和。

此外根据式（3-51）还可得出

$$\frac{v^2}{2g} = \frac{p_0 - p}{\rho g} = \frac{\rho g(H+h) - \rho g H}{\rho g} = h \qquad (3\text{-}53)$$

由此可以看出，$\frac{v^2}{2g}$ 也可以用一段水柱的高表示，故 $\frac{v^2}{2g}$ 也称为速度水头，它等于皮托管中总水头与测压管中静水头之差。

用皮托管测量速度的公式可由（3-53）求得，其表达式为

$$v = \sqrt{2g\frac{p_0 - p}{\rho g}} = \sqrt{\frac{2(p_0 - p)}{\rho}} = \sqrt{2gh} \qquad (3\text{-}54)$$

测量管道中的水流或气流的速度时，需要将皮托管与测压管联合使用，如图 3-20 所示。

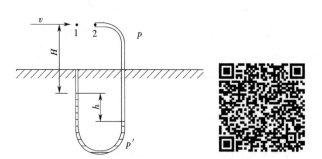

图 3-20　皮托管与测压管联合使用

其测量流速的表达式为

$$v = \sqrt{2g\frac{p_0 - p}{\rho g}} = \sqrt{2g\frac{(\rho' - \rho)gh}{\rho g}} = \sqrt{\left(\frac{\rho' - \rho}{\rho}\right)2gh} \qquad (3\text{-}55)$$

式中：$\rho'$ 为装置中的液体密度，$\rho$ 为被测的流体密度。

如果是测量气流，则不论装置中的液体是水或汞，均可认为 $\rho' \gg \rho$ ，$\rho' - \rho \approx \rho'$。于是可得到气流速度计算公式为

$$v = \sqrt{\frac{2gh\rho'}{\rho}} \qquad (3\text{-}56)$$

皮托管与测压管组合成一个整体，叫作组合式皮托管，也叫作皮托-静压管。

在工程实际中，多采用如图 3-21 所示的皮托-静压管（或称动压管），它是将静压管包裹在皮托管的外面，在距总压孔适当距离的外壁上，沿圆周开设静压孔。使用时，将总压孔的通路和静压孔的通路分别连接于压差计的两端，由压差计给出总压强和静压强的差值，最后由式（3-54）求出测点的流速。

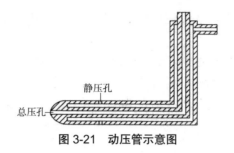

**图 3-21　动压管示意图**

2）节流式流量计

节流式流量计是在管道中安装的一个过流断面略小些的节流元件。流体流过该元件时，速度增大、压强降低。节流式流量计利用节流元件前后压强差来测定流量。工程上常见的节流式流量计有孔板流量计、喷嘴流量计、文丘里流量计三种，如图 3-22 所示。它们的节流元件虽不同，性能稍有差异，但其基本原理是完全一样的。

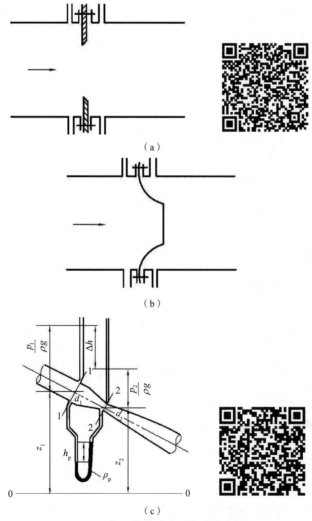

（a）

（b）

（c）

**图 3-22　常见的节流式流量计示意图**
（a）孔板流量计　（b）喷嘴流量计　（c）文丘里流量计

以文丘里流量计为例,推导节流式流量计普遍适用的用于测量不可压缩流体流量的计算公式。

如图 3-22(c)所示,设不可压缩流体的密度为 $\rho$,断面 1—1 取在节流元件之前,断面 2—2 取在直径为 $d_2$ 的节流元件的收缩断面处。

任取水平基准面,且暂不计黏性影响。对断面 1—1 和断面 2—2 列伯努利方程。

$$z_1 + \frac{p_1}{\rho g} + \frac{v_1^2}{2g} = z_2 + \frac{p_2}{\rho g} + \frac{v_2^2}{2g}$$

由连续性方程 $v_1 A_1 = v_2 A_2$ 解出 $v_2 = v_1 \dfrac{A_1}{A_2} = v_1 \dfrac{d_1^2}{d_2^2}$,代入上式可得

$$v_1 = \sqrt{\frac{2g}{\left(\dfrac{d_1}{d_2}\right)^4 - 1}} \cdot \sqrt{\left(z_1 + \frac{p_1}{\rho g}\right) - \left(z_2 + \frac{p_2}{\rho g}\right)} \tag{3-57}$$

对于式(3-57)等号右端第二个根号,根据测压仪器的不同,有下列三种情况。

(1)如果用图 3-22(c)中上部的测压管测量压强,则式(3-57)变为

$$v_1 = \sqrt{\frac{2g}{\left(\dfrac{d_1}{d_2}\right)^4 - 1}} \cdot \sqrt{\Delta h} \tag{3-58}$$

于是理论流量

$$Q_T = \frac{\pi d_1^2}{4} v_1 = \frac{\pi d_1^2}{4} \sqrt{\frac{2g}{\left(\dfrac{d_1}{d_2}\right)^4 - 1}} \cdot \sqrt{\Delta h} = k\sqrt{\Delta h} \tag{3-59}$$

式中,$k = \dfrac{\pi d_1^2}{4} \sqrt{\dfrac{2g}{\left(\dfrac{d_1}{d_2}\right)^4 - 1}}$ 为仪器常数。

考虑到实际流体黏性的影响,则应对理论流量进行黏性修正,于是实际流量可表示为

$$Q_V = C_q k \sqrt{\Delta h} \tag{3-60}$$

式中,$C_q = \dfrac{Q_V}{Q_T} = \dfrac{实际流量}{理论流量}$,$C_q$ 为流量系数。

(2)如果用图 3-22(c)中下部的 U 形测压计测量压强,则式(3-57)变为

$$\sqrt{\left(z_1 + \frac{p_1}{\rho g}\right) - \left(z_2 + \frac{p_2}{\rho g}\right)} = \sqrt{\frac{\rho_p - \rho}{\rho} h_p} \tag{3-61}$$

此时,实际流量可表示为

$$Q_V = C_q k \sqrt{\frac{\rho_p - \rho}{\rho} h_p}$$

(3)如果用 U 形测压计测量管路中的低速不可压缩气流,则由于

$$\rho \ll \rho_p, \rho_p - \rho \approx \rho_p$$

此时,实际流量可表示为

$$Q_V = C_q k \sqrt{\frac{\rho_p}{\rho} h_p}$$ （3-62）

上述三种情况中,$C_q$ 及 $k$ 的意义完全相同。

流量系数只能通过实验测定,通常绘成图表供测定流量时选用。影响流量系数的因素很多,如流体黏度、平均流速、节流元件前后直径等。

节流式流量计具有结构简单、安装方便、产品系列化的特点,并且有大量积累的实验资料,在工程上应用极为广泛。但是节流式流量计有一个缺点,即其可测定的最大流量受到液体汽化压强的限制。流量越大,节流口处的速度 $u_2$ 也越大,压强 $p_2$ 越低,一旦 $p_2$ 接近液体工作温度下的汽化压强 $p_y$ 时,则液体开始汽化,阻塞节流口,而且气泡冲入测压计使之无法观测。这种发生在节流口处的汽化现象,被称为节流气穴,它限制了节流式流量计的测定范围。

节流气穴不仅可能在流量计中出现,凡是液体流速过高、压强过低的节流口处,其都有可能出现。在液体机械中,气穴往往伴有气蚀发生,因此应该设法避免。

【例题 3-4】离心泵从吸水池抽水,如图 3-23 所示。已知抽水量 $Q = 5.56$ L/s,泵的安装高度 $H_s = 5$ m,吸水管直径 $d = 100$ mm,吸水管的水头损失 $h_w = 0.25$ m。试求水泵进口断面 2—2 处的真空度。

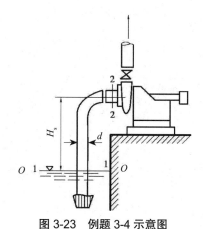

图 3-23　例题 3-4 示意图

解:采用总流的伯努利方程求解。选基准面 $O$—$O$ 与吸水池水面重合;吸水池水面为断面 1—1,与所选基准面重合;水泵进口断面为 2—2。以吸水池水面上的点和水泵进口断面的轴心点为计算点,其运动参数为 $z_1 = 0$, $p_1 = 0$, $v_1 \approx 0$, $z_2 = H_s$, $v_2 = \dfrac{4Q}{\pi d_1^2} = 0.708$ m/s,将各参数代入总流伯努利方程,可得

$$0 = H_s + \frac{p_2}{\rho g} + \frac{\alpha_2 v_2^2}{2g} + h_w$$

$$\frac{p_V}{\rho g} = -\frac{p_2}{\rho g} = H_s + \frac{\alpha_2 v_2^2}{2g} + h_w = 5.28 \text{ m}$$

【例题 3-5】文丘里流量计如图 3-24 所示,已知进口直径 $d_1 = 100 \text{ mm}$,喉管直径 $d_2 = 50 \text{ mm}$,实测下部的水银压差计的水银面高差 $h_\text{p} = 4.76 \text{ cm}$,流量计的流量系数 $\mu = 0.98$。试求管道内通过的流体的流量。

解:选水平基准面 $O—O$;分别选收缩段进口前断面和喉管处的断面 1—1 和断面 2—2,两者均为缓变流过流断面,计算点取在管轴线上。由于收缩段的水头损失很小,可忽略不计。取动能修正系数 $\alpha_1 = \alpha_2 = 1.0$,列总流的伯努利方程,有

$$z_1 + \frac{p_1}{\rho g} + \frac{\alpha_1 v_1^2}{2g} = z_2 + \frac{p_2}{\rho g} + \frac{\alpha_2 v_2^2}{2g}$$

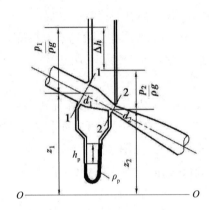

图 3-24　例题 3-5 示意图

由连续性方程 $v_1 A_1 = v_2 A_2$,解出 $v_2 = v_1 \dfrac{A_1}{A_2} = v_1 \dfrac{d_1^2}{d_2^2}$,则有

$$v_1 = \sqrt{\frac{2g}{\left(\dfrac{d_1}{d_2}\right)^4 - 1}} \cdot \sqrt{\left(z_1 + \frac{p_1}{\rho g}\right) - \left(z_2 + \frac{p_2}{\rho g}\right)} = \sqrt{\frac{2g}{\left(\dfrac{d_1}{d_2}\right)^4 - 1}} \sqrt{h_\text{p}\left(\frac{\rho_\text{p}}{\rho} - 1\right)}$$

理论流量

$$Q_\text{T} = \frac{\pi d_1^2}{4} v_1 = \frac{\pi d_1^2}{4} \sqrt{\frac{2g}{\left(\dfrac{d_1}{d_2}\right)^4 - 1}} \cdot \sqrt{h_\text{p} \cdot \frac{\rho_\text{p} - \rho}{\rho}} = k\sqrt{h_\text{p} \cdot \frac{\rho_\text{p} - \rho}{\rho}}$$

式中,$k = \dfrac{\pi d_1^2}{4} \sqrt{\dfrac{2g}{\left(\dfrac{d_1}{d_2}\right)^4 - 1}}$ 为仪器常数。

考虑流量计有水头损失,上式乘以流量系数 $\mu$ 便得到流量计的实测流量为

$$Q_\text{V} = \mu Q_\text{T} = \mu k \sqrt{h_\text{p}\left(\frac{\rho_\text{p} - \rho}{\rho}\right)} = 6.83 \text{ L/s}$$

# 3.4　动量方程及其应用

流体动力学有三大基本方程,前面章节已介绍了连续性方程和能量方程,本节讨论恒定总流的动量方程。在生产实践中,有些流动问题不能只用连续性方程和能量方程来解决,而需要借助动量方程来加以解决。例如,对于高压消防水龙头末端的喷嘴,要计算水流喷射时对人体的作用力有多大;弯管中的液流在弯管的压迫下转向,液流对弯管就有力的作用,要计算这个作用力有多大。应用动量方程能很容易地解决上述问题。

## 3.4.1　动量方程

动量方程由动量定律推导而得。物理学上的动量定律是作用在物体上的所有外力之和等于物体的动量对时间的变化率,即

$$\sum F = \frac{\mathrm{d}M}{\mathrm{d}t} = \frac{\mathrm{d}(mu)}{\mathrm{d}t} \tag{3-63}$$

为了将动量定律应用到流体流动中,在恒定总流内取断面 1—1 和断面 2—2 所包围的一股流体作为控制体,如图 3-25 所示。假定这两个断面都为渐变流或均匀流过流断面,在控制体的控制面内,流体从断面 1—1 流进,从断面 2—2 流出,考虑流体从 $t$ 时刻到 $t+\mathrm{d}t$ 时刻内的动量变化。

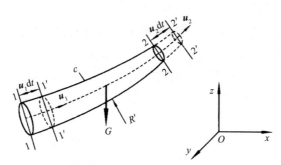

**图 3-25　动量方程的推导**

在 $t$ 时刻,断面 1—1 至断面 2—2 内的流体,在外力作用下恒定流动,在 $t+\mathrm{d}t$ 时刻,两断面分别移动到 $1'$ —$1'$ 、$2'$ —$2'$ 的位置。由于为恒定流动,在移动过程中,空间内虽有流体质点的流动和更换,运动的流体的质量没有改变,只有动量发生改变。因此,运动前后这股流体的动量变化等于 2—2 至 $2'$ —$2'$ 和 1—1 至 $1'$ —$1'$ 两块流体的动量差,即

$$\mathrm{d}M = M_{1'-2'} - M_{1-2} = M_{2-2'} - M_{1-1'} \tag{3-64}$$

由于 $\mathrm{d}t$ 很小, 1—1 至 $1'$ —$1'$ 和 2—2 至 $2'$ —$2'$ 两微段的速度、压强可认为近似不变,而

$$M = \int_A u\,\mathrm{d}m = \int_A u\rho\,\mathrm{d}Q\,\mathrm{d}t = \int_A \rho uv\,\mathrm{d}A\,\mathrm{d}t = \rho Q\alpha u\,\mathrm{d}t$$

因此有

$$\mathrm{d}M = \rho_2 Q_2 \alpha_2 u_2\,\mathrm{d}t - \rho_1 Q_1 \alpha_1 u_1\,\mathrm{d}t$$

故恒定总流的动量方程为

$$\sum \boldsymbol{F} = \frac{\mathrm{d}\boldsymbol{M}}{\mathrm{d}t} = \rho_2 Q_2 \alpha_2 \boldsymbol{u}_2 - \rho_1 Q_1 \alpha_1 \boldsymbol{u}_1 \qquad (3\text{-}65)$$

式中，$\alpha$ 为动量修正系数。对于管道层流，$\alpha = \frac{4}{3}$；对于紊流，$\alpha = 1.005 \sim 1.050$。一般无特别说明，可近似取 $\alpha \approx 1$。

如果流体为不可压缩流体，则 $Q_1 = Q_2 = Q$，$\rho_1 = \rho_2 = \rho$，则式（3-65）可改写为

$$\sum \boldsymbol{F} = \rho Q(\alpha_2 \boldsymbol{u}_2 - \alpha_1 \boldsymbol{u}_1) \qquad (3\text{-}66)$$

为了便于计算，一般将动量方程写成投影形式，即

$$\begin{cases} \sum F_x = \rho Q(\alpha_2 u_{2x} - \alpha_1 u_{1x}) \\ \sum F_y = \rho Q(\alpha_2 u_{2y} - \alpha_1 u_{1y}) \\ \sum F_z = \rho Q(\alpha_2 u_{2z} - \alpha_1 u_{1z}) \end{cases} \qquad (3\text{-}67)$$

式（3-67）的用途非常广泛，意义也非常明确。不过在使用时需要特别注意以下两点。

（1）受力对象问题。动量方程的受力对象是流体质点系，因此式中的 $\sum \boldsymbol{F}$ 是指外界作用在流体上的力。可是实际问题中又常常要求计算流体对与之接触的固体（如管壁、容器壁等）的作用力，这当然是以外界固体为受力对象。由于受力对象不同，用"作用力与反作用力"的说法有时反而容易混淆，所以应注意式（3-67）中的 $\sum \boldsymbol{F}$ 是作用在流体上的力，如果实际问题要求流体对固体的作用力，则应相应冠以负号。

（2）外力和速度的方向问题。外力和速度与坐标方向相同时为正，与坐标方向相反时为负。而式（3-67）右边所固有的"-"号与速度的正负无关，这个"-"号只表示"流入"，而并不表示流入速度的方向。在坐标轴及控制体确定之后，不论流入控制体的速度是正是负，这个代表"流入"控制体动量的"-"号都是不可缺少的。

### 3.4.2　动量方程的应用

1. 流体对管道的作用力

如图 3-26 所示的变径弯管中，已知 $\theta_1$、$\theta_2$、$A_1$、$A_2$、$p_1$、$p_2$、$v_1$、$v_2$。求密度为 $\rho$，流量为 $Q$ 的流体对弯管的作用力 $F_{Rx}$ 和 $F_{Ry}$。

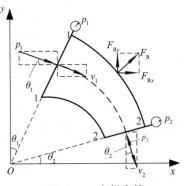

图 3-26　变径弯管

首先可取断面 1—1、断面 2—2 及弯管内表面围成的部分为流管控制体。作用在流体质点系的总外力包括：弯管对控制体内流体的作用力 $-F_{Rx}$ 和 $-F_{Ry}$ 及过流断面上外界流体对控制体内流体的作用力 $p_1A_1$ 和 $p_2A_2$。假设可不考虑管道在水平平面内的重力，取动量修正系数 $\alpha=1$。

于是由式（3-67）可以得出

$$\begin{cases} p_1A_1\cos\theta_1 - p_2A_2\sin\theta_2 - F_{Rx} = \rho Q(v_2\sin\theta_2 - v_1\cos\theta_1) \\ -p_1A_1\sin\theta_1 + p_2A_2\cos\theta_2 - F_{Ry} = \rho Q[(-v_2\cos\theta_2)-(-v_1\sin\theta_1)] \end{cases}$$

由此解出流体对管道的作用力为

$$\begin{cases} F_{Rx} = p_1A_1\cos\theta_1 - p_2A_2\sin\theta_2 + \rho Q(v_1\cos\theta_1 - v_2\sin\theta_2) \\ F_{Ry} = p_2A_2\cos\theta_2 - p_1A_1\sin\theta_1 + \rho Q(v_2\cos\theta_2 - v_1\sin\theta_1) \end{cases} \tag{3-68}$$

计算结果如果等式右端为正，则流体对管道的作用力方向与原假定一致；如果等式右端为负，则 $F_{Rx}$ 或 $F_{Ry}$ 与图中假定方向相反。有了 $F_{Rx}$ 与 $F_{Ry}$ 后即可以求出合力的大小和方向，即

$$F_R = (F_{Rx}^2 + F_{Ry}^2)^{\frac{1}{2}}$$

$$\alpha = \arctan\frac{F_{Ry}}{F_{Rx}} \tag{3-69}$$

以上述针对变径弯管的讨论为基础，可以引申出 6 个特例。

【特例 1】直角变径弯管。

条件：$\theta_1 = \theta_2 = 0$，$Q = v_1A_1 = v_2A_2$。将上述条件代入式（3-68）中，即得流体对直角变径弯管的作用力为

$$\begin{cases} F_{Rx} = (p_1 + \rho v_1^2)A_1 \\ F_{Ry} = (p_2 + \rho v_2^2)A_2 \end{cases} \tag{3-70}$$

【特例 2】直角等径弯管。

条件：$\theta_1 = \theta_2 = 0$，$A_1 = A_2 = A$，$Q = vA$。将上述条件代入式（3-68）中，即得流体对直角等径弯管的作用力为

$$\begin{cases} F_{Rx} = (p_1 + \rho v^2)A \\ F_{Ry} = (p_2 + \rho v^2)A \end{cases} \tag{3-71}$$

【特例 3】反向等径弯管。

条件：$\theta_1 = 0$，$\theta_2 = -90°$，$A_1 = A_2 = A$，$Q = vA$。将上述条件代入式（3-68）中，即得流体对反向等径弯管的作用力为

$$\begin{cases} F_{Rx} = (p_1 + p_2 + 2\rho v^2)A \\ F_{Ry} = 0 \end{cases} \tag{3-72}$$

【特例 4】逐渐收缩管。

条件：$\theta_1 = 0$，$\theta_2 = 90°$，$Q = v_1A_1 = v_2A_2$。将上述条件代入式（3-68）中，即得流体对逐渐收缩管的作用力为

$$\begin{cases} F_{Rx} = (p_1 + \rho v_1^2)A_1 - (p_2 + \rho v_2^2)A_2 \\ F_{Ry} = 0 \end{cases} \tag{3-73}$$

【特例 5】等径直管。

条件：$\theta_1 = 0, \theta_2 = 90°, A_1 = A_2 = A, v_1 = v_2 = v$。将上述条件代入式（3-68）中，即得流体对等径直管的作用力为

$$\begin{cases} F_{Rx} = (p_1 - p_2)A \\ F_{Ry} = 0 \end{cases} \tag{3-74}$$

【特例 6】突然扩大管。

条件：$\theta_1 = 0, \theta_2 = 90°, Q = v_1 A_1 = v_2 A_2$。将上述条件代入式（3-68）中，即得流体对突然扩大管的作用力为

$$\begin{cases} F_{Rx} = (p_1 + \rho v_1^2)A_1 - (p_2 + \rho v_2^2)A_2 \\ F_{Ry} = 0 \end{cases} \tag{3-75}$$

突然扩大处，流线不能折转，且在"死角"处会产生涡旋，涡旋区中的流体没有主流方向的运动，如图 3-27 所示。因此，流体对突然扩大管的作用力 $F_{Rx}$ 不是作用在大管管壁上的摩擦力，而是作用在突然扩大台肩圆环断面 $A_2 - A_1$ 上的静压力，此台肩上的静压强是 $p_1$，静压力的方向向左，即

$$F_{Rx} = -p_1(A_2 - A_1) \tag{3-76}$$

联立式（3-75）和式（3-76），并利用连续性方程 $v_2 = v_1 \dfrac{A_1}{A_2}$，可解出

$$\frac{p_1 - p_2}{\rho g} = \frac{v_2^2 - v_1 v_2}{g} \tag{3-77}$$

再列断面 1 和断面 2 上的伯努利方程，可得

$$\frac{p_1 - p_2}{\rho g} = \frac{v_2^2 - v_1^2}{2g} + h_j \tag{3-78}$$

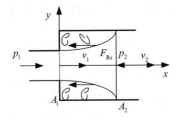

图 3-27　突然扩大管

由式（3-77）和式（3-78）即可得出突然扩大管的局部水头损失为

$$h_j = \frac{(v_1 - v_2)}{2g} \tag{3-79}$$

式（3-79）为包达定理的表达式，即突然扩大的水头损失等于速度差（$v_1 - v_2$）的速度水头。

再利用连续性方程 $Q = v_1 A_1 = v_2 A_2$，将式（3-79）改写为

$$h_j = \left(1 - \frac{A_1}{A_2}\right)^2 \frac{v_1^2}{2g} = \zeta_1 \frac{v_1^2}{2g} \atop h_j = \left(\frac{A_2}{A_1} - 1\right)^2 \frac{v_2^2}{2g} = \zeta_2 \frac{v_2^2}{2g}$$（3-80）

式中

$$\zeta_1 = \left(1 - \frac{A_1}{A_2}\right)^2 \atop \zeta_2 = \left(\frac{A_2}{A_1} - 1\right)^2$$（3-81）

式中，$\zeta$ 为局部阻力系数。式（3-80）为突然扩大局部阻力公式，即也表达一切局部阻力损失的普遍公式。

**2. 自由射流的冲击力**

从有压喷管或孔口射入大气的一股流束叫作自由射流，自由射流的特点是流束上各处的流体压强均为大气压。自由射流的速度和射程可按伯努利方程计算，射流对挡板或叶片的冲击力则可按动量方程计算。

如图 3-28（a）所示，假定流速为 $v$、流量为 $Q_V$ 的自由射流冲击到固定的二向曲面后，左右对称地分为两股，两股流量均为原流量的一半。假设自由射流在同一水平面上，且各点的压强均为大气压强，按伯努利方程可知，射流速度的大小处处相等。假设动量修正系数 $\beta \approx 1$，取如图 3-28（a）中虚线所示的控制体，按照动量方程式（3-67）得曲面作用在流体上的力为

$$F_x = \rho\left[2\left(\frac{Q_V}{2}v\cos\theta\right) - Q_V v\right] = \rho Q_V v(\cos\theta - 1)$$

于是射流对曲面的冲击力为

$$F_{Rx} = -F_x = \rho Q_V v(1 - \cos\theta)$$（3-82）

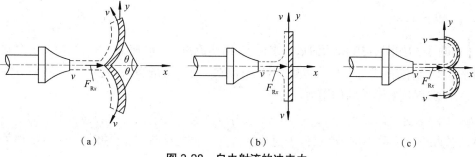

（a）　　　　　　　　　（b）　　　　　　　　（c）

**图 3-28　自由射流的冲击力**

【特例 1】当 $\theta = 90°$，如图 3-24（b）所示，即得射流对平面挡板的冲击力为

$$F_{Rx} = \rho Q_V v$$（3-83）

【特例 2】当 $\theta = 180°$，如图 3-24（c）所示，即得射流对反向曲面的冲击力为

$$F_{Rx} = 2\rho Q_V v \qquad (3\text{-}84)$$

图 3-24（c）所示反向曲面所受到的冲击力是平面挡板的两倍。为了充分发挥射流的动力性能，在冲击式水轮机上就采用这种反向曲面作为其叶片形状，但为了方便回水，其反向的 $\theta$ 角不是 $\theta=180°$，而是 $\theta=160°\sim170°$。

【例题 3-6】如图 3-29 所示，有一水平转弯的管路，由于液流在弯道处改变了流动方向，改变了动量，因此就会产生压力作用于管壁。在设计管道时，在管路转弯处必须考虑这个作用力，并设法加以平衡，以防管道破裂。

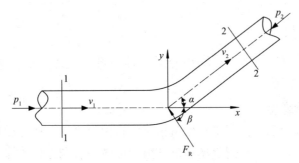

图 3-29　例题 3-6 示意图

解：管内流动可以看作定常流动。建立直角坐标系，选取进、出口断面 1—1、2—2，并和管内壁面组成控制体。根据动量方程有

$$p_1 A - p_2 A\cos\alpha - F_{Rx} = \rho Q_V(v\cos\alpha - v)$$
$$F_{Ry} - p_2 A\sin\alpha = \rho Q_V v(\sin\alpha - 0)$$

即

$$F_{Rx} = (p_1 - p_2\cos\alpha)A + \rho Q_V v(1 - \cos\alpha)$$
$$F_{Ry} = p_2 A\sin\alpha + \rho Q_V v\sin\alpha$$

因此，弯头处应该施加约束力 $F_R$ 的大小和方向可以表示为

$$F_R = \sqrt{F_{Rx}^2 + F_{Ry}^2}$$
$$\theta = \arctan\frac{F_{Ry}}{F_{Rx}}$$

【例题 3-7】如图 3-30 所示的水平水射流，已知流量 $Q_1$，流速 $v_1$，在大气中冲击在斜置的光滑平板上，射流轴线与平板成 $\theta$ 角，不计射流在平板上的阻力。试求：（1）沿平板的流量 $Q_2$、$Q_3$；（2）射流对平板的作用力。

解：（1）取过流断面 1—1，2—2，3—3 及射流侧表面与平板的内表面所围成的空间为控制体。选直角坐标系 $xOy$，$O$ 点位于射流轴线与平板的交点，$Ox$ 轴沿平板，$Oy$ 轴垂直于平板。

水在大气中射流，控制体表面与大气相接触的各点的压强皆可认为等于大气压强（相对压强为零）。因不计射流在平板上的阻力，可知平板对射流的作用力 $F_R'$ 与板面垂直，设 $F_R'$ 的方向与 $Oy$ 轴方向相同。

列断面 1—1 和断面 2—2 的伯努利方程,不计水头损失,有

$$z_1 + \frac{p_1}{\rho g} + \frac{v_1^2}{2g} = z_2 + \frac{p_2}{\rho g} + \frac{v_2^2}{2g}$$

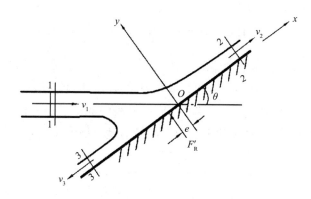

图 3-30　例题 3-7 示意图

因为 $z_1 = z_2$(水平射流),$p_1 = p_2 = p_a$,由上式可得 $v_1 = v_2$。同理,可得 $v_1 = v_3$。故过流断面的流速 $v_1 = v_2 = v_3$。

列 $Ox$ 方向的动量方程,$Ox$ 方向的作用力为零,有

$$\rho Q_2 v_2 + (-\rho Q_3 v_3) - \rho Q_1 \cos\theta v_1 = 0$$

化简可得

$$Q_2 - Q_3 = Q_1 \cos\theta$$

由连续性方程 $Q_1 = Q_2 + Q_3$,解得

$$Q_2 = \frac{Q_1}{2}(1 + \cos\theta)$$

$$Q_3 = \frac{Q_1}{2}(1 - \cos\theta)$$

(2)求射流对平板的作用力,列 $Oy$ 方向的动量方程,有

$$F_R' = 0 - (-\rho Q_1 v_1 \sin\theta) = \rho Q_1 v_1 \sin\theta$$

## 3.5　动量矩方程

针对旋转问题,如水泵、搅拌器等旋转机械,使用动量方程难以获得有效信息,可使用牛顿力学中动量矩方程处理这类问题。系统的动量矩方程为

$$\boldsymbol{M} = \boldsymbol{r} \times \sum \boldsymbol{F} = \frac{\partial}{\partial t}\iiint_V \rho(\boldsymbol{r} \times \boldsymbol{u})\mathrm{d}V + \oiint_A \rho(\boldsymbol{r} \times \boldsymbol{u})v\mathrm{d}A \tag{3-85}$$

式中,$\sum \boldsymbol{F}$ 是作用在控制体上的合外力矢量,$\boldsymbol{r}$ 是该点在坐标系中的矢径,$\iiint_V \rho(\boldsymbol{r} \times \boldsymbol{u})\mathrm{d}V$ 是控制体中动量矢量对时间的变化率,$\oiint_A \rho(\boldsymbol{r} \times \boldsymbol{u})v\mathrm{d}A$ 是通过控制面的净动量矢量,$\boldsymbol{u}$ 是控制

体中的任意点的速度矢量，$M$ 是控制体上合外力对坐标原点的合力矩。等式右端第一项是控制体内动量矩对时间的变化率，在定常流动（例如定转速的叶轮机）中，这一项等于零。等式右端第二项是通过控制面流出与流入的流体的动量矩之差，或通过控制面的净动量矩。

故对于定常流动，可得

$$M = \oiint_A \rho(\boldsymbol{r}\times\boldsymbol{u})v\mathrm{d}A = \iint_{A_2} \rho(\boldsymbol{r}\times\boldsymbol{u})v\mathrm{d}A - \iint_{A_1} \rho(\boldsymbol{r}\times\boldsymbol{u})v\mathrm{d}A \tag{3-86}$$

式（3-86）的物理含义：在定常流动条件下，经过控制面流体的动量矩的净通量矢量等于作用在控制体内流体上所有外力矩的矢量和，其与控制体内流动状态无关。

以定转速的离心式水泵或风机为例，推导叶轮机中的动量矩方程。如图 3-31 所示，取叶轮进、出口的圆柱面与叶轮侧壁之间的整个叶轮运动区域为控制体。

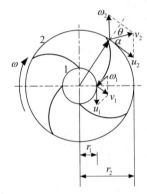

**图 3-31　离心泵的进、出口流体质点速度分析**

假设叶轮叶片数目无限多，每个叶片的厚度均为无限薄，则流动可以看作定常流动。其中，流体在叶片间的相对速度必沿叶片型线的切线方向，可近似认为进、出口处的流速分布均匀，进、出口处流体质点的速度合成如图 3-25 所示。$\omega$、$u$、$v$ 分别为进、出口截面上的相对速度、牵连速度和绝对速度。在进、出口截面上，流体动量矩 $\boldsymbol{r}\times\boldsymbol{u}$ 只在旋转轴上有投影，即 $|\boldsymbol{r}\times\boldsymbol{u}| = rv\sin\theta = rv\cos\alpha$，$rv\cos\alpha = v_\theta$ 就是绝对速度在轴向上的投影。

由于叶轮对称，作用在控制体内流体上的重力对旋转轴的力矩之和为零；忽略流体黏性，经水泵壳体表面作用在流体上的表面力均沿径向，对旋转轴的力矩均为零；只有由叶轮壁面作用在流体上的表面力对旋转轴产生的力矩。因此，动量矩方程可以简化为

$$M = \rho Q(r_2 v_2 \cos\alpha_2 - r_1 v_1 \cos\alpha_1) \tag{3-87}$$

式（3-87）就是叶轮的动量矩方程。可见，流体受到的动量矩只与水泵进、出口流动参数有关。该力矩作用于流体的功率为

$$P = M\omega = \rho Q(v_2 u_2 \cos\alpha_2 - v_1 u_1 \cos\alpha_1) \tag{3-88}$$

因此，单位质量流体获得的能量为

$$H = \frac{P}{\rho g Q} = \frac{1}{g}(v_2 u_2 \cos\alpha_2 - v_1 u_1 \cos\alpha_1) \tag{3-89}$$

对泵类机械来说，叶轮出口处的流体能量大于入口处的流体能量，$P$ 代表机械对流体做

功的功率,$H$ 代表泵产生的扬程。对涡轮类机械来说,叶轮出口处的流体能量小于入口处的流体能量,$P$ 代表流体对机械做功的功率,$H$ 代表作用于涡轮上的水头。

在液力传动的耦合器与变矩器中,这两种叶轮联合工作,借运动流体传递或改变扭矩。在涡轮增压器中,废气推动涡轮带动压气机将空气增压,此后增压的空气被送入内燃机的燃烧室。在燃气轮机中,空气经压气机增压,燃烧后再推动涡轮转动。在水轮泵中,水推动涡轮,从而带动泵将低处的水压送至高处。因此,流体能量与机械功的相互转化在机械工程领域内是非常普遍的。动量矩方程在叶轮式机械系统中的应用也是非常广泛的。

# 习题 3

( 3-1 )已知流场的速度分布为

$$\boldsymbol{u} = x^2 y \boldsymbol{i} - 3y\boldsymbol{j} + xy\boldsymbol{k}$$

①问该流动为几维流动? ②求( $x,y,z$ )=( 3,1,2 )点处的流体的加速度。

( 3-2 )有一输油管道,在内径为 20 cm 的截面上,油的流速为 2 m/s。求另一内径为 5 cm 截面上的流速以及管道内的质量流量。已知油的相对密度为 0.85。

( 3-3 )长 3 cm 的锥形喷嘴,其两端内径分别为 8 cm 和 2 cm ,内部流体的体积流量为 0.01 m³/s,流体无黏性且不可压缩。试导出沿喷嘴轴向的速度表达式。$x$ 距离从大内径一端的端面起计。

( 3-4 )比容 $v$ =0.381 6 m³/kg 的汽轮机的废气沿一直径 $d_0$ 的输气管进入主管,质量流量 $Q_m$ =2 000 kg/h,然后沿主管上的另两支管输送给用户,如图 3-32 所示。已知两支管所对应的用户需用流量分别为 $Q_{m1}$ =500 kg/h 和 $Q_{m2}$ =1 500 kg/h,管内流速均为 25 m/s。求输气管中蒸汽的平均流速及两支管的直径 $d_1$ 和 $d_2$。

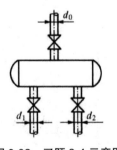

图 3-32  习题 3-4 示意图

( 3-5 )如图 3-33 所示,有一文丘里管连接有压强计,试推导体积流量和压强计读数之间的关系式。

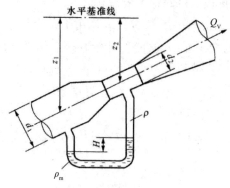

图 3-33　习题 3-5 示意图

（3-6）按图 3-34 所示的条件，试求当 $H = 30\,\text{cm}$ 时的流速 $v$。

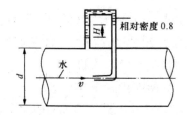

图 3-34　习题 3-6 示意图

（3-7）输水管中水的计示压强为 $6.865 \times 10^5\,\text{Pa}$，假设法兰盘接头之间的密封破损，形成一个面积 $A=2\,\text{mm}^2$ 的穿孔，试求该输水管 24 h 内所漏损的水量。

（3-8）如图 3-35 所示，敞口水池中的水沿一截面变化的管道排出，流量 $Q_\text{m}=14\,\text{kg/s}$。若 $d_1=100\,\text{mm}$，$d_2=75\,\text{mm}$，$d_3=50\,\text{mm}$，且不计损失。试求所需的水头 $H$ 和第二段管道中央 $M$ 点处的压强，并绘制测压管水头线。

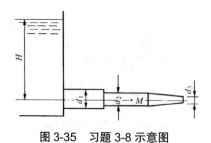

图 3-35　习题 3-8 示意图

（3-9）如图 3-36 所示，水从井 A 利用虹吸管引到井 B 中。设已知体积流量 $Q=100\,\text{m}^3/\text{h}$，$H_1=3\,\text{m}$，$z=6\,\text{m}$，且不计虹吸管中的水头损失。试求虹吸管的管径 $d$ 及上端管中的计示压强 $p_\text{e}$。

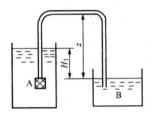

图 3-36　习题 3-9 示意图

（3-10）如图 3-37 所示,离心式水泵借一内径 $d_2$=75 mm 的吸水管从一敞口水槽中吸水,并将水送至压力水箱,体积流量 $Q_V$=60 m³/h。设装在水泵与吸水管接头上的真空计指示出负压值为 39 997 Pa,水力损失不计。试求水泵的吸水高度 $H_s$。

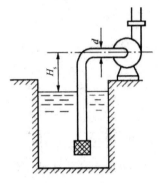

图 3-37　习题 3-10 示意图

（3-11）连续管系中的 90° 渐缩弯管放在水平面上,管径 $d_1$=15 cm , $d_2$=7.5 cm , 入口处水的平均流速 $v_1$=2.5 m/s,计示静压强 $p_e$=6.86 × 10⁴ Pa,不计能量损失。试求支承弯管在其位置所受的水平力。

（3-12）如图 3-38 所示,相对密度为 0.83 的油水平射向直立的平板, $v_0$=20 m/s。试求支撑平板所需的力 $F$。

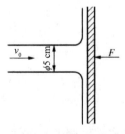

图 3-38　习题 3-12 示意图

（3-13）如图 3-39 所示,一股射流以速度 $v_0$ 水平射到倾斜的光滑平板上,体积流量为 $Q_V$。试列出沿板面向两侧的分流流量 $Q_1$ 与 $Q_2$ 的表达式,以及流体对板面的作用力的表达式。其中,忽略流体撞击的损失和重力的影响,射流的压强分布在分流前后都没有变化。

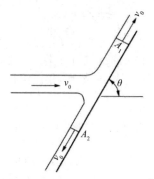

图 3-39　习题 3-13 示意图

（3-14）如图 3-40 所示，平板向着射流以等速 $v$ 运动。试列出使平板运动所需的功率的表达式。

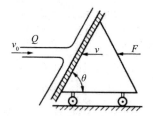

图 3-40　习题 3-14 示意图

（3-15）如图 3-41 所示，有一水泵叶轮的内径 $d_1$=20 cm，外径 $d_2$=40 cm，叶片宽度 $b$=4 cm，水在叶轮入口处沿径向流入，在出口处与径向成 30° 角的方向流出，质量流量 $Q_m$=81.58 kg/s。试求水在叶轮入口处和出口处的流速 $v_1$ 和 $v_2$。

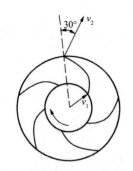

图 3-41　习题 3-15 示意图

（3-16）如图 3-42 所示为一有对称臂的洒水器，设体积流量 $Q_V$=5.6 × 10⁴ m³/s，喷嘴面积为 0.94 m²，不计摩擦。试求洒水器旋转的角速度 $\omega$；如不让它转动，应施加多大的扭矩。

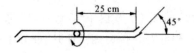

图 3-42　习题 3-16 示意图

# 第 4 章　流体的一维流动

## 本章导读

【基本要点】了解黏性流体运动的两种流态——层流和湍流;理解在管中的不可压缩流体的层流和湍流的流动规律;掌握层流和湍流一维流动的局部阻力和沿程阻力的计算方法。

【重点】层流和湍流的特点及相关实验参数。

【难点】圆管内流动阻力系数的确定。

流场中流体质点的速度在空间的分布有很多种形式,根据与空间坐标的关系,可将其划分为三种类型,即一元流、二元流和三元流(分别为一维、二维和三维流动)。

一元流是流体质点的速度只和一个空间变量有关,即 $u=u(s)$ 或 $u=u(s,t)$。

二元流是其在流场中任一点的速度是两个空间坐标的函数,即 $u=u(x,y)$ 或 $u=u(x,y,t)$。

三元流是其在流场中任一点的速度是三个空间坐标的函数,即 $u=u(x,y,z)$ 或 $u=u(x,y,z,t)$。

实际的流体力学问题都是三元或二元流动,但由于多维流动的复杂性,在数学上解决起来有困难,常被简化为一元流动。最常用的简化方法就是引入过流断面平均流速的概念,从而将流动简化为一元流动。

讨论 1:等径圆管中的流动是几元流动?

讨论 2:在一元流场中,流线是彼此平行的吗(一定是直线吗)?

注:在等径直管中,对于定常流动来说,在充分发展段,流动是一元流动;在入口段,流动是二元流动。可参见黏性流体在管中的流动。

## 4.1　流体的流动状态

黏性流体的运动存在着两种完全不同的流动状态:层流状态和湍流状态。为了分析这两种状态的差异,雷诺于 1883 年做了圆管内流动的实验,被称为雷诺实验。

### 4.1.1　层流的一般定义和描述

雷诺实验的实验装置如图 4-1 所示。实验时,保持水箱中的水位基本稳定,然后将阀门 C 微微开启,使少量水流经玻璃管,管内平均流速很小。为了观察流动状态,将染色液体容器的阀门 F 微微开启,使一股很细的染色液体注入玻璃管内。通过上述设置,便可以在玻璃管内看到一条细直而鲜明的有色流束,而且不论染色液体在玻璃管内的什么位置,它都呈直线状,如图 4-2(a)所示。这说明管中的水流稳定地沿轴向运动,管中的各流线之间层次分明、互不掺混,流体质点没有垂直于主流方向的横向运动,所以染色液体和周围的水没有混杂,称这种流动为层流。

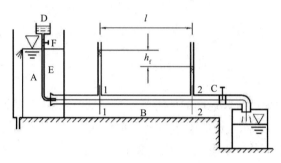

**图 4-1 雷诺实验装置**

如果把阀门 C 缓慢逐渐开大,管中水流速度 $v$ 也将逐渐增大。在流速达到某个数值之后,玻璃管内的流体质点不再保持稳定而开始发生脉动,染色流束开始发生弯曲颤动,如图 4-2(b)所示,但流线之间仍然层次分明、互不掺混。如果阀门 C 继续开大,上述脉动加剧,染色液体就会开始与周围液体混杂,而不再维持流束状态,如图 4-2(c)所示。此时,除进口段外,流体将做复杂的、无规则的、随机的不定常运动,称这种流动为湍流。

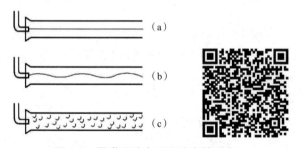

**图 4-2 雷诺实验中不同流态的形态**

当实验沿相反方向开展时,即阀门 C 从全开到逐渐关闭,则以上现象以相反的顺序重复出现,但由湍流转向层流时的平均流速 $v$ 的数值要比层流转为湍流时小。将流态转变时的速度称为临界流速,其中层流转为湍流时的流速称为上临界流速 $v_c'$,反之称为下临界流速 $v_c$。

进一步的实验还表明,如果管径 $d$ 或流体运动速度 $v$ 改变,则上、下临界流速也会随之改变。但是无论 $d$、$v$、$r$、$v_c'$(或 $v_c$)怎样变化,量纲为 1 的数 $v_c'd/v$ 或 $v_c d/v$ 都是一定的。从层流变为湍流时的量纲为 1 的数 $v_c'd/v$ 为上临界雷诺数,以 $Re_c'$ 表示;从湍流变为层流时的量纲为 1 的数 $v_c d/v$ 为下临界雷诺数,以 $Re_c$ 表示。因此,对于不同的流动情况,可以计算出流动雷诺数 $Re$,将其与临界雷诺数相比较,即可判断流动的状态。判断标准:当 $Re \leqslant Re_c$ 时,流动为层流;当 $Re_c < Re \leqslant Re_c'$ 时,流动为不稳定的过渡状态;当 $Re > Re_c'$ 时,流动为湍流。

通过大量实验,雷诺测定得到:$Re_c = 2\,320$,$Re_c' = 13\,800$。对于下临界雷诺数,一般情况下,2 320 这个数值很难达到,仅为 2 000 左右,所以把下临界值 $Re_c$ 取为 2 000。而上临界雷诺数,按不同的实验条件,如管壁的粗糙度、外界干扰情况等,得出的数值会差异很大。在没有外界干扰且管壁十分光滑的情况下,可得到 $Re'_c = 5 \times 10^5$。在工程上,上临界雷诺数没有实用意义,需要将下临界雷诺数作为流态的判别依据。

对于一般流动,可用雷诺数 $Re = \rho v L / \mu$ 来判定流动状态。其中, $\rho$ 为密度, $\mu$ 为流体黏度, $v$ 为平均流速, $L$ 为特征尺度。在潜体问题中, $L$ 指潜体的某一代表性尺寸。例如,在回管中用管道内径 $d$ 来表示;对非圆形管道,如环状缝隙、矩形断面等,可以用等效直径或水力直径 $d_H$ 来表示。设某一非圆形管道的过流面积为 $A$,过流断面上流体与固体壁面接触的周界长度(湿周)为 $x$,则水力直径可表示为

$$d_H = \frac{4A}{x} \tag{4-1}$$

例如,过流断面是边长为 $a$ 及 $b$ 的矩形,如图 4-3(a)所示,则

$$d_H = \frac{4ab}{2(a+b)} = \frac{2ab}{a+b}$$

再如,过流断面是外、内直径分别为 $D$ 及 $d$ 组成的环形,如图 4-3(b)所示,则

$$d_H = \frac{4\left(\frac{\pi}{4}\right)(D^2 - d^2)}{\pi(D+d)} = D - d$$

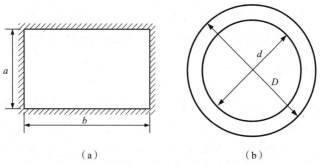

（a）　　　　　　　　　（b）

**图 4-3　矩形和环形过流断面的等效直径**

（a）矩形　（b）环形

对于几种特殊形状的过流断面,判别流态时所用的临界雷诺数 $Re_c$ 见表 4-1。

**表 4-1　异形过流断面的临界雷诺数**

| 过流断面形状 | 正方形 | 正三角形 | 同心环缝 | 偏心环缝 |
|---|---|---|---|---|
| $Re_c$ | 2 070 | 1 930 | 1 100 | 1 000 |

## 4.1.2　湍流的一般定义和描述

尽管在很高的雷诺数下,湍流场中存在很小的湍动尺度,但这种尺度比正常大气条件下气体分子的平均自由程大得多,所以湍流场中的流体仍可视为连续介质。现有的实验结果还

表明,在与湍流场最小湍动尺度相当的距离范围,以及与最小脉动周期相近的时间内,湍流场中的物理量呈现出连续的变化,即这些量在空间和时间上是可微的。因此可以用常规的描述一般流体运动的方法来建立湍流场的数学模型。所以,长期以来人们将描述流体运动的 N-S 方程作为湍流运动的基本方程。换言之,湍流场中任一空间场的速度、压力、密度等瞬时值都必须满足该方程,基于 N-S 方程所得到的一些湍流理论、计算结果和实验结果相互吻合得很好。

由于湍流的复杂性,至今尚未有一个公认的定义能全面描述湍流的所有特征,但人们对湍流的认识在不断地深化,理解也逐渐全面。在 19 世纪初,湍流被认为是一种完全不规则的随机运动,因此雷诺首创用统计平均法来描述湍流运动。1937 年,泰勒(Taylor)和冯·卡门(Von Kármán)对湍流下定义其认为湍流是一种完全不规则运动,它于流体流过固壁或在与相邻不同速度流体层相互流过时产生。后来欣茨(Hinze)在此之上予以补充,提出湍流的速度、压力、温度等量在时间与空间坐标中是随机变化的。从 20 世纪 70 年代初开始,很多研究者认为湍流并不是完全随机的运动,而是通常存在一种可以被检测和显示的拟序结构,亦称大涡拟序结构。它的机理与随机的小涡旋结构不同,它在切变湍流的脉动生成和发展中起主导作用。但是人们对这个说法仍存在争议,有人认为这种大尺度结构不属于湍流的范畴,而有人则认为这是湍流的一种表现形式。目前大多数研究者的观点是:湍流场是由各种大小和涡量不同的涡旋叠加而成,其中最大涡尺度与流动环境密切相关,最小涡尺度由流体黏性决定;流体在运动过程中,涡旋不断破碎、合并,流体质点轨迹不断变化;在某些情况下,流场做完全随机的运动;在另一些情况下,流场随机运动和拟序运动并存。

### 4.1.3　湍流的统计平均

经典的湍流理论认为,湍流是一种完全不规则的随机运动,湍流场中的物理量在时间和空间上呈随机分布,不同的瞬时有不同的值,只关注某个瞬时值是没有意义的。因此,雷诺首创用统计平均的方法来描述湍流的随机运动,即对各瞬时量进行平均,从而得到有意义的平均量。设某个物理量的瞬时值为 $A$,平均值为 $\overline{A}$ ,一般存在以下的平均方法。

1. 时间平均

$$\overline{A}(x,y,z,t) = \frac{1}{T}\int_{t}^{t+T} A(x,y,z,t')\mathrm{d}t' \tag{4-2}$$

式中, $T$ 是时间平均的周期,它既要求比湍流的脉动周期大得多,以保证得到稳定的平均值,又要求比流体做不定常运动时的特征时间小得多,以免取平均后抹平整体的不定常性。

2. 空间平均

$$\overline{A}(x,y,z,t) = \frac{1}{\tau}\iiint_{\tau} A(x',y',z',t')\mathrm{d}x'\mathrm{d}y'\mathrm{d}z' \tag{4-3}$$

式中, $\tau$ 是体积。

3. 空间 – 时间平均

$$\overline{A}(x,y,z,t) = \frac{1}{\tau T}\int_{0}^{T}\mathrm{d}t'\iiint A(x',y',z',t')\mathrm{d}x'\mathrm{d}y'\mathrm{d}z' \tag{4-4}$$

4. 集合(系统)平均

$$\overline{A}(x,y,z,t) = \int_{\Omega} A(x,y,z,t,\omega) P(\omega) \mathrm{d}\omega \tag{4-5}$$

式中, $\omega$ 为随机参数, $\Omega$ 为空间, $P(\omega)$ 为概率密度函数。

5. 数学期望

$$\overline{A}(x,y,z,t) = \sum_{n=1}^{N} A_n(x,y,z,t) / N$$

对于平均、平稳过程,可以由各态历经理论证明以上几种平均结果是相同的。

6. 密度加权平均

$$\overline{A}(x,y,z,t) = \frac{\overline{\rho A}}{\overline{\rho}} \tag{4-6}$$

该平均一般用在可压缩流动中,用这种平均方法可使变密度的湍流方程经平均后有一个较简单的形式。

7. 条件采样平均

该平均规定一个条件准则,对符合该准则的数据进行平均,如规定一个检测函数

$$D(t) = \begin{cases} 1(湍流信号) \\ 0(层流信号) \end{cases}$$

则流场处于湍流时的平均为

$$\overline{A_t} = \lim_{N \to \infty} \left[ \sum_{i=1}^{N} D(t_i) f \Big/ \sum_{i=1}^{N} D(t_i) \right] \tag{4-7}$$

流场处于层流时的平均为

$$\overline{A_t} = \lim_{N \to \infty} \left[ \sum_{i=1}^{N} [1 - D(t_i) f] \Big/ \sum_{i=1}^{N} [1 - D(t_i)] \right] \tag{4-8}$$

式中, $f$ 为采样频率。

8. 相平均

$$\langle A(x,y,z,t) \rangle = \left[ \sum_{j=1}^{N} A(x+x_j, y+y_j, z+z_j, t+t_j) \right] / N \tag{4-9}$$

式中,下标 $j$ 表示第 $j$ 次在 $(x,y,z)$ 处 $t$ 时间的事件。

有了平均量后,瞬时量 $A$ 和 $B$ 可以表示为

$$A = \overline{A} + A', B = \overline{B} + B' \tag{4-10}$$

式中, $A'$ 和 $B'$ 是脉动量。

对于瞬时量、平均量和脉动量的有关运算法则可以归纳为

$$\left. \begin{aligned} & \overline{\overline{A}} = \overline{A}, \overline{A'} = 0, \overline{cA} = c\overline{A}, \overline{A'\overline{A}} = \overline{A'}\,\overline{A} = 0 \\ & \overline{\overline{A}B} = \overline{A}\overline{B}, \overline{A+B} = \overline{A} + \overline{B} \\ & \frac{\overline{\partial A}}{\partial x} = \frac{\partial \overline{A}}{\partial x}, \frac{\overline{\partial A}}{\partial y} = \frac{\partial \overline{A}}{\partial y}, \frac{\overline{\partial A}}{\partial z} = \frac{\partial \overline{A}}{\partial z}, \frac{\overline{\partial A}}{\partial t} = \frac{\partial \overline{A}}{\partial t} \\ & \overline{AB} = \overline{(\overline{A}+A')(\overline{B}+B')} = \overline{\overline{A}\overline{B}} + \overline{\overline{A}B'} + \overline{A'\overline{B}} + \overline{A'B'} \equiv \overline{A}\overline{B} + \overline{A'B'} \\ & \int A \mathrm{d}s = \int \overline{A} \mathrm{d}s \end{aligned} \right\} \tag{4-11}$$

对于湍流场的速度而言,瞬时速度等于平均速度与脉动速度之和,即 $\bar{u}_i + u_i'$,而 $\overline{u_i'^2}$ 表示湍流强度。

### 4.1.4 不可压缩湍流平均运动的基本方程

1. 连续性方程

将瞬时速度分解为时均速度 $\bar{u}_i$ 与脉动速度 $u_i'$ 之和,即

$$u_i = \bar{u}_i + u_i' \quad (i = 1, 2, 3, \cdots) \tag{4-12}$$

将式(4-12)代入不可压缩流体的连续性方程得到

$$\frac{\partial u_i}{\partial x_i} = \frac{\partial \bar{u}_i}{\partial x_i} + \frac{\partial u_i'}{\partial x_i}$$

考虑到 $\frac{\overline{\partial u_i'}}{\partial x_i} = 0$,对上式取平均值,得

$$\frac{\partial \bar{u}_i}{\partial x_i} = 0 \tag{4-13}$$

该式即为平均运动的连续性方程。

2. 动量方程——雷诺平均运动方程

在动量形式的 N-S 方程的基础上忽略质量力,得

$$\frac{\partial u_i}{\partial t} + u_i \frac{\partial u_j}{\partial x_j} = -\frac{1}{\rho} \frac{\partial p}{\partial x_i} + \nu \frac{\partial^2 u_i}{\partial x_j^2} \tag{4-14}$$

式中,$\nu = 1/Re$。

将瞬时压强 $p$ 同样分解为平均值和脉动值之和,即

$$p = \bar{p} + p'$$

将上式和式(4-12)代入式(4-14)并进行平均,结合式(4-11),整理可得

$$\frac{\partial \bar{u}_i}{\partial t} + \bar{u}_i \frac{\partial \bar{u}_i}{\partial x_j} = -\frac{1}{\rho} \frac{\partial \bar{p}}{\partial x_i} + \nu \frac{\partial^2 \bar{u}_i}{\partial x_j^2} + \frac{1}{\rho} \frac{\partial(-\rho \overline{u_i' u_j'})}{\partial x_j} \tag{4-15}$$

式(4-15)就是湍流的雷诺平均运动方程。与对应的层流运动方程相比,该方程多了最后一项,该项中的 $-\rho \overline{u_i' u_j'}$ 为雷诺应力,其是唯一的脉动量项,所以可以认为脉动量是通过雷诺应力来影响平均运动的。

## 4.2 圆管中的充分发展层流与湍流

流体以均匀的流速流入管道后,由于流体具有黏性,在近壁处产生边界层,边界层沿着流动方向逐渐沿管轴扩展,因此沿流动方向的各断面上速度分布会不断改变。只有流经一段距离 $l_1$ 后,过流断面上的速度分布曲线才能达到层流或湍流的典型速度分布曲线,其中称距离 $l_1$ 为进口起始段,如图4-4所示。起始段后的流动状态呈充分发展的流动状态。本节中,讨论不可压缩流体在圆管中的充分发展层流和充分发展湍流。

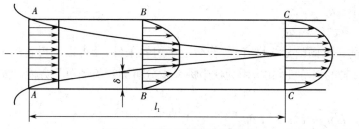

图 4-4　进口起始阶段示意图

## 4.2.1　圆管中的层流

层流中,流体质点只有沿轴向的流动 $u_x$,而无横向运动。如图 4-5 所示,由于管道水平放置,所以如果管道直径并不十分大,且管中具有一定的压力,则可以忽略重力的影响,即单位质量力 $f_x=0, f_y=0, f_z \approx 0$,代入 N-S 方程得

$$\begin{cases} \dfrac{\partial u_x}{\partial t} + u_x \dfrac{\partial u_x}{\partial x} = -\dfrac{1}{\rho}\dfrac{\partial p}{\partial x} + \nu \left( \dfrac{\partial^2 u_x}{\partial x^2} + \dfrac{\partial^2 u_x}{\partial y^2} + \dfrac{\partial^2 u_x}{\partial z^2} \right) \\ 0 = -\dfrac{1}{\rho}\dfrac{\partial p}{\partial y} \\ 0 = -\dfrac{1}{\rho}\dfrac{\partial p}{\partial z} \end{cases} \tag{4-16}$$

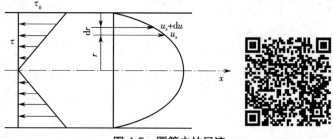

图 4-5　圆管内的层流

由此可见,压力 $p$ 只是 $x$ 的函数。如果讨论的管道是等截面的,且管道内的流动是恒定的,则 $u_x$ 不随 $x$ 和 $t$ 改变,其只是 $y$ 和 $z$ 的函数,即 $\dfrac{\partial u_x}{\partial t}=0$,$\dfrac{\partial u_x}{\partial x}=0$,$\dfrac{\partial p}{\partial t}=0$。此时,式(4-16)可写为

$$\frac{\mathrm{d}p}{\mathrm{d}x} = \mu \left( \frac{\partial^2 u_x}{\partial y^2} + \frac{\partial^2 u_x}{\partial z^2} \right) \tag{4-17}$$

式中,$\mu$ 为动力黏度。

式(4-17)等号右边只是 $y$, $z$ 的函数,只有当等式两边等于常数时才能成立,即

$$\frac{\mathrm{d}p}{\mathrm{d}x} = 常数 = \frac{p_2 - p_1}{l} = -\frac{\Delta p}{l}$$

式中,$\Delta p = p_1 - p_2$ 是长度为 $l$ 的水平直管上的压降。

因此,式(4-17)可写为

$$\frac{\partial^2 u_x}{\partial y^2} + \frac{\partial^2 u_x}{\partial z^2} = -\frac{\Delta p}{\mu l} \qquad (4\text{-}18)$$

式（4-18）是二阶偏微分线性方程，若给定了边界条件，便可以求得它的解。因为圆管中的流动是关于 $x$ 轴的对称，因此采用圆柱坐标系来分析圆管流动更为方便。如图 4-5 所示，由于

$$\frac{\partial^2 u_x}{\partial y^2} + \frac{\partial^2 u_x}{\partial z^2} = \frac{\partial^2 u_x}{\partial r^2} + \frac{1}{r}\frac{\partial u_x}{\partial r} + \frac{\partial^2 u_x}{\partial \theta^2}\frac{1}{r^2}$$

又因为速度 $u_x$ 的分布是关于 $x$ 轴对称的，所以 $\dfrac{\partial u_x}{\partial \theta}=0$，则式（4-18）就变为

$$\frac{d^2 u_x}{dr^2} + \frac{1}{r}\frac{du_x}{dr} + \frac{\Delta p}{\mu l} = 0$$

或

$$r\frac{d^2 u_x}{dr^2} + \frac{du_x}{dr} + \frac{\Delta p r}{\mu l} = 0$$

对上式积分两次可得

$$u = C_1 \ln r - \frac{\Delta p r^2}{4\mu l} + C_2 \qquad (4\text{-}19)$$

式中，积分常数 $C_1$ 和 $C_2$ 可由边界条件确定。在管轴处，即当 $r=0$，$u_x$ 为有限值时，$C_1=0$；在管壁处，即当 $r=\dfrac{d}{2}$，$u_x=0$ 时，$C_2=\dfrac{\Delta p d^2}{16\mu l}$。由此得到

$$u_x = \frac{\Delta p}{4\mu l}\left(\frac{d^2}{4} - r^2\right) \qquad (4\text{-}20)$$

式（4-20）是圆管层流的速度分布表达式。由式（4-20）可知，圆管截面上的速度分布为对称于管轴的抛物体。

1. 流量

如图 4-6 所示，设在管内离管轴为 $r$ 处取一薄层，它的厚度为 $dr$，则通过此薄层圆环的流量 $dQ=2\pi u r dr$。由此得到通过圆管的总流量为

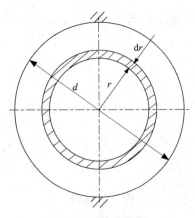

**图 4-6　圆管截面**

$$Q = \int \mathrm{d}Q = \int_0^{\frac{d}{2}} \frac{\pi \Delta p}{2\mu l}\left(\frac{d^2}{4} - r^2\right)r\mathrm{d}r = \frac{\pi d^4 \Delta p}{128\mu l} \tag{4-21}$$

式（4-21）称为哈根-泊肃叶（Hagen-Poiseuille）定律。它表明不可压缩牛顿流体在圆管中做定常层流时，体积流量正比于压降和管径的四次方，反比于流体的动力黏度。采用哈根-泊肃叶定律计算的结果与使用精密实验测定的结果完全一致，因此证明了 N-S 方程的适用性。

**2. 最大流速和平均流速**

当将 $r = 0$ 代入式（4-20）时，可得出轴心处最大流速为

$$u_{\max} = \frac{\Delta p d^2}{16\mu l} \tag{4-22}$$

此外，截面平均流速为

$$v = \frac{Q}{\frac{\pi}{4}d^2} = \frac{\Delta p d^2}{32\mu l} = \frac{1}{2}u_{\max} \tag{4-23}$$

**3. 切应力**

根据牛顿内摩擦定律，可知切应力为

$$\tau = -\mu\frac{\mathrm{d}u}{\mathrm{d}r} = -\mu\frac{\mathrm{d}}{\mathrm{d}r}\left[\frac{\Delta p}{4\mu l}\left(\frac{d^2}{4} - r^2\right)\right] = \frac{\Delta p r}{2l} \tag{4-24}$$

切应力随 $r$ 呈直线分布，如图 4-5 所示。切应力在管轴处为零，在管壁处为最大。根据式（4-24）和式（4-23）可得管壁处的切应力为

$$\tau_0 = -\mu\frac{\mathrm{d}u}{\mathrm{d}r}\Big|_{r=\frac{d}{2}} = \frac{\Delta p d}{4l} = \frac{8\mu v}{d}$$

**4. 动能修正系数和动量修正系数**

动能修正系数 $\alpha$ 和动量修正系数 $\beta$ 是截面上实际动能和动量与按平均流速 $v$ 计算的动能和动量之比，即

$$\alpha = \frac{\int_A \frac{u^2}{2}p\mathrm{d}Q}{\frac{v}{2}\rho Q} = \frac{\int_A u^3\mathrm{d}A}{v^3 A} = \frac{\int_0^{\frac{d}{2}}\left[\frac{\Delta p}{4\mu l}\left(\frac{d^2}{4}-r^2\right)\right]^3 2\pi r\mathrm{d}r}{\left[\frac{\Delta p d^2}{32\mu l}\right]^3\frac{\pi}{4}d^2} = 2 \tag{4-25}$$

$$\beta = \frac{\int_A pu\mathrm{d}Q}{\rho v Q} = \frac{\int_A u^2\mathrm{d}A}{v^2 A} = \frac{\int_0^{\frac{d}{2}}\left[\frac{\Delta p}{4\mu l}\left(\frac{d^2}{4}-r^2\right)\right]^3 2\pi r\mathrm{d}r}{\left[\frac{\Delta p d^2}{32\mu l}\right]^3\frac{\pi}{4}d^2} = \frac{4}{3} \tag{4-26}$$

**5. 沿程压力损失**

由哈根-泊肃叶定律可得，流体在圆管中流经 $l$ 距离后的压降为

$$\Delta p = \frac{128\mu l Q}{\pi d^4} = \frac{32\mu l v}{d^2} \tag{4-27}$$

由式（4-27）可以看出，在等径管路中，静压力沿管轴线以线性规律降低，且静压差 $\Delta p$ 与流量 $Q$ 或平均流速 $v$ 的一次方成正比。由此可见，为保持管内流动，必须用轴向静压差来克服壁面摩擦力，此静压差称为沿程压力损失。单位质量流体的沿程压力损失称为沿程水头损失，以 $h_f$ 表示，即

$$h_f = \frac{\Delta p}{\rho g} = \frac{32\mu l v}{\rho g d^2} \qquad (4\text{-}28)$$

若将雷诺数 $Re = \rho v d/\mu$ 引入式（4-28），可得沿程水头损失的表达式为

$$h_f = \frac{64}{Re}\frac{l}{d}\frac{v^2}{2g}$$

令 $\lambda = 64/Re$，则

$$h_f = \lambda\frac{l}{d}\frac{v^2}{2g} \qquad (4\text{-}29)$$

式中，$\lambda$ 为流体的沿程阻力系数。

式（4-29）为达西（Darcy）公式，它是计算管路沿程水头损失的一个重要公式。

## 4.2.2　圆管中的湍流

通过雷诺实验已经知道，流体做湍流运动时，流体质点随时间做无规律运动。由于湍流场质点间的相互混杂、碰撞导致了极其复杂的运动状况，其规律迄今尚不明晰。因此，对湍流的研究还远不能像研究层流那样用解析的方法来进行。对湍流的研究往往是在某些特定条件下，对观测到的流动现象做出某些假定，建立有局限性的半经验理论，再通过大量实验结果对所得到的半经验理论进行修正补充，从而得出湍流运动的半经验规律。

1. 脉动与时均流动

利用热线风速仪或激光测速仪来测定管中的湍流，可以得到流管中某一点上流体运动速度随时间的变化情况，如图4-7所示。图4-7中实线和点划线表示两次实验结果。由图可见，质点的真实流速是无规律且瞬息万变的，这种现象称为脉动。尽管每次实验中的速度变化都极不规则，但是在相同条件下，对在一个长的时间周期内得到的结果取平均后，得到的速度值是相同的。同样，湍流中一点上的压力和其他参数亦存在类似的现象。因此，对于这种具有随机性质的湍流的研究采用统计平均法是较为合适的，可以采用4.1.3节中给出的方法来求统计平均。

当湍流场中任一空间点上的运动参数的时均值不随时间变化时，称这种流动为定常湍流流动，或准定常湍流流动，否则称为非定常湍流流动。这里的时间是指湍流流动的某一过程，而不是时均参数定义中所选定的某一很小的时间段。时均法只能用来描述对时均值而言的定常湍流流动。

需要指出的是，时均化的概念及在此基础上定义的准定常湍流流动，完全是为了简化湍流研究而人为提出的一种模型，而实际湍流为非定常的。因此，在研究湍流的物理实质时，如研究湍流切应力及湍流速度分布结构时，就必须考虑脉动的影响。

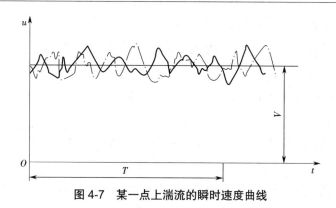

**图 4-7　某一点上湍流的瞬时速度曲线**

2. 湍流流动中的附加切应力——雷诺应力

在湍流运动中,流体质点的速度大小和方向都在不停地变化,流体质点除存在主流方向的运动外,还存在着沿不同方向的脉动,使流层之间发生质点交换。每一个流体质点都带有自己的动量,当它进入另一层时,动量发生改变,引起附加的切应力,这种附加切应力随着脉动的增强而占据主要地位。下面来介绍如何确定附加切应力。

为了兼顾圆管和平面流动这两种情况,取如图 4-8 所示的简单平面平行流动。$x$ 轴选取在物面上,$y$ 轴垂直向上。对于圆管来说,$x$ 轴在管壁上,$y$ 轴为管径方向。时均流速为 $\bar{u}$,$x$ 方向的时均流速(时间平均流速)分布可以用 $\bar{u}_x = \bar{u}_x(y)$ 表示,$y$ 方向的时均流速为零。

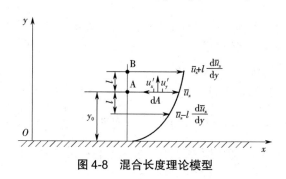

**图 4-8　混合长度理论模型**

假设在时均流动中有 A、B 两层流体,A 层的时均流速为 $\bar{u}_x$,B 层的时均流速为 $\bar{u}_x + l\dfrac{d\bar{u}_x}{dy}$。在某一瞬时,A 层的流体质点由于偶然因素,在 $dt$ 时间内,经微元面积 $dA$ 以脉动速度 $u_y'$ 沿 $y$ 轴流入 B 层,其质量为

$$\Delta m = \rho u_y' dA dt$$

这部分流体质量到达 B 层以后,立刻与 B 层的流体混合在一起,从而具有 B 层的运动参数。由于 A、B 两层流体质点在 $x$ 方向的速度是不同的,所以 $\Delta m$ 进入 B 层后将在 $x$ 方向产生速度变化,这个变化可以看成质点在 $x$ 方向所产生的脉动速度 $u_x'$。对于流体质量 $\Delta m$,它原来沿 $y$ 方向脉动,到达 B 层后,引起 B 层在 $x$ 方向上产生速度脉动,如此纵横交互影响,脉动不止。这就是湍流中脉动频繁、此起彼伏的原因。

新产生的脉动速度 $u_x'$ 使混合到 B 层的 $\Delta m$ 流体在 $x$ 方向上产生一个新的脉动性的动

量变化 $\rho u'_x u'_y \mathrm{d}A\mathrm{d}t$。按照动量定理,这个动量的变化率为进入 B 层的 $\Delta m$ 流体受到的脉动切向力。由作用力与反作用力原理可知,$\Delta m$ 流体对 B 层流体的脉动切向力为

$$F' = -\rho u'_x u'_y \mathrm{d}A$$

$F'$ 被 $\mathrm{d}A$ 除,则得 A、B 两层流体之间的脉动切应力为

$$\tau'_t = -\rho u'_x u'_y \tag{4-30}$$

该切应力纯粹是由脉动所引起的附加切应力,也被称为雷诺切应力,它的时均表达式为

$$\tau_t = -\rho \overline{u'_x u'_y} \tag{4-31}$$

当 $u'_y > 0$ 时,微团由 A 层向 B 层脉动,由于 A 层速度小于 B 层,流体进入 B 层后必然使 B 层流体的速度降低,因此 B 层的 $u'_x < 0$;当 $u'_y < 0$ 时,微团由 B 层向 A 层脉动,这样势必引起 A 层流体的速度增大,因此 A 层的 $u'_x > 0$。综上,$u'_x$ 与 $u'_y$ 符号相反,$u'_x \cdot u'_y < 0$,即

$$\tau'_t = -\rho u'_x u'_y > 0$$

所以,雷诺切应力永远大于零。

在湍流运动中,除了平均运动的黏性切应力以外,还多了一项由脉动引起的附加切应力,这样总的切应力表达式为

$$\tau = \mu \frac{\mathrm{d}\overline{u}_x}{\mathrm{d}y} - \rho \overline{u'_x u'_y} \tag{4-32}$$

式中,$\mu$ 为动力黏度。

流体的黏性切应力与附加切应力有本质的区别。前者是由流体分子无规则运动碰撞造成的,而后者是流体质点脉动的结果。

3. 普朗特混合长度理论

普朗特混合长度理论的基本思想是把湍流脉动与气体分子运动相比拟。在定常层流直线运动中,由分子动量交换而引起的黏性切应力为 $\tau_v = \mu \dfrac{\mathrm{d}\overline{u}_x}{\mathrm{d}y}$;与此对应,在湍流的平均流为直线时,认为脉动引起的附加切应力 $\tau_t$ 也可表示成相同的形式,即

$$\tau_t = \mu_t \frac{\mathrm{d}\overline{u}_x}{\mathrm{d}y} \tag{4-33}$$

混合长度理论的意义在于建立了湍流运动中附加切应力 $\tau_t$ 与时均流速 $u$ 之间的关系。

在湍流运动中,普朗特引进了一个与分子平均自由程相当的长度 $l$,并假定在距离 $l$ 内流体质点不与其他质点相碰撞,从而保持自己的动量不变。在经过 $l$ 距离后,该质点才和新位置的流体质点掺混,完成动量交换。

如图 4-8 所示的简单平行流动,其中 $\overline{u}$ 为时均速度。设在 $(y_0 - l)$ 处有一速度为 $\overline{u} - l\dfrac{\mathrm{d}\overline{u}}{\mathrm{d}y}$ 的流体质点向上移动了距离 $l$。若该流体质点保持 $x$ 方向的动量分量不变,则当它到达 $y = y_0$ 层时,此流体质点的速度较周围流体的速度小,其速度差为

$$\Delta \overline{u}_1 = \overline{u}(y_0) - \overline{u}(y_0 - l) = l\frac{\mathrm{d}\overline{u}}{\mathrm{d}y}$$

同样,当在 $y_0+l$ 处具有一速度为 $\bar{u}+l\dfrac{d\bar{u}}{dy}$ 的流体质点向下移动到 $y=y_0$ 层时,此流体质点的速度较周围流体的速度大,其速度差为

$$\Delta\bar{u}_2=\bar{u}(y_0+l)-\bar{u}(y_0)=l\frac{d\bar{u}}{dy}$$

普朗特混合长度理论中,在 $y=y_0$ 层处,由于流体质点横向运动所引起的 $x$ 方向湍流脉动速度 $u'_x$ 大小为

$$|u'_x|=\frac{1}{2}(|\Delta\bar{u}_1|+|\Delta\bar{u}_2|)=l\left|\frac{d\bar{u}}{dy}\right| \tag{4-34}$$

所以当流体质点从上层或下层进入 $y=y_0$ 层时,它们以相对速度 $u'_x$ 相互接近或离开。

由流体连续性原理可知,以上流体质点空出来的空间位置必将由其相邻的流体质点来补充,于是引起流体的纵向脉动 $u'_y$,两者相互关联,因此 $u'_x$ 与 $u'_y$ 的大小必为同一数量级,即

$$|u'_x|\sim|u'_y|$$

式中,$|u'_y|$ 可以表示为

$$\left|u'_y\right|=c\left|u'_x\right| \tag{4-35}$$

式中,$c$ 为比例常数。

而横向脉动 $u'_x$ 与纵向脉动 $u'_y$ 的符号相反,即

$$\overline{u'_xu'_y}=-\overline{|u'_x\|u'_y|} \tag{4-36}$$

将式(4-34)、式(4-35)代入式(4-36)可得

$$\overline{u'_xu'_y}=-cl^2\left(\frac{d\bar{u}}{dy}\right)^2$$

若将上式中的常数 $c$ 归并到前面引入的但尚未确定的距离 $l$ 中,则上式可写为

$$\overline{u'_xu'_y}=-l^2\left(\frac{d\bar{u}}{dy}\right)^2 \tag{4-37}$$

将式(4-37)代入式(4-31)可得

$$\tau_t=\rho l^2\left(\frac{d\bar{u}}{dy}\right)^2 \tag{4-38}$$

为表示 $\tau_t$ 的符号,式(4-38)常写为

$$\tau_t=\rho l^2\left|\frac{d\bar{u}}{dy}\right|\frac{d\bar{u}}{dy} \tag{4-39}$$

通常,称 $l$ 为混合长度。一般来说,混合长度 $l$ 不是常数。

若将式(4-39)表示成式(4-33)的形式,则有

$$\mu_t=\rho l^2\left|\frac{d\bar{u}}{dy}\right| \tag{4-40}$$

式中,$\mu_t$ 为湍流运动的黏性系数。

4.湍流速度结构、水力光滑管与水力粗糙管

当流体在管中做湍流运动时,其速度分布与层流中不同。这是因为湍流运动中流体质点的横向脉动使速度分布趋于均匀。显然,雷诺数越大,流体质点相互混杂越剧烈,其速度分布越均匀。图 4-9 所示为实验得到的圆管湍流过流断面上的速度分布。

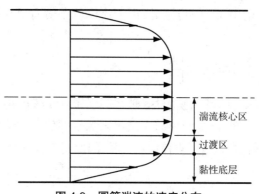

**图 4-9　圆管湍流的速度分布**

由图 4-9 可见,湍流过流断面上的速度分布大致可分为三个区域。在靠近管壁处的一薄层流体中,由于受管壁的牵制,流体质点的横向脉动受到限制,流体的黏性起主导作用,流体呈层流状态。在这一薄层流体内,流体沿径向存在较大的速度梯度,在管壁处速度为零,称这一层流体为黏性底层,或近壁层流层。由于湍流脉动的结果,在离管壁不远处到中心的大部分区域,流速分布比较均匀,这部分流体处于湍流状态,称为湍流核心区。在黏性底层和湍流核心区之间存在着范围很小的过渡区域(过渡区)。由于过渡区域很小且很复杂,一般将其并入湍流核心区来处理。

黏性底层的厚度 $\delta$ 并不是固定的,它与雷诺数 $Re$ 成反比,并与反映壁面凹凸不平及摩擦力水平的管道摩擦因子 $\lambda$ 有关。通过理论和实验计算,得到 $\delta$ 的近似计算公式为

$$\delta \approx 30 \frac{d}{Re\sqrt{\lambda}} \qquad (4-41)$$

式中,$d$ 是管道内径,$\lambda$ 是管道摩擦因子。

黏性底层很薄,通常大约只有几分之一毫米,但是它在湍流中的作用却是不可忽视的。

由于材料、加工方法、使用条件等因素的影响,管内壁表面的形貌不会绝对平整光滑,会存在各种不同程度的凹凸不平。将其凹凸不平的平均尺寸 $\Delta$ 称为管壁的绝对粗糙度,如图 4-10 所示。将 $\Delta$ 与管道内径 $d$ 的比值 $\Delta/d$ 称为相对粗糙度。

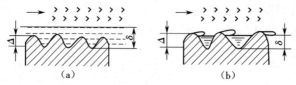

**图 4-10　水力光滑管与水力粗糙管**

(a)水力光滑管　　(b)水力粗糙管

当 $\delta > \Delta$ 时,管壁的凹凸不平部分被完全淹没在黏性底层中,此时管壁粗糙度对湍流核心区几乎没有影响,流体好似在完全光滑的管中流动,这种情况的管内湍流称为水力光滑管,如图 4-10(a)所示。

当 $\delta < \Delta$ 时,管壁的凹凸不平部分被暴露在黏性底层之外,黏性底层被破坏,湍流核心区内的流体冲击在凸起部分将产生旋涡,而旋涡会加剧湍动程度,增大能量损失,此时管壁粗糙度的大小对湍流有直接影响,这种情况的管内湍流称为水力粗糙管,如图 4-10(b)所示。

必须指出,这里所谓的光滑管和粗糙管是由流体的运动情况决定的,同一管道可以为粗糙管,也可以为光滑管,主要取决于黏性底层的厚度,或者说取决于雷诺数 $Re$。常用管道内壁的绝对粗糙度 $\Delta$ 见表 4-2。

表 4-2　常用管道内壁的绝对粗糙度

| 材料 | 管种类 | 绝对粗糙度 $\Delta$(mm) |
|---|---|---|
| 铜 | 冷拔铜管、黄铜管 | 0.001 5~0.010 0 |
| 铝 | 冷拔铝管、铝合金管 | 0.001 5~0.060 0 |
| 钢 | 冷拔无缝钢管 | 0.01~0.03 |
| | 热拉无缝钢管 | 0.05~0.10 |
| | 轧制无缝钢管 | 0.05~0.10 |
| | 镀锌钢管 | 0.12~0.15 |
| | 涂沥青的钢管 | 0.03~0.05 |
| | 波纹钢管 | 0.75~7.50 |
| | 旧钢管 | 0.1~0.5 |
| 铸铁 | 铸铁管 | 新:0.25;旧:1.00 |
| 塑料 | 光滑塑料管 | 0.001 5~0.010 0 |
| | $d=100$ mm 波纹管 | 5~8 |
| | $d \geqslant 100$ mm 波纹管 | 15~30 |
| 橡胶 | 光滑橡胶管 | 0.006~0.070 |
| | 含有加强钢丝的橡胶管 | 0.3~4.0 |
| 玻璃 | 玻璃管 | 0.001 5~0.010 0 |

5.圆管湍流速度分布规律

1)光滑管

对于光滑管而言,由前面分析可知,在黏性底层内流体质点没有混杂,故切应力主要为黏性切应力 $\tau_{\mathrm{v}}$,附加切应力 $\tau_{\mathrm{t}}$ 近似为零。由于黏性底层内的速度梯度可以认为是常数,则层内切应力 $\tau = \tau_{\mathrm{v}} =$ 常数,这也就是壁面处的切应力 $\tau_{\mathrm{w}}$。由此得,当 $y \leqslant \delta$ 时,

$\tau = \tau_{\mathrm{w}} = \mu \dfrac{\mathrm{d}\bar{u}}{\mathrm{d}y} = \mu \dfrac{\bar{u}}{y}$。设 $\sqrt{\dfrac{\tau_{\mathrm{w}}}{\rho}} = v^*$,它具有速度的量纲,称 $v^*$ 为壁摩擦速度,则

$$\frac{\bar{u}}{v^*} = \frac{\rho v^* y}{\mu}$$

$$(4\text{-}42)$$

在黏性底层外，$y \geq \delta$，湍动剧烈，黏性影响可以忽略，则

$$\tau \approx \tau_t = \rho l^2 \left(\frac{d\bar{u}}{dy}\right)^2$$

混合长度 $l$ 表征了流体质点横向脉动的路程。在近壁处，质点受边壁的制约，其脉动的余地较小，随着离开壁面的距离增大，质点的湍动自由度增大。因此，普朗特假设在近壁处，混合长度 $l$ 与离壁面的距离 $y$ 成正比，即 $l = ky$，其中 $k$ 为常数。根据尼古拉兹（Nikuradse）的实验结果，这个假设可以扩展到整个湍流区域。此外，假设在整个湍流区内切应力也为常数 $\tau_w$，则

$$\tau_w = \rho k^2 y^2 \left(\frac{d\bar{u}}{dy}\right)^2$$

或

$$\frac{d\bar{u}}{v^*} = \frac{1}{k}\frac{dy}{y}$$

对上式积分得

$$\frac{\bar{u}}{v^*} = \frac{1}{k}\ln y + C \tag{4-43}$$

式中，$C$ 为积分常数，其由边界条件确定。

当 $y = \delta$ 时，$\bar{u} = \bar{v}_\delta$，在湍流核心与黏性底层的交界处，流体的运动速度应同时满足式（4-42）和式（4-43），即

$$\frac{\bar{u}_\delta}{v^*} = \frac{\rho v^* \delta}{\mu} = \frac{1}{k}\ln \delta + C$$

由上式可解得 $C$ 的表达式为

$$C = \frac{\rho v^* \delta}{\mu} - \frac{1}{k}\ln \delta \tag{4-44}$$

将式（4-44）代入式（4-43），可得

$$\frac{\bar{u}}{v^*} = \frac{1}{k}\ln y + \frac{\rho v^* \delta}{\mu} - \frac{1}{k}\ln \delta$$

对上式进行变形改写，则有

$$\frac{\bar{u}}{v^*} = \frac{1}{k}\ln \frac{\rho v^* y}{\mu} + \frac{\rho v^* \delta}{\mu} - \frac{1}{k}\ln \frac{\rho v^* \delta}{\mu}$$

式中，$\frac{\rho v^* \delta}{\mu}$ 为雷诺数的形式。设 $Re_\delta = \frac{\rho v^* \delta}{\mu}$，则上式变为

$$\frac{\bar{u}}{v^*} = \frac{1}{k}\ln \frac{\rho v^* y}{\mu} + Re_\delta - \frac{1}{k}\ln Re_\delta$$

设 $Re_\delta - \frac{1}{k}\ln Re_\delta = A$，则上式可写成

$$\frac{\bar{u}}{v^*} = \frac{1}{k}\ln \frac{\rho v^* y}{\mu} + A \tag{4-45}$$

式（4-45）可作为光滑管中湍流速度分布的近似公式。尼古拉兹根据水力光滑管实验，得出 $k=0.4, A=5.5$，将其代入式（4-45），可得

$$\frac{\bar{u}}{v^*} = 2.5\ln\frac{\rho v^* y}{\mu} + 5.5 \tag{4-46}$$

当 $y=r_0$（圆管的内半径）时，由式（4-46）可得管轴处的最大时均流速为

$$\frac{\bar{u}_{max}}{v^*} = 2.5\ln\frac{\rho v^* r_0}{\mu} + 5.5 \tag{4-47}$$

平均时流速 $\bar{u}_{xav}$ 的表达式为

$$\bar{u}_{av} = \frac{1}{\pi r_0^2}\int_0^{r_0} \bar{u}\,2\pi r\mathrm{d}r = \frac{1}{\pi r_0^2}\int_0^{r_0} \bar{u}\,2\pi(r_0-y)\mathrm{d}y$$

将式（4-46）代入上式可得

$$\frac{\bar{u}_{av}}{v^*} = 2.5\ln\frac{\rho v^* r_0}{\mu} + 1.75 \tag{4-48}$$

由式（4-46）及式（4-48）可得 $\bar{v}_x$ 与 $\bar{v}_{av}$ 的关系式为

$$\frac{\bar{u}}{v^*} = \frac{\bar{u}_{av}}{v^*} + 2.5\ln\frac{y}{r_0} + 3.75 \tag{4-49}$$

由式（4-47）及式（4-48）可得 $\bar{u}_{max}$ 与 $\bar{u}_{av}$ 的关系式为

$$\bar{u}_{av} = \bar{u}_{max} - 3.75 v^* \tag{4-50}$$

速度分布公式还可以用另一种近似的形式表示，即

$$\frac{\bar{u}}{\bar{u}_{max}} = \left(\frac{y}{r_0}\right)^n \tag{4-51}$$

式中，指数 $n$ 随雷诺数 $Re$ 变化。当 $Re \approx 10^5$ 时，$n=1/7$，这就是常用的由布拉修斯（Blasius）导出的 1/7 次方规律。

2）粗糙管

上面讨论的是光滑管的情况。对于粗糙管而言，因为其并不影响混合长度理论的使用，所以式（4-45）所表示的对数形式的速度分布仍然有效。为了考虑绝对粗糙度 $\Delta$，将式（4-45）改写为

$$\frac{\bar{u}}{v^*} = \frac{1}{k}\ln\frac{y}{\Delta} + B \tag{4-52}$$

尼古拉兹由水力粗糙管实验，得出 $k=0.4, B=8.5$，将其代入式（4-52）可得

$$\frac{\bar{u}}{v^*} = 2.5\ln\frac{y}{\Delta} + 8.5 \tag{4-53}$$

用与光滑管中求最大时均流速和平均流速同样的方法，求得粗糙管中湍流的最大时均流速和时均流速为

$$\frac{\bar{u}_{max}}{v^*} = 2.5\ln\frac{r_0}{\Delta} + 8.5 \tag{4-54}$$

$$\frac{\bar{u}_{av}}{v^*} = 2.5\ln\frac{r_0}{\Delta} + 4.75 \tag{4-55}$$

由式（4-53）与式（4-55）可得 $\bar{u}$ 与 $\bar{u}_{av}$ 的关系式为

$$\frac{\bar{u}}{v^*} = \frac{\bar{u}_{av}}{v^*} + 2.5\ln\frac{y}{r_0} + 3.75 \qquad (4\text{-}56)$$

由式（4-54）与式（4-55）可得 $\bar{u}_{max}$ 与 $\bar{u}_{av}$ 的关系式为

$$\bar{u}_{av} = \bar{u}_{max} - 3.75v^* \qquad (4\text{-}57)$$

比较式（4-50）与式（4-57）可以发现，在平均流速相同的条件下，水力光滑管湍流核心区与水力粗糙管湍流核心区的速度分布完全相同。式（4-57）的优点在于不必知道管壁的表面结构（粗糙度），而只需要知道管流的平均流速。一般来说，平均流速更易于确定，故式（4-49）或式（4-56）对于实际应用更为方便。

需要指出的是，上面介绍的速度分布公式都属于半经验或经验公式，虽然它们与实际很接近，但都有一定的缺陷。

# 4.3　管流的沿程压力损失和局部阻力损失

在管道内，黏性流体运动时的能量损失 $h_w$ 是由流体在等截面直管内的摩擦阻力所引起的沿程压力损失 $h_f$ 和由流道形状改变、流速受到扰动、流动方向变化等引起的局部阻力损失 $h_j$ 组合而成的。通常认为每种损失都能充分地显示出来，独立且不受其他损失的影响。因此，压力损失或由阻力引起的能量损失可以叠加，管道中的总能量损失 $h_w$ 可以看作各个不同阻力单独作用所引起的能量损失之和，即

$$h_w = \sum h_f + \sum h_j$$

## 4.3.1　管流的沿程压力损失

由量纲分析可以得出流体在水平管道流动中的沿程压力损失 $h_f$ 与管长 $l$、管径 $d$、平均流速 $v$ 的关系式为

$$h_f = \frac{\Delta p}{\rho g} = \lambda\frac{l}{d}\frac{v^2}{2g} \qquad (4\text{-}58)$$

式中，$\lambda$ 为沿程阻力系数，它是雷诺数 $Re$ 与管道相对粗糙度 $\Delta/d$ 的函数，即

$$\lambda = f(Re,\ \Delta/d)$$

管道中沿程压力损失主要是由沿程阻力系数 $\lambda$ 确定的。

1. 沿程阻力系数

如图 4-11 所示，在水平直管中取一段长为 $l$ 的流体，设其直径为 $d$，管壁处切应力为 $\tau_w$，两端截面上的压强分别为 $p_1$ 和 $p_2$，由力的平衡可得

$$(p_1 - p_2)\frac{\pi d^2}{4} = \tau_w l\pi d$$

或

$$\tau_w = \frac{(p_1 - p_2)d}{4l} = \frac{\Delta p d}{4l}$$

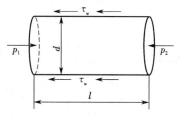

**图 4-11　水平直管中的一段流体**

上式与式（4-58）联立可得

$$\lambda = \frac{8\tau_w}{\rho v^2} = 8\left(\frac{v^*}{v}\right)^2 \tag{4-59}$$

由此可见，只要已知平均流速就可以求出沿程阻力系数。

对于层流，已经在 4.2.1 节中得到水的沿程阻力系数理论值为

$$\lambda = \frac{64}{Re}$$

即沿程阻力系数与管壁粗糙度无关，只与雷诺数 $Re$ 有关。

因为是光滑管中的湍流，将光滑管内湍流的平均流速分布式（4-48）代入式（4-59），可得

$$\lambda = \frac{8\tau_w}{\rho v^2} = 8\left(\frac{v^*}{v}\right)^2 = \frac{8}{\left(2.5\ln\frac{\rho v^* r_0}{\mu} + 1.75\right)^2} \tag{4-60}$$

式中，$\frac{\rho v^* r_0}{\mu}$ 可利用式（4-59）改写为

$$\frac{\rho v^* r_0}{\mu} = \frac{2\rho v r_0}{\mu}\frac{v^*}{2v} = Re\frac{\sqrt{\lambda}}{4\sqrt{2}}$$

式中，$Re = \frac{2\rho v r_0}{\mu}$。

于是，式（4-60）可写为

$$\lambda = \frac{8}{\left(2.5\ln\left(Re\frac{\sqrt{\lambda}}{4\sqrt{2}}\right) + 1.75\right)^2} = \frac{1}{\left[2.035\lg(Re\sqrt{\lambda}) - 0.91\right]^2}$$

或

$$\frac{1}{\sqrt{\lambda}} = 2.035\lg(Re\sqrt{\lambda}) - 0.91 \tag{4-61}$$

式中，各项系数均由实验加以修正，最后得

$$\frac{1}{\sqrt{\lambda}} = 2.01\lg(Re\sqrt{\lambda}) - 0.8 \tag{4-62}$$

通常称式（4-62）为光滑管完全发展湍流的卡门－普朗特阻力系数公式。

利用布拉修斯 1/7 次方速度分布，可以导出形式更为简单的阻力系数公式，即

$$\lambda = \frac{0.316\,4}{\sqrt[4]{Re}} \tag{4-63}$$

当处于完全发展阶段的湍流流经粗糙管时,将管中的平均流速分布式(4-55)代入式(4-59)可得

$$\lambda = \frac{8}{\left(2.5\ln\dfrac{r_0}{\Delta} + 4.75\right)^2}$$

或

$$\frac{1}{\sqrt{\lambda}} = 0.884\ln\frac{d}{2\Delta} + 1.68 \tag{4-64}$$

对式(4-64)用实验加以修正,得到近似公式为

$$\frac{1}{\sqrt{\lambda}} = 2.01\lg\frac{d}{2\Delta} + 1.74 \tag{4-65}$$

以上讨论均未考虑进口起始段效应,只针对充分发展的流动。对于光滑管层流和光滑管湍流的情况,阻力系数 $\lambda$ 仅为雷诺数 $Re$ 的函数。对于粗糙管,阻力系数 $\lambda$ 仅是相对粗糙度 $\Delta/d$ 的函数。而对于介于光滑管与粗糙管的过渡区,阻力系数 $\lambda$ 与雷诺数 $Re$、相对粗糙度 $\Delta/d$ 都有关,此时可采用柯罗布鲁克(Colebrook)公式计算,即

$$\frac{1}{\sqrt{\lambda}} = -2.01\lg\left(\frac{\Delta}{3.7d} + \frac{2.51}{Re\sqrt{\lambda}}\right) \tag{4-66}$$

**2. 尼古拉兹实验和莫迪图**

由前面的讨论可知,管道流动中无论是层流还是湍流,它们的沿程压力损失均可按式(4-58)进行计算,关键问题在于它们的沿程阻力系数 $\lambda$ 如何确定。对于层流,$\lambda$ 值可由理论方法来确定。而对于湍流,则先在实验的基础上提出某些假设,导出速度分布和沿程损失的理论公式,再根据实验进行修正,从而得出半经验公式。

尼古拉兹对不同管径、不同流量的管中沿程阻力做了全面的实验研究。尼古拉兹把不同粒径的均匀砂粒分别粘贴到管道内壁上,构成人工均匀粗糙管,并进行了一系列实验,得出 $\lambda$ 与 $Re$ 之间的关系曲线,如图 4-12 所示。这些曲线大致可以划分为 5 个区域( I ~ V )。

(1)层流区( I )。在层流区,不论相对粗糙度为多少,实验点均落在 $a$、$b$ 点之间的直线上,$\lambda$ 只与 $Re$ 有关。此时,直线的方程为 $\lambda = \dfrac{64}{Re}$,这与圆管中层流的理论公式相同。层流区的有效区域大致在 $Re \leqslant 2\,320$ 的范围内。

(2)过渡区( II )。过渡区是层流到湍流的过渡区,在此区域内各实验点分散落在 $b$、$c$ 点之间的曲线附近。此区域不稳定、范围小,大致在 $2\,320 < Re < 4\,000$ 的范围内。

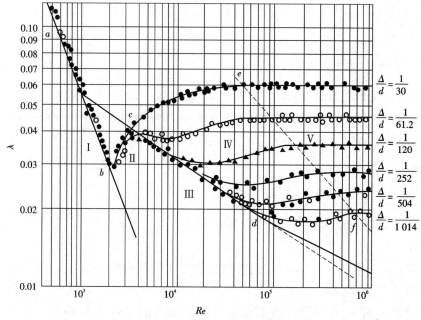

**图 4-12　尼古拉兹实验曲线**

（3）湍流光滑管区（Ⅲ）。在湍流光滑管区，各种相对粗糙度的管道的实验点都落在 $c$、$d$ 点之间的直线上，$\lambda$ 只与 $Re$ 有关，与 $\Delta/d$ 无关。但是随着 $\Delta/d$ 的变化，各种管道对应的数据点离开此区的位置不同，$\Delta/d$ 越大，离开此区越快。可见湍流光滑管区的 $Re$ 上限与 $\Delta/d$ 有关，而不是一个不变的常数。根据尼古拉兹的实验，此区的有效范围是 $4\,000<Re<26.98(\Delta/d)^{8/7}$。卡门 – 普朗特公式是适用于全部湍流光滑管区阻力系数计算的半经验公式。该公式的结构复杂，计算不方便，一般需要使用试算法才能求出 $\lambda$ 值。尼古拉兹指出，在 $4\,000<Re<10^5$ 范围内，布拉修斯公式较为准确。当将式（4-63）代入式（4-58）计算沿程压力损失时，易证明 $h_f$ 与 $v^{1.75}$ 成正比，故湍流光滑管区又称 1.75 次方阻力区。在 $10^5<Re<10^6$ 范围内，尼古拉兹的 $\lambda$ 计算公式为

$$\lambda = 0.003\,2 + \frac{0.221}{Re^{0.237}} \tag{4-67}$$

（4）光滑管至粗糙管过渡区（Ⅳ）。随着 $Re$ 的增大，黏性底层变薄，水力光滑管逐渐过渡到水力粗糙管，因此实验点逐渐脱离区域Ⅲ。不同 $\Delta/d$ 的实验点从区域Ⅲ的不同位置离开，$\lambda$ 与 $Re$ 和 $\Delta/d$ 均有关，大致发生在 $26.98(\Delta/d)^{8/7}<Re<4\,160(\Delta/d)^{8/7}$ 的范围内。在区域Ⅳ中，流体的黏性与粗糙度具有同等重要的地位。柯罗布鲁克公式（4-66）不仅适用于区域Ⅱ，也适用于 $4\,000<Re<10^6$ 的区域。式（4-66）的简化形式为

$$\lambda = 0.11\left(\frac{\Delta}{d} + \frac{68}{Re}\right)^{0.25} \tag{4-68}$$

（5）湍流粗糙管区（Ⅴ）。当雷诺数 $Re$ 增大到一定程度时，流动将处于完全水力粗糙管状态。在区域Ⅴ中，每种 $\Delta/d$ 的实验点都整齐地分布在水平直线上，$\lambda$ 与 $Re$ 无关。因此，沿程压力损失与速度的平方成正比，故此区也被称为阻力平方区。此区域中，$Re$ 的实际有效

范围为 $Re > 4\ 160(d/2\Delta)^{0.85}$。由式（4-65）可得粗糙管中的 $\lambda$ 计算公式为

$$\lambda = \frac{0.25}{\left[\lg\left(\dfrac{\Delta}{3.7d} + \dfrac{5.74}{Re^{0.9}}\right)\right]^2} \qquad\qquad (4\text{-}69)$$

尼古拉兹实验采用的是人工均匀粗糙管，而工程中实际使用的工业管道，其内部壁面的粗糙度可能是不均匀的。一般工业用管道的内壁粗糙度很难直接测定，故先由实验测出沿程压力损失 $h_f$ 和平均流速 $v$ 后，在已知管长 $l$ 和直径 $d$ 的条件下，由

$$\lambda = \frac{h_f}{\left(\dfrac{l}{d}\dfrac{v^2}{2g}\right)}$$

确定 $\lambda$ 值，再由式（4-69）反算出一个粗糙度 $\Delta$ 值来作为工业管道内壁的粗糙度，并称它为当量粗糙度。

为便于工程应用，莫迪（Moody）把管内流动的实验数据整理成图，如图 4-13 所示。其中以 $\Delta/d$ 为参变数，以 $\lambda$ 和 $Re$ 分别为纵、横坐标，并称为莫迪图。比较图 4-12 和图 4-13 可以看出，两者在区域 Ⅰ、Ⅲ、Ⅴ 的变化规律完全相同，两者的不同体现在两个过渡区 Ⅱ、Ⅳ 上，这是由工业管道的管内壁粗糙度不均匀造成的。

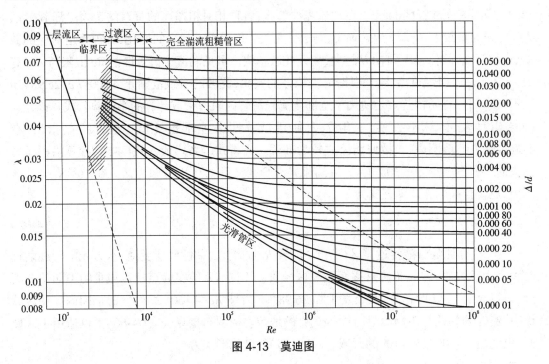

图 4-13　莫迪图

## 4.3.2　管流的局部阻力损失

前面章节已经讨论了等截面直管内流动的阻力和能量损失，但输送流体的管道不只有等截面直管。为了通向一定的地方，以及控制流量的大小和流动方向，管路上通常会装设很

多弯头、三通、阀门等附件和控制件。流体流经这些附件和控制件时,或者被迫改变流速,或者被迫改变流动方向,或两者兼有之时,会干扰流体的正常运动,从而产生撞击、分离脱流、旋涡等现象,并产生了附加阻力,增加了能量损失。通常将这部分损失称为局部阻力损失。由于这些附件或控制件中流体的运动比较复杂,影响因素较多,故除少数几种能在理论上作一定的分析之外,一般都依靠实验确定。通常将局部阻力损失表示为

$$h_j = \zeta \frac{v^2}{2g} \tag{4-70}$$

式中, $\zeta$ 为局部阻力系数, $v$ 为平均流速。

流体在附件和控制件中受到的干扰基本上可分为两类:一是截面面积变化,包括截面收缩和扩大等;二是流动方向变化,如弯头导致的管道方向改变。局部阻力处的流动现象比较复杂,下面将分别给出常用部件的局部阻力系数计算的相关资料,供计算时参考。

1. 截面扩大时的阻力损失

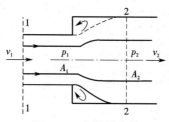

图 4-14　突然扩大管

1)突然扩大管

设管道截面面积由 $A_1$ 突扩成 $A_2$,截面 1—1 和截面 2—2 上的平均流速分别为 $v_1$ 和 $v_2$（图 4-14）,则局部阻力损失为

$$h_j = \frac{(v_1 - v_2)^2}{2g} = \zeta_1 \frac{v_1^2}{2g} = \zeta_2 \frac{v_2^2}{2g} \tag{4-71}$$

式中

$$\begin{cases} \zeta_1 = \left(1 - \dfrac{A_1}{A_2}\right)^2 \\[3mm] \zeta_2 = \left(\dfrac{A_2}{A_1} - 1\right)^2 \end{cases} \tag{4-72}$$

当 $A_1 \ll A_2$ 时（如液体由管道流入油箱的情况）,则有 $\zeta_1 = 1$。

2)渐扩管

渐扩管的局部阻力损失计算是在式（4-71）基础上,用系数 $k$ 来修正,其表达式为

$$h_j = k \frac{(v_1 - v_2)^2}{2g} \tag{4-73}$$

系数 $k$ 与扩散角有关,其值由吉布森（Gibson）的实验数据确定,如图 4-15 所示。由图可知,圆管的扩散角 $\theta = 5° \sim 7°$ 时阻力最小, $k$ 值约为 0.135;当 $\theta = 55° \sim 80°$ 时阻力最大。

2. 截面缩小时的阻力损失

1）突然缩小管

突然缩小管（图 4-16）中的局部阻力损失的计算表达式为

$$h_j = \zeta \frac{v_2^2}{2g} \tag{4-74}$$

$$\zeta = 1 + \frac{1}{C_v^2 C_j^2} - \frac{2}{C_j} \tag{4-75}$$

式中：$C_j$ 为收缩系数，即缩流截面 $c—c$ 面积 $A_j$ 与管道截面 2—2 面积 $A_2$ 之比；$C_v$ 为流速系数，即缩流截面 $c—c$ 上实际的平均流速 $v_c$ 与理想的平均流速 $v_0$ 之比。

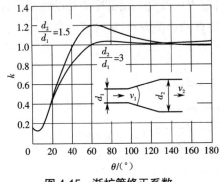

图 4-15　渐扩管修正系数

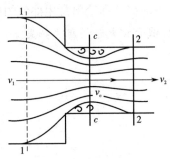

图 4-16　突然缩小管

韦斯巴赫（Weisbach）由实验求得的系数 $C_j$、$C_v$ 及 $\zeta$ 见表 4-3，其中 $A_1$ 为收缩前截面 1—1 面积，$A_2$ 为缩流后截面 2—2 面积。

表 4-3　不同截面突然收缩条件下（$A_2/A_1$）流道的 $C_j$,$C_v$ 及 $\zeta$

| $A_2/A_1$ | 0.01 | 0.10 | 0.20 | 0.30 | 0.40 | 0.50 | 0.60 | 0.70 | 0.80 | 0.90 | 1.00 |
|---|---|---|---|---|---|---|---|---|---|---|---|
| $C_j$ | 0.618 | 0.624 | 0.632 | 0.643 | 0.659 | 0.681 | 0.712 | 0.755 | 0.813 | 0.892 | 1.00 |
| $C_v$ | 0.980 | 0.982 | 0.984 | 0.986 | 0.988 | 0.990 | 0.992 | 0.994 | 0.996 | 0.998 | 1.00 |
| $\zeta$ | 0.490 | 0.458 | 0.421 | 0.377 | 0.324 | 0.264 | 0.195 | 0.126 | 0.065 | 0.020 | 0.000 |

由表 4-3 中数据可见，当 $A_2/A_1$=0.01 时，$\zeta$ =0.490，所以流体从大容器流入锐缘进口的管道时，在进口局部的阻力损失系数为 0.5。如果进口处呈光滑圆角，则 $C_j$=1，$\zeta$ =0.04~0.06，此时局部阻力损失系数可以忽略不计。

2）渐缩管

如图 4-17 所示，渐缩管局部阻力损失由式（4-74）计算，其中 $\zeta$ 的计算公式为

当 $\theta$ <30° 时

$$\zeta = \frac{\lambda}{8\sin(\theta/2)}\left[1-\left(\frac{A_2}{A_1}\right)^2\right] \tag{4-76}$$

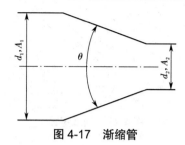

图 4-17　渐缩管

当 $\theta = 30° \sim 90°$ 时

$$\zeta = \frac{\lambda}{8\sin(\theta/2)}\left[1-\left(\frac{A_2}{A_1}\right)^2\right]+\frac{\theta}{1\,000} \tag{4-77}$$

式中, $\lambda$ 为变径后的沿程阻力系数。

当 $\theta$ 角较小且过渡段圆滑时, $\zeta = 0.005 \sim 0.05$。另外, 渐缩管的局部阻力损失系数也可从图 4-18 查得。

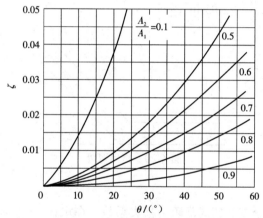

图 4-18　渐缩管局部阻力损失系数

**3. 弯管的阻力损失**

弯管外缘与内缘的压差, 使中心部分的流体向弯管外侧移动, 而外围处的流体则流入内侧, 产生双涡旋形式的二次流动。如弯管的弯度较大, 则流体会从管壁剥离, 并产生涡旋, 增大阻力损失。弯管处的流动现象十分复杂, 只能用实验方法求得局部阻力系数。

**1)圆滑弯管**

如图 4-19 所示, 圆滑弯管的局部阻力损失系数 $\zeta$ 的经验计算公式为

$$\zeta = \left[0.131 + 0.163\left(\frac{d}{R}\right)^{3.5}\right]\frac{\theta}{90} \tag{4-78}$$

式中, $\theta$ 为弯管的方向变化角, $d$ 为弯管的直径, $R$ 为弯管轴心线的曲率半径。

当 $\theta = 90°$ 时, $\zeta$ 值由表 4-4 给出, 其中弯管尺寸参数为 $d/R$。

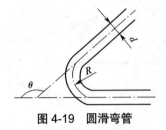

图 4-19　圆滑弯管

表 4-4　不同尺寸参数( $d/R$ )下 90° 弯管的局部阻力系数

| $d/R$ | 0.2 | 0.4 | 0.5 | 0.6 | 0.7 | 0.8 | 0.9 | 1.0 | 1.2 | 1.4 | 1.6 | 1.8 | 2 |
|---|---|---|---|---|---|---|---|---|---|---|---|---|---|
| $\zeta$ | 0.13 | 0.14 | 0.15 | 0.16 | 0.18 | 0.21 | 0.24 | 0.29 | 0.44 | 0.66 | 0.98 | 1.41 | 1.98 |

2)折角弯管

如图 4-20 所示,折角弯管的局部阻力系数 $\zeta$ 取决于折角 $\theta$ 的大小,其经验计算公式为

$$\zeta = 0.946\sin^2\left(\frac{\theta}{2}\right) + 2.05\sin^4\left(\frac{\theta}{2}\right) \tag{4-79}$$

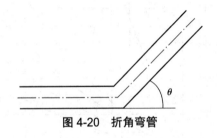

图 4-20　折角弯管

4. 其他损失

(1)液体流经管道分支处的局部阻力损失系数。在水管、油管的分支处,可能有各种方式的流动,其局部阻力系数见表 4-5。

表 4-5　管道分支处的局部阻力系数 $\zeta$

| 90° 三通 | | | | |
|---|---|---|---|---|
| | 0.1 | 1.3 | 1.3 | 3 |
| 45° 三通 | | | | |
| | 0.15 | 0.05 | 0.5 | 3 |

续表

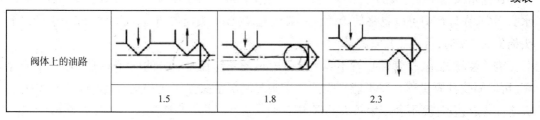

| 阀体上的油路 | | | | |
|---|---|---|---|---|
| | 1.5 | 1.8 | 2.3 | |

（2）液压器件上的局部阻力损失系数。液压器件上的局部阻力系数可参阅表 4-6。其中,各种阀口的阻力系数因开口尺寸的不同而有较大的变动幅度,开口较大时取小值,开口较小时取大值。

表 4-6　液压器件的局部阻力系数

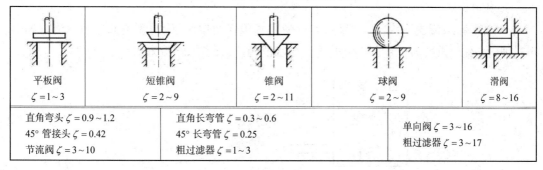

| 平板阀 $\zeta=1\sim3$ | 短锥阀 $\zeta=2\sim9$ | 锥阀 $\zeta=2\sim11$ | 球阀 $\zeta=2\sim9$ | 滑阀 $\zeta=8\sim16$ |
|---|---|---|---|---|
| 直角弯头 $\zeta=0.9\sim1.2$ 45° 管接头 $\zeta=0.42$ 节流阀 $\zeta=3\sim10$ | | 直角长弯管 $\zeta=0.3\sim0.6$ 45° 长弯管 $\zeta=0.25$ 粗过滤器 $\zeta=1\sim3$ | | 单向阀 $\zeta=3\sim16$ 粗过滤器 $\zeta=3\sim17$ |

# 4.4　管路计算

管路计算是工程设计与校核中经常遇到的问题,也是流体力学理论在工程中的重要应用。在石油、化工、水利、城市自来水供应以及矿山通风、给排水、建筑设计等领域,都会遇到管路计算的问题。

管道可按不同形式进行分类,如结构、管中压力、能量损失等。

## 1. 按结构分类

按照结构形式,管道可分为简单管道和复杂管道。其中,简单管道是管径不变,没有分叉(即流量相同)的管道;复杂管道是由两根或两根以上的简单管道组合而成的管道系统,包括串、并联管道和管网。

## 2. 按管中压力分类

按管中压力,管道可分为有压管道和无压管道。其中,有压管道是管内压强不等于大气压强的管道,如供水、煤气、通风、电站引水用的管道;无压管道(涵管)是管道内存在自由液面,且自由液面上的相对压强等于零的管道,如排水管道、明渠等。

## 3. 按能量损失分类

按能量损失的多少,管道可分为短管和长管。其中,短管是指管路中水流的局部水头损失和流速水头都不能忽略不计的管道；长管是指局部水头损失与流速水头之和远小于沿程水头损失，在计算中可以忽略的管道。一般认为，局部水头损失与流速水头之和小于沿程水头损失的 5% 时，可以按长管计算。

需要注意的是，长管和短管不是完全按管道的几何长短区分的。将有压管道按长管计算，可以简化计算过程。在不能判断流速水头与局部水头损失之和是否远小于沿程水头损失之前，按短管计算不会产生较大的误差。

本节重点讨论短管和长管的水力计算问题。

### 4.4.1　短管的水力计算

短管的水力计算可通过连续性方程和能量方程求解。下面按自由出流和淹没出流两种情况进行讨论。

1. 自由出流

管道出口水流流入大气，水流四周均受大气压强的作用，称为管道的自由出流。如图 4-21 所示，有一长度为 $l$、管径为 $d$ 的管道与水池相接，管道末端流入大气。

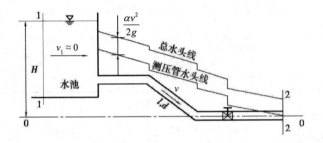

**图 4-21　管道的自由出流**

以管道出口 2—2 断面形心所在的水平面 0—0 作为基准面，建立符合渐变流条件的 1—1 断面和 2—2 断面的能量方程，即

$$H + \frac{\alpha_1 v_1^2}{2g} = \frac{\alpha v^2}{2g} + h_w$$

式中：$H$ 为管道出口断面中心与水池水面的高差，称为管道的水头；$v_1$ 为水池中的流速，称为行近流速；$v$ 为管道出口断面的平均流速；$h_w$ 为水头损失。

令 $H_0$ 为包括行近流速水头和管道水头的作用水头，即 $H_0 = H + \dfrac{\alpha_1 v_1^2}{2g}$，则有

$$H_0 = \frac{\alpha v^2}{2g} + h_w \tag{4-80}$$

水头损失 $h_w$ 可写成各管段沿程水头损失与局部水头损失之和，即

$$h_w = \sum h_f + \sum h_j = \sum \left( \lambda_i \frac{l_i}{d_i} \frac{v_i^2}{2g} \right) + \sum \left( \zeta_i \frac{v_i^2}{2g} \right) \tag{4-81}$$

将式（4-81）代入式（4-80），并引入连续性方程，即可解得管道出口断面流速 $v$ 和管道流量 $Q$。

计算时可以按以下两种情况考虑。

（1）对于简单管道，管道直径 $d_i$ 各处相等，那么各管段流速 $v_i$ 也相等，若各管段的沿程阻力系数 $\lambda_i$ 相等，则式（4-81）变为

$$h_{\mathrm{w}} = \sum h_{\mathrm{f}} + \sum h_{\mathrm{j}} = \lambda \sum \frac{l_i}{d} \frac{v^2}{2g} + \frac{v^2}{2g} \sum \zeta_i = \left( \lambda \frac{l}{d} + \sum \zeta_i \right) \frac{v^2}{2g} \tag{4-82}$$

考虑到水池中的行近流速水头 $\dfrac{\alpha_0 v_0^2}{2g}$ 一般很小，可以忽略不计，因此 $H_0 = H$；取 $\alpha = 1.0$，可得管道出口断面流速 $v$ 和管道流量 $Q$ 分别为

$$v = \frac{1}{\sqrt{1 + \lambda \dfrac{l}{d} + \sum \zeta_i}} \sqrt{2gH} \tag{4-83}$$

$$Q = vA = \frac{1}{\sqrt{1 + \lambda \dfrac{l}{d} + \sum \zeta_i}} A\sqrt{2gH} = \mu_{\mathrm{c}} A\sqrt{2gH} \tag{4-84}$$

式中，$A$ 为管道出口断面的面积；$\mu_{\mathrm{c}} = \dfrac{1}{\sqrt{1 + \lambda \dfrac{l}{d} + \sum \zeta_i}}$ 为管道系统的流量系数。

（2）对于串联的复杂管道，各管段管径 $d_i$ 不等，那么各管段流速 $v_i$ 也不等，若沿程阻力系数 $\lambda_i$ 也不等，根据连续性方程可将各管段流速 $v_i$ 转换为同一个流速，如均转换为出口端面平均流速 $v$，则式（4-81）变为

$$h_{\mathrm{w}} = \sum h_{\mathrm{f}} + \sum h_{\mathrm{j}} = \left[ \sum \lambda_i \frac{l_i}{d_i} \left( \frac{A}{A_i} \right)^2 + \sum \zeta_i \left( \frac{A}{A_i} \right)^2 \right] \frac{v^2}{2g} \tag{4-85}$$

式中，$l_i$ 为各管段长度，$A_i$ 为各管段断面面积。

同样忽略水池中的行近流速水头，并取 $\alpha = 1.0$，可得管道出口断面平均流速 $v$ 和管道流量 $Q$ 分别为

$$v = \frac{1}{\sqrt{1 + \sum \lambda_i \dfrac{l_i}{d_i} \left( \dfrac{A}{A_i} \right)^2 + \sum \zeta_i \left( \dfrac{A}{A_i} \right)^2}} \sqrt{2gH} \tag{4-86}$$

$$Q = vA = \frac{1}{\sqrt{1 + \sum \lambda_i \dfrac{l_i}{d_i} \left( \dfrac{A}{A_i} \right)^2 + \sum \zeta_i \left( \dfrac{A}{A_i} \right)^2}} A\sqrt{2gH} = \mu_{\mathrm{c}} A\sqrt{2gH} \tag{4-87}$$

式中，管道系统的流量系数 $\mu_{\mathrm{c}} = \dfrac{1}{\sqrt{1 + \sum \lambda_i \dfrac{l_i}{d_i} \left( \dfrac{A}{A_i} \right)^2 + \sum \zeta_i \left( \dfrac{A}{A_i} \right)^2}}$。

2. 淹没出流

管道出口如果淹没在水下，则称为管道的淹没出流，如图 4-22 所示。

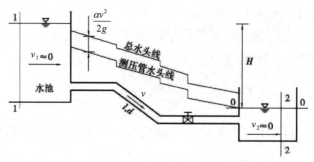

**图 4-22　管道的淹没出流**

选取下游水池水面 0—0 作为基准面,建立符合渐变流条件的上游水池断面 1—1 与下游水池断面 2—2 的能量方程,即

$$H + \frac{\alpha_1 v_1^2}{2g} = \frac{\alpha_2 v_2^2}{2g} + h_w$$

式中,$H$ 为上下游水位差。

相对于管道过流断面的面积来说,断面 1—1 和断面 2—2 的面积一般都很大,所以 $\dfrac{\alpha_1 v_1^2}{2g}$ 和 $\dfrac{\alpha_2 v_2^2}{2g}$ 可忽略不计,从而有

$$H = h_w \tag{4-88}$$

式(4-88)表明,管道在淹没出流的情况下,其作用水头 $H$(即上下游水位差)完全消耗在克服流动的沿程阻力和局部阻力上。

水头损失 $h_w$ 为各管段沿程水头损失和局部水头损失之和。考虑各管段管径有可能相等,也可能不等,同自由出流时的情况一样,将式(4-82)和式(4-85)分别代入式(4-88),可解得出口断面平均流速 $v$ 和管道流量 $Q$。

对于管径相等的简单短管,有

$$v = \frac{1}{\sqrt{\lambda \dfrac{l}{d} + \sum \zeta_i}} \sqrt{2gH} \tag{4-89}$$

$$Q = vA = \frac{1}{\sqrt{\lambda \dfrac{l}{d} + \sum \zeta_i}} A\sqrt{2gH} = \mu_c A\sqrt{2gH} \tag{4-90}$$

对于管径不等的串联短管,有

$$v = \frac{1}{\sqrt{\sum \lambda_i \dfrac{l_i}{d_i}\left(\dfrac{A}{A_i}\right)^2 + \sum \zeta_i \left(\dfrac{A}{A_i}\right)^2}} \sqrt{2gH} \tag{4-91}$$

$$Q = vA = \frac{1}{\sqrt{\sum \lambda_i \dfrac{l_i}{d_i}\left(\dfrac{A}{A_i}\right)^2 + \sum \zeta_i \left(\dfrac{A}{A_i}\right)^2}} A\sqrt{2gH} = \mu_c A\sqrt{2gH} \tag{4-92}$$

对比式(4-84)和式(4-90)、式(4-87)和式(4-92)可以得出以下结论。首先,淹没出流时的有效水头是上下游水位差 $H$；自由出流时的有效水头是出口中心以上的水头 $H$。其次，两种情况下流量系数 $\mu_c$ 的计算公式形式上虽然不同，但数值是相等的，因为淹没出流时 $\mu_c$ 计算公式的分母上虽然较自由出流时少了一项含 $\alpha$（ $\alpha = 1.0$ ）的速度水头，但淹没出流时 $\sum \zeta$ 和 $\sum \zeta_i \left( \dfrac{A}{A_i} \right)^2$ 中却比自由出流时多一个出口局部阻力系数，在出口是水池的情况下 $\zeta_{出口} = 1.0$，故其他条件相同时两者的 $\mu_c$ 值实际上是相等的。

## 4.4.2　长管的水力计算

长管是指相对沿程水头损失而言，管道水流的局部水头损失及流速水头很小（如不超过 5%），计算时常将其按沿程水头损失的某一百分数估算，或将其完全忽略不计（通常是在 $l/d > 1\,000$ 的条件下）的管道。长管的水力计算可大为简化，同时又不影响计算精度。

1. 简单管道

简单管道是指直径沿程不变、没有分支、流量也不变的管道，简单管道的计算是一切复杂管道水力计算的基础。

本节以简单长管自由出流情况为例，推导简单管道水力计算的基本公式。如图 4-23 所示，由水池引出的简单管道，长度为 $l$，直径为 $d$，水箱水面距管道出口高度为 $H$，管内流速为 $v$。因为长管的流速水头可以忽略不计，所以它的总水头线与测压管水头线重合。

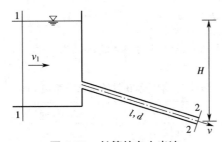

**图 4-23　长管的自由出流**

选取通过管道出口断面 2—2 形心的水平面作为基准面，建立符合渐变流条件的断面 1—1 和断面 2—2 的能量方程，即

$$H + 0 + \frac{\alpha_1 v_1^2}{2g} = 0 + 0 + \frac{\alpha_2 v_2^2}{2g} + h_w$$

对于长管，局部水头损失和流速水头可忽略不计，因此 $\dfrac{\alpha_2 v_2^2}{2g} = 0$ , $h_w = h_f$；同时不考虑水池中的行近流速水头 $\dfrac{\alpha_1 v_1^2}{2g}$ ，得

$$H = h_w = h_f = \lambda \frac{l}{d} \frac{v^2}{2g} \tag{4-93}$$

式（4-93）即为简单长管水力计算的基本公式。该式表明无论是自由出流还是淹没出流，简单长管的作用水头完全消耗于沿程损失，只要作用水头恒定，无论管道如何布置，其总

水头线都是与测压管水头线重合并且坡度沿流程不变的直线。但与短管出流的情况一样，长管在自由出流和淹没出流的情况下作用水头含义有所不同。

工程中的有压输水管道，水流大多属于阻力平方区紊流，其水头损失 $h_f$ 可直接根据谢才（Chézy）公式计算，将 $\lambda = 8g/C^2$ 代入式（4-93），可得

$$H = \frac{8g}{C^2}\frac{l}{d}\frac{v^2}{2g} = \frac{8g}{C^2}\frac{l}{4R}\frac{Q^2}{2gA^2} = \frac{Q^2}{A^2C^2R}l$$

其中，$C = \dfrac{\sqrt{m}}{5}$ 为谢才系数，$R$ 为水力半径，$A$ 为过水断面面积。

引入流量模数 $K = AC\sqrt{R}$，从而有

$$H = h_w = h_f = \frac{Q^2}{K^2}l \qquad\qquad (4\text{-}94)$$

或

$$Q = K\sqrt{\frac{h_f}{l}} = K\sqrt{J}$$

式中，$J = h_f/l$ 为水力坡度。

当管道中的水流流速较小（如 $v<1.2$ m/s）时，水流可能属于过渡粗糙区紊流，沿程水头损失 $h_f \propto v^{1.75}$，此时采用式（4-94）计算 $h_f$，常常通过在右端乘以修正系数 $k$ 的方式来对（4-94）进行修正，即

$$H = h_w = h_f = k\frac{Q^2}{K^2}l \qquad\qquad (4\text{-}95)$$

式中，修正系数 $k$ 可根据谢维列夫的实验结果取值，见表 4-7。

表 4-7 钢管及铸铁管的修正系数 $k$ 值

| $v$（m/s） | $k$ | $v$（m/s） | $k$ |
|---|---|---|---|
| 0.20 | 1.410 | 0.65 | 1.100 |
| 0.25 | 1.330 | 0.70 | 1.085 |
| 0.30 | 1.280 | 0.75 | 1.070 |
| 0.35 | 1.240 | 0.80 | 1.060 |
| 0.40 | 1.200 | 0.85 | 1.050 |
| 0.45 | 1.175 | 0.90 | 1.040 |
| 0.50 | 1.150 | 1.00 | 1.030 |
| 0.55 | 1.130 | 1.10 | 1.015 |
| 0.60 | 1.115 | 1.20 | 1.000 |

2. 串联管道

由直径不同的几根管段依次连接的管道称为串联管道。串联管道各管段通过的流量可能相同，也可能不同。有分流的两管段的交点（或者 3 根及以上管段的交点）称为节点。

串联管道各管段虽然串联在一个管道系统中，但因各管段的管径、流量、流速互不相同，

所以应分段计算其沿程水头损失。

下面以图 4-24 所示的串联管道为例,讨论其水力计算问题。分别采用 $l_i$, $d_i$, $Q_i$ 和 $q_i$ 表示各管段的长度、直径、流量和各管段末端分出的流量,则串联管道的总作用水头应等于各管段水头损失的和,即

$$H = \sum_{i=1}^{n} h_{fi} = \sum_{i=1}^{n} \frac{Q_i^2 l_i}{K_i^2} \tag{4-96}$$

串联管道的流量计算应满足连续性方程,则流入节点的流量等于流出节点的流量,即

$$Q_i = Q_{i+1} + q_i \tag{4-97}$$

式（4-96）和式（4-97）就是串联管道水力计算的基本公式。

串联长管的测压管水头线与总水头线重合,整个管道的水头线呈折线形。这是因为各管段流速不同,其水力坡度也各不相等。

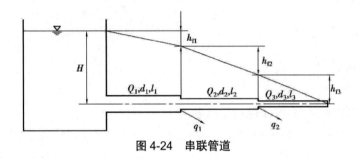

图 4-24　串联管道

3. 并联管道

在两节点之间并列两根及以上的管道称为并联管道,图 4-25 中 AB 段就是由 3 根管段组成的并联管道。并联管道能提高供水的可靠性,一般按长管计算。

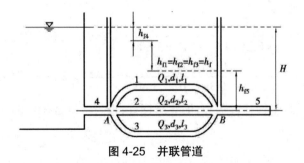

图 4-25　并联管道

并联管道的水力特点在于:单位质量流体通过所并联的任何管段时,其水头损失都是相同的;在并联管道 AB 段,A 点与 B 点是各管段所共有的,如果在 A,B 两点安装测压管,每一点都只可能有一个测压管水头,其测压管水头差就是 AB 段的水头损失,即

$$h_{f1} = h_{f2} = h_{f3} = h_f \tag{4-98}$$

需要指出的是,式（4-98）仅表示通过各管段的单位质量流体的水头损失相等,但各管段的长度、直径及粗糙系数可能不同,因此通过的流量也不相同,故通过各管段流动的总水头损失不相等,流量越大,各管段的总水头损失就越大。

各管段的水头损失可采用谢才公式计算,即

$$
\left.\begin{array}{l}
h_{f1} = Q_1^2 l_1 / K_1^2 \\
h_{f2} = Q_2^2 l_2 / K_2^2 \\
h_{f3} = Q_3^2 l_3 / K_3^2
\end{array}\right\}
\tag{4-99}
$$

同时,各管段的流量与总流量之间应满足连续性方程,即

$$
Q = Q_1 + Q_2 + Q_3 \tag{4-100}
$$

当总流量 $Q$ 以及各管段的管径、长度和粗糙系数已知时,利用式(4-99)及式(4-100)可求出 $Q_1$、$Q_2$ 和 $Q_3$ 和水头损失 $h_f$。

从式(4-99)中解出 $Q_1$、$Q_2$ 和 $Q_3$,代入式(4-100),有

$$
Q = \left(\frac{K_1}{\sqrt{l_1}} + \frac{K_2}{\sqrt{l_2}} + \frac{K_3}{\sqrt{l_3}}\right)\sqrt{h_f} \tag{4-101}
$$

即

$$
h_f = \frac{Q^2}{\left(\dfrac{K_1}{\sqrt{l_1}} + \dfrac{K_2}{\sqrt{l_2}} + \dfrac{K_3}{\sqrt{l_3}}\right)^2} \tag{4-102}
$$

求出 $h_f$ 后,代入式(4-99)即可获得 $Q_1$、$Q_2$ 和 $Q_3$。

【例题 4-1】某输送石油的管道是长度 $l = 5\,000\,m$,直径 $d = 250\,mm$ 的旧无缝钢管,其中石油的质量流量 $M = 10^5\,kg/h$。在冬季,运动黏度 $\nu_1 = 1.09 \times 10^4\,m^2/s$;在夏季,$\nu_2 = 0.36 \times 10^{-4}\,m^2/s$。若取石油密度 $\rho = 885\,kg/m^3$,试求冬季和夏季沿程阻力损失各为多少?

解:(1)判别流态。

$$
Q_V = \frac{M}{\rho} = \frac{10^5}{885} = 112.99\,m^3/h
$$

冬季:$Re_1 = \dfrac{4Q_V}{\pi d \nu_1} = \dfrac{4 \times 112.99}{\pi \times 0.25 \times 1.09 \times 10^{-4} \times 3\,600} = 1\,468 < 2\,300$(为层流)

夏季:$Re_2 = \dfrac{4Q_V}{\pi d \nu_2} = \dfrac{4 \times 112.99}{\pi \times 0.25 \times 0.36 \times 10^{-4} \times 3\,600} = 4\,444 > 2\,300$(为湍流)

湍流时,还必须判别阻力区域。对旧无缝钢管,查表可得 $\Delta = 0.18\,mm$,则根据判别公式得

$$
4\,000 < Re < 26.98\left(\frac{d}{\Delta}\right)^{\frac{8}{7}} = 26.98\left(\frac{250}{0.18}\right)^{\frac{8}{7}} = 105\,356
$$

故流动处于光滑管湍流区。

(2)计算沿程阻力系数。

冬季:$\lambda_1 = \dfrac{64}{Re_1} = 0.043\,6$

夏季:因 $Re_2 = 4\,444 < 5\,000$,且处于光滑管湍流区,用布拉修斯公式可得

$$
\lambda_2 = \frac{0.316\,4}{Re_2^{0.25}} = 0.038\,8
$$

（3）计算沿程阻力损失。

冬季：$h_{f1} = \lambda_1 \dfrac{l}{d} \dfrac{v^2}{2g} = \lambda_1 \dfrac{l}{d} \dfrac{1}{2g} \left(\dfrac{4Q_V}{\pi d^2}\right)^2 = 0.043\,6 \times \dfrac{5\,000}{0.25} \times \dfrac{0.64^2}{2 \times 9.8} = 18.2\text{ m(石油柱)}$

夏季：$h_{f2} = 0.038\,8 \times \dfrac{5\,000}{0.25} \times \dfrac{0.64^2}{2 \times 9.8} = 16.2\text{ m(石油柱)}$

【例题 4-2】某铸铁管长度 $l = 500$ m，直径 $d = 150$ mm，其中的流体流量 $Q = 160\text{ m}^3/\text{h}$，若流体温度为 20 ℃（$\nu = 1.31 \times 10^{-6}\text{ m}^2/\text{s}$），试求沿程阻力系数。

解：（1）求雷诺数。

$$Re = \dfrac{4Q}{\pi d \nu} = \dfrac{4 \times 160}{\pi \times 0.15 \times 1.31 \times 10^{-6} \times 3\,600} = 2.88 \times 10^5$$

（2）判别阻力区域。

根据管路性质，取 $\Delta = 0.3$ mm，有

$$Re_1 = 5.43 \left(\dfrac{d}{\Delta}\right)^{\frac{8}{7}} = 5.43 \left(\dfrac{150}{0.3}\right)^{\frac{8}{7}} = 6\,597$$

$$Re_2 = 382 \dfrac{d}{\Delta} \lg\left(\dfrac{3.7d}{\Delta}\right) = 382 \times \dfrac{150}{0.3} \times \lg \dfrac{3.7 \times 150}{0.3} = 624\,030$$

因为 $Re_1 < Re < Re_2$，故流动处于湍流过渡区。

（3）计算。

①用莫迪图查沿程阻力系数，因为 $\dfrac{\Delta}{d} = \dfrac{0.3}{150} = 0.002$，$Re = 2.88 \times 10^5$，查得 $\lambda = 0.024\,2$。

②用式（4-69）计算：

$$\lambda = \dfrac{0.25}{\left[\lg\left(\dfrac{\Delta}{3.7d} + \dfrac{5.74}{Re^{0.9}}\right)\right]^2} = 0.024\,2$$

③用式（4-68）计算：

$$\lambda = 0.11 \left(\dfrac{\Delta}{d} + \dfrac{68}{Re}\right)^{0.25} = 0.023\,9$$

结果表明，上述方法计算的结果之间的误差不超过 1%。

【例题 4-3】某黏油输油管路，其内部流动为层流，雷诺数 $Re=1\,800$，流速为 1.2 m/s，管路直径 $d=100$ mm，长度 $l=800$ m，管路中有 90° 双缝焊接弯头 5 个，黏油过滤器 1 个，闸阀 4 个，黏油流入无单向阀门的油罐中，试计算其中的阻力损失。

解：（1）计算沿程阻力损失。

因为流态为层流，所以沿程阻力系数为

$$\lambda = \dfrac{64}{Re} = 0.035\,6$$

沿程损失为

$$h_f = \lambda \dfrac{l}{d} \dfrac{v^2}{2g} = 0.0356 \times \dfrac{800}{0.1} \times \dfrac{1.2^2}{2 \times 9.8} \approx 21\text{ m}$$

（2）计算局部损失。

各位置的局部阻力系数由表 4-5、表 4-6 查得，并因是层流，还要修正，修正后的系数为：
90° 双缝焊接弯头 $\zeta_1 = 0.65$；黏油过滤器 $\zeta_2 = 2.20$；闸阀 $\zeta_3 = 0.19$；无单向阀门的油罐进口
（流入油罐）$\zeta_4 = 1.00$。

故总局部损失为

$$\sum h_j = (5\zeta_1 + \zeta_2 + 4\zeta_3 + \zeta_4)\frac{v^2}{2g} = (5\times0.65 + 2.20 + 4\times0.19 + 1.00)\times\frac{1.2^2}{2\times9.8} = 0.53\,\text{m}$$

总的阻力损失为

$$h_w = h_f + \sum h_j = 21 + 0.53 = 21.53\,\text{m}$$

【例题 4-4】某泵站输油管吸入管长度 $l = 25\,\text{m}$，直径 $d = 150\,\text{mm}$，泵将地下放空罐中
的汽油以 $Q = 150\,\text{m}^3/\text{h}$ 向储油罐输送，汽油 $\nu = 1\times10^{-6}\,\text{m}^2/\text{s}$，如图 4-26 所示。管路中装有
$R = 1.5d$ 弯头 1 个，闸阀 1 个，三通 1 个，过滤器 1 个。试计算吸入管的阻力损失。

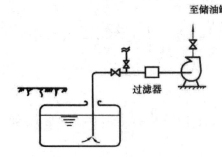

**图 4-26　例题 4-4 示意图**

解：按计算长度方法计算。

计算沿程阻力系数 $\lambda$。

$$Re = \frac{4Q}{\pi d\nu} = \frac{\dfrac{4\times150}{3\,600}}{\pi\times0.15\times1\times10^{-6}} = 353\,678$$

取 $\Delta = 0.15\,\text{mm}$，由式（4-69）得

$$\lambda = \frac{0.25}{\left[\lg\left(\dfrac{\Delta}{3.7d} + \dfrac{5.74}{Re^{0.9}}\right)\right]^2} = 0.020\,6$$

各计算长度由表 4-5 和表 4-6 查得：

①进入油管 $\dfrac{l_e}{d} = 23$；

② 90° 圆弯头 $\dfrac{l_e}{d} = 28$；

③闸阀 $\dfrac{l_e}{d} = 4.5$；

④通过三通 $\dfrac{l_e}{d} = 2$；

⑤轻油过滤器 $\dfrac{l_e}{d} = 77$ ；

⑥油泵入口 $\dfrac{l_e}{d} = 45$ 。

总计算长度为

$$\sum \frac{l_e}{d} = (23 + 28 + 4.5 + 2 + 77 + 45) = 179.5$$

计算阻力损失：

$$h_w = \lambda \frac{L}{d} \frac{v^2}{2g}$$

式中：$L = l + \sum l_e = 25 + 179.5d = 51.93 \text{ m}$； $v = \dfrac{4Q}{\pi d^2} = \dfrac{4 \times 150}{\pi \times 0.15^2 \times 3\,600} = 2.36\,\text{m/s}$

因此

$$h_w = 0.020\,6 \times \frac{51.93}{0.15} \times \frac{2.36^2}{2 \times 9.8} = 2.02\,\text{m(汽油柱)}$$

# 习题 4

（4-1）已知某有压管的管径 $d = 0.03$ m，断面平均流速 $v = 0.2$ m/s，水温 $t = 6\,℃$。试确定：①管中水流的流动形态；②水流流动形态转变时的临界流速 $v_c$。

（4-2）某水管直径 $d = 0.15$ m，通过水的流量 $Q = 0.02$ m³/s，水的运动黏度 $\nu = 10^{-6}$ m²/s，沿程阻力系数 $\lambda = 0.028$。试求水管黏性底层的厚度。

（4-3）某圆管直径 $d = 0.25$ m，内壁粘贴有粗糙度 $\Delta = 0.5$ mm 的砂粒，水温 $t = 10\,℃$。试确定水流流量 $Q$ 分别为 $5 \times 10^{-3}$、$2 \times 10^{-3}$ 和 0.2 m³/s 时，水流形态是层流还是湍流？若是湍流，其是属于光滑管区、粗糙管过渡区还是粗糙管区？其沿程阻力系数各为多少？长度 $l = 100$ m 管段的沿程水头损失是多少？

（4-4）采用如图 4-27 所示装置来测定 $AB$ 管段的沿程阻力系数。已知 $AB$ 段的管长度 $l = 8$ m，直径 $d = 0.04$ m，$A$ 和 $B$ 处测压管的水头差 $\Delta h = 0.5$ m，经时间 $t = 90$ s 流入量水箱的水体积 $V = 0.25$ m³。试求 $AB$ 管段的沿程阻力系数 $\lambda$。

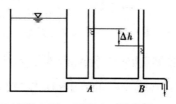

图 4-27　习题 4-4 示意图

（4-5）如图 4-28 所示的两个水池，其底部由水管连通，在恒定水面高差 $H$ 的作用下，水从左水池流入右水池，水管直径 $d = 0.4$ m，绝对粗糙度 $\Delta = 0.5$ mm，管总长度 $l = 80$ m，直角进口,闸阀的相对开度为 5/8,90° 缓弯管的转弯半径 $R = 2d$,水温 $t$=20℃,管中流量 $Q$=0.5 m³/s。试求两水池水面的高差 $H$。

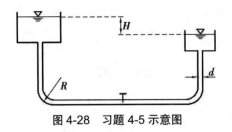

图 4-28　习题 4-5 示意图

（4-6）如图 4-29 所示,水从水箱 A 流入水箱 B,管路长度 $l = 30\,\text{m}$,管直径 $d = 0.02\,\text{m}$,沿程阻力系数 $\lambda = 0.025$,管路中有两个 90° 弯管（$d/R=1$）及一个闸板式闸门（相对开度为 0.5）。当两水箱的水面高度差 $H = 1.5\,\text{m}$ 时,试求管内流量。

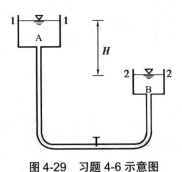

图 4-29　习题 4-6 示意图

（4-7）发动机润滑油的流量 $Q$=0.4 cm³/s,油从压力油箱经输油管供给发动机,如图 4-30 所示。输油管的长度 $l$=5 m,直径 $d$=6 mm;油的密度 $\rho$=820 kg/m³,运动黏度 $\nu$=1.5 × 10⁻⁶ m²/s;输油管终端压强等于大气压强。试求压力油箱所需的位置高度 $h$。

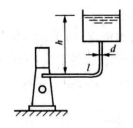

图 4-30　习题 4-7 示意图

（4-8）温度 $t$=15 ℃的空气流过长度 $l = 200\,\text{m}$、直径 $d = 1.25\,\text{m}$、绝对粗糙度 $\Delta = 1\,\text{mm}$ 的管道,沿程损失 $h_{\text{f}} = 8\,\text{cm}$(水柱)。试求空气的流量 $Q$。

（4-9）如图 4-31 所示,运动黏度 $\nu$=1.51 × 10⁻⁷ m²/s、流量 $Q$=15 m³/h 的液体在管径 $d = 50\,\text{mm}$、绝对粗糙度 $\Delta = 0.2\,\text{mm}$ 的 90° 弯管中流动。已知水银压差计连接点之间的距离 $l = 0.8\,\text{m}$,压差计中水银面高度差 $h = 20\,\text{mm}$。试求弯管处的局部损失系数。

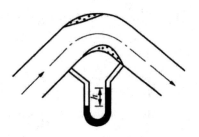

图 4-31　习题 4-9 示意图

（4-10）用虹吸管从蓄水池引水灌溉，如图 4-32 所示。虹吸管采用直径 $d=0.3\,\mathrm{m}$ 的钢管。其中：管道进口处安装有过滤头，$\zeta_1=2$；中段设有 $40°$ 的弯头 2 个，$\zeta_2=1$。上下游水位差 $H=5\,\mathrm{m}$，上游水面到管顶高程 $h=2\,\mathrm{m}$。各管段长度分别为 $l_1=6\,\mathrm{m}$，$l_2=3\,\mathrm{m}$，$l_3=10\,\mathrm{m}$。①试求虹吸管的水流流量 $Q$；②虹吸管中压强最小的断面在何处？其最大真空值为多少？

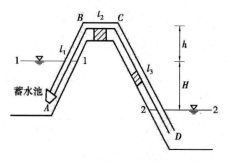

图 4-32　习题 4-10 示意图

（4-11）如图 4-33 所示，用水泵从河道向水池抽水。水池与河道的水面高度差 $\Delta z=25\,\mathrm{m}$；吸水管为长度 $l_1=3\,\mathrm{m}$、直径 $d_1=0.25\,\mathrm{m}$ 的钢管，有带底阀的过滤头（$\zeta_1=2$）及 $45°$ 弯头（$\zeta_2=0.1$）各 1 个；压力管为长度 $l_2=40\,\mathrm{m}$、直径 $d_2=0.2\,\mathrm{m}$ 的钢管，有逆止阀（$\zeta_3=1.7$）、闸阀（$\zeta_4=0.1$）、$45°$ 弯头各 1 个；水泵效率 $\eta=85\%$；流量 $Q=0.05\,\mathrm{m^3/h}$。试求水泵的扬程 $H_t$。

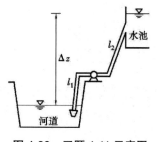

图 4-33　习题 4-11 示意图

（4-12）某分岔管道系统连接水池 A、B、C，如图 4-34 所示。管道的长度分别为 $l_1=800\,\mathrm{m}$、$l_2=400\,\mathrm{m}$、$l_3=1\,000\,\mathrm{m}$，直径分别为 $d_1=0.6\,\mathrm{m}$、$d_2=0.5\,\mathrm{m}$、$d_3=0.4\,\mathrm{m}$；管道为

新钢管;水池 A、B、C 的水面高程分别为 $\nabla_1 = 25\,\text{m}$，$\nabla_2 = 10\,\text{m}$，$\nabla_3 = 0\,\text{m}$。试求通过各管的流量 $Q_1$、$Q_2$ 和 $Q_3$。

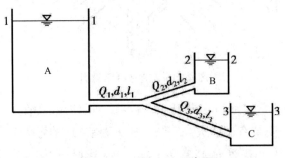

图 4-34　习题 4-12 示意图

# 第 5 章  孔口流动

## 本章导读

【基本要点】理解流体孔口流动的特点,掌握孔口流动的分类和流量计算公式。

【重点】薄壁孔口流动和厚壁孔口流动的特点,流量计算公式的推导和应用。

【难点】流动流量计算公式的推导和应用。

## 5.1  概述

流体流经各种不同形式的孔口流出和利用不同大小的过流断面节流等统称为流体的孔口出流。在自然界、日常生活和实际工程中,都可以看到孔口出流的应用。例如,江、河水库设置的各种闸门,给排水和消防工程中的水龙头、水栓,各类柴油机和汽轮机的喷嘴,汽油机的汽化器,各种车辆的减震器等。在液压工程中,液压油流经节流阀、换向阀和溢流阀等元件的流体力学问题大都可归结为过圆柱滑阀阀口、圆锥阀阀口和各种阻尼孔的出流和节流问题。这些问题的解决正是液压元件设计的关键。

流体的孔口出流通常以薄壁孔口出流和厚壁孔口出流为基本形式,后者又被称为管嘴出流。不难想象,流体出流的流动特征取决于作用水头、管道断面和孔口形状等因素。而对于孔口出流,其特征主要取决于管嘴的几何形状和尺寸等。显然,流体出流问题是一个受多种因素影响的,较为复杂的流体力学问题,而且具有鲜明的工程实际意义。为了便于分析,将孔口出流问题按不同的条件分为下面几类。

按壁面厚度 $l$ 与孔口直径 $d$ 的相对关系,可分为薄壁孔口出流和厚壁孔口出流。一般将壁面厚度 $l$ 与孔口直径 $d$ 之比小于或等于 2,即 $l/d \leqslant 2$ 的孔口称为薄壁孔口,反之称为厚壁孔口。

按孔口直径和作用水头的相对关系,薄壁孔口又可分为两种:作用水头 $H$ 远大于薄壁孔口直径 $d$(通常 $H>10d$)的薄壁小孔口;作用水头相对较小,孔口断面上的流动参数不能按均布计算的薄壁大孔口。对于薄壁孔口,壁面对出流影响很小,可以忽略不计。薄壁小孔口出流的特点是在出流后形成一个收缩断面,该收缩断面距孔口大约在 1/2 孔口直径处。

1. 出流管嘴的形状分类

(1)圆柱管嘴。其功能在于增大流量,其内部流体的出流特点是在管嘴内部形成一个收缩断面,通常称为内收缩。收缩之后,流体在管内扩张,然后附壁流出管嘴,所以在出流端无收缩。一般圆柱管嘴长 $L$ 可取(3~4)$d$。

（2）收缩管嘴。其收缩角 $\theta$ 常取 $13° \sim 14°$。这种管嘴出流速度大,流体动能高,多用在水力喷砂、消防龙头等处。

（3）扩张管嘴。这种管嘴流量大,阻力小,其扩张角 $\theta$ 常取 $5° \sim 7°$,常用在需要大流量、低流速的场合。

（4）流线型管嘴。将管嘴做成流线型可以大大减小出流阻力损失,避免流动收缩,防止气穴和汽化的产生,因此流线型管嘴应用较为广泛。

2. 自由出流和淹没出流

按液体自孔口或管嘴出流后的条件可将出流分为自由出流和淹没出流两类。

（1）自由出流,指液体直接出流入大气,即出流后液体表面的压强为大气压强,相对压强为零。

（2）淹没出流,指液体出流流入另一个容器的液体中,出流后液体表面有压强存在。

尽管出流条件不同,自由出流和淹没出流的流动特征和计算方法完全类同。

3. 完善收缩和不完善收缩

按液体流动惯性或流线的性质,如果自薄壁孔口出流的流束各方向是均匀收缩的,则称这种收缩为完善收缩。当孔口靠近边壁或切于边壁时,流束的一侧将切于壁面流出,流束不出现收缩或只呈现少量收缩,即流束的收缩受到壁面的影响,这种收缩称为不完善收缩。通常,当孔口边缘距边壁的距离大于孔口在该方向最大尺寸的 3 倍时,可以认为是完善收缩。

4. 定常出流和非定常出流

定常出流是出流系统的作用水头保持不变,出流的各种参数保持恒定的出流。非定常出流是作用水头随出流过程变化,出流参数如流速、流量和出流轨迹等都随之变化的出流。

## 5.2 薄壁孔口出流

本节首先讨论液体自薄壁小孔口做定常自由出流时的能量损失、流速和流量的计算方法,然后讨论结果引申到淹没出流和有压管道出流的情况,以便在机械、液压工程中直接应用相关计算方法。

设液体自如图 5-1 所示的容器侧壁上的薄壁小孔口做定常自由出流,容器内液面相对压强为 $p_0$,作用水头高为恒定值 $H$,小孔口直径为 $d_0$。

当液体流经薄壁小孔时,由于液流的惯性作用,其通过小孔后形成一个收缩截面,然后再扩大,在收缩和扩大过程中便产生了局部能量损失。设液流的收缩作用不受孔前管道内壁的影响,即为完善收缩。由薄壁小孔口出流特性可知,在距孔口约 $0.5d_0$ 处形成收缩断面 $C$—$C$。用断面收缩系数来表示其收缩程度,即

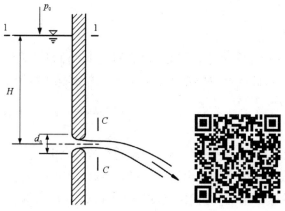

**图 5-1　薄壁孔口的出流**

$$C_c = \frac{A_c}{A} \tag{5-1}$$

式中, $A_c$ 为收缩断面 $C$—$C$ 的截面面积, $A$ 为孔口面积。

以收缩断面 $C$—$C$ 的中心线为基准, 对自由液面 1—1 和断面 $C$—$C$ 列能量方程, 即

$$H + \frac{p_0}{\rho g} + \frac{\alpha_0 v_0^2}{2g} = \frac{\alpha_c v_c^2}{2g} + h_w \tag{5-2}$$

取 $\alpha_0 = \alpha_c = 1$, $v_0 = 0$, 可得

$$H + \frac{p_0}{\rho g} = \frac{v_c^2}{2g} + h_w \tag{5-3}$$

由薄壁小孔出流特性知, 其沿程损失极小, 可以忽略不计, 只计由于小孔口局部产生的阻力损失 $h_j$, 设 $\zeta_0$ 为局部阻力系数, 则有

$$h_j = \zeta_0 \frac{v_c^2}{2g} \tag{5-4}$$

代入式( 5-3 )整理可得

$$v_c = \frac{1}{\sqrt{1+\zeta_0}} \sqrt{2g\left(H + \frac{p_0}{\rho g}\right)} \tag{5-5}$$

若以 $H_0 = H + p_0 / (\rho g)$ 为作用水头, 并令 $C_v$ 为薄壁小孔口出流的流速系数, 其表达式为

$$C_v = \frac{1}{\sqrt{1+\zeta_0}} \tag{5-6}$$

因此, 式( 5-5 )可表示为

$$v_c = C_v \sqrt{2gH_0} \tag{5-7}$$

则出流流量为

$$Q_V = v_c A_c = C_c C_v A \sqrt{2gH_0} \tag{5-8}$$

令 $C$ 为薄壁小孔口出流的流量系数, 其表达式为

$$C = C_c C_v \tag{5-9}$$

则式（5-8）可表示为

$$Q_\mathrm{V} = CA\sqrt{2gH_0} \qquad\qquad (5\text{-}10)$$

式（5-7）和式（5-10）分别为薄壁小孔口出流的流速和流量计算公式。

若出流时容器敞开，即 $p_0=0$、$H_0=H$，则式（5-7）和式（5-10）转换为常用形式，即

$$v_\mathrm{c} = C_\mathrm{v}\sqrt{2gH} \qquad\qquad (5\text{-}11)$$

$$Q_\mathrm{V} = CA\sqrt{2gH} \qquad\qquad (5\text{-}12)$$

由以上讨论可以看出，薄壁小孔口出流的流动参数完全由 $C_\mathrm{c}$、$C_\mathrm{v}$、$C$ 和 $\zeta_0$ 4 个系数决定，因此确定这 4 个系数的数值是计算出流的关键。系数 $\zeta_0$ 和 $C_\mathrm{c}$ 无法从理论分析中得出，只能借助实验确定。系数 $C$ 和 $C_\mathrm{v}$ 可由定义式（5-6）和式（5-9）算得。由大量实验资料可知，各系数的大小取决于流动雷诺数 $Re$、孔口出流收缩程度、孔口边缘情况等因素，而孔口形状的影响较小。因此，不论孔口形状如何，都可借用圆形小孔口出流的数据计算。

一般情况下，由实验得到的 $C_\mathrm{c}$、$C_\mathrm{v}$、$C$ 与 $Re$ 的关系如图 5-2 所示。当 $Re>10^5$ 时，上述系数可取：$\zeta_0=0.05\sim0.06$；$C_\mathrm{c}=0.62\sim0.64$；$C_\mathrm{v}=0.97$；$C=0.60\sim0.62$。

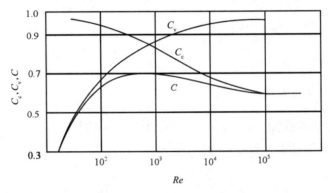

图 5-2　$C_\mathrm{c}$、$C_\mathrm{v}$、$C$ 与 $Re$ 的关系

对于图 5-3 所示的薄壁小孔口淹没出流，其流动特性与自由出流相同，因此流速和流量的计算公式采用式（5-11）和式（5-12）。其中，$H$ 为左、右两容器中液面的高差，称为作用水头，系数 $C_\mathrm{c}$、$C_\mathrm{v}$、$C$ 和 $\zeta_0$ 也取自由出流的数值。

当小孔口出流出现在有压管道内部时，如图 5-4 所示，与上述 2 种情况的分析和推导过程相似，有

$$v_\mathrm{c} = C_\mathrm{v}\sqrt{\dfrac{2\Delta p}{\rho}} \qquad\qquad (5\text{-}13)$$

$$Q_\mathrm{V} = CA\sqrt{\dfrac{2\Delta p}{\rho}} \qquad\qquad (5\text{-}14)$$

式中，$\Delta p$ 为管道内孔口前后的压差，$\rho$ 为流体的密度。

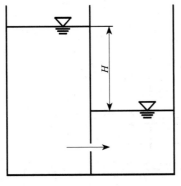

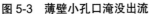

图 5-3　薄壁小孔口淹没出流

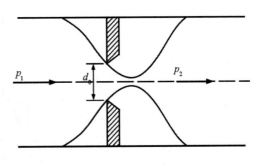

图 5-4　有压管道出流

如果小孔截面面积 $A$ 与管道截面面积 $A_0$ 相比不算很小,则过流收缩将是不完善收缩,此时流量系数 $C$ 可增大至 0.7~0.8,具体数值见表 5-1。

表 5-1　不完全收缩时流量系数 $C$ 的值

| $A/A_0$ | 0.1 | 0.2 | 0.3 | 0.4 | 0.5 | 0.6 | 0.7 |
|---|---|---|---|---|---|---|---|
| $C$ | 0.602 | 0.615 | 0.634 | 0.661 | 0.696 | 0.742 | 0.804 |

可以看出,当小孔口出流出现在有压管道内时,流经薄壁小孔的流量与小孔前后的压差 $\Delta p$ 的平方根以及小孔截面面积 $A$ 成正比,而与流体的黏度无关。由于薄壁小孔具有沿程压力损失小、通过小孔的流量对工质温度的变化不敏感等特性,所以其原理常被用于流量调节器件的设计中。正因为如此,在液压传动中,常采用一些与薄壁小孔流动特性相近的阀口作为可调节孔口,如锥阀、滑阀、喷嘴挡阀等。液流流经这些阀口时,流量公式仍满足式(5-14),但其流量系数 $C$ 随着孔口形式的不同而有较大的区别,在精确控制中需要进行认真分析。

## 5.3　厚壁孔口出流

当孔口壁厚增加到一定程度并对出流有显著影响时,称为厚壁孔口出流。工程上常将厚壁孔口做成管嘴形状,故又将厚壁孔口出流称为圆柱外伸管嘴出流或短管出流。厚壁孔口出流时,一般将壁厚或管嘴长度 $L$ 取(3~4)d,以便增大出流流量。

以图 5-5 所示的管嘴出流为例,分析其在定常条件下出流速度和流量等参数的确定方法。

设水箱液面为大气压,且液体自管嘴出流并流入大气,即为定常自由出流。以管嘴轴线为基准,对自由液面 1—1 和管嘴出流端面 2—2 列能量方程,即

$$H + \frac{\alpha_1 v_1^2}{2g} = \frac{\alpha_2 v_2^2}{2g} + h_w \qquad (5-15)$$

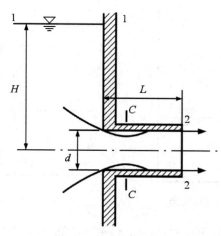

图 5-5　厚壁孔口出流

式中，$H$ 为自由液面高度，即作用水头。设水箱内自由表面很大，$v_1=0$，并取 $\alpha_1=\alpha_2=1$。$h_w$ 为流经管嘴的总水头损失，可表示为

$$h_w = \sum \zeta \frac{v^2}{2g}$$

式中，$v$ 为出流端流速，$v=v_2$。

将 $v_1$、$v_2$、$h_w$ 代入式（5-15）得

$$H = \frac{v^2}{2g} + \sum \zeta \frac{v^2}{2g} \tag{5-16}$$

整理得

$$v = \sqrt{\frac{2gH}{1+\sum \zeta}} \tag{5-17}$$

令 $C_v$ 为流速系数，其表达式为

$$C_v = \frac{1}{\sqrt{1+\sum \zeta}} \tag{5-18}$$

则有

$$v = C_v \sqrt{2gH} \tag{5-19}$$

管嘴出流的流量表达式为

$$Q_v = v\pi d^2 / 4 = Av = C_v A \sqrt{2gH} \tag{5-20}$$

式中，$d$ 为管嘴直径，$A$ 为管嘴截面面积。

为确定流量系数或流速系数，需分析管嘴内的流动阻力 $\sum \zeta v^2 /(2g)$。由管嘴内流动规律可知，总阻力损失由 3 部分组成，即入口收缩损失、流束扩大损失和附壁流出的沿程损失，即

$$\sum \zeta = \zeta_0' + \zeta_1 + \lambda L / d \tag{5-21}$$

式中，$L$ 为管嘴长度。

入口收缩损失可按薄壁小孔口出流计算,即

$$\zeta_0' \frac{v^2}{2g} = \zeta_0 \frac{v_c^2}{2g} \tag{5-22}$$

由此得

$$\zeta_0' = \zeta_0 (\frac{v_c}{v})^2 = \zeta_0 (\frac{A}{A_c})^2 = \zeta_0 (\frac{1}{C_c})^2 \tag{5-23}$$

由前节分析可取

$$\zeta_0 = 0.06, \ C_c = 0.63$$

可算得

$$\zeta_0' = 0.06 \times 0.63^{-2} \approx 0.15$$

以出流速度计算的突然扩大阻力系数为

$$\zeta_1 = \left(\frac{A}{A_c} - 1\right)^2 = (\frac{1}{C_c} - 1)^2 = (\frac{1}{0.63} - 1)^2 \approx 0.34$$

由于管嘴长度 $L$ 仅为( 3~4 )$d$,其沿程阻力损失 $\lambda L / d$ 很小,可以忽略不计。因此,总阻力损失系数为

$$\sum \zeta = 0.15 + 0.34 = 0.49$$

此值与实验测得的结果十分接近,代入式( 5-18 )得

$$C_v = (1 + 0.49)^{-\frac{1}{2}} \approx 0.82$$

即　　　　　$C=C_v=0.82$

对比管嘴出流( $C=0.82$ )和薄壁孔口出流( $C=0.61$ )可以看出,在相同的出流条件下,管径与孔径相同的管嘴的出流流量大于孔口的出流流量,其比值约为 1.34。外接管嘴中,流量增大的原因可以从管内收缩处的真空抽吸作用予以解释。为此,对图 5-5 中内收缩断面 $C—C$ 和出流断面 2—2 列能量方程,即

$$\frac{p_c}{\rho g} + \frac{\alpha_c v_c^2}{2g} = \frac{p_2}{\rho g} + \frac{\alpha_2 v^2}{2g} + \sum \zeta \frac{v^2}{2g}$$

其中取 $\alpha_c = \alpha_2 = 1$,损失 $\sum \zeta$ 中忽略沿程损失,仅取突然扩大损失 $\zeta_1$,整理得

$$\frac{p_2 - p_c}{\rho g} = \frac{v_c^2 - v^2}{2g} - \zeta_1 \frac{v^2}{2g}$$

由连续性方程有 $v_c = \frac{A}{A_c} v = \frac{1}{C_c} v$,则断面 $C—C$ 的真空度为

$$H_v = \frac{p_2 - p_c}{\rho g} = \frac{v^2}{2g} (\frac{1}{C_c^2} - 1) - (\frac{1}{C_c} - 1)^2 \frac{v^2}{2g}$$

代入 $v = C_v \sqrt{2gH}$ ,并整理得

$$H_v = 2\left(\frac{1}{C_c} - 1\right) C_v^2 H$$

取 $C_v = 0.82, C_c = 0.63$,则

$$H_v \approx 0.8H \hspace{5cm} （5\text{-}24）$$

　　由以上推导可以看出,尽管管嘴内阻力较薄壁孔口处大,但内收缩断面处产生的真空对流体产生的抽吸作用不但克服了阻力,还加大了管嘴出流的流量。当然,管嘴的长度有一定的控制范围。如果管嘴太长,则引起较大的沿程阻力损失;如果管嘴太短,则在管嘴内流动来不及扩散至管壁就已流出管口,从而在管内形成不了真空,起不到增大流量的作用。

　　由式（5-24）还可看出,随着作用水头的增大,真空度 $H_v$ 也增大。当 $H_v$ 增大,压力降低到液体的空气分离压,甚至到饱和蒸气压时,液体将发生汽化,产生大量气体,必然破坏流动的连续性,甚至使管嘴不能正常工作,这是设计出流管嘴时必须考虑的问题。一般来说,对于水,其作用水头不应大于 9~9.5 m。

　　以上分析对管嘴的淹没出流也完全适用,选用计算公式时只要以液面高差代替式（5-19）和式（5-20）中的 $H$ 即可。

　　另外,对于液压技术中经常出现的长度为（3~4）$d$ 的过流短管,以上的分析也同样适用,只要将作用水头 $H$ 替换为短管前后的压差 $\Delta p$ 即可,即将式（5-11）和式（5-12）变换为

$$v_c = C\sqrt{\frac{2\Delta p}{\rho}}$$

$$Q_v = CA\sqrt{\frac{2\Delta p}{\rho}}$$

　　对于工程实际的不同需要,往往要采用不同形式的管嘴。常见的管嘴尽管形式不同,但是流量和流速的计算公式仍完全相同,仅系数 $C$、$C_v$ 的数值不同。当然,这些系数的大小将取决于各种管嘴的出流特性和流经管嘴的各种阻力损失大小。下面列出 3 种管嘴的系数值,以供参考。

　　（1）收缩管嘴（收缩角 $\theta$=13°~14°）:$\zeta$=0.09,$C_c$=0.98,$C_v$=0.96,$C$=0.96。

　　（2）扩张管嘴（扩张角 $\theta$=5°~7°）:$\zeta$=4,$C_c$=1,$C_v$=0.45,$C$=0.96。

　　（3）流线型管嘴:$\zeta$=0.04,$C_c$=1,$C_v$=0.98,$C$=0.98。

# 5.4　孔口及机械中的气穴现象

　　在液压系统中,当流动液体某处的压力低于空气分离压时,原先溶解在液体中的空气就会游离出来,使液体中产生大量气泡,这种现象称为气穴现象。气穴现象使液压装置产生噪声和振动,使金属表面受到腐蚀。为了说明气穴现象的机理,必须介绍液体的空气分离压和饱和蒸气压。

## 5.4.1　空气分离压和饱和蒸气压

　　液体中不可避免地会含有一定量的空气。液体中所含空气体积的分数称为它的含气量。空气可溶解在液体中,也可以气泡的形式混合在液体中。空气在液体中的溶解度与液

体的绝对压强成正比。在常温常压下,石油基液压液的空气溶解度为 6%~12%。溶解在液体中的空气对液体的体积模量没有影响,但当液体的压强降低时,这些气体就会从液体中分离出来。

　　在一定温度下,当液体压强低于某值时,溶解在液体中的空气将会突然地迅速从液体中分离出来,产生大量气泡,这个压强称为液体在该温度下的空气分离压。混有气泡的液体,其体积模量将明显减小。气泡越多,液体的体积模量越小。一般来说,石油基液压液的溶解过程并不很快,因此要想通过系统高压区来全部溶解混入液压液中的气泡是不太可能的。当液体在某一温度下,其压强继续下降而低于一定数值时,液体本身便迅速汽化,产生大量蒸气,这时的压强称为液体在该温度下的饱和蒸气压。一般来说,液体的饱和蒸气压比空气分离压要小得多。由此可见,要使液压液不产生大量气泡,它的最低压强不得低于液压液所在温度下的空气分离压。

## 5.4.2　节流口处的气穴现象

　　当液流流到节流口的喉部位置时,根据能量方程,该处的压强要降低。如该处压强低于液压液工作温度下的空气分离压,溶解在液压液中的空气将迅速地大量分离出来,变成气泡,产生气穴。表征薄壁孔口处气穴的相似判据为气穴系数 $c$,其表达式为

$$c = \frac{p_2 - p_g}{p_1 - p_2} \tag{5-25}$$

式中:$p_1$、$p_2$ 分别为薄壁孔口前、后的压强;$p_g$ 为液压液的空气分离压。薄壁孔口的无气穴条件为 $c < 3.5$。

　　气穴发生时,液流的流动特性变坏,造成流量不稳,噪声骤增。特别是当带有气泡的液压液被带到下游高压部位时,周围的高压使气泡绝热压缩,迅速破灭,局部可达到非常高的温度和冲击压力。例如,在 38 ℃下工作的液压泵,当泵的输出分别为 6.8 MPa、13.6 MPa、20.4 MPa 时,气泡崩溃处的局部温度可达 766 ℃、993 ℃、1 149 ℃,冲击压力可以达到几百兆帕。这样的局部高温和冲击压力,一方面使那里的金属疲劳,另一方面使液压液变质,对金属产生化学腐蚀作用,从而在元件表面发生材料侵蚀、剥落,或出现海绵状的小洞穴。这种因气穴而对金属表面产生腐蚀的现象称为气蚀。气蚀会严重损伤元件表面质量,大大缩短其使用寿命,因而必须加以防范。

## 5.4.3　泵前的气穴现象

　　水泵、油泵入口也是气穴与气蚀的多发部位,如图 5-6 所示。对泵前断面与液面列伯努利方程,可得

$$\frac{p_a}{\rho g} = \frac{p}{\rho g} + h + \left(1 + \sum \zeta\right)\frac{v^2}{2g} \tag{5-26}$$

即

$$\frac{p}{\rho g} = \frac{p_a}{\rho g} - \left[ h + \left(1 + \sum \zeta\right)\frac{v^2}{2g} \right] \tag{5-27}$$

式（5-27）左端就是泵前的绝对压强，从右端来看，如果吸水高度 $h$ 及动能损失 $\left(1+\sum\zeta\right)\dfrac{v^2}{2g}$ 总和过大，则泵入口前绝对压强就有可能接近饱和蒸气压，于是泵前就要产生气穴。泵前气穴所产生的气泡随着流体进入泵的高压区后迅速破灭，因而瞬时的撞击力很大。水泵叶轮和油泵齿轮在这种情况下，往往被砸得坑坑点点，此时振动和噪声也很大，扬程、流量、效率都非常低。在气穴和气蚀情况下，泵是不能工作的。

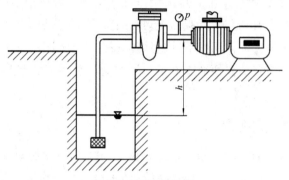

图 5-6　泵的吸水管

在液压系统中，哪里压强低于空气分离压，哪里就会产生气穴现象。为了防止发生气穴现象，最根本的一条是避免液压系统中的压力过分降低。具体措施如下：

（1）减小阀孔口前、后的压差，一般希望其压比 $p_1/p_2<3.5$；

（2）正确设计和使用液压泵站；

（3）液压系统各元部件的连接处要密封可靠，严防空气侵入；

（4）采用抗腐蚀性能强的金属材料，提高零件的力学强度，减小零件的表面粗糙度。

## 5.5　变水头孔口出流

在向容器充灌液体或从容器向外排放液体的过程中，必然出现非定常作用下的孔口出流问题。在飞机起落架、火炮驻退机、机车缓冲器以及许多阻尼减震装置中都会遇到变压强作用下的孔口出流问题。这种问题属于非定常流动的范围，但是当孔口面积与容器横断面面积相比很小时，可以忽略惯性力。水位或压强虽然随时间变化，但可以列出某一瞬时的孔口出流公式，然后再根据水头或压强的变化规律进行积分运算，这样即可求得所需物理量。

如图 5-7 所示，假如容器底部有一个面积为 $a$，流量系数为 $C_q$ 的孔口或管嘴，常常需要解决的问题是怎样计算容器中水位从 $H_1$ 变化到 $H_2$ 所需要的时间。

如果容器是任意形状，如图 5-7 的左图，则其横断面面积 $A$ 是 $h$ 的函数，即 $A=A(h)$。某瞬间，水位为 $h$，其瞬时流量为 $C_q a\sqrt{2gh}$，因而在 dt 时间内流出的微小体积为

$$dV=C_q a\sqrt{2gh}\,dt=-A(h)dh \tag{5-28}$$

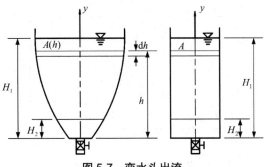

图 5-7　变水头出流

"−"号保证等式左端为正,因此得

$$\mathrm{d}t = \frac{-A(h)\mathrm{d}h}{C_q a\sqrt{2gh}}$$

从 $h = H_1$ 积分到 $h = H_2$,则可得流出时间为

$$T = \int_0^T \mathrm{d}t = \int_{H_1}^{H_2} \frac{-A(h)\mathrm{d}h}{C_q a\sqrt{2gh}}$$

一般认为 $C_q$ 在阻力平方区中是恒定值,交换积分上下限,则有

$$T = \frac{1}{C_q a\sqrt{2g}} \int_{H_2}^{H_1} \frac{A(h)\mathrm{d}h}{\sqrt{h}} \tag{5-29}$$

只要知道容器的几何形状,就能写出 $A = A(h)$ 的函数式,则式(5-29)右端即可积分。式(5-29)是适用于任何形状容器的普遍公式。如果讨论的是如图 5-7 的右图所示简单的圆柱形容器,则 $A$ 与 $h$ 无关,于是

$$T = \frac{2A}{C_q a\sqrt{2g}} \left(\sqrt{H_1} - \sqrt{H_2}\right) \tag{5-30}$$

如果 $H_1 = H$, $H_2 = 0$,则可求出盛液高度为 $H$ 的柱形容器的排空时间为

$$T = \frac{2A\sqrt{H}}{C_q a\sqrt{2g}} = \frac{2AH}{C_q a\sqrt{2gH}} \tag{5-31}$$

$$T_0 = \frac{AH}{C_q a\sqrt{2gH}} = \frac{T}{2} \tag{5-32}$$

式(5-31)和式(5-32)说明变水头孔口出流的排空时间,对于柱形容器来说,正是定水头 $H$ 作用下流出同样体积 $V = AH$ 所需时间的 2 倍。

【例题 5-1】如图 5-8 所示,两容器的水位差 $H = 4$ m,中间用流量系数 $C_q = 0.6$ 的短管相连。已知两容器与短管断面面积的关系是 $A_1 = 2A_2 = 20a$。试求从阀门开启到两容器水面一致所需要的时间。

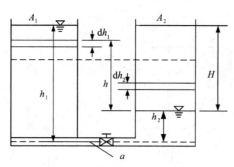

图 5-8　例题 5-1 示意图

解：设某瞬时两容器中的液面分别在 $h_1$ 与 $h_2$ 处，两容器的水位差为

$$h = h_1 - h_2 \tag{5-33}$$

在 $\mathrm{d}t$ 时间段内流过短管的微小体积为

$$\mathrm{d}V = C_q a \sqrt{2gh}\,\mathrm{d}t = -A_1 \mathrm{d}h_1 \tag{5-34}$$

由式（5-33），可得 $\mathrm{d}h = \mathrm{d}h_1 - \mathrm{d}h_2 = \mathrm{d}h_1 - \left(-\dfrac{A_1}{A_2}\mathrm{d}h_1\right) = \mathrm{d}h_1\left(1 + \dfrac{A_1}{A_2}\right)$，即

$$\mathrm{d}h_1 = \frac{\mathrm{d}h}{1 + \dfrac{A_1}{A_2}}$$

代入式（5-34），可得

$$\mathrm{d}t = \frac{-A_1 \mathrm{d}h}{C_q a \sqrt{2gh}\left(1 + \dfrac{A_1}{A_2}\right)} = -\frac{A_1 A_2}{C_q a (A_1 + A_2)\sqrt{2g}}\frac{\mathrm{d}h}{\sqrt{h}}$$

从 $h = H$ 到 $h = 0$ 积分，则

$$t = \int_0^t \mathrm{d}t = \int_H^0 -\frac{A_1 A_2}{C_q a (A_1 + A_2)\sqrt{2g}}\frac{\mathrm{d}h}{\sqrt{h}}$$

$$= \frac{A_1 A_2}{A_1 + A_2}\frac{1}{C_q a \sqrt{2g}}\int_0^H \frac{\mathrm{d}h}{\sqrt{h}}$$

$$= \frac{A_1 A_2}{A_1 + A_2}\frac{2}{C_q a \sqrt{2g}}\sqrt{H}$$

将 $A_1 = 20a$，$A_2 = 10a$，$C_q = 0.6$，$H = 4\ \mathrm{m}$ 代入得 $t = 10\ \mathrm{s}$。

【例题 5-2】某船闸闸室长 $l = 50\ \mathrm{m}$，宽 $b = 10\ \mathrm{m}$，充水和放水的孔口面积 $A = 3\ \mathrm{m}^2$，流量系数 $C_q = 0.65$，上游孔口中心的作用水头 $H = 4\ \mathrm{m}$，上下游水位差 $z_1 = 7\ \mathrm{m}$。试求闸室充满和放空所需的时间。

解：（1）设充满闸室所需时间为 $t$，其由两部分组成。

① 使闸室充满到充水孔中心线，所需的时间 $t_1$。此时，闸室内水位不影响孔口出流，为恒定自由出流。

$$Q = C_q A \sqrt{2gH}$$

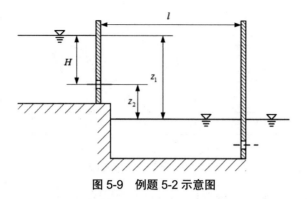

图 5-9　例题 5-2 示意图

$t_1$ 时段内流入的水量应等于闸室充满到充水孔中心线的水量,设闸室底面面积为 $A'$ ,因此有

$$Q \cdot t_1 = A' \times (z_1 - H)$$

$$t_1 = \frac{A' \times (z_1 - H)}{Q}$$

$$= \frac{(50 \times 10) \times (z_1 - H)}{C_q A \sqrt{2gH}}$$

$$= \frac{(50 \times 10) \times (7 - 4)}{0.65 \times 3 \times \sqrt{2 \times 9.8 \times 4}} \approx 86.9 \text{ s}$$

②由充水孔中心线向上继续充水,直至闸室内水位与上游水位齐平,所需的时间 $t_2$ 。此时,为非恒定的淹没出流,按式( 5-31 )计算,有

$$t_2 = \frac{2A'\sqrt{H}}{C_q A \sqrt{2g}}$$

$$= \frac{2 \times (50 \times 10) \times \sqrt{4}}{0.65 \times 3 \times \sqrt{2 \times 9.8}}$$

$$= 231.7 \text{ s}$$

所以,充满闸室所需的时间 $t$ 为

$$t = t_1 + t_2 = 86.9 + 231.7 = 318.6 \text{ s}$$

（ 2 )放空所需时间为 $T$ 。从闸室充满时的水深 $z_1$ 泄放至下游水位,直至闸室放空,此时为非恒定的淹没出流,按式( 5-31 )计算,有

$$T = \frac{2A'\sqrt{z_1}}{C_q A \sqrt{2g}}$$

$$= \frac{2 \times (50 \times 10) \times \sqrt{7}}{0.65 \times 3 \times \sqrt{2 \times 9.8}}$$

$$= 306.5 \text{ s}$$

【例题 5-3】某油槽车的油槽长度为 $l$ ,直径为 $D$ ,油槽底部设有卸油孔,孔口面积为 $A$ ,流量系数为 $C_q$ 。试求该油槽车充满油后卸空所需的时间。

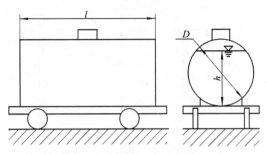

图 5-10　例题 5-3 示意图

解:在某时间 $t$ 时,油槽中油面高度为 $h$ ,$\mathrm{d}t$ 时间内经孔口泄出的油的体积为

$$Q\mathrm{d}t = C_q A\sqrt{2gh}\mathrm{d}t$$

又因为 $\mathrm{d}t$ 时间内油面下降 $\mathrm{d}h$ ,则体积减小为

$$\mathrm{d}V = -2l\sqrt{\left(\frac{D}{2}\right)^2 - \left(h - \frac{D}{2}\right)^2}\,\mathrm{d}h$$

$$= -2l\sqrt{hD - h^2}\,\mathrm{d}h$$

由连续性方程可得 $Q\mathrm{d}t = \mathrm{d}V$ ,则有

$$C_q A\sqrt{2gh}\mathrm{d}t = -2l\sqrt{hD - h^2}\,\mathrm{d}h$$

$$\mathrm{d}t = \frac{-2l\sqrt{hD - h^2}\,\mathrm{d}h}{C_q A\sqrt{2gh}} = \frac{-2l\sqrt{D - h}\,\mathrm{d}h}{C_q A\sqrt{2g}}$$

$$t = \int_H^0 \frac{-2l\sqrt{D - h}\,\mathrm{d}h}{C_q A\sqrt{2g}} = \frac{4lD^{3/2}}{3C_q A\sqrt{2g}}$$

# 习题 5

（5-1）某水箱水面距地面为 $H$ ,如图 5-11 所示。试求在侧壁何处开口,可使射流的水平射程为最大? $x_{\max}$ 是多少?

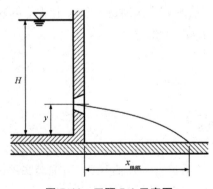

图 5-11　习题 5-1 示意图

（5-2）密度为 900 kg/m³ 的油从直径 2 cm 的孔口射出,孔口前的计示压强为 45 000 Pa,射流对挡板的冲击力为 20 N,出流流量为 2.29 L/s,如图 5-12 所示。试求孔口的出流系数。

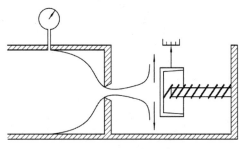

图 5-12　习题 5-2 示意图

（5-3）从水管向左箱供水,然后经断面面积为 $A_1$、流量系数为 $C_1$ 的孔口流向右箱,再从右箱经断面面积为 $A_2$、流量系数为 $C_2$ 的孔口流出,恒定流量为 $Q$,如图 5-13 所示。试求两个水位高度 $H_1$ 和 $H_2$。

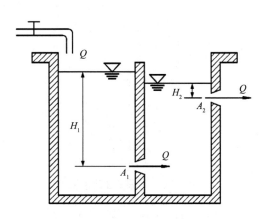

图 5-13　习题 5-3 示意图

（5-4）某直径 $D = 60\,\text{mm}$ 的活塞受力 $F = 3\,000\,\text{N}$ 后,将密度 $\rho = 917\,\text{kg}/\text{m}^3$ 的油从 $d = 20\,\text{mm}$ 的薄壁孔口挤出,孔口流速系数 $C_v$=0.97,流量系数 $C_q$=0.63,如图 5-14 所示。试求孔口流量 $Q$ 及作用在油缸上的力。

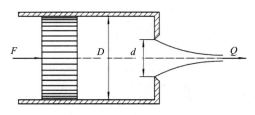

图 5-14　习题 5-4 示意图

（5-5）在水箱水面下 $H = 3\,\text{m}$ 处装一个收缩－扩张的文丘里管嘴,其喉部直径 $d_1$=4 cm,喉部的绝对压强 $p_1$=24.5 kPa,大气压强 $p_0$=101.3 kPa,如图 5-15 所示。收缩部分的阻力可以忽略不计,扩张部分的损失假定是从 $d_1$ 突然扩大到 $d_2$ 时所产生损失的 20%。试求:喉口的流速 $v_1$;流量 $Q$;出口的流速 $v_2$ 和出口断面的直径 $d_2$。

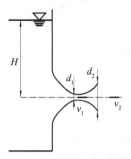

图 5-15　习题 5-5 示意图

（5-6）某水箱中恒定水深为 $H=5\ \text{m}$,竖直放置的管 $AB$ 的直径 $d=20\ \text{cm}$,如图 5-16 所示。为了不使管道入口 $A$ 处发生气穴现象,试求水温 $t$=20 ℃与水温 $t$=60 ℃时的最大允许管长 $L$ 和最大理论流量。

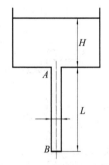

图 5-16　习题 5-6 示意图

（5-7）在与水平成 $\alpha$ 角的斜面上有一个流速系数为 $C_v$ 的孔口,它在液面下的深度为 $H$,从孔口射出的射流做物理上的斜抛运动,如图 5-17 所示。①试求 $x$ 为何值可对应于 $y$ 的极大值 $y_{max}$? ②如果 $y_{max}=0.48H$,$\alpha$=45°,试求孔口的流速系数 $C_v$。

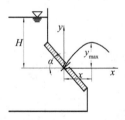

图 5-17　习题 5-7 示意图

（5-8）某二联水箱上装有 3 个处于同一高度且面积同为 3 $\text{cm}^2$、流量系数 $C_q$ 同为 0.6 的孔口,进水流量为 3 L/s,流动为定常流动。试求 $Q_{V1}$、$Q_{V2}$、$Q_{V3}$、$H_1$、$H_2$ 的数值。

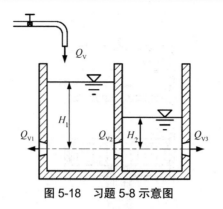

图 5-18　习题 5-8 示意图

（5-9）$p_1$ 经过换向阀的上部环形孔口降低为 $p_x$（$p_x$ 为驱动执行机构的压强），$p_x$ 再经过换向阀的下部环形孔口降低为 $p_2$，如图 5-19 所示。已知换向阀的开口量 $s = 4\text{ mm}$，随着开口量 $s$ 的变化，$p_x$ 值亦不同。当 $p_1 = 10^3\text{ kPa}$，$p_2 = 0$ 时，试根据两个孔口的压强差和流量关系式

$$\left.\begin{array}{l} \dfrac{p_1 - p_x}{\rho g} = k\left(\dfrac{Q_V}{s-x}\right)^2 \\[3mm] \dfrac{p_x - p_2}{\rho g} = k\left(\dfrac{Q_V}{x}\right)^2 \end{array}\right\} \text{（式中 } k \text{ 为结构常数）}$$

求出 $x$ 分别为 0、1、2、3、4 mm 时，$p_x$ 的值。

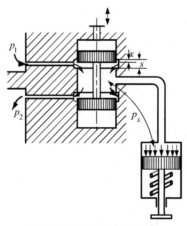

图 5-19　习题 5-9 示意图

（5-10）飞机起落架着地时，减震器油缸上受到的载荷 $F = 5 \times 10^4\text{ N}$，如图 5-20 所示。试求油缸下降距离 $h$ 与下降时间 $t$。已知活塞直径 $D = 120\text{ mm}$，孔口直径 $d = 3\text{ mm}$，孔口流量系数 $C_q = 0.78$，油缸上部空气的初始计示压强 $p_0 = 32 \times 10^5\text{ Pa}$，初始高度 $h_0 = 150\text{ mm}$，空气的体积模量 $K = 10^7\text{ Pa}$，油液密度 $\rho = 900\text{ kg / m}^3$。

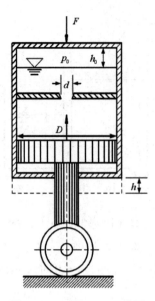

图 5-20 习题 5-10 示意图

# 第 6 章　缝隙流动

## 本章导读

【基本要点】理解流体缝隙流动的特点,掌握孔口流动的缝隙和流量计算公式。

【重点】平行平板缝隙流动、圆环形缝隙流动和平行圆板缝隙流动的特点,流量计算公式的推导和应用。

【难点】流体流经缝隙的流量－压力特性。

## 6.1　平行平板缝隙流动

本节研究平行平板缝隙中的液体流动,它是讨论其他缝隙流动的基础。而在液压工程中,有许多流动本身就是平行平板缝隙流动,或可以简化为这种流动来处理,如齿轮泵或齿轮马达的齿顶与泵壳缝隙,静压导轨缝隙等。

如图 6-1 所示,流体在两平行平板缝隙中流动,缝隙高为 $h$,宽为 $b$,长为 $L$,而且 $L \gg h$,$b \gg h$。

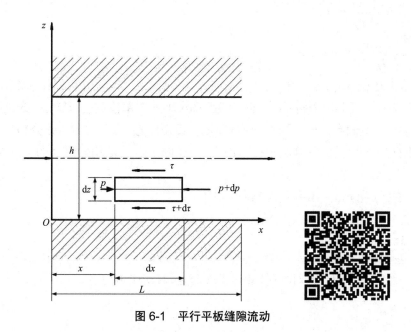

图 6-1　平行平板缝隙流动

为推求图 6-1 所示的两平行平板缝隙中的流速分布规律,一般可以采用以下两种方法。

(1)方法一:在该流动中简化求解纳维－斯托克斯(N-S)方程。

取坐标 $x$ 轴沿下壁面，$z$ 轴垂直于下壁面，如图 6-1 所示。对于两平板间充分发展了的一维定常层流，其速度分量为

$$u_x = u = u(z) \qquad u_y = u_z = 0$$

而且由连续性方程可知

$$\frac{\partial u_x}{\partial x} = 0$$

由以上条件，对于不可压缩流体，忽略质量力时 N-S 方程可以简化为

$$\left.\begin{array}{l} -\dfrac{1}{\rho}\dfrac{\partial p}{\partial x} + \nu \dfrac{\partial^2 u}{\partial z^2} = 0 \\[2mm] -\dfrac{1}{\rho}\dfrac{\partial p}{\partial y} = 0 \\[2mm] -\dfrac{1}{\rho}\dfrac{\partial p}{\partial z} = 0 \end{array}\right\} \qquad (6\text{-}1)$$

由式（6-1）下两式可以看出压强 $p$ 仅沿 $x$ 方向变化，而且 $u$ 仅是 $z$ 的函数，因此

$$\frac{\partial p}{\partial x} = \frac{\mathrm{d}p}{\mathrm{d}x}, \quad \frac{\partial^2 u}{\partial z^2} = \frac{\mathrm{d}^2 u}{\mathrm{d}z^2}$$

由式（6-1）第一式可得

$$\frac{\mathrm{d}^2 u}{\mathrm{d}z^2} = \frac{1}{\mu}\frac{\mathrm{d}p}{\mathrm{d}x}$$

将该式积分两次分别得

$$\frac{\mathrm{d}u}{\mathrm{d}z} = \frac{1}{\mu}\frac{\mathrm{d}p}{\mathrm{d}x}z + C_1$$

$$u = \frac{1}{2\mu}\frac{\mathrm{d}p}{\mathrm{d}x}z^2 + C_1 z + C_2 \qquad (6\text{-}2)$$

在进行上述积分时，因压强 $p$ 仅沿 $x$ 方向均匀变化，所以 $\mathrm{d}p/\mathrm{d}x$ 可以作为常数处理。

（2）方法二：如图 6-1 所示，在靠近底表面即 $x$ 轴处取单位宽度、长度为 $\mathrm{d}x$、厚度为 $\mathrm{d}z$ 的微元六面体微团，坐标系统与方法一所选相同。设微团左、右两端面压强分别为 $p$ 和 $p+\mathrm{d}p$，上、下两表面摩擦切应力分别为 $\tau$ 和 $\tau+\mathrm{d}\tau$，方向如图所示。由均匀流动的 $x$ 方向受力平衡可得

$$p\mathrm{d}z-(p+\mathrm{d}p)\mathrm{d}z-\tau\mathrm{d}x+(\tau+\mathrm{d}\tau)\mathrm{d}x=0$$

整理得

$$\frac{\mathrm{d}\tau}{\mathrm{d}z} = \frac{\mathrm{d}p}{\mathrm{d}x}$$

对于一维流动，而且所取微元体靠近下表面处，其切应力为

$$\tau = \mu\frac{\mathrm{d}u}{\mathrm{d}z}$$

因此得

$$\frac{\mathrm{d}^2 u}{\mathrm{d}z^2} = \frac{1}{\mu}\frac{\mathrm{d}p}{\mathrm{d}x}$$

该式积分两次同样可得式（6-2）。

式（6-2）为平行平板缝隙流动的基本方程,其中的常数 $C_1$ 和 $C_2$ 需由具体流动的边界条件来确定。以下就对实际工程和液压技术中常常出现的压差和剪切两种流动分别进行讨论。

### 6.1.1　压差流动

设图 6-1 中缝隙的总长度为 $L$ 时,两端压强分别为 $p_1$ 和 $p_2$。所谓压差流动是指图中两平板均固定不动,缝隙中的流体仅在压差 $\Delta p = p_1 - p_2$ 的作用下流动。

为确定式（6-2）中的积分常数 $C_1$ 和 $C_2$,可引进压差流动的边界条件

$$\begin{cases} z=0 \text{ 时}, u=0 \\ z=h \text{ 时}, u=0 \end{cases}$$

分别代入式（6-2）可求得

$$C_1 = -\frac{h}{2\mu}\frac{\mathrm{d}p}{\mathrm{d}x}, \ C_2 = 0$$

于是式（6-2）变为

$$u = \frac{z}{2\mu}(z-h)\frac{\mathrm{d}p}{\mathrm{d}x} \tag{6-3}$$

由于

$$\mathrm{d}p/\mathrm{d}x = -\Delta p/L$$

所以

$$u = \frac{\Delta p}{2\mu L}z(h-z) \tag{6-4}$$

式（6-4）为平行平板缝隙中的纯压差流动的流速分布规律。不难看出,流速沿缝隙高度呈抛物线分布,如图 6-2（a）所示。流速在 $z=h/2$ 处有最大流速,即

$$u_{\max} = \frac{\Delta p}{8\mu L}h^2 \tag{6-5}$$

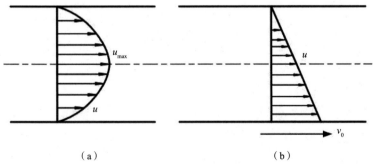

（a）　　　　　　　　　　　　　　　　　（b）

**图 6-2　压差流动与剪切流动**

（a）抛物线分布　（b）线性分布

通过整个平板缝隙的流量为

$$Q_{\mathrm{V}} = \int_0^h ub\mathrm{d}z = \frac{b\Delta p}{2\mu L}\int_0^h z(h-z)\,\mathrm{d}z$$

积分得

$$Q_{\mathrm{V}} = \frac{bh^3}{12\mu}\frac{\Delta p}{L} = -\frac{bh^3}{12\mu}\frac{\mathrm{d}p}{\mathrm{d}x} \qquad (6\text{-}6)$$

式中，$b$ 为垂直于纸面的缝隙宽度。

由式（6-6）可得通过缝隙的平均流速为

$$v = \frac{Q_{\mathrm{V}}}{hb} = \frac{h^2}{12\mu}\frac{\Delta p}{L} \qquad (6\text{-}7)$$

比较式（6-5）和式（6-7）可知

$$v = \frac{2}{3}u_{\max}$$

由式（6-6）可以看出，纯压差引起的流量（液压技术中称为泄漏量）与缝隙高度的 3 次方成正比。所以，为减少液压元件的泄漏量，并提高容积效率，适当减小缝隙是十分有效的途径。

## 6.1.2　剪切流动

图 6-1 中，当某一平板平行于另一平板做相对运动时，引起缝隙中液体的流动称为剪切流动。两端压力相等，即 $\Delta p = p_1 - p_2 = 0$ 时的剪切流动又称为纯剪切流动。

假设图 6-1 中，下板以速度 $v_0$ 向右运动，而且 $p_1 = p_2$，于是式（6-2）中

$$\mathrm{d}p/\mathrm{d}x = 0$$

由边界条件

$$\begin{cases} z=0 \text{ 时}, u=v_0 \\ z=h \text{ 时}, u=0 \end{cases}$$

得

$$C_1 = -v_0/h, \quad C_2 = v_0$$

代入式（6-2），得

$$u = \left(1 - \frac{z}{h}\right)v_0 \qquad (6\text{-}8)$$

流量为

$$Q_{\mathrm{V}} = \int_0^h ub\mathrm{d}z = \int_0^h v_0\left(1 - \frac{z}{h}\right)b\mathrm{d}z$$

积分得

$$Q_{\mathrm{V}} = \frac{bh}{2}v_0 \qquad (6\text{-}9)$$

平均流速为

$$v = \frac{1}{2}v_0 \qquad (6\text{-}10)$$

由式（6-8）和式（6-10）可以看出，缝隙中纯剪切流动时的流速呈线性分布，平均流速为平板运动速度的一半，参见图 6-2（b）。

### 6.1.3　压差 – 剪切流动

当图 6-1 所示的平板缝隙中的液体既在压差 $\Delta p=p_1-p_2$ 作用下流动，又在下平板以 $v_0$ 运动的拖动下流动时，称为压差 – 剪切流动。在液压技术中，这是一种较普遍的流动情况。

这种流动可以看作是纯压差流动和纯剪切流动的合成，其流动速度分布可由式（6-4）和式（6-8）叠加求得，即

$$u = \frac{\Delta p}{2\mu L} z(h-z) \pm \left(1-\frac{z}{h}\right)v_0 \tag{6-11}$$

流量可由式（6-6）和式（6-9）叠加求得，即

$$Q_v = \frac{bh^3}{12}\frac{\Delta p}{\mu L} \pm \frac{bh}{2}v_0 \tag{6-12}$$

式（6-11）和式（6-12）中的"正负号"，当压差流动和平板运动的 $v_0$ 方向一致时取正号，相反时取负号。式（6-11）的流速分布规律如图 6-3 所示。两式中若要用压力梯度表示，只需将 $\Delta p/L$ 用 $-\mathrm{d}p/\mathrm{d}x$ 代替即可。

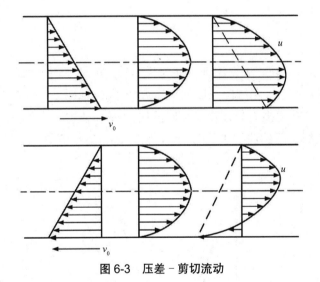

图 6-3　压差 – 剪切流动

### 6.1.4　最佳缝隙的概念

平行平板缝隙中流体的泄漏量将引起一定程度的功率损失，从而降低液压元件的效率。由式（6-12）可以看出，缝隙高度 $h$ 对泄漏量的影响十分显著，因此在液压技术中如何合理地确定缝隙高度值是十分重要的。

由压差和剪切的流量公式可以看出，缝隙高度越小其流量越小，由此产生的泄漏功率损失就越小。但是，由于缝隙高度的减小会使速度梯度 $v_0/h$ 增大，由此势必引起黏性摩擦力加大，导致较大的机械功率损失。由于总功率损失为二者的代数和，因此必存在一个兼顾二者

的缝隙高度 $h_0$，使总功率损失为最小值。$h_0$ 通常被称为最佳缝隙。

为推求 $h_0$ 值的大小，设图 6-1 中下平板以 $v_0$ 运动，其运动方向与压差流动方向一致。于是，由于泄漏量引起的功率损失为

$$P_{QV} = \Delta p \cdot Q_V = \Delta p \left[ \frac{bh^3 \Delta p}{12\mu L} + \frac{bhv_0}{2} \right] = \Delta pb \left[ \frac{\Delta ph^3}{12\mu L} + \frac{hv_0}{2} \right]$$

由于摩擦施加于下平板的总作用力为

$$T = \tau bL = \mu bL \frac{\mathrm{d}u}{\mathrm{d}z}$$

将式（6-11）代入，并使 $z=0$，可得

$$T = b \left( \frac{\Delta ph}{2} - \frac{\mu Lv_0}{h} \right) \tag{6-13}$$

由摩擦力 $T$ 引起的功率损失为

$$P_T = -Tv_0 = -bv_0 \left( \frac{\Delta ph}{2} - \frac{\mu Lv_0}{h} \right)$$

摩擦力 $T$ 引起的功率损失指阻碍下板运动所消耗的功率，所以对下板运动速度 $v_0$ 而言，功率应为负值，因此上式中要加负号。

总功率损失为

$$P = P_{QV} + P_T = b \left[ \frac{\Delta p^2 h^3}{12\mu L} + \frac{\mu Lv_0^2}{h} \right] \tag{6-14}$$

不难推证，当压差流动和剪切流动方向相反时，总功率损失仍为式（6-14）。可以看出，由压差引起的泄漏功率损失与缝隙高度的三次方成正比，如图 6-4 中 $P_{QV}$ 曲线所示；而由剪切流动所产生的摩擦功率损失与缝隙高度成反比，如图 6-4 中 $P_T$ 曲线所示。总功率损失 $P$ 为两者的叠加。从叠加后的曲线 $P$ 可以看出，它存在一最小值 $P_{min}$，所对应的 $h_0$ 即为所求的最佳缝隙。

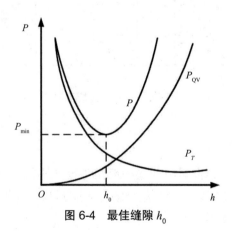

图 6-4 最佳缝隙 $h_0$

为确定 $h_0$ 值，可将式（6-14）对 $h$ 求导，即

$$\frac{\mathrm{d}P}{\mathrm{d}h} = b \left[ \frac{\Delta p^2 h^2}{4\mu L} - \frac{\mu Lv_0^2}{h^2} \right]$$

设 $h=h_0$ 时，$\mathrm{d}P/\mathrm{d}h=0$，可得

$$h_0 = \sqrt{\frac{2\mu L v_0}{\Delta p}} \tag{6-15}$$

式（6-15）即为平行平板缝隙流动中最佳缝隙的计算和确定方法。在液压元件的设计、计算中应尽量选择使总功率损失最小的 $h_0$ 值。当然，针对不同用途和运转工况的液压元件，还必须同时考虑零部件本身的加工工艺和运行过程中热胀冷缩等诸多因素，不能片面地只考虑某一方面。

### 6.1.5　进口起始段效应的影响

当缝隙的长度较短时，进口段效应的影响显著，设计计算时就必须考虑其影响。

对于固定平板间隙流动，考虑进口段效应所附加的压力损失后，流量计算式（6-6）应以系数 $C_e$ 修正为

$$Q_V = \frac{bh^3 \Delta p}{12\mu L C_e} \tag{6-16}$$

$C_e$ 为考虑进口段效应影响后的流量修正系数，可由下式计算

$$C_e = 1 + m\frac{Re}{48}\frac{h}{L} \approx 1 + m\frac{L_e}{L}$$

式中：$m=\alpha+\zeta$，$\alpha$ 为动能修正系数，$\zeta$ 为进口段损失系数；$L_e=0.02hRe$ 为进口段长度；$Re=2Q/bv$ 为雷诺数。其中，$C_e$ 与 $m$ 和 $L/hRe$ 的关系曲线如图 6-5 所示。

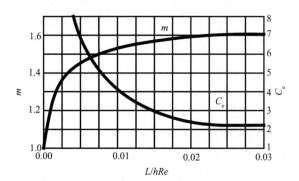

图 6-5　$C_e$ 与 $m$ 和 $L/hRe$ 的关系曲线

## 6.2　圆柱环形缝隙流动

液体在两圆柱面缝隙中沿轴线方向的流动是液压技术中经常遇到的问题，如油缸－活塞或柱塞缝隙中的流动就几乎随处可见。讨论这类问题对设计和计算液压元件和系统都十分重要。

### 6.2.1　同心圆柱环形缝隙流动

同心圆柱环形缝隙流动指液体在内外圆柱面处于同心放置的缝隙中沿轴线方向的流动。设有如图 6-6 所示两同心圆柱面形成的缝隙,内圆柱直径为 $d_1$,外圆柱直径为 $d_2$,缝隙高度为 $h=(d_2-d_1)/2$。一般情况下 $h \ll d_1$,用以保证两圆柱面在一定配合下工作。这时,完全可以把环形缝隙展开为平行平板缝隙,缝隙中的流速分布可以按式(6-11)计算。通过缝隙中的流量可以通过将 $b=\pi d_1$ 代入式(6-6)和式(6-12)得到,即

当内外圆柱面均固定不动时,有

$$Q_\mathrm{V} = \frac{\pi d_1 h^3}{12\mu} \frac{\Delta p}{L}$$

当内圆柱面或外圆柱面以 $v_0$ 速度沿轴线方向运动时,有

$$Q_\mathrm{V} = \frac{\pi d_1 h^3}{12\mu} \frac{\Delta p}{L} \pm \frac{bh}{2} v_0 \tag{6-17}$$

式中,正负号的选取方法与前述平板缝隙流动相同。

图 6-6　同心圆柱流动

### 6.2.2　偏心圆柱环形缝隙流动

在实际工作中,由于制造、装配和受力不均匀等原因,油缸和活塞等大都处于偏心工作状态,所以讨论偏心圆柱环形缝隙流动更具普遍意义。

设某一偏心圆柱环形缝隙如图 6-7 所示,外圆柱和内圆柱半径分别为 $r_2$ 和 $r_1$,$e$ 为其偏心距,$h_0 = r_2 - r_1$ 为两圆柱面同心时的缝隙高度,$\varepsilon = e/h_0$ 为相对偏心率。显然,各处缝隙高度 $h$ 为位置角 $\beta$ 的函数。为推求偏心圆柱环形缝隙中液体的流量,必须首先寻找 $h$ 与 $\beta$ 的函数关系。

图 6-7 所示 $h$ 为 $\beta$ 角处的缝隙高度,因缝隙 $h$ 与 $r_1$、$r_2$ 相比,为一微小量,而且偏心距 $e$ 与 $r_1$、$r_2$ 相比,为更小的量。所以,图中 $\gamma$ 角为微小量,可看作 $\gamma \approx 0$。于是,由几何关系可得

$$h \approx r_2 + e\cos\beta - r_1 = h_0 + e\cos\beta = h_0(1 + \varepsilon\cos\beta)$$

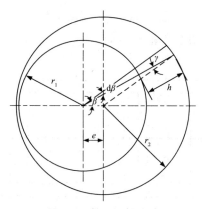

**图 6-7　偏心圆柱流动**

为求通过偏心圆柱环形缝隙的流量,在 $\beta$ 角处取微小增量 $\mathrm{d}\beta$, $\mathrm{d}\beta$ 所对应的微元弧段宽度为 $r_1\mathrm{d}\beta$。由于 $r_1\mathrm{d}\beta$ 很小,因此这段缝隙中的流动可近似看作平行平板缝隙流动,通过 $r_1\mathrm{d}\beta$ 的微元流量可由式(6-12)得到,即

$$\mathrm{d}Q_\mathrm{V} = \left[\frac{h^3}{12\mu}\frac{\Delta p}{L} \pm \frac{h}{2}v_0\right]r_1\mathrm{d}\beta$$

将 $h$ 与 $\beta$ 的函数关系代入,则

$$\mathrm{d}Q_\mathrm{V} = \left[\frac{\Delta p h_0^3}{12\mu L}(1+\varepsilon\cos\beta)^3 \pm \frac{h_0 v_0}{2}(1+\varepsilon\cos\beta)\right]r_1\mathrm{d}\beta$$

对 $\beta$ 自 0 至 $2\pi$ 积分可得到流过偏心圆柱环形缝隙的总流量为

$$Q_\mathrm{V} = \frac{\Delta p h_0^3 r_1}{12\mu L}\int_0^{2\pi}(1+\varepsilon\cos\beta)^3\mathrm{d}\beta \pm \frac{h_0 v_0 r_1}{2}\int_0^{2\pi}(1+\varepsilon\cos\beta)\mathrm{d}\beta$$

即

$$Q_\mathrm{V} = \left[\frac{\Delta p h_0^3}{12\mu L}\left(1+\frac{3}{2}\varepsilon^2\right) \pm \frac{v_0 h_0}{2}\right]2\pi r_1$$

或

$$Q_\mathrm{V} = \left[\frac{\Delta p h_0^3}{12\mu L}\left(1+\frac{3}{2}\varepsilon^2\right) \pm \frac{v_0 h_0}{2}\right]\pi d_1 \qquad (6\text{-}18)$$

式中, $v_0$ 为内外两圆柱面间的相对运动速度,正负号的选取与前述相同。当 $v_0=0$ 时,可得纯压差流动的流量为

$$Q_\mathrm{V} = \frac{\Delta p h_0^3}{12\mu L}\left(1+\frac{3}{2}\varepsilon^2\right)\pi d_1 \qquad (6\text{-}19)$$

当 $h_0$ 值相同时,比较偏心和同心圆柱环形缝隙流动的流量。可以看出,偏心时流量增大至同心时的 $(1+3\varepsilon^2/2)$ 倍,而且偏心越大,流量增加越显著。极限时 $e=h_0$, $\varepsilon=1$,流量可为同心时的 2.5 倍。

在液压元件中,上述由于偏心引起的流量加大,即泄漏量增大,是必须加以控制的。最常见的方法是采用如图 6-8 所示的平衡槽。计算和实验证明,在柱塞或活塞上开出一定数量的平衡槽可以有效地减小由于偏心所造成的泄漏损失。当然,平衡槽的作用并不仅在于此,其具体做法和分析可参见相关的液压传动教材。

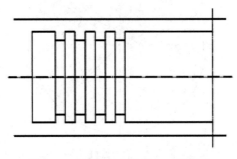

图 6-8　泄漏量控制方法——平衡槽

# 6.3　平行圆盘缝隙流动

平行圆盘缝隙中的径向层流运动在液压技术中也经常遇到,如轴向柱塞泵的滑靴和斜盘、油缸体与配流盘、端面止推轴承等。这类元件的流动问题大致可分为两种:一是一圆盘以某一相对速度靠向另一圆盘运动,两圆盘间的油液沿径向自两盘间流出,这种流动称为挤压流动;二是两圆盘固定不动,油液自圆盘中间压入,然后沿径向自两盘间流出,这种流动称为压差流动。当然,也存在着挤压、压差流动同时存在的实际问题。本节中分别进行讨论。

### 6.3.1　圆盘挤压流动

设有如图 6-9 所示的两平行圆盘,半径均为 $R_0$,圆盘间缝隙高度为 $h_0$,以下圆盘中心为原点建立坐标系。下圆盘固定不动,上圆盘以恒定速度 $v_0$ 向下运动。缝隙中的液体形成轴对称径向运动,为使问题简化,在分析时忽略液体的轴向运动速度。

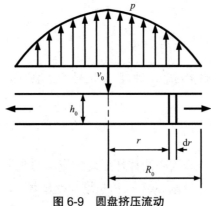

图 6-9　圆盘挤压流动

在图示半径 $r$ 处取一薄层 $\mathrm{d}r$,此薄层展开后可近似看作 $b=2\pi r$ 的平行平板缝隙流动。由式(6-6)可得沿径向压强梯度为

$$\frac{\mathrm{d}p}{\mathrm{d}r} = -\frac{12\mu Q_{\mathrm{V}}}{2\pi r h_0^3}$$

式中，流量 $Q_{\mathrm{V}}$ 为通过任意半径 $r$ 处柱面的流量，它等于半径 $r$ 以内液体被排挤出去的量，即

$$Q_{\mathrm{V}} = \pi r^2 v_0$$

代入上式得

$$\mathrm{d}p = -\frac{6\mu v_0}{h_0^3} r\mathrm{d}r$$

积分得

$$p = -\frac{3\mu v_0}{h_0^3} r^2 + C$$

设圆盘外缘处压力为 $p_0$，则积分常数为

$$C = p_0 + \frac{3\mu v_0}{h_0^3} R_0^2$$

由此求得压强分布规律为

$$p = p_0 + \frac{3\mu v_0}{h_0^3}(R_0^2 - r^2) \tag{6-20}$$

由式（6-20）可知，缝隙中液体的压强沿径向按抛物线规律分布，如图 6-9 所示。而且该压强有最大值

$$p_{\max} = p_0 + \frac{3\mu v_0}{h_0^3} R_0^2$$

在任一圆盘上半径 $r$ 处取微元面积 $2\pi r\mathrm{d}r$ 可积分求得圆盘上总作用力为

$$F = \int_0^{R_0} 2\pi r\mathrm{d}r \cdot p$$

式中，压强 $p$ 用式（6-20）代入，得

$$F = \int_0^{R_0}\left[p_0 + \frac{3\mu v_0}{h_0^3}(R_0^2 - r^2)\right]2\pi r\mathrm{d}r = \pi R_0^2 p_0 + \frac{3\pi\mu R_0^4 v_0}{2h_0^3}$$

如外缘处为大气压，即 $p_0=0$，则

$$F = \frac{3}{2}\pi\mu v_0 \frac{R_0^4}{h_0^3} \tag{6-21}$$

可见圆盘上总作用力大小与挤压速度成正比，与圆盘半径 $R_0$ 的四次方成正比，与圆盘间缝隙高度的三次方成反比。

## 6.3.2　圆盘压差流动

设有如图 6-10 所示两平行圆盘，外径均为 $R_0$，两圆盘缝隙高度为 $h_0$。液体自上圆盘中间半径为 $r_0$ 的导管孔压入，进液压强为 $p_1$，圆盘外缘出口处压强为 $p_2$，流经缝隙的流量为 $Q_{\mathrm{V}}$。

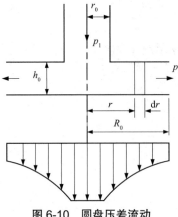

图 6-10　圆盘压差流动

选取图示坐标系,在任意半径 $r$ 处取宽 $\mathrm{d}r$ 的液层。可近似将该层液体流动看作高 $h_0$、宽 $b=2\pi r$ 的平行平板缝隙流动。由式(6-6)可得沿径向压力梯度为

$$\frac{\mathrm{d}p}{\mathrm{d}r} = -\frac{12\mu Q_{\mathrm{V}}}{2\pi r h_0^3}$$

积分得

$$p = -\frac{6\mu Q_{\mathrm{V}}}{\pi h_0^3}\ln r + C$$

当 $r=R_0$ 时,$p=p_2$,于是有

$$C = p_2 + \frac{6\mu Q_{\mathrm{V}}}{\pi h_0^3}\ln R_0$$

将 $C$ 代入前式并整理可得圆盘缝隙中沿径向压力分布规律为

$$p = \frac{6\mu Q_{\mathrm{V}}}{\pi h_0^3}\ln\left(\frac{R_0}{r}\right) + p_2 \tag{6-22}$$

由式(6-22)可以看出,平行圆盘缝隙中压力分布沿径向呈对数规律,如图 6-10 曲线所示。若 $r=r_0$ 时,$p=p_1$,则压强差为

$$\Delta p = p_1 - p_2 = \frac{6\mu Q_{\mathrm{V}}}{\pi h_0^3}\ln\left(\frac{R_0}{r_0}\right)$$

由上式求得流量计算式为

$$Q_{\mathrm{V}} = \frac{\pi h_0^3 \Delta p}{6\mu\ln(R_0/r_0)} \tag{6-23}$$

在圆盘任意 $r$ 处取微元面积 $2\pi r\mathrm{d}r$,由式(6-22)和图 6-10 可求得上圆盘所受总作用力为

$$F = \int_{r_0}^{R_0}\left[p_2 + \frac{6\mu Q_{\mathrm{V}}}{\pi h_0^3}\ln\left(\frac{R_0}{r_0}\right)\right]2\pi r\mathrm{d}r$$

$$= \pi(R_0^2 - r_0^2)p_2 + \frac{12\mu Q_{\mathrm{V}}}{h_0^3}\left[\int_{r_0}^{R_0}(\ln R_0)r\mathrm{d}r - \int_{r_0}^{R_0}r\ln r\mathrm{d}r\right]$$

上式左端第二项积分用采用分部积分法得

$$\int_{r_0}^{R_0} r \ln r \, dr = \frac{R_0^2}{2} \ln R_0 - \frac{r_0^2}{2} \ln r_0 - \frac{R_0^2 - r_0^2}{4}$$

于是得

$$F = \pi(R_0^2 - r_0^2)p_2 + \frac{3\mu Q_V}{4h_0^3}\left[D_0^2 - d_0^2\left(1 + 2\ln\frac{D_0}{d_0}\right)\right]$$

代入流量 $Q_V$ 得

$$F = \pi(R_0^2 - r_0^2)p_2 + \frac{3\mu}{4h_0^3}\frac{\pi h_0^3 \Delta p}{6\mu \ln\left(\dfrac{R_0}{r_0}\right)}\left[D_0^2 - d_0^2\left(1 + 2\ln\frac{D_0}{d_0}\right)\right]$$

整理得

$$F = \pi(R_0^2 - r_0^2)p_2 + \frac{\pi \Delta p}{8\ln(R_0/r_0)}\left[D_0^2 - d_0^2\left(1 + 2\ln\frac{D_0}{d_0}\right)\right] \tag{6-24}$$

若 $p_2=0$，则上两式分别为

$$F = \frac{3\mu Q_V}{4h_0^3}\left[D_0^2 - d_0^2\left(1 + 2\ln\frac{D_0}{d_0}\right)\right] \tag{6-25}$$

$$F = \frac{\pi p_1}{8\ln(R_0/r_0)}\left[D_0^2 - d_0^2\left(1 + 2\ln\frac{D_0}{d_0}\right)\right] \tag{6-26}$$

为求下圆盘所受总作用力，可在上述各式中加 $\pi r_0^2 p_2$ 项，得

$$F' = \pi R_0^2 p_2 + \frac{3\mu Q_V}{h_0^3}(R_0^2 - r_0^2) \tag{6-27}$$

$$F' = \pi R_0^2 p_2 + \frac{\pi}{2}\frac{R_0^2 - r_0^2}{\ln(R_0 - r_0)}\Delta p \tag{6-28}$$

若 $p_2=0$，则

$$F' = \frac{3\mu Q_V}{h_0^3}(R_0^2 - r_0^2) \tag{6-29}$$

$$F' = \frac{\pi}{2}\frac{R_0^2 - r_0^2}{\ln(R_0/r_0)}p_1 \tag{6-30}$$

由式（6-29）和式（6-30）可以看出，上、下圆盘的总作用力与缝隙高度无关。

### 6.3.3　圆盘间隙挤压与压差联合作用下的流动

若压差流动时上圆盘同时以 $v_0$ 压向下圆盘，则其缝隙中的液体流动受两者的合成作用。采用与之前相似的推导过程，可以求得流量和总作用力分别为

$$Q_V = \frac{\Delta p - \dfrac{3\mu v_0}{h_0^3}(R_0 - r_0)}{\dfrac{6\mu}{\pi h_0^2}\ln\dfrac{R_0}{r_0}} \tag{6-31}$$

$$F = \frac{\pi(R_0^2 - r_0^2)\Delta p}{2\ln\frac{R_0}{r_0}} - \frac{3\pi\mu v_0}{2h_0^3}\left[(R_0^4 - r_0^4) - \frac{R_0^2 - r_0^2}{\ln\frac{R_0}{r_0}}\right] \tag{6-32}$$

若出流流入大气，即 $p_2 = 0$，则上式中 $\Delta p$ 以 $p$ 代之即可。

【例题 6-1】汽车发动机上的片式滤油器（图 6-11）是由一组环形平板所组成的，缝隙数目 $i = 21$，缝隙高度 $\delta = 0.2\,\text{mm}$，$d_2 = 75\,\text{mm}$，$d_1 = 30\,\text{mm}$，$Q_V = 0.05\,\text{L/s}$，$\rho = 900\,\text{kg/m}^3$，油的恩氏度 $r = 5\,°\text{E}$。试求油经过滤油器时的压强损失。

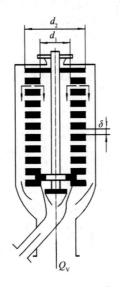

图 6-11　例题 6-1 示意图

解：油的运动黏度为

$$v = 0.073\,1r - \frac{0.063\,1}{r} = 0.353\,\text{cm}^2/\text{s}$$

油的动力黏度

$$\mu = v\rho = 0.032\,\text{Pa}\cdot\text{s}$$

每个缝隙的流量为 $\dfrac{Q_V}{i}$，因为 $p_1 - p_2 = \dfrac{6\mu Q_V}{\pi\delta^3}\ln\left(\dfrac{r_2}{r_1}\right)$，可得

$$\Delta p = \frac{6 \times 0.032 \times 0.05 \times 10^{-3}}{\pi \times (0.2 \times 10^{-3})^3}\ln\left(\frac{0.037\,5}{0.015}\right)$$

$$= 3.5 \times 10^5\,\text{Pa}$$

【例题 6-2】某四缸发动机的润滑系统如图 6-12 所示。已知 $d = 6\,\text{mm}$，$d_1 = 4\,\text{mm}$，$D = 40\,\text{mm}$，$l_1 = 200\,\text{mm}$，$l = 50\,\text{mm}$，同心缝隙 $\delta = 0.06\,\text{mm}$，$b = 6\,\text{mm}$，$L = 1\,000\,\text{mm}$，油的恩氏度为 $5\,°\text{E}$，$\rho = 900\,\text{kg/m}_3$，滤油器数据同例题 6-1。总供油量 $Q_V = 50\,\text{cm}^3/\text{s}$，假定 3 个轴承每个所需的油量为 $\dfrac{Q_V}{3}$，吸油管、滤油网、配油槽中的阻力忽略不计，管中及缝隙中均为层

流。试确定油泵应有的压强及功率。

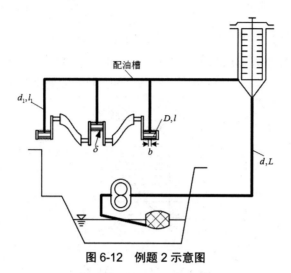

**图 6-12　例题 2 示意图**

解：油泵压强用来克服 4 个部位的损失：主油管、滤油器、每个轴承的分油管、每个轴承的同心环形缝隙。

（1）主油管的压强损失为

$$\Delta p_1 = \frac{128\mu L Q_{\mathrm{V}}}{\pi d^4} = \frac{128 \times 0.032 \times 1 \times 50 \times 10^{-6}}{\pi (6 \times 10^{-3})^4}$$
$$= 5 \times 10^4 \ \mathrm{Pa}$$

（2）$\Delta p_2 = 3.5 \times 10^5 \ \mathrm{Pa}$（承上题数据）

（3）每个轴承的分油管的压强损失为

$$\Delta p_3 = \frac{128\mu l_1}{\pi d_1^4} \frac{Q_{\mathrm{V}}}{3} = \frac{128 \times 0.032 \times 0.2 \times 50 \times 10^{-6}}{\pi (4 \times 10^{-3})^4 \times 3}$$
$$= 1.7 \times 10^4 \ \mathrm{Pa}$$

（4）每个轴承的同心环形缝隙的压强损失为

$$\Delta p_4 = \frac{128\mu \left(\dfrac{l-b}{2}\right) l_1}{\pi D \delta^3} \frac{Q_{\mathrm{V}}}{3 \times 2} = \frac{\mu (l-b) Q_{\mathrm{V}}}{\pi D \delta^3}$$
$$= \frac{0.032 \times 44 \times 10^{-3} \times 50 \times 10^{-6}}{\pi \times 0.04 \times (0.06 \times 10^{-3})^3}$$
$$= 25.9 \times 10^5 \ \mathrm{Pa}$$

油泵的压强应为上述四项之和，即

$$p = \Delta p_1 + \Delta p_2 + \Delta p_3 + \Delta p_4 = (0.5 + 3.5 + 0.17 + 25.9) \times 10^5 = 30.07 \times 10^5 \ \mathrm{Pa}$$

油泵所需功率为

$$N = p Q_{\mathrm{V}} = 30.07 \times 10^5 \times 50 \times 10^{-6} = 150 \ \mathrm{W} = 0.15 \ \mathrm{kW}$$

# 习题 6

（6-1）两固定平行平板的间隔 $\delta = 8$ cm，动力黏度 $\mu = 1.96$ Pa·s 的油在其中做层流运动，如图 6-13 所示。如最大速度为 $u_{max} = 1.5$ m/s，试求：①单位宽度上的流量；②平板上的切应力和速度梯度；③ $l = 25$ m 前后的压强差及 $z = 2$ cm 处的流体速度。

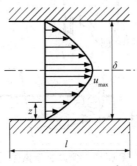

图 6-13 习题 6-1 示意图

（6-2）运动平板与固定平板的间隙 $\delta = 0.1$ mm，中间的油液动力黏度 $\mu = 0.1$ Pa·s，如图 6-14 所示。运动平板的速度 $v_0 = 1$ m/s，平板长 $l = 10$ cm，宽 b=10 cm，其左端压强为 0，右端压强为 $p = 10^6$ Pa，运动方向是朝高压方向。①试求平板间的流量 $Q_V$ 及维持平板运动所需的功率 $P$；②如果 $\delta$ 可变，试求流量最大时的缝隙 $\delta$ 及流量的最大值；③如果 $\delta$ 可变，试求功率最小时的缝隙 $\delta$ 及功率的最小值；④试求流量为零时的无泄漏缝隙 $\delta_0$ 及无泄漏压强。

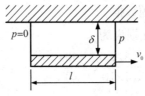

图 6-14 习题 6-2 示意图

（6-3）某直径为 5 cm 的轴在内径为 5.004 cm 的轴承内同心旋转，如图 6-15 所示。轴的转速为 $n=110$ r/min，缝隙中充满 $\mu = 0.08$ Pa·s 的油液；轴承长度 $l = 20$ cm，两端的压强差为 $392.4 \times 10^4$ Pa。试求：①沿轴向的泄漏量；②作用在轴上的摩擦力矩。

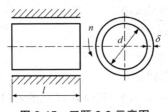

图 6-15 习题 6-3 示意图

（6-4）某柱塞直径 $d = 38$ mm，长度 $l = 80$ mm，在 $D = 40$ mm 的油缸中处于平衡状态，如图 6-16 所示。已知油液动力黏度 $\mu = 0.12$ Pa·s，试求下列两种情况下经缝隙的油液流量：①柱塞与油缸同心，两端压强差为 $10^5$ Pa；②柱塞在油缸中偏心，偏心距 $e = 1$ mm，柱塞两端压强差为 40 kPa。

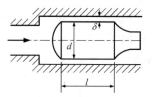

图 6-16　习题 6-4 示意图

（6-5）①试证明锥形止推轴承的摩擦力矩公式为

$$T = \frac{\pi \mu \omega^2 R^4}{2\delta \sin \alpha}$$

式中，$\omega$ 为角速度，$R$ 为锥体最大半径，$\delta$ 为锥面缝隙，$\alpha$ 为半锥顶角，$\mu$ 的动力黏度。

②如图 6-17 所示，已知锥体摩擦功率 $P=100$ W，轴的转速 $n=600$ r/min，$R=10$ cm，$\delta=0.1$ cm，$\alpha = 30°$，试求油液的动力黏度。

[ 提示：取半径为 $r$，垂直高度为 $h$ 处的微元锥面，列出微元面积上的摩擦力矩，然后积分。图中的锥高 $H$ 是可以消去的参数 ]

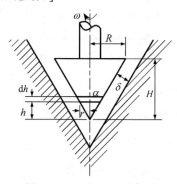

图 6-17　习题 6-5 示意图

（6-6）某齿轮泵向具有端面缝隙 $b = 0.3$ mm 和同心环形缝隙 $a = 0.4$ mm 的柱塞和套筒系统供油，借以平衡柱塞上的轴向力 $F$，如图 6-18 所示。已知泵入口在液面之下 $h = 0.7$ m；吸油管 $l = 1$ m，$d = 15$ mm；压油管长为 $5l$；柱塞直径 $D = 50$ mm，柱塞长度 $L = 100$ mm；油的密度 $\rho = 900$ kg / m³，动力黏度 $\mu = 0.065$ Pa·s，流量 $Q_V=0.4$ L/s。试求：①泵入口压强 $p_1$、泵出口压强 $p_2$、压油管终端压强 $p_3$ 及柱塞外缘压强 $p_4$，假设柱塞右端压强 $p_5 = 0$；②柱塞的轴向力 $F$ 和泵的功率 $P$。

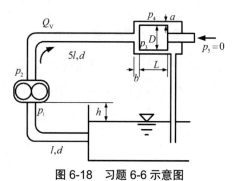

图 6-18　习题 6-6 示意图

（6-7）某油液减震器由柱塞和油缸所组成,如图 6-19 所示。其中,柱塞直径 $d$=7.5 cm,长度 $l$ =10 cm ,同心缝隙 $\delta$ = 0.12 cm ,柱塞受载荷后匀速下降。如果柱塞在载荷 $F$ 作用下,下降 5 cm 的时间为 100 s;在载荷 $F+F'$ 的作用下,下降 5 cm 的时间为 86 s。已知 $F'$ =1.334 N,试求载荷 $F$ 及油液的动力黏度 $\mu$。

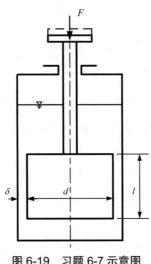

图 6-19 习题 6-7 示意图

（6-8）水力止推轴承承受 400 N 的轴向负载,如图 6-20 所示。其中, $d_1$=12 mm, $d_2$=45 mm,流体动力黏度 $\mu$ = 0.063 Pa·s , $\delta$ = 0.2 mm ,忽略轴承转动影响。试求圆盘中心处的压强 $p_1$ 及经过缝隙的流量 $Q_V$。

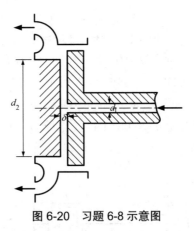

图 6-20 习题 6-8 示意图

（6-9）作用在轴上的力 $F$ =$10^4$ N ,轴承上油槽直径 $d_1$ = 4 cm ,轴直径 $d_2$ =12 cm ,油液动力黏度 $\mu$ = 0.1 Pa·s ,流量 $Q_V$=$10^{-4}$ m³/s,如图 6-21 所示。忽略油管中损失,试求油泵功率及缝隙 $\delta$。

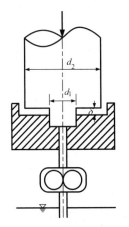

图 6-21　习题 6-9 示意图

（6-10）动力黏度 $\mu = 0.147\ \text{Pa·s}$ 的油液从直径 $d_1 = 10\ \text{mm}$ 的小管进入圆盘缝隙，然后经缝隙 $\delta = 2\ \text{mm}$ 从 $d_2 = 40\ \text{mm}$ 圆盘外缘流入大气，如图6-22所示。如流量 $Q_\text{V}=4\ \text{L/s}$，试求小管与圆盘交界处的压强 $p_1$ 及流体作用在上圆盘上的力 $F$。

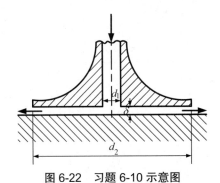

图 6-22　习题 6-10 示意图

# 下篇:液压传动

# 第7章 液压传动基本知识

## 本章导读

【基本要求】了解液压传动系统的组成和液压传动系统的应用；了解液压传动技术的发展现状及学科发展的前沿技术；理解液压传动的特点，了解液压油的性能特点及分类；掌握液压传动系统的工作原理，掌握液压油的选用原则。

【重点】液压传动系统的工作原理和液压油的选用原则。

【难点】液压传动系统的工作原理。

## 7.1 液压传动系统的工作原理及组成

液压传动是用液体作为工作介质来传递能量和进行控制的传动方式，它是根据 17 世纪帕斯卡提出的液体静压力传动原理而发展起来的一门技术。如今，液压传动技术水平的高低已成为一个国家工业发展水平的重要标志之一。随着现代科技的飞速发展，液压传动技术的应用进入一个全新的发展阶段，并朝着集成化、智能化、模块化和网络化等方向发展。本章主要介绍液压传动的工作原理、组成、特点及其发展与应用，并引入液压系统的图形符号，为液压传动的学习打下基础。

一台完整的机器一般是由原动机部分、传动部分、控制部分、工作机构（含辅助装置）等组成。传动部分是一个中间环节，它的作用是把原动机的输出传送给工作机构。传动机构的工作形式通常分为机械传动、电气传动和流体传动。用液体作为工作介质进行能量传递的传动方式称为流体传动。按照工作原理，流体传动又可分为液压传动和液力传动两种。液压传动主要是利用液体压能来传递能量；而液力传动则主要是利用液体的动能来传递能量。在工程学科中，常使用"压力"表示液体的压强，其与物理学中的"压强"同义。为了与工程中的常用表述一致，本书下篇"液压传动"中，沿用"压力"这一表述形式。

### 7.1.1 液压传动的工作原理

液压传动是以液体为工作介质，并以压能进行动力（或能量）传递、转换与控制的一种传动形式。现以液压千斤顶为例，说明液压传动系统的工作原理。

图 7-1 为液压千斤顶的工作原理图。其中，大油缸 12 和大活塞 11 组成举升液压缸；杠杆手柄 1、小油缸 2、小活塞 3、单向阀 4 和 7 组成手动液压泵。若提起杠杆手柄 1 使小活塞向上移动，小活塞下端油腔容积增大，形成局部真空，这时单向阀 4 打开，通过

吸油管 5 从油箱 8 中吸油;若用力压下杠杆手柄,小活塞向下移动,小活塞下端油腔压力升高,单向阀 4 关闭,单向阀 7 打开,下腔中的油液经管道 6 输入大油缸 12 的下腔,迫使大活塞 11 向上移动,顶起重物;若再次提起杠杆手柄吸油,单向阀 4 自动关闭,使油液不能倒流,从而保证重物不会自行下落;不断地往复扳动杠杆手柄,就能不断地把油液压入大油缸下腔,使重物逐渐被顶起。如果打开截止阀 9,大油缸下腔的油液通过管道和截止阀流回油箱,重物就向下移动。

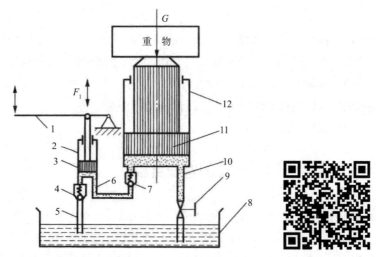

1—杠杆手柄;2—小油缸;3—小活塞;4、7—单向阀;5—吸油管;6、10—油道;8—油箱;9—截止阀;11—大活塞;12—大油缸。

**图 7-1 液压千斤顶的工作原理**

通过对液压千斤顶的工作过程进行分析,可以知道液压传动是依靠液体在密封容积内变化的液压能来实现运动和动力传递的。液压传动装置本质上是一种能量转换装置,它先将机械能转换为便于输送的液压能,然后又将液压能转换为机械能做功,从而实现不同能量的转换。

从上面的例子可以看出:

(1)液压传功是以液体作为工作介质来传递动力的;

(2)液压传动是以液体在密闭容积内所形成的液压能来传递动力和运动的;

(3)液压传动中的工作介质是在受控制、受调节的状态下进行工作的。

液压传动系统中的能量转换和传递情况如图 7-2 所示,这种能量的转换能够满足生产中的需要。

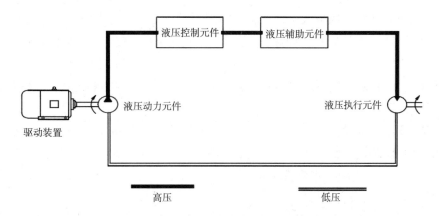

图 7-2　液压传动系统中的能量转换和传递情况

## 7.1.2　液压传动系统的组成

图 7-3 为机床工作台液压系统的原理图。当液压泵 3 由电动机驱动旋转时,从油箱 1 经过过滤器 2 吸油;油经换向阀 7 和管路 11 进入液压缸 9 的左腔,推动活塞杆及工作台 10 向右运动,此时液压缸 9 右腔的油液经管路 8、换向阀 7、管路 6 和管路 4 排回油箱;通过扳动换向手柄 12 切换换向阀 7 的阀芯,使其处于左端的工作位置,则液压缸活塞做反向运动;再次切换换向阀 7 的阀芯,使其处于中间位置,则液压缸 9 在任意位置停止运动。

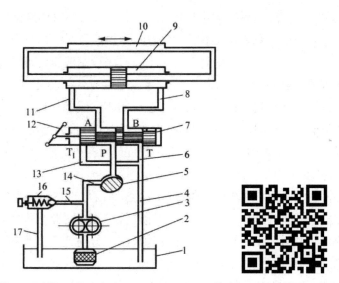

1—油箱;2—过滤器;3—液压泵;4、6、8、11、13、14、15、17—管路;5—流量控制阀;7—换向阀;
9—液压缸;10—工作台;12—换向手柄;16—溢流阀。

图 7-3　机床工作台液压系统的原理图

调节和改变流量控制阀 5 的开度大小,可以调节进入液压缸 9 的油的流量,从而调节液压缸活塞及工作台的运动速度。液压泵 3 排出的多余油液经管路 15、溢流阀 16 和管路 17 流回油箱 1。液压缸 9 的工作压力取决于负载。液压泵 3 的最大工作压力由溢流阀 16 调定,其调定值应为液压缸的最大工作压力及液压系统中油液经各类阀和管路的压力损失之和。因此,液压系统的工作压力不会超过溢流阀的调定值,溢流阀对液压系统还有超载保护作用。

从机床工作台液压系统的工作过程可以看出,一个完整的、能够正常工作的液压系统,应该由以下 5 部分组成。

（1）动力元件。动力元件供给液压系统压力油,把原动机的机械能转化成液压能。常见的动力元件是液压泵。

（2）执行元件。执行元件是把液压能转换为机械能的装置。其形式包括做直线运动的液压缸和做旋转运动的液压马达。

（3）控制调节元件。控制调节元件用于对液压系统中工作液体的压力、流量和流动方向进行控制和调节。这类元件主要包括各种液压阀,如溢流阀、节流阀、换向阀等。

（4）辅助元件。辅助元件是指油箱、蓄能器、油管、管接头、滤油器、压力表和流量计等。这些元件分别起散热和储油、蓄能、输油、连接、过滤、测量压力和测量流量的作用等,以保证液压系统能正常工作,它们是液压传动系统不可缺少的组成部分。

（5）工作介质。工作介质在液压传动及控制中起传递运动、动力及信号的作用,包括液压油或其他合成液体,其直接影响液压系统的工作性能。

### 7.1.3　液压传动系统的图形符号

图 7-3 为机床工作台液压系统的原理图,其采用半结构式图形绘制,直观性强,容易理解。但这种图绘制起来比较麻烦,特别是当系统中元件数量比较多时更是如此。因此,在工程实际中,除某些特殊情况外,一般用简单的图形符号来绘制液压传动系统的原理图。在用图形符号绘制液压系统的原理图时,图中的符号只表示元件的功能、控制方法及外部连接口,不表示元件的具体结构和参数,也不表示连接口的实际位置和元件的安装位置。在用图形符号绘制液压系统的原理图时需注意两点:除非特别说明,图中所示状态均表示元件的静止位置或零位置;除特别注明的符号或有方向性的元件符号外,其他符号可根据具体情况水平或垂直绘制。

目前,国内外均采用元件的图形符号来绘制液压系统原理图。图形符号不再表示元件的具体结构,而是一种比较抽象的,表示元件功能的符号。用图形符号来表示系统中各元件的作用及整个系统的工作原理,十分简明扼要。我国现行的液压图形符号标准为《流体传动系统及元件符号和回路图　第 1 部分:用于常规用途和数据处理的图形符号》（ GB/T 786.1—2009 ）。图 7-4 为按该标准绘制的与图 7-3 一致的机床工作台液压系统图形符号原理图。根据现行的液压系统图形符号标准,这些图形符号应符合以下几条基本规定。

（1）图形符号只表示元件的功能及连接系统的通路,不表示元件的具体结构和参数,也不表示元件在机器中的实际安装位置。

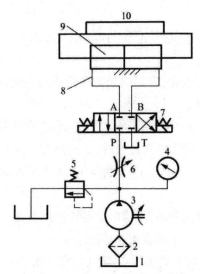

1—油箱；2—过滤器；3—液压泵；4—压力计；5—溢流阀；6—节流阀；7—换向阀；8—油管；9—液压缸；10—工作台。

**图 7-4　机床工作台液压系统的图形符号原理图**

（2）元件符号内的油液流动方向用箭头表示，线段两端都有箭头的表示流动方向可逆。

（3）图形符号均以元件的静止位置或中间零位置表示，当系统的动作另有说明时，可作例外。

# 7.2　液压传动的优缺点及应用

## 7.2.1　液压传动的优缺点

1. 液压传动的优点

液压传功之所以能得到广泛的应用，是由于它具有以下几方面的显著优点。

（1）体积小、质量轻、结构紧凑，因此惯性小、工作灵敏、换向迅速。例如，液压马达的体积和质量仅为同功率电动机的 12%~13%，并可实现高频正反转。

（2）传递运动均匀平稳，负载变化时速度较稳定。因此，金属切削机床中的磨床传动现在几乎都采用液压传动。

（3）可在大范围内实现无级调速，调速范围可达 1∶2 000，并可在液压装置运行过程中实现无级调速。

（4）操作简单，易于实现自动化控制和远程控制。例如，电磁换向阀、电液伺服阀、数控机床等。

（5）易于实现过载保护，并且液压元件能自行润滑，使用寿命长。

（6）由于液压传功是用油管连接的，所以借助油管的连接可以方便灵活地布置传动机构。

（7）液压元件已实现标准化、系列化和通用化，便于设计、制造和推广使用。

2. 液压传动的缺点

（1）液压传动系统中存在泄漏及油液的可压缩性，影响传动的准确性，不易实现定比传动。

（2）由于油液黏度随温度变化，容易引起工作性能的变化，因此液压传动系统不宜在温度变化范围较大的环境中工作。

（3）由于受液体流动阻力和泄漏的影响，液压传动的效率不够高。

（4）液压传动系统对油液的污染比较敏感，必须具有良好的防护和过滤措施。

（5）为了减少泄漏，并满足某些性能上的要求，液压元件的配合件制造精度要求较高，加工工艺较复杂。

（6）液压传动要求有单独的能源，不像电源那样使用方便。

（7）液压传动系统发生故障不易检查和排除。

总的来说，由于液压传动具有诸多优点，液压元件已标准化、系列化和通用化，因此液压传动在现代化生产中有重要地位及广阔的发展和应用前景。

## 7.2.2　液压传动的应用

液压与气压传动相对于机械传动来说是一门新兴技术。随着石油工业的蓬勃发展，微电子技术、计算机控制和自动化技术的紧密结合，液压传动技术得到了广泛的应用与发展。

液压传动控制技术最早应用于军事方面，如飞机的助力器、舰炮及岸炮的炮塔转位瞄准器等。随着科技的不断进步，液压传动开始应用于民用设备中，并取得了快速发展。这些设备包括：各种机械加工设备（如车床、磨床、加工中心、油压机等），如图 7-5 所示；工程机械（如挖掘机、推土机、压路机等），如图 7-6 所示；矿山机械（如开掘机、破碎机等），如图 7-7所示；建筑机械（如打桩机、平地机等），如图 7-8 所示；起重机械（如叉车、吊车、龙门吊等），如图 7-9 所示；农业机械（如收割机、拖拉机等），如图 7-10 所示；汽车工业机械（如转向器、减震器、自卸式汽车等），如图 7-11 所示；智能机械（如工业机器人、模拟设备等），如图 7-12所示。

图 7-5　液压传动在加工中心中的应用

图 7-6　液压传动在推土机中的应用

图 7-7　液压传动在开掘机中的应用

图 7-8　液压传动在打桩机中的应用

图 7-9　液压传动在吊车中的应用

图 7-10    液压传动在收割机中的应用

图 7-11    液压传动在自卸式汽车中的应用

图 7-12    液压传动在工业机器人中的应用

　　液压传动在国民经济的各个领域都有极为广泛的应用。特别是近十几年来,随着科学技术的深入发展,出现了许多新型液压元器件及相关的控制方法,使液压技术的应用和发展前景更加广阔。液压传动在某些领域甚至已占有压倒性的优势。例如,国外生产的 95% 的工程机械、90% 的数控加工件、95% 以上的自动生产线都采用了液压传动技术,如图 7-13 所示。因此,采用液压传动技术的程度已成为衡量一个国家工业化水平的重要标志之一。

(a)

(b)

**图 7-13　液压传动在自动生产线中的应用**

(a)发动机生产线　(b)精密检测线

　　液压传动在各类机械行业中的应用实例见表 7-1。

**表 7-1　液压传动在各类机械行业中的应用**

| 行业 | 应用 |
|---|---|
| 工程机械 | 挖掘机、装载机、推土机、压路机、铲运机等 |
| 起重运输机械 | 汽车吊、港口龙门吊、叉车、装卸机械、皮带运输机等 |
| 矿山机械 | 凿岩机、开掘机、开采机、破碎机、提升机、液压支架等 |
| 建筑机械 | 打桩机、液压千斤顶、平地机等 |
| 农业机械 | 联合收割机、拖拉机、农具悬挂系统等 |
| 冶金机械 | 电炉炉顶及电极升降机、轧钢机、压力机等 |
| 轻工机械 | 打包机、注塑机、校直机、橡胶硫化机、造纸机等 |
| 汽车工业 | 自卸式汽车、平板车、高空作业车、汽车中的转向器和减震器等 |
| 智能机械 | 折臂式小汽车装卸器、数字式体育锻炼机、模拟驾驶舱、机器人等 |

在我国,液压传动技术是在中华人民共和国成立后发展起来的,最初只应用在机床和锻压设备上。70多年来,我国的液压传动技术从无到有,发展很快,从最初的引进国外技术到现在独立进行新产品的研制、开发,并在性能、种类和规格上赶上或超过了国际先进产品。

随着世界工业水平的不断提高,各类液压产品的标准化、系列化和通用化也使液压传动技术得到了迅速发展,液压传动技术开始向高压、高速、大功率、高效率、低噪声、低能耗、长寿命、高度集成化等方向发展。同时,新型液压元件和液压系统在计算机辅助设计、计算机辅助测试、计算机直接控制、机电一体化技术、计算机仿真和优化设计技术、可靠性技术等方面也在不断发展和进步。可以预见,液压传动技术将在现代化生产中发挥越来越重要的作用。

# 7.3　液压油液的性能及选用

液压油液不仅是液压传动系统中的工作介质,而且其对系统中的机构和零件起着润滑、冷却和防锈的作用。油液的特性直接影响液压传动性能,包括工作可靠性、灵敏性、系统效率、零件寿命等。

## 7.3.1　液压油液的性能和作用

### 1.液压油液的主要性能

(1)具有合适的黏度和良好的黏温特性。在实际使用的温度范围内,油液的黏度随温度的变化要小,液压油的流动点和凝固点要低。

(2)具有良好的润滑性,能对元件的滑动部位进行充分润滑;能在零件的滑动表面上形成强度较高的油膜,避免干摩擦;能防止异常磨损和卡咬等现象的发生。

(3)具有良好的安定性,不易因热、氧化或水解而生成腐蚀性物质;胶质或沥青质、沉渣生成量小,使用寿命长。

(4)具有良好的抗锈性和耐腐蚀性,不会造成金属和非金属的锈蚀和腐蚀。

（5）具有良好的相容性,不会引起密封件、橡胶软管、涂料等的变质。

（6）油液质地纯净,污染物较少;当污染物从外部侵入时,能迅速分离;不含有挥发性物质,在长期使用后不会使油液黏度变大,同时不会在油液中产生气泡。

（7）有良好的消泡性、脱气性。油液中裹携的气泡及液面上的泡沫应比较少,且容易消除。油液中的泡沫会造成系统断油或出现空穴现象,从而影响系统正常工作。

（8）具有良好的抗乳化性。对于不含水的液压油,油液中的水分应能容易分离。在油液中混入水分会使油液乳化,降低油液的润滑性能,增加油液的酸性,缩短油液的使用寿命。

（9）油液具有较低的体积膨胀系数和较高的比热容。油液在工作中发热和体积膨胀都会造成工况的恶化。

（10）具有良好的防火性,闪点和燃点高,挥发性小。

（11）压缩性尽可能小,响应性好。

（12）不得有毒性和异味,易于排放和处理。

2. 液压油液的作用

（1）传动:把油泵产生的液压能传递给执行部件。

（2）润滑:对泵、阀、执行元件等运动元件进行润滑。

（3）密封:保持油泵所产生的压力。

（4）冷却:吸收并带出液压装置所产生的热量。

（5）防锈:防止液压系统中所用的各种金属部件锈蚀。

（6）传递信号:传递信号元件或控制元件发出的信号。

（7）吸收冲击:吸收液压回路中产生的压力冲击。

## 7.3.2　液压油液的种类

液压油液的主要品种及特性和用途见表 7-2。液压油液品种代号后的数字表示液压油液的黏度等级。

目前,90% 以上的液压设备采用矿物型液压油,其基油为精制的石油润滑油馏分。为了改善液压油液的性能,以满足液压设备的不同要求,往往在基油中加入各种添加剂。添加剂有两类:一类用于改善油液的化学性能,如抗氧化剂、防腐剂、防锈剂等;另一类用于改善油液的物理性能,如增黏剂、抗磨剂、防爬剂等。

**表 7-2　液压油的主要品种及特性和用途**

| 分类 | 名称 | 国标（ISO） | 组成、特性和用途 |
|---|---|---|---|
| 矿物油 | 精制矿物油 | L-HH | 浅度精制矿物油，抗氧化性、抗泡沫性较差。主要用于机械润滑，可作液压代用油。适用于要求不高的低压系统 |
| | 普通液压油 | L-HL | 精制矿物油加添加剂，提高抗氧化性和防锈性能。适用于室内一般设备的中、低压系统 |
| | 抗磨液压油 | L-HM | L-HL 油加添加剂，改善抗磨性能。适用于工程机械、车辆液压系统 |
| | 低温液压油 | L-HV | L-HM 油加增黏剂，改善黏温特性。适用于环境温度为 -40~-20 ℃高压系统 |
| | 高黏度指数液压油 | L-HR | L-HL 油加添加剂，改善黏温特性，黏度指数达 175 以上。适用于对黏温特性有特殊要求的低压系统，如数控机床液压系统 |
| | 液压导轨油 | L-HG | L-HM 油加添加剂，改善黏温特性。适用于机床中液压和导轨润滑合用的系统 |
| | 汽轮机油 | L-TSA | 深度精制矿物油加添加剂，改善抗氧化性、抗泡沫性能。为汽轮机专用油，也可作液压代用油，用于一般液压系统 |
| | 其他液压油 | — | 加入多种添加剂。用于高品质的专用液压系统 |
| 乳化液 | 水包油乳化液 | L-HFA | 难燃、黏温特性好，有一定的防锈能力，润滑性差，易泄漏。适用于有抗燃要求、溶液用量大且泄漏严重的系统 |
| | 油包水乳化液 | L-HFB | 既具有矿物型液压油的抗磨、防锈性能，又具有抗燃性。适用于有抗燃要求的中压系统 |
| 合成液 | 水－乙二醇液 | L-HFC | 难燃，黏温特性和抗腐蚀性好，能在 -30~135 ℃温度下使用。适用于有抗燃要求的中、低压系统 |
| | 磷酸酯传动液 | L-HFDR | 难燃，润滑性、抗磨性能和抗氧化性能良好，能在 -54~135 ℃温度范围内使用，缺点是有毒。适用于有抗燃要求的高压精密系统 |

### 7.3.3　液压油液的选用

正确合理地选择液压油是保证液压元件和液压系统正常运行的前提。合适的液压油不仅能使液压系统适应各种环境条件和工作情况，还对延长系统和元件的使用寿命，保证设备可靠运行，防止事故发生具有重要作用。在选用液压油时，主要工作是确定液压油的黏度范围和使用条件，从而选择合适的液压油品种，满足液压系统的工作需要。通常根据以下几方面进行液压油的选择。

1. 根据工作机械的需求选用

精密机械与一般机械对黏度的需求不同。为了避免温度升高而引起机件变形和影响工作精度，精密机械宜采用黏度较低的液压油。例如，机床的液压伺服系统中，为保证伺服机构动作的灵敏性，宜采用黏度较低的液压油。

2. 根据液压泵的类型选用

液压泵的类型较多，如齿轮泵、叶片泵、柱塞泵等，其是液压系统的重要元件。在液压系统中，液压泵的运动速度、压力和温度都较高，工作时间又长，因而对黏度要求较严格。所以，选择黏度时应先考虑液压泵的类型。一般情况下，可将液压泵要求液压油的黏度作为选择液压油的基准,见表7-3。

**表 7-3  不同液压泵的类型对应的液压油黏度**

| 液压泵类型 | 压力（MPa） | 不同运动黏度（mm²/s） | | 适用品种和黏度等级 |
|---|---|---|---|---|
| | | 5~40 ℃ | 40~80 ℃ | |
| 叶片泵 | <7 | 30~50 | 40~75 | HM 油,32、46、68 |
| | >7 | 50~70 | 55~90 | HM 油,46、68、100 |
| 螺杆泵 | — | 30~50 | 40~80 | HL 油,32、46、68 |
| 齿轮泵 | | 30~70 | 95~165 | HL 油（中、高压用 HM）,32、46、68、100、150 |
| 径向柱塞泵 | | 30~50 | 65~240 | HL 油（高压用 HM）,32、46、68、100、150 |
| 轴向柱塞泵 | | 40 | 70~150 | HL 油（高压用 HM）,32、46、68、100、150 |

**3. 根据工作压力选用**

选择液压油时,应根据液压系统的工作压力选用。通常,当工作压力较高时,宜选用黏度较高的液压油,以免系统的泄漏过多,效率过低;当工作压力较低时,可以选用黏度较低的液压油,这样可以减少压力损失。在中、高压系统中使用的液压油还应具有良好的抗磨性。

**4. 根据外部环境温度选用**

液压油的黏度由于受温度变化的影响很大,为保证其在工作温度下有较适宜的黏度,还必须考虑环境温度的影响。当环境温度高时,宜采用黏度较高的液压油;当环境温度低时,宜采用黏度较低的液压油。

**5. 根据液压系统中运动件的速度选用**

当液压系统中工作部件的运动速度很高,油液的流速也很高时,压力损失会随之增大,而液压油的泄漏量则相对减少,这种情况就应选用黏度较低的油液;反之,当工作部件的运动速度较低时,所需的油液流量很小,而泄漏量大,泄漏对系统的运动速度影响也较大,此时应选用黏度较高的油液。

# 7.4  液压技术的发展及趋势

自 18 世纪末英国制成世界上第一台水压机以来,液压传动技术至今已有 200 多年的历史。然而,直到 20 世纪 30 年代它才真正得到推广和使用。

1650 年帕斯卡提出静压传递原理;1850 年英国将帕斯卡的静压传递原理先后应用于液压起重机、压力机;1795 年英国的约瑟夫·布拉曼在伦敦用水作为工作介质,以水压机的形式将液压技术应用于工业领域,诞生了世界上第一台水压机;1905 年约瑟夫·布拉曼将工作介质由水改为油,使液压传动效果进一步提升。第二次世界大战期间,在一些武器的制造中采用了功率大、反应动作准的液压传动和控制装置,大大提高了武器的性能,也大大促进了液压技术的发展。二战后,液压技术迅速转向民用,并随着各种标准的不断制定和完善,以及各类元件的标准化、规格化、系列化,在机械制造、工程机械、农业机械、汽车制造等领域中推广开来。20 世纪 60 年代后,原子能技术、空间技术、计算机技术、微电子技术等的发展再次将液压技术的发展向前推进,使它在国民经济的各方面都得到了应用,并成为实现生产过程自动化、提高劳动生产率等的重要手段之一。

我国的液压工业始于 20 世纪 50 年代,其产品最初只用于机床和锻压设备,后来才逐渐应用到农业机械和工程机械中。自 1964 年我国从国外引进一些液压元件生产技术,并进行液压产品的自主设计以来,我国的液压元件生产已形成了从低压到高压的系列产品,并在各种机械设备上得到了广泛使用。20 世纪 80 年代起,我国加速了对国外先进液压产品和技术的有计划地引进、消化、吸收和国产化工作,实现了我国的液压技术在产品质量、经济效益、人才培训、研究开发等各方面的快速发展。

随着生产水平的不断发展,对液压元件的结构和性能的要求也越来越高,纵观国内外液压元件的发展趋势,大致可归结为以下两个方面。

1. 小型化、轻量化

在液压技术中,为了达到小型化、轻量化的目的,液压系统的压力趋向高压化,如国外的建筑机械中的液压压力正向 35 MPa 迈进,航空附件中的压力正向 56~63 MPa 挺进。当然,随着压力的提高,系统及元件的寿命有所下降,质量也必然有所增加。上述矛盾的出现,给材料科学的研究者提出了新的课题。

在国外,液压元件正向多功能、系统化方向发展。例如,以方向控制阀为核心,再加上其他各种功能的截止式四通阀,使液压系统具有高度集成化、轻量化和小型化等特点。用一个多功能阀(如组合阀)即可组成一个差动回路,但其安装尺寸仅与一般电磁阀相同。

2. 与电子技术相结合

以电子元件作为系统的信息处理和传递的手段来控制控制阀,以输出流体的压力能作为功率输出,这两者的结合是流体控制阀的重要研究课题。

在液压技术中,目前的研究热点是比例电磁阀和数字阀,这两者虽然都是开环控制系统,但与电-液伺服阀相比,其抗污染能力要强很多,且制造方便,维护与使用简单。

总之,随着工业的发展,液压传动技术必将更加广泛地应用于各个工业领域。液压技术正向高压、高速、大功率、高效、低噪声、高寿命、高集成化的方向发展。

# 习题 7

1. 填空题

(7-1)液压传动的工作原理是:以_____作为工作介质,通过密封容积的变化来传递_____,通过液体内部的压力来传递_____。

(7-2)液压传动系统由五部分组成,即_____、_____、_____、_____、_____。其中,_____和_____是能量转换装置。

2. 选择题

(7-3)液压系统中,液压缸属于(        ),液压泵属于(        )。

A. 动力部分　　　　　　　B. 执行部分　　　　　　C. 控制部分

(7-4)下列液压元件中,(　　　)属于控制部分,(　　　)属于辅助部分。

A. 油箱　　　　　　　　　B. 液压马达　　　　　　C. 单向阀

3. 判断题

(7-5)液压元件易于实现系列化、标准化、通用化。(　　　)

(7-6)辅助元件在液压系统中可有可无。(　　　)

(7-7)液压传动中存在冲击,传动不平稳。(　　　)

(7-8)液压元件的制造精度一般要求较高。(　　　)

(7-9)用图形符号表示液压元件并绘制的液压系统原理图,方便、清晰。(　　　)

4. 思考题

(7-10)液压传动的工作原理是什么? 液压系统是由哪几部分组成的?

(7-11)简述液压传动的优缺点。

(7-12)液压油的黏度有几种表示方法? 我国液压油的代号是如何定义的?

(7-13)液压油的选用应考虑哪几个方面?

(7-14)绘制液压系统图时,为什么要采用图形符号?

(7-15)水平放置的密闭变径管中流动的液体,通流截面大的地方比截面小的地方流速、压力都较低,对吗? 为什么?

(7-16)为什么说液压系统的工作压力决定于外负载? 液压缸有效面积一定时,其活塞运动速度由什么来决定?

# 第8章　液压泵和液压马达

## 本章导读

【基本要求】了解液压泵和液压马达的分类,了解各种泵和马达的典型结构及应用范围,理解液压泵和液压马达的主要性能参数;掌握齿轮泵、叶片泵、柱塞泵的工作原理、性能参数和结构特点;理解低速液压马达(单作用连杆型径向柱塞液压马达、多作用内曲线液压马达)的工作原理、性能参数和结构特点;掌握柱塞式液压马达的工作原理、性能参数和结构特点。

【重点】齿轮泵、叶片泵、柱塞泵的工作原理、性能参数和结构特点,柱塞式液压马达的工作原理、性能参数和结构特点。

【难点】密闭容积的确定,外反馈式限压变量叶片泵的特性,柱塞泵的变量机构。

## 8.1　液压泵和液压马达的基本知识

液压泵是将原动机(电动机和其他动力装置)所输出的机械能转化为液压能的能量转换装置,它向液压系统提供一定流量和压力的液压油,起着向系统提供动力的作用。而液压马达是执行元件,它将液压能转换为机械能,输出转速和转矩。

### 8.1.1　液压泵和液压马达的分类

1. 液压泵的分类

(1)按流量是否可调分类。

液压泵 { 定量液压泵:液压泵输出的流量不能调节, 如齿轮泵、双作用叶片泵。
　　　　 变量液压泵:液压泵输出的流量可以调节, 如单作用叶片泵、柱塞泵。

(2)按结构形式分类。

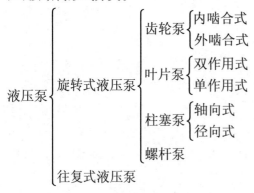

（3）按液压泵的压力分类。

液压泵 $\begin{cases} \text{低压泵:0~2.5 MPa} \\ \text{中压泵:2.5~8 MPa} \\ \text{中高压泵:8~16 Mpa} \\ \text{高压泵:16~32 MPa} \\ \text{超高压泵:32 MPa以上} \end{cases}$

液压泵的图形符号如图 8-1 所示。

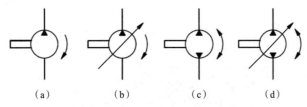

**图 8-1　液压泵的图形符号**
（a）单向定量泵　（b）单向变量泵　（c）双向定量泵　（d）双向变量泵

**2. 液压马达的分类**

（1）按结构形式分类。

液压马达 $\begin{cases} \text{齿轮式} \\ \text{叶片式} \\ \text{柱塞式} \begin{cases} \text{径向式} \\ \text{轴向式} \end{cases} \end{cases}$

（2）按额定转速分类。

液压马达 $\begin{cases} \text{高速低扭矩液压马达:} n_e \geq 500 \text{ r / min} \\ \text{低速大扭矩液压马达:} n_e \leq 500 \text{ r / min} \end{cases}$

液压马达的图形符号如图 8-2 所示。

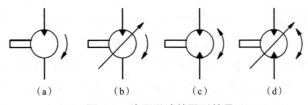

**图 8-2　液压马达的图形符号**
（a）单向定量马达　（b）单向变量马达　（c）双向定量马达　（d）双向变量马达

## 8.1.2　液压泵和液压马达的工作原理

**1. 液压泵的工作原理**

图 8-3 所示为单柱塞液压泵的工作原理图。液压泵都是基于密封容积变化的原理工作的,故一般被称为容积式液压泵。图中柱塞 2 装在缸体 7 中,并和单向阀 5、6 共同形成一个密封容积( 油腔 )4,柱塞在弹簧 3 的作用下始终压紧在凸轮 1 上。原动机驱动凸轮 1 旋转,

使柱塞 2 做往复运动,这样油腔 4 的体积便产生周期性的变化。当柱塞 2 向右运动时,油腔 4 的体积由小变大形成部分真空,使油箱中油液在大气压作用下,顶开单向阀 5 进入油腔 4,从而实现吸油;反之,当柱塞 2 向左运动时,油腔 4 的体积由大变小,油腔 4 中的油液将顶开单向阀 6 并流入系统而实现压油;原动机驱动凸轮 1 不断旋转,液压泵就不断地吸油和压油,这样液压泵就将原动机输入的机械能转换成液体的压力能。由此可见,这种泵的输出流量是由密封工作腔(油腔 4)的数目、容积的变化( $l$ )及容积的变化速率(凸轮 1 的转速)决定的,所以称这种泵为容积泵。

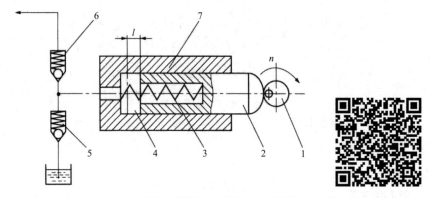

1—凸轮;2—柱塞;3—弹簧;4—油腔;5、6—单向阀;7—缸体。

**图 8-3　单柱塞液压泵的原理图**

根据以上分析,可见构成容积式液压泵必须满足以下的基本条件。

(1)具有可变的密封容积。泵的流量取决于密封容积的变化幅度和变化速率。

(2)具有配流装置。为了保证密封容积变小时只与排油管相通,密封容积变大时只与吸油管相通,须设置两个单向阀分配液流,称为配流装置。

(3)为了保证液压泵吸油充分,油箱必须和大气相通,或者采用密闭的充压油箱。

2. 液压马达的工作原理

液压马达是将液压能转化为机械能的装置,可以实现连续地旋转运动,其结构与液压泵相似,并且也是靠密封容积的变化工作的,也属于容积式能量转换装置,同样具有配流机构。液压马达在输入的高压油液作用下,进油腔由小变大,并对转动部件产生扭矩,以克服负载阻力矩,实现转动;同时,回油腔由大变小,向油箱(开式系统)或泵的吸油口(闭式系统)回油,压力降低。对于不同结构类型的液压马达,其扭矩的产生方式不一样,这将在后续内容中介绍。

从理论上讲,相同结构形式的液压泵和液压马达可互逆使用(阀式配流的除外)。但实际上,由于使用目的和性能要求不同,它们在结构上仍有差别,一般不互逆使用。故在实际中只有少数液压泵可作为液压马达使用。

## 8.1.3　液压泵和液压马达的主要性能参数

1. 液压泵的主要性能参数

1)压力

(1)工作压力 $p$。液压泵的工作压力是泵在工作时输出油液的实际压力,其大小是由负载决定的。

(2)额定压力 $p_e$。液压泵的额定压力是在正常工作条件下,其连续运转时所允许的最高压力,它反映了液压泵的运行能力,一般液压泵的铭牌上标识的就是额定压力。

(3)最高压力 $p_{max}$。最高压力是液压泵在短时间内过载时所允许的极限压力值,可以看作液压泵的能力极限,它比额定压力稍高,由液压系统中的安全阀限定。

2)排量和流量

(1)排量 $V$。液压泵的排量是在不考虑泄漏的情况下,液压泵每转动一周所排出的液体体积。

(2)理论流量 $q_t$。液压泵的理论流量是在不考虑泄漏的情况下,泵在单位时间内排出的液体体积。理论流量等于排量 $V$ 和转速 $n$ 的乘积,它与工作压力 $p$ 无关,其表达式为

$$q_t = Vn \qquad (8-1)$$

(3)实际流量 $q$。液压泵的实际流量是液压泵工作时实际输出的流量,它等于理论流量减去泄漏损失的流量 $\Delta q$,其表达式为

$$q = q_t - \Delta q \qquad (8-2)$$

(4)额定流量 $q_e$。液压泵在额定压力和额定转速下工作时,单位时间内实际排出的液体体积称为液压泵的额定流量。在液压泵的铭牌上标识的流量即为液压泵的额定流量。

3)功率

(1)实际输入功率 $P_0$。液压泵的实际输入功率是液压泵在实际工作时,作用在液压泵主轴上的机械功率,当实际输入转矩为 $T_0$,转速为 $n$,角速度为 $\omega$ 时,有

$$P_0 = \omega T_0 = 2\pi n T_0 \qquad (8-3)$$

(2)实际输出功率 $P$。液压泵的实际输出功率(W)是液压泵在实际工作过程时,工作压力 $p$(Pa)和实际输出流量 $q$(m³/s)的乘积,即

$$P = pq \qquad (8-4)$$

(3)理论功率 $P_t$。当不考虑泵在能量转换过程中的损失时,液压泵的输出功率或输入功率,都称为液压泵的理论功率,即

$$P_t = \omega T_t = 2\pi n T_t = pq_t \qquad (8-5)$$

4)效率

(1)容积效率 $\eta_v$。容积损失是液压泵在流量上的损失。由于液压泵内部高压腔的泄漏、吸油过程中吸油阻力过大、油液黏度过大、泵轴转速过高等原因而导致油液不能全部充满液压泵的密封工作腔,所以液压泵的实际流量总是小于理论流量。则容积效率 $\eta_v$ 可表示为

$$\eta_{v} = \frac{q}{q_{t}} = \frac{q_{t} - \Delta q}{q_{t}} = 1 - \frac{\Delta q}{q_{t}} \qquad (8\text{-}6)$$

因此,液压泵的实际流量为

$$q = q_{t}\eta_{v} \qquad (8\text{-}7)$$

液压泵的容积效率随着液压泵工作压力的增大而减小,而且随着液压泵的结构类型不同而异,但恒小于1。

（2）机械效率 $\eta_{m}$。机械损失指液压泵在转矩上的损失。由于液压泵的泵体内相对运动的部件之间会因机械摩擦而引起转矩损失,所以液压泵的实际输入转矩 $T_{0}$ 总是大于理论输入转矩 $T_{t}$。则机械效率 $\eta_{m}$ 可表示为

$$\eta_{m} = \frac{T_{t}}{T_{0}} \qquad (8\text{-}8)$$

（3）总效率 $\eta$。由于液压泵存在泄漏和机械摩擦,泵在能量转换过程中有能量损失,所以液压泵的输出功率小于输入功率,两者的差值即为功率损失。

液压泵的总效率 $\eta$ 是液压泵的实际输出功率 $P$ 与实际输入功率 $P_{0}$ 的比值,可表示为

$$\eta = \frac{P}{P_{0}} = \frac{pq}{2\pi n T_{0}} = \eta_{v}\eta_{m} \qquad (8\text{-}9)$$

由式（8-9）可知,液压泵的总效率实际上等于其容积效率与机械效率的乘积。液压泵的各个参数和工作压力之间的关系（特性曲线）如图8-4所示。

2. 液压马达的主要性能参数

1）压力

（1）工作压力 $p$。液压马达的工作压力是向它输入的油液的实际压力,其大小取决于液压马达的负载。液压马达进口压力与出口压力的差值,称为液压马达的压差。

（2）额定压力 $p_{e}$。液压马达的额定压力是按实验标准规定,能使液压马达连续正常运转的最高压力,也即液压马达在使用中允许达到的最大工作压力,若超过此值即为过载。

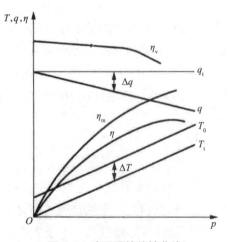

图 8-4　液压泵的特性曲线

2）排量和流量

（1）排量 $V$。液压马达的排量是在没有泄漏的情况下，液压马达轴转一周所需输入的液体体积。液压马达的排量取决于其密封工作腔的几何尺寸，与转速无关。

（2）理论流量 $q_t$。理论流量是液压马达在没有泄漏的情况下，达到要求转速时，单位时间内需输入的液体体积。

（3）实际流量 $q$。实际流量是液压马达达到要求转速时，其入口处的流量。由于液压马达内存在间隙，会产生泄漏 $\Delta q$，故实际流量 $q$ 与理论流量 $q_t$ 之间存在的关系为

$$q_t = q + \Delta q \qquad (8\text{-}10)$$

液压马达的转速 $n$ 与流量、排量的关系为

$$n = \frac{q}{V}\eta_v \qquad (8\text{-}11)$$

式中，$\eta_v$ 为容积效率。

3）功率和效率

（1）输入功率 $P_0$ 和输出功率 $P$。液压马达的输入量是液体的压力和流量，输出量是转矩和转速（角速度）。因此，液压马达的输入功率和输出功率的表达式分别为

$$P_0 = \Delta p q_0 \qquad (8\text{-}12)$$

$$P = T\omega = 2\pi n T \qquad (8\text{-}13)$$

式中　　$P_0$——液压马达的输入功率；

$\quad\quad\quad P$——液压马达的输出功率；

$\quad\quad\quad \Delta p$——液压马达进、出口的压差；

$\quad\quad\quad T$——液压马达的实际输出转矩；

$\quad\quad\quad \omega$——液压马达的实际输出角速度。

（2）容积效率。由于液压马达有泄漏量 $\Delta q$ 的存在，其实际输入流量 $q$ 总小于其理论流量 $q_t$。液压马达的理论流量与实际流量之比称为液压马达的容积效率，用 $\eta_v$ 表示，即

$$\eta_v = \frac{q_t}{q} \qquad (8\text{-}14)$$

液压马达的泄漏量与压力有关，随压力的增加而增大，因此液压马达的容积效率随工作压力升高而降低。

（3）机械效率。由于存在液压马达转矩损耗 $\Delta T$，故其实际输出转矩 $T$ 比理论输出转矩 $T_t$ 小。液压马达的实际转矩与理论转矩之比称为液压马达的机械效率，用 $\eta_m$ 表示，即

$$\eta_m = \frac{T}{T_t} \qquad (8\text{-}15)$$

由黏性摩擦和机械摩擦而产生的转矩损失，其大小与油液的黏性、工作压力及液压马达的转速有关。当油液黏度越大、转速越大、工作压力越大时，转矩损失就越大，机械效率就越低。

（4）总效率。由于液压马达存在泄漏和机械摩擦，液压马达在能量转换过程中有能量损失，所以液压马达输出功率小于输入功率，两者的差值即为功率损失。

液压马达的总效率 $\eta$ 是液压马达的实际输出功率 $P$ 与实际输入功率 $P_0$ 的比值，即

$$\eta = \frac{P}{P_0} = \frac{2\pi nT}{\Delta p q_0} = \eta_v \eta_m \qquad (8\text{-}16)$$

由式(8-16)可知,液压马达的总效率实际上等于其容积效率与机械效率的乘积。

# 8.2 齿轮泵

齿轮泵在液压系统中应用很广,其主要优点是结构简单、制造方便、体积小、质量轻、价格低廉、自吸性能好、抗污染能力强、工作可靠,其缺点是流量和压力脉动大、噪声高、排量不可调节。根据齿轮的啮合形式,可将齿轮泵分为外啮合齿轮泵和内啮合齿轮泵。

## 8.2.1 外啮合齿轮泵

### 1. 外啮合齿轮泵的工作原理

外啮合齿轮泵的工作原理如图 8-5 所示。泵体内装有一对外啮合齿轮,齿轮两侧面靠端盖密封。泵体、两端盖和齿轮的各个齿间组成密封容积,齿轮副的啮合线把密封容积分成两部分,即吸油腔和压油腔,其分别与吸油口和压油口相通。

当齿轮按图 8-5 中箭头所示方向旋转时,左侧的轮齿退出啮合,使密封容积增大,形成局部真空,齿轮泵吸油;油液被旋转的齿轮带到右侧,在进入啮合的一侧,密封容积减小,油液被挤出;被挤出的油液通过压油口排油。齿轮连续旋转,泵就连续不断地吸、排油。

**图 8-5 外啮合齿轮泵的工作原理**

### 2. 外啮合齿轮泵的排量、流量计算

根据齿轮泵的工作原理,齿轮泵的排量,即泵传动轴转一周时齿轮排出的液体体积可近似等于两个齿轮齿间容积之和。若近似地认为齿间容积与轮齿体积相等,则两个齿轮的齿间容积总和就相当于一个以齿轮齿顶圆为外圆,以分度圆为平均圆,以齿根圆为内圆,以齿宽为高的圆环体的体积。于是,可通过求该圆环体的体积求出齿轮泵的排量,即

$$V = \pi Dhb = 2\pi z m^2 b \qquad (8\text{-}17)$$

式中 $D$——齿轮分度圆直径;

　　$z$——齿轮齿数；

　　$m$——齿轮模数；

　　$b$——齿轮齿宽；

　　$h$——工作齿高（$h=2m$）。

　　实际上，齿间槽容积比轮齿体积稍大，所以齿轮泵的排量可近似为

$$V = \pi Dhb \approx 6.66zm^2b \tag{8-18}$$

则齿轮泵的实际流量为

$$q = Vn\eta_v = 6.66zm^2bn\eta_v \tag{8-19}$$

　　齿轮泵的排量与模数的平方及齿数成正比。可见，要增大泵的排量，增大模数比增大齿数更有利。

　　由于在齿轮啮合过程中，工作腔容积的变化率不是恒定不变的，因此齿轮泵的瞬时流量是脉动的，用流量脉动率 $\sigma$ 来衡量瞬时流量脉动。设 $q_{min}$、$q_{max}$ 分别为最小和最大瞬时流量，$q$ 为平均流量，则流量脉动率可表示为

$$\sigma = \frac{q_{max} - q_{min}}{q} \tag{8-20}$$

　　齿轮泵的瞬时流量是脉动的，其脉动周期为 $2\pi/z$，齿数越少，脉动率 $\sigma$ 越大。流量脉动引起压力脉动，随之产生振动和噪声，所以在精度要求高的场合不宜采用外啮合齿轮泵。

　　3. 外啮合齿轮泵存在的问题及解决方法

　　1）外啮合齿轮泵的困油现象及其消除措施

　　为确保齿轮转动平稳，齿轮的重叠系数应大于1，即前一对轮齿尚未脱离啮合时，后一对轮齿已进入啮合，在两对轮齿同时啮合时，它们之间就形成一个与吸、压油腔均不相通的封闭容积（图 8-6），此封闭容积随着齿轮的旋转，先由大变小，再由小变大。

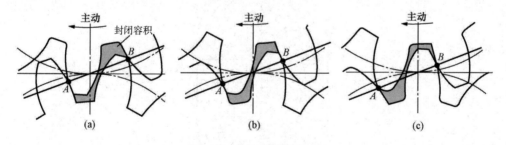

**图 8-6　齿轮泵的困油现象**

（a）封闭容积　（b）封闭容积最小　（c）封闭容积最大

　　当齿轮从图 8-6（a）所示位置转到图 8-6（b）所示位置，其两啮合点 $A$、$B$ 处于节点两侧的对称位置，此时容积最小；齿轮再继续转动，由图 8-6（b）所示位置转到图 8-6（c）所示位置，封闭容积逐渐增大；在图 8-6（c）所示位置时，封闭容积最大。封闭容积减小时，会使被困油液受到挤压，压力急剧上升，油液从接合面缝隙中被强行挤出，导致油液发热，同时让齿轮、轴承等机件受到很大的径向力；封闭容积增大时，又会造成局部真空，使溶于油中的气体分离出来，产生气穴现象，引起振动和噪声，这种现象称为齿轮泵的困油现象。

为了消除困油现象,通常采用在齿轮泵的前、后两端盖上各铣两个困油卸荷槽,如图 8-7 所示。卸荷槽的形状可以是矩形或圆形的。当封闭容积减小时,依靠右卸荷槽与压油腔相通;当封闭容积增大时,依靠左卸荷槽与吸油腔相通。左、右两槽间的距离 $a$ 必须保证在任何时候都不能使吸油腔和压油腔相通。

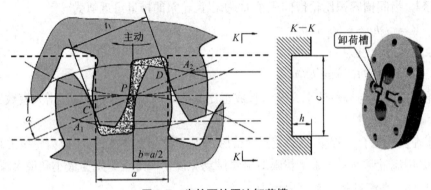

图 8-7　齿轮泵的困油卸荷槽

2)齿轮泵的径向不平衡力及其改善措施

齿轮泵工作时,齿轮和轴承会承受径向液压力 $F$ 的作用,如图 8-8 所示。泵的右侧为吸油腔,左侧为压油腔,吸、压油区液压力分布不均匀。液压力作用在齿轮及轴上的合力就是齿轮和轴承受到的径向不平衡力,而且油液压力越高,这个不平衡力就越大。其结果使轴承所受负载增加,不仅加速了轴承的磨损,缩短了轴承的使用寿命,甚至会使轴变形,造成齿顶和泵体内壁摩擦等。

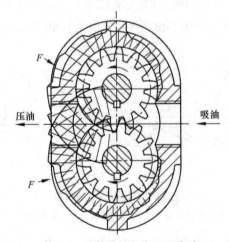

图 8-8　齿轮泵的径向不平衡力

为了减小径向不平衡力,常采取以下措施。

方法一:缩小压油口尺寸,使压力油仅作用在一个齿到两个齿的范围内。

方法二:开压力平衡槽,如图 8-9 所示。采用这种方法可使作用在齿轮轴上的径向力保持平衡,但容易造成内泄漏的增加,使泵的容积效率减小。

方法三:适当增大径向间隙,使齿顶不和泵体接触。

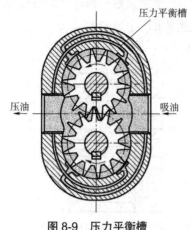

图 8-9　压力平衡槽

3)外啮合齿轮泵的泄漏及解决办法

外啮合齿轮泵压油腔的中压力油可通过三条途径泄漏到吸油腔中:一是通过齿轮两端面间隙,产生轴向间隙泄漏,其占齿轮泵泄漏量的 75%~80%,而且泄漏量随泵工作压力的提高而增大,同时还随端面的磨损而增大,它是目前影响齿轮泵压力的主要原因;二是通过齿顶间隙,产生径向间隙泄漏,其占齿轮泵泄漏量的 15%~20%;三是齿轮啮合线处间隙的泄漏,其泄漏量很少,一般不予考虑。

对于低压齿轮泵,为了减小端面泄漏,在设计和制造时应对端面间隙严格控制。对于高压齿轮泵,可采取端面间隙自动补偿措施,即在齿轮与前后端盖板间增加一个零件,如浮动轴套和弹性侧板。

端面间隙自动补偿装置的原理是引入压力油,使轴套或侧板紧贴齿轮端面,压力越大,贴得越紧,从而自动补偿端面磨损和减小间隙。图 8-10 为浮动轴套式自动补偿装置的原理图。图中,轴套 1 浮动安装,轴套左侧的空腔 A 与泵的压油腔相通,弹簧 4 使轴套 1 靠紧齿轮形成初始良好密封,工作时轴套 1 受左侧油压的作用而向右移动,将齿轮两侧压得更紧,从而自动补偿端面间隙,提高容积效率。

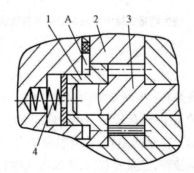

1—轴套;2—泵体;3—齿轮轴;4—弹簧;A—空腔。

图 8-10　浮动轴套式自动补偿装置的原理图

浮动侧板式轴向间隙自动补偿装置的工作原理与浮动轴套式基本相似,也是将泵的出口压力油引到浮动侧板 1 的背面,使之紧贴于齿轮 3 的端面来自动补偿轴向间隙,如图 8-11 所示。启动时,浮动侧板靠密封圈来产生预紧力。

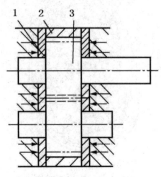

1—浮动侧板;2—泵体;3—齿轮。

**图 8-11　浮动侧板式轴间隙向自动补偿装置的原理图**

图 8-12 所示为挠性侧板式轴向间隙自动补偿装置的原理图,该装置将泵的出口压力油引到挠性侧板 1 的背面,靠侧板自身的变形来补偿齿轮 3 端面的轴向间隙。侧板的厚度较薄,内侧面要耐磨(如烧结有厚 0.5~0.7 mm 的磷青铜)。这种结构中,在采取一定措施后,易使侧板外侧面的压力分布和齿轮端面的压力分布相适应。

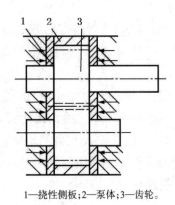

1—挠性侧板;2—泵体;3—齿轮。

**图 8-12　挠性侧板式轴向间隙自动补偿装置的原理图**

## 8.2.2　内啮合齿轮泵

### 1. 渐开线齿形内啮合齿轮泵

在渐开线齿形内啮合齿轮泵中,小齿轮和内齿轮之间要装一块隔板,以便把吸油腔 1 和压油腔 2 隔开,如图 8-13 所示。在泵的左侧,轮齿脱离啮合,形成局部真空,油液从吸油窗口吸入,进入齿槽,并被带到压油腔;在泵的右侧,轮齿进入啮合,工作腔容积逐渐变小,将油液经压油窗口压出。

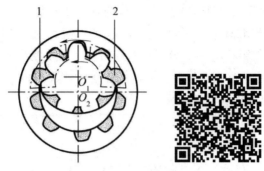

1—吸油腔；2—压油腔。

**图 8-13　渐开线齿形内啮合齿轮泵原理图**

2. 摆线齿形内啮合齿轮泵

在摆线齿形内啮合齿轮泵中,小齿轮和内齿轮只相差一个齿,因而无须设置隔板,如图 8-14 所示。该种内啮合齿轮泵中的小齿轮是主动轮,当小齿轮绕中心 $O_1$ 旋转时,内齿轮被驱动,并绕 $O_2$ 同向旋转。在泵的左侧,轮齿脱离啮合,形成局部真空,进行吸油;在泵的右侧,轮齿进入啮合,进行压油。

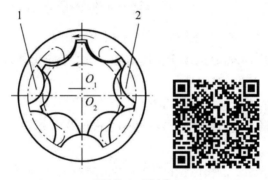

1—吸油腔；2—压油腔。

**图 8-14　摆线齿形内啮合齿轮泵原理图**

内啮合齿轮泵的优点如下：

（1）结构紧凑,尺寸和质量都很小；

（2）由于齿轮同向旋转,相对滑动速度小、磨损小,使用寿命长；

（3）流量脉动小,压力脉动和噪声都很小；

（4）油液在离心力作用下易充满齿间槽,可高速旋转,容积效率高；

（5）摆线内啮合齿轮泵啮合重合度大,传动平稳,吸油条件更加良好。

内啮合齿轮泵的缺点为齿形复杂、加工精度要求高、造价较高。

## 8.2.3　螺杆泵

螺杆泵实质上是一种外啮合的摆线齿轮泵,螺杆可以是一根、两根或三根。图 8-15 所示为三螺杆泵的结构图。泵体 2 内装有两根双头螺杆,中间的主动螺杆为右旋凸螺杆,两侧的从动螺杆为左旋凹螺杆,互相啮合的三根螺杆与泵体之间形成多个密封工作腔,当主动螺杆顺时针旋转(从轴伸出端看)时,密封工作腔在左端逐个形成,并不断从左向右移动,主动螺杆旋转一周,密封工作腔移动一个导程。左侧的密封工作腔在形成时容积逐渐增大而吸油,右侧的密封工作腔容积逐渐缩小而压油。螺杆直径越大、螺旋槽越深,泵的排量就越大;螺杆的密封层次越多,泵的额定压力就越高。

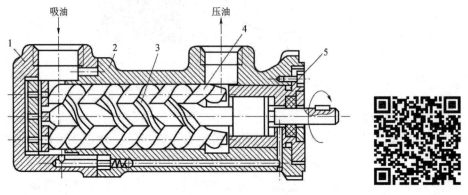

1—后盖;2—泵体;3—主动螺杆;4—从动螺杆;5—前盖。

图 8-15　三螺杆泵的结构图

螺杆泵具有结构紧凑、自吸能力强、运转平稳、输油量稳定、噪声小、对油液污染不敏感及允许采用高转速的优点,特别适用于对压力和流量的稳定度要求较高的精密机械。其主要缺点是加工工艺复杂,制造较困难。

螺杆泵的主要性能指标包括以下几个。

(1)流量。螺杆泵的流量范围为 3~10 000 L/min,用于输送物料的螺杆泵的流量可达 200 m³/min。

(2)压力。三螺杆泵的常用工作压力 2.5~20.0 MPa,个别可达 35~40 MPa。

(3)转速。小排量螺杆泵的转速可达 600 r/min,大规格的可达 1 000~1 500 r/min。

(4)功率。各种螺杆泵中,功率最大的超过 600 kW。

## 8.3　叶片泵

叶片泵在机床、工程机械、船舶、压铸及冶金设备中应用十分广泛。叶片泵具有流量均匀、运转平稳、噪声低、体积小、质量轻等优点,但其结构复杂,吸油腔特性差,对油液的污染较敏感。根据工作原理,叶片泵可分为单作用叶片泵和双作用叶片泵;根据输出流量是否可变,叶片泵可分为定量叶片泵和变量叶片泵。

### 8.3.1　单作用叶片泵

1. 单作用叶片泵

1）工作原理

单作用叶片泵的工作原理如图 8-16 所示。单作用定量叶片泵由转子、定子、叶片和端盖等组成。其中,定子具有圆形内表面,定子和转子间有一定偏心距 $e$。叶片装在转子槽中,并可在槽内自由滑动。当转子旋转时,由于离心力的作用,使叶片紧贴在定子内壁,这样在定子、转子、叶片和两侧配油盘间就形成若干个密封的工作空间。转子顺时针旋转时,左侧的吸油腔叶片间的工作空间逐渐增大,油箱中的油液被吸入;右侧的压油腔,叶片被定子内壁逐渐压进槽内,工作空间逐渐缩小,油液从压油门被压出。在吸油腔和压油腔之间,有一段封油区,把吸油腔和压油腔隔开。单作用叶片泵转子每转一周,每个工作空间完成一次吸油和压油过程,因此称为单作用叶片泵。

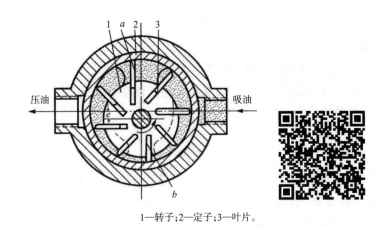

1—转子;2—定子;3—叶片。

**图 8-16　单作用叶片泵的原理图**

单作用叶片泵中,偏心反向时,吸油、压油方向也反向。但由于转子受到不平衡的径向液压力作用,所以一般不宜将单作用叶片泵用于高压系统。并且该泵结构比较复杂,泄漏量大,流量脉动较严重,致使执行元件的运动速度不够平稳。

2）排量和流量

如图 8-17 所示,当单作用叶片泵的转子每转一周时,相邻叶片间的密封容积变化为 $\Delta V = V_1 - V_2$,泵的排量为 $\Delta V \cdot z$（$z$ 为叶片数）。由此可知单作用叶片泵的排量近似为

$$V = B\pi[(R+e)^2 - (R-e)^2] = 4\pi B R e = 2\pi B D e \qquad (8\text{-}21)$$

式中　$B$——定子的宽度;

　　　$e$——定子与转子的偏心距;

　　　$D$——定子的内圆直径;

　　　$R$——定子的内圆半径。

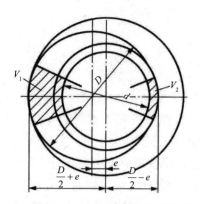

图 8-17　单作用叶片泵排量的计算简图

单作用叶片泵的实际流量为

$$q = Vn\eta_{\mathrm{v}} = 2\pi BDen\eta_{\mathrm{v}} \tag{8-22}$$

式中　$n$——泵的转速；

　　　$\eta_{\mathrm{v}}$——泵的容积效率。

单作用叶片泵的定子内表面和转子外表面都为圆柱面,由于偏心安装,其容积变化不均匀,故流量是脉动的。泵内的叶片数越多,流量脉动率越小,而且叶片数为奇数时脉动率较小,故单作用叶片泵的叶片数一般为 13 片或 15 片。

2. 限压式变量叶片泵

1）工作原理

改变定子和转子之间的偏心距便可改变单作用叶片泵的流量。图 8-18 为外反馈限压式变量叶片泵的工作原理图。该泵能根据泵出口压力的大小自动调节泵的排量。图 8-18 中,转子 1 的中心 $O_1$ 是固定不动的,定子 2 可以移动,其中心为 $O_2$。反馈柱塞 6 的受压面积为 $A_x$,则作用在定子上的反馈力 $pA_x$ 小于调压弹簧预紧力 $F_s$,即活塞对定子产生的推力未能克服调压弹簧 3 的作用力时,定子被调压弹簧推到最左侧的位置,此时偏心距最大,泵输出流量也最大。活塞的一端紧贴定子,另一端则通高压油。活塞的推力随油压升高而加大,当它大于调压弹簧 3 的预紧力时,定子向右偏移位移 $x$,偏心距 $e$ 减小。因此,当输出压力大于调压弹簧的预紧力时,泵便开始改变容量,随着油压的升高,输出流量减小。限压螺钉 4 可改变最大偏心距 $e_{\max}$,从而改变泵的最大输出流量。

2）限压式变量叶片泵的流量－压力特性曲线

限压式变量叶片泵的流量－压力特性曲线如图 8-23 所示,其反映了泵工作时流量随工作压力变化的关系。

（1）$A$ 点对应的流量为泵的空载流量,亦即由流量调节螺钉限定的最大流量。

（2）$B$ 点对应的流量为泵的拐点（临界变量点）流量,即泵的工作压力达到限定压力 $p_B$ 时,泵的流量要变但还未变的临界点流量。

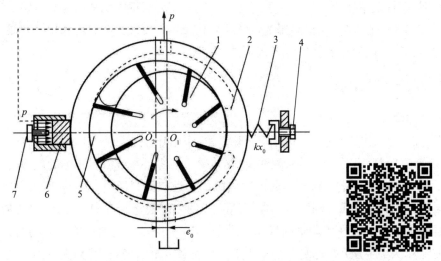

1—转子；2—定子；3—调压弹簧；4—限压螺钉；5—配油盘；6—反馈柱塞；7—流量调节螺钉。

**图 8-18　外反馈限压式变量叶片泵的原理图**

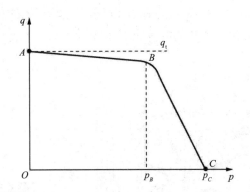

**图 8-19　限压式变量叶片泵的流量－压力特性曲线**

（3）$C$ 点对应的流量是泵的工作压力达到最大极限压力 $p_C$ 时对应的流量，$C$ 点流量为零。

（4）线段 $AB$ 对应泵的定量段，表示当泵的工作压力 $p<p_B$ 时，泵输出的流量最大而且基本保持不变，只是因为泄漏，泵的实际输出流量随工作压力的增大而呈线性减小。

（5）线段 $BC$ 对应泵的变量段，表示当泵的工作压力 $p>p_B$ 时，泵输出的流量随工作压力的增大而自动减小。

3）结构特点

（1）限压式变量叶片泵与定量的单作用叶片泵相比，其结构复杂，相对运动部件多，泄漏和噪声较大，有径向不平衡力，容积效率和机械效率较低。

（2）限压式变量叶片泵能按负载压力自动调节流量，在功率使用上较为合理，可减少油液发热。因此，它多用在要求执行元件有快、慢速和保压阶段的液压系统中。

目前,高性能单作用叶片泵几乎毫无例外地采用外反馈式的变量控制方案。例如,德国力士乐公司生产的 V4、V5 型高压变量叶片泵均属于外反馈式变量单作用叶片泵,其具有工作压力高、噪声低、变量调节功能多、动态响应性能好等特点。

### 8.3.2 双作用叶片泵

1. 工作原理

图 8-20 为双作用叶片泵的工作原理图。双作用叶片泵与单作用叶片泵相似,也是由定子 1、转子 2、叶片 3 以及传动轴、配油盘、壳体等主要零件组成。所不同的是,双作用叶片泵的定子和转子是同心的。定子 1 的内表面截面为近似椭圆形,它是由两段半径为 $R$ 的圆弧和两段半径为 $r$ 的圆弧及四段过渡曲线所组成的。配油盘上有四个配油窗口,形成了四个密封容积。当转子 2 在传动轴的带动下沿图 8-20 中所示的逆时针方向旋转时,处于一、三象限的叶片从小半径 $r$ 处向大半径 $R$ 处伸出并紧贴定子内表面滑动,使一、三象限密封容积逐渐增大,形成真空而吸油;相反,处于二、四象限的叶片从大半径 $R$ 处向小半径 $r$ 处缩回并紧贴定子内表面滑动,使二、四象限密封容积逐渐减小而排油。转子每转一周,密封容积由小变大和由大变小各两次,即完成两次吸、排油,所以称其为双作用叶片泵。由于泵的两个吸油窗口(a)和两个压油窗口(b)对称分布,因此作用在转子上的径向液压力是平衡的,因此其也被称为平衡式叶片泵。双作用叶片泵可承受的工作压力比普通齿轮泵高,但这种泵的排量不可调节,是定量泵。

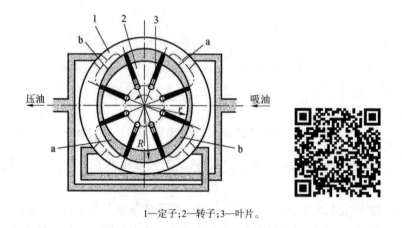

压油           吸油

1—定子;2—转子;3—叶片。

**图 8-20 双作用叶片泵的原理图**

2. 排量和流量

由双作用叶片泵的工作原理可知,泵轴每转一周,相邻两叶片间密封腔油液的排出量等于大半径 $R$ 圆弧段的容积和小半径 $r$ 圆弧段的容积之差。若叶片数为 $z$,则泵轴每转一周的排油量应等于上述容积差的 $2z$ 倍,则双作用叶片泵的排量为

$$V = 2B\left[\pi(R^2 - r^2) - \frac{(R-r)\delta z}{\cos\theta}\right] \tag{8-23}$$

式中　　$R$——定子内表面大圆弧半径;

　　　　$r$——定子内表面小圆弧半径;

　　　　$B$——叶片宽度;

　　　　$\delta$——叶片厚度;

　　　　$\theta$——叶片前倾角;

　　　　$z$——叶片数。

双作用叶片泵的流量脉动较小,流量脉动率在叶片数为 4 的倍数且大于 8 时最小,故双作用叶片泵的一般叶片数为 12 或 16。

双作用叶片泵的实际输出流量公式为

$$q = Vn\eta_{v} = 2B\left[\pi(R^2 - r^2) - \frac{(R-r)\delta z}{\cos\theta}\right]nn\eta_{v} \tag{8-24}$$

式中　　$n$——泵的转速;

　　　　$\eta_{v}$——泵的容积效率。

### 3. 定子的过渡曲线

理想的定子过渡曲线不仅应使叶片在槽内滑动时径向速度为常量,以保证流量的稳定,而且在过渡曲线和圆弧的交点处应圆滑过渡,以减小叶片对定子的冲击。常用的定子过渡曲线有阿基米德螺线、等加速 - 等减速曲线、正弦曲线和高次曲线。目前,多采用综合性能较好的等加速 - 等减速曲线,这种曲线因与圆弧的交点处圆滑过渡,所以叶片对定子的冲击较小。另外,叶片在受到离心力的作用而和定子表面不脱空的条件下,该曲线所允许的定子半径比 $R/r$ 为最大,这可使叶片泵结构紧凑,输油量加大;通过合理选择叶片数,可使泵的流量脉动率很小,同时在叶片不脱空的情况下能得到最大的升程 $R-r$。通过合理选择叶片形状和叶片数,可使叶片滑动速度为常量,即保证了双作用叶片泵的瞬时理论流量均匀,所以这种泵的噪声低。

### 4. 双作用叶片泵的结构特点

设计双作用叶片泵时,为了保证叶片顶部和定子内表面紧密接触,所有叶片的根部都是连通压油腔的。当叶片处于吸油区时,其根部作用着压油腔的压力,顶部却作用着吸油腔的压力,该压力差使叶片以很大的力压向定子内表面,加速了定子内表面的磨损。当提高泵的工作压力时,这个问题就更显突出,所以必须在结构上采取措施,使吸油区叶片压向定子的作用力减小。高压叶片泵常采用的叶片卸荷方法有以下三种。

(1)采用双叶片结构。如图 8-21 所示,在转子 2 的叶片槽内装有两片叶片 1,每个叶片的内侧均倒角,两叶片之间便构成了侧截面为 V 形的通道,油液能够通过此通道由叶片底部运动到叶片与定子之间的接触处,使叶片顶部和根部的油压相等;另外,两个叶片可以相对滑功,在任何位置,叶片顶端都有两处与定子接触,因而密封可靠。这种叶片泵工作压力可以达到 16 MPa。

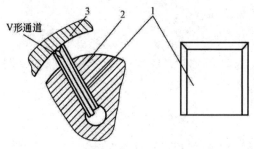

1—叶片;2—转子;3—定子。

图 8-21　双叶片结构

（2）采用子母叶片结构。子母叶片又称为复合叶片,如图 8-22 所示。母叶片 1 的根部 L 腔经转子 2 上虚线所示的油孔始终与顶部油腔相通,而子叶片 4 和母叶片 1 间的小腔 C 通过配流盘经槽 K 总是连接压力油。当叶片在吸油区工作时,推动母叶片 1 压向定子 3 的力仅为小腔 C 的油压力,此力不大,但能使叶片与定子接触良好,保证密封。这种结构已应用于工作压力达 21 MPa 的高压叶片泵上。

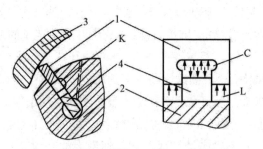

1—母叶片;2—转子;3—定子;4—子叶片。

图 8-22　子母叶片结构

（3）叶片根部装弹簧结构。图 8-23 所示为叶片根部装弹簧结构的示意图。这种结构的叶片较厚,顶部与底部有孔相通,叶片根部的油液由叶片顶部经孔引入,因此叶片上、下油腔油液的作用力基本平衡。为使叶片紧贴于定子内表面,保证密封,在叶片根部装有弹簧。

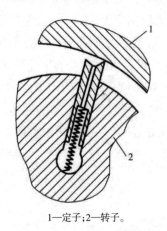

1—定子;2—转子。

图 8-23　叶片根部装弹簧结构

# 8.4 柱塞泵

柱塞泵是靠柱塞在缸体中做往复运动,使密封容积产生变化,来实现吸油与压油的液压泵。柱塞泵按柱塞的排列和运动方向,可分为径向柱塞泵和轴向柱塞泵两大类,其中轴向柱塞泵又分为斜盘式柱塞泵和斜轴式柱塞泵。

## 8.4.1 径向柱塞泵

### 1. 工作原理

如图 8-24 所示,径向柱塞泵主要由定子、转子、配流轴、衬套和柱塞等组成。转子 2 上均匀地布置着几个径向排列的孔;柱塞 1 可在孔中自由地滑动;配流轴 5 把衬套的内孔分隔为上下两个分油室,这两个分油室分别通过配流轴 5 上的轴向孔与泵的吸、压油口相通。定子 4 与转子 2 偏心安装,当转子 2 按图示方向顺时针旋转时,柱塞 1 在上半周时逐渐向外伸出,柱塞孔的容积增大形成局部真空,油箱中的油液通过配流轴 5 上的吸油口和油室进入柱塞孔,实现吸油;当柱塞 1 运动到下半周时,定子 4 将柱塞压入柱塞孔中,柱塞孔的密封容积变小,孔内的油液通过油室和排油口压入系统,实现压油。转子每转一周,每个柱塞各吸、压油一次。

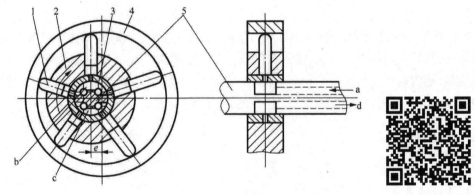

1—柱塞;2—转子;3—衬套;4—定子;5—配流轴。

**图 8-24　径向柱塞泵的原理图**

径向柱塞泵的输出流量由定子与转子间的偏心距决定。若偏心距为可调式,该泵就成为变量泵,图 8-24 所示即为一变量泵。若偏心距的方向改变后,进油口和压油口也随之互换,从而成为双向变量泵。径向柱塞泵的实物如图 8-25 所示。

图 8-25　径向柱塞泵实物图

**2. 排量和流量**

当转子和定子间的偏心距为 $e$ 时,转子每转一周,柱塞在缸体孔内的行程为 $2e$,若柱塞数为 $z$,柱塞直径为 $d$,则径向柱塞泵的排量为

$$V = \frac{\pi}{4}d^2 2ez = \frac{\pi}{2}d^2 ez \qquad (8\text{-}25)$$

设泵的转速为 $n$,容积效率为 $\eta_v$,则径向柱塞泵的实际流量为

$$q = Vn\eta_v = \frac{\pi}{2}d^2 ezn\eta_v \qquad (8\text{-}26)$$

**3. 径向柱塞泵的特性**

径向柱塞泵的优点是流量大、工作压力较高、轴向尺寸小、工作可靠;由于柱塞缸是按径向排列的,其缺点是径向尺寸大、结构较复杂。由于柱塞和定子间不用机械装置连接时,自吸能力差;配流轴在受到很大的径向载荷时,易变形、磨损快,且配流轴上封油区尺寸小,易漏油,因此限制了径向柱塞泵的工作压力和转速的提高。

## 8.4.2　轴向柱塞泵

**1. 斜盘式轴向柱塞泵**

**1)工作原理**

图 8-26 所示为斜盘式轴向柱塞泵的工作原理图,其由缸体、配油盘、柱塞、斜盘、传动轴和弹簧等主要部件组成。缸体 1 上均匀分布着多个轴向排列的柱塞孔,柱塞可在孔内沿轴向移动,斜盘 4 和配油盘 2 不动,传动轴 5 带动缸体 1、柱塞 3 转动,柱塞在弹簧 6 的作用下被紧紧压在斜盘上。当传动轴按图中所示方向带动缸体 1 转动时,柱塞 3 在弹簧作用下自下而上回转的半周内逐渐向外伸出,缸体内密封工作腔的容积不断增加而产业真空,从而将油液从配油盘 2 上的吸油口吸入;柱塞在自上而下回转的半周内又逐渐向内伸入,使工作腔内的容积不断减小,将油液从配油盘上的压油口压出。缸体每回转一周,每个柱塞往复运动一次,完成一次吸油、排油动作。改变斜盘倾角 $\gamma$,就可改变柱塞 3 的行程长度,从而改变泵的排量。

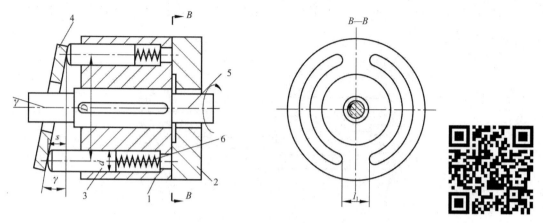

1—缸体；2—配油盘；3—柱塞；4—斜盘；5—传动轴；6—弹簧。

**图 8-26　斜盘式轴向柱塞泵的原理图**

配油盘上吸油口和压油口之间的封油区宽度应稍大于柱塞底部通油孔宽度，但不能相差太大，否则会发生困油现象。一般在两配油口的两端部开有小三角槽，以减小冲击和噪声。

轴向柱塞泵的优点是结构紧凑、径向尺寸小、惯性小、容积效率高，目前其最高压力可达 40 MPa，甚至更高，一般用于工程机械、压力机等高压系统中；但其轴向尺寸较大，轴向作用力也较大，结构比较复杂。

2）柱塞行程、排量和流量

由图 8-26 可知，柱塞泵在一定斜盘倾角下工作时，柱塞相对缸体一方面做旋转运动，另一方面做往复直线运动。因此，柱塞在上死点和下死点之间的位移即柱塞行程。

$$s = D \tan \gamma \tag{8-27}$$

式中　$D$——柱塞在缸体上的分度圆直径；

$\gamma$——斜盘倾角。

每个柱塞的排量为

$$V' = \frac{\pi}{4} d^2 s = \frac{\pi}{4} d^2 D \tan \gamma \tag{8-28}$$

整个泵的排量为

$$V = V'z = \frac{\pi}{4} d^2 Dz \tan \gamma \tag{8-29}$$

设泵的转速为 $n$，容积效率为 $\eta_v$，则柱塞泵的实际流量为

$$q = Vn\eta_v = \frac{\pi}{4} d^2 Dzn\eta_v \tan \gamma \tag{8-30}$$

实际上，轴向柱塞泵的排量是斜盘倾角的函数，其输出流量是脉动的。就柱塞数而言，柱塞数为奇数时的脉动率比柱塞数为偶数时小，且柱塞数越多，脉动越小，故柱塞泵的柱塞数一般为奇数。从结构工艺性和脉动率综合考虑，轴向柱塞泵的柱塞数一般为 7、9 或 11。

3）典型结构特点

（1）柱塞组的静压支承及自润滑。柱塞与滑靴的球形配合面、滑靴与斜盘的配合面上

均引入压力油,以实现可靠润滑,大大降低相对运动副表面的磨损,有利于泵在高压下工作,如图 8-27 所示。

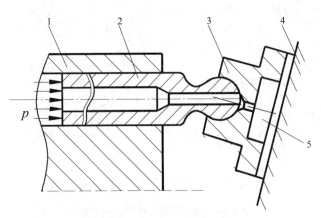

1—缸体;2—柱塞;3—滑靴;4—斜盘;5—滑靴油室。

图 8-27　滑靴的静压支承结构

滑靴是按静压轴承原理设计的,缸体中的压力油经过柱塞球头中间小孔流入滑靴油室,使滑靴和斜盘间形成液体润滑,改善了柱塞头部和斜盘的接触情况。

（2）端面间隙的自动补偿。如图 8-28 所示,使缸体紧压配流盘端面的作用力,除机械装置或弹簧作为预密封产生的推力外,还有柱塞孔底部台阶面上所受的液压力,此液压力比推力大得多,而且随泵的工作压力增大而增大。由于缸体始终受液压力作用,紧贴着配流盘,从而使端面间隙得到自动补偿。

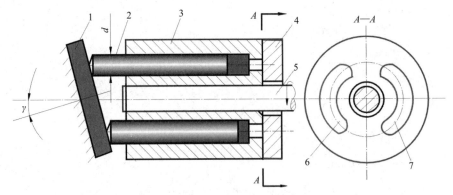

1—斜盘;2—柱塞;3—缸体;4—配流盘;5—输出轴;6—吸油口;7—压油口。

图 8-28　端面间隙的自动补偿

（3）手动变量机构。手动变量机构由缸筒、活塞和伺服阀组成。如图 8-29 所示,斜盘 4 通过拨叉机构与活塞 2 下端铰接,利用活塞 2 的上下移动来改变斜盘倾角 $\gamma$。当用手柄使伺服阀 3 向下移动时,上面的进油阀口打开,活塞 2 也向下移动;活塞 2 移动时又使伺服阀 3 上的阀口关闭,最终使活塞 2 停止运动。同理,当用手柄使伺服阀 3 向上移动时,活塞向上移动。

手动变量机构需要的操纵力较大,通常只能在停机或泵压较低时实现变量,要实现自动变量或在较高泵压时变量,可采用伺服变量机构。

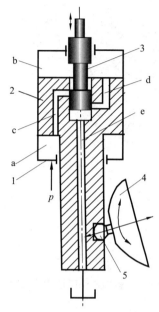

1—缸筒;2—活塞;3—伺服阀;4—斜盘;5—滑靴。

**图 8-29　手动变量机构的结构图**

**2. 斜轴式轴向柱塞泵**

图 8-30 为斜轴式轴向柱塞泵的原理图。当传动轴 1 在电动机的带动下转动时,连杆 2 推动柱塞 4 在缸体 3 中做往复运动,同时连杆的侧面带动柱塞连同缸体一同旋转。利用固定不动的配油盘 5 上的吸、压油口进行吸、压油。通过改变缸体的倾斜角度 $\gamma$,就可改变该泵的排量;通过改变缸体的倾斜方向,就可将其变为双向变量轴向柱塞泵。

与斜盘式轴向柱塞泵相比,斜轴式轴向柱塞泵因柱塞通过连杆拨动缸体,柱塞所受的径向液压力很小,柱塞受力状态更好,故结构强度较高、耐冲击性能好。其变量范围较大,主轴与缸体的轴线夹角最大可为 40°,所以斜轴式轴向柱塞泵更适合大排量场合。但是斜轴式轴向柱塞泵体积较大、质量大、结构复杂,变量的调节靠改变缸体的倾角实现,运动部分的惯量大、动态响应慢。斜轴式轴向柱塞泵适用于工作环境比较恶劣的矿山、冶金机械液压系统。图8-31 为斜轴式轴向柱塞泵的结构图。

因此,在相当长的一段时间内,对于中小排量的需求,斜盘式轴向柱塞泵占有优势;而对于大排量的需求,则斜轴式轴向柱塞泵占有优势。

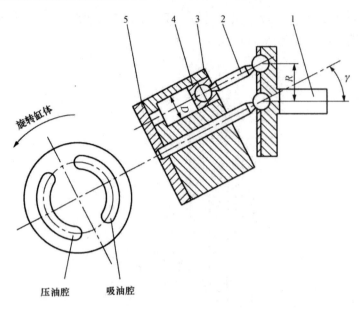

1—传动轴;2—连杆;3—缸体;4—柱塞;5—配油盘。

**图 8-30 斜轴式轴向柱塞泵的原理图**

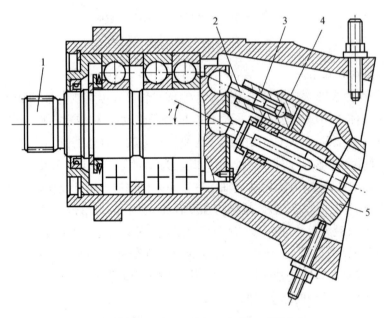

1—传动轴;2—连杆;3—活塞;4—缸体;5—配流盘。

**图 8-31 斜轴式轴向柱塞泵的结构图**

【例题 8-1】已知某齿轮泵的转速 $n_1$=1 450 r/min,泵的机械效率 $\eta_m$=0.9。由实验测得:当泵的出口压力 $p_1$=0 时,其流量 $q_1$=106 L/min;当 $p_2$=2.5×10⁶ Pa 时,其流量 $q_2$=101 L/min。(1)试求该泵的容积效率 $\eta_v$。(2)如该泵的转速降至 500 r/min,且在额定压力下工作时,试求泵的流量 $q_3$ 和容积效率 $\eta_v$。(3)在以上两种情况下,计算泵所需的功率。

解 : ( 1 ) 认为泵在负载为零的情况下的流量为其理论流量 , 所以泵的容积效率为

$$\eta_v = \frac{q_2}{q_1} = \frac{101}{106} = 0.953$$

( 2 ) 泵的排量为

$$V = \frac{q_1}{n_1} = \frac{106}{1450} = 0.073\ \text{L/r}$$

泵在转速为 500 r/min 时的理论流量为

$$q_3' = 500 \times V = 500 \times 0.073 = 36.5\ \text{L/min}$$

由于压力不变 , 可认为泄漏量不变 , 因此泵在转速为 500 r/min 时的实际流量为

$$q_3 = q_3' - (q_1 - q_2) = 36.5 - (106 - 101) = 31.5\ \text{L/min}$$

泵在转速为 500 r/min 时的容积效率为

$$\eta_v' = \frac{q_3}{q_3'} = \frac{31.5}{36.5} = 0.863$$

( 3 ) 泵在转速为 1 450 r/min 时的总效率和驱动功率分别为

$$\eta = \eta_v \eta_m = 0.953 \times 0.9 = 0.857\ 7$$

$$P_1 = \frac{p_2 q_2}{\eta} = \frac{2.5 \times 10^6 \times 101 \times 10^{-3}}{0.857\ 7 \times 60} = 4.91 \times 10^3\ \text{W}$$

泵在转速为 500 r/min 时的总效率和驱动功率分别为

$$\eta' = \eta_m \eta_v' = 0.9 \times 0.863 = 0.776\ 7$$

$$P_2 = \frac{p_2 q_3}{\eta'} = \frac{2.5 \times 10^6 \times 31.5 \times 10^{-3}}{0.776\ 7 \times 60} = 1.69 \times 10^3\ \text{W}$$

【 例题 8-2 】某单作用叶片泵的转子外径 $d = 80\ \text{mm}$ , 定子内径 $D = 85\ \text{mm}$ , 叶片宽度 $b = 28\ \text{mm}$ 。调节变量时 , 定子和转子之间最小调整间隙为 $\delta = 0.5\ \text{mm}$ 。试求 : ( 1 ) 该泵排量为 $V_1 = 15\ \text{mL/r}$ 时的偏心距 $e$ ; ( 2 ) 该泵可能的最大排量 $V_{max}$ 。

解 : ( 1 ) 因为 $V_1 = 2\pi e D b$ , 所以

$$e = \frac{V_1}{2\pi D b} = \frac{15 \times 10^3}{2 \times 3.14 \times 85 \times 28} = 1\ \text{mm}$$

( 2 ) 叶片泵变量时最小调整间隙为 $\delta = 0.5\ \text{mm}$ , 所以定子与转子最大偏心距为

$$e_{max} = \frac{D - d}{2} - \delta = \frac{85 - 80}{2} - 0.5 = 2\ \text{mm}$$

该泵可能的最大排量 $V_{max}$ 为

$$V_{max} = 2\pi e_{max} D b = 29.9\ \text{mL/r}$$

【 例题 8-3 】某液压泵的排量为 $15\ \text{cm}^3/\text{r}$ , 当泵的转速为 1 000 r/min , 压力为 7 MPa 时 , 其输出流量为 14.6 L/min , 原动机输入扭矩为 20.3 N·m 。试求 : ( 1 ) 泵的总效率 ; ( 2 ) 驱动泵所需要的理论扭矩。

解 : ( 1 ) 泵的总效率为

$$\eta = \frac{pq}{T\omega} = \frac{pq}{T \times \frac{2\pi n}{60}} = \frac{30 pq}{\pi n T} = \frac{30 \times 7 \times 10^6 \times 14.6 \times 10^{-3}}{3.14 \times 1\ 000 \times 60 \times 20.3} = 0.8$$

因为 $q = Vn\eta_v$ ,所以泵的容积效率为

$$\eta_v = \frac{q}{Vn} = \frac{14.6 \times 10^{-3}}{15 \times 10^{-6} \times 1\,000} = 0.973\,3$$

泵的机械效率为

$$\eta_m = \frac{\eta}{\eta_v} = \frac{0.8}{0.973\,3} = 0.821\,9$$

故

$$T_t = T \times \eta_m = 20.3 \times 0.821\,9 = 16.7 \text{ N·m}$$

# 8.5 液压马达

## 8.5.1 液压马达的特点及分类

液压马达是把液压能转换为机械能的装置。从原理上讲,液压泵可以作液压马达用,液压马达也可作液压泵用。但事实上,同类型的液压泵和液压马达虽然在结构上相似,但由于两者的工作情况不同,使两者在结构上存在某些差异。

1. 液压马达的主要特点

(1)液压马达一般需要正反转,所以在内部结构上应具有对称性;而液压泵一般是单方向旋转,没有结构对称性要求。

(2)为了减小吸油阻力,一般液压泵的吸油口比出油口的几何尺寸大;而液压马达低压腔的压力稍高于大气压力,所以没有此要求。

(3)液压马达要求能在很宽的转速范围内正常工作,因此应采用液动轴承或静压轴承。因为当液压马达速度很低时,若采用动压轴承,就不易形成润滑油膜。

(4)叶片泵依靠叶片及转子一起高速旋转而产生的离心力使叶片始终贴紧于定子的内表面,起封油作用,形成工作容积。若将其当液压马达用,必须在液压马达的叶片根部装上弹簧,以保证叶片始终贴紧于定子的内表面。

(5)液压泵在结构上需保证具有自吸能力,而液压马达没有这一要求。

(6)液压马达必须具有较大的启动转矩。所谓启动转矩,就是液压马达由静止状态启动时,液压马达轴上所能输出的转矩。该转矩通常大于在同一工作压差时处于运行状态下的转矩,所以为了使启动转矩尽可能接近工作状态下的转矩,要求液压马达转矩的脉动小、内部摩擦小。

由于液压马达与液压泵具有上述不同的特点,因此很多类型的液压马达和液压泵不能互逆使用。

2. 液压马达的分类

液压马达按其额定转速可分为高速和低速两大类。额定转速高于 500 r/min 的属于高速液压马达;额定转速低于 500 r/min 的属于低速液压马达。

高速液压马达的基本形式有齿轮式、螺杆式、叶片式和轴向柱塞式等。它们的主要特点

是转速较高、转动惯量小,便于启动和制动,调速和换向的灵敏度高。通常,高速液压马达的输出转矩不大(仅数十到数百 N·m),所以又将其称为高速小转矩液压马达。

## 8.5.2　高速液压马达

### 1. 叶片式液压马达

图 8-32 为叶片式液压马达的原理图。当压力油从进油口进入叶片 1 和 3 之间时,叶片 2 因两面均受液压油的作用所以不产生转矩。叶片 1、3 上,一面作用有压力油,另一面作用有低压油。由于叶片 3 伸出的面积大于叶片 1 伸出的面积,因此作用在叶片 3 上的总液压作用力大于作用于叶片 1 上的总液压作用力,于是压力差使转子产生顺时针的转矩。同样,压力油进入叶片 5 和 7 之间时,叶片 7 伸出的面积大于叶片 5 伸出的面积,也产生顺时针转矩。这样,就把油液的压力能转变成了机械能,这就是叶片式液压马达的工作原理。当输油方向改变时,叶片式液压马达就反转。

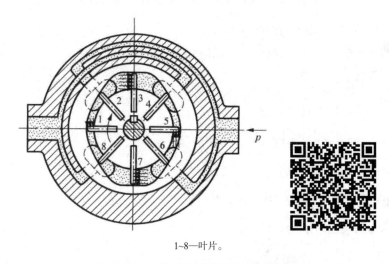

1~8—叶片。

**图 8-32　叶片式液压马达的工作原理图**

叶片式液压马达的体积小、转动惯量小、动作灵敏、可适应的换向频率较高,但泄漏大,不能在很低的转速下工作。因此,叶片式液压马达一般用于转速高、转矩小和动作灵敏的场合。

### 2. 轴向柱塞式液压马达

轴向柱塞式液压马达的工作原理如图 8-33 所示。其中,斜盘 1 和配流盘 4 固定不动,缸体 2 与马达轴 5 相连并一起转动。斜盘的中心线与缸体的轴线的夹角为 $\alpha$,当压力油通过配流盘的进油口输入缸体的柱塞孔时,处于高压区的各个柱塞,在压力油的作用下顶在斜盘的底面上。斜盘给每个柱塞的反作用力 $F$ 是垂直于斜盘端面的。该作用力可分解为两个力:水平分力 $F_x$ 和垂直分力 $F_y$。$F_x$ 与作用在柱塞上的液压力相平衡,$F_y$ 使处于压力油区的每个柱塞都对转子缸体中心产生一个转矩,这些转矩的总和使缸体带动液压马达的输出轴逆时针方向旋转。因 $F_y$ 所产生的使缸体旋转的转矩与柱塞在高压区所处的位置有关,因此液压马达的输出转矩是脉动的,其瞬时输出转矩随柱塞转角 $\theta$ 而变化。

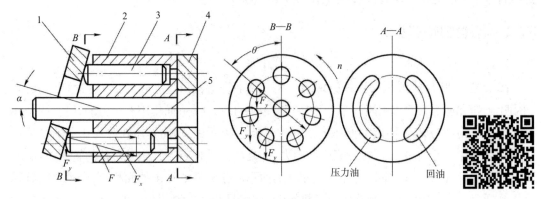

1—斜盘;2—缸体;3—柱塞;4—配流盘;5—马达轴。

**图 8-33　轴向柱塞式液压马达的工作原理图**

柱塞式液压马达的扭矩计算方法如下。

当压力油输入液压马达后,所产生的轴向分力为

$$F_x = \frac{\pi}{4} d^2 p \tag{8-31}$$

使缸体产生转矩的垂直分力为

$$F_y = F_x \tan \alpha = \frac{\pi}{4} d^2 p \tan \alpha \tag{8-32}$$

单个柱塞产生的瞬时转矩为

$$T_i = F_y R \sin \theta_i = \frac{\pi}{4} d^2 p R \tan \alpha \sin \theta_i \tag{8-33}$$

液压马达总的输出转矩为

$$T = \sum_{i=1}^{N} T_i = \frac{\pi}{4} d^2 p R \tan \alpha \sum_{i=1}^{N} \sin \theta_i \tag{8-34}$$

式中　　$R$ ——柱塞在缸体的分布圆半径;

　　　　$d$ ——柱塞直径;

　　　　$N$ ——压力腔半圆内的柱塞数。

从式(8-34)来看,随着柱塞转角 $\theta$ 的变化,柱塞产生的扭矩也跟着变化。整个液压马达能产生的总扭矩是所有处于压力油区的柱塞产生的扭矩之和。

虽然轴向柱塞液压马达与轴向柱塞液压泵在结构上是相似的,但要注意,有一部分轴向柱塞液压泵为防止柱塞腔在高、低压转换时产生压力冲击,采用非对称配油盘,并且为提高泵的吸油能力而使泵的吸油口尺寸大于排油口尺寸。采用这些结构形式的液压泵不适合作为液压马达使用。因为液压马达经常要求正反转旋转,内部结构要求对称。轴向柱塞液压马达的排量公式与轴向柱塞液压泵的排量公式完全相同。

一般来说,轴向柱塞液压马达都是高速马达,输出扭矩小,因此必须通过减速器来带动工作机构。如果能显著增大液压马达的排量,也就可以将轴向柱塞马达做成低速大扭

矩马达。

### 8.5.3　低速液压马达

低速液压马达按其每转作用次数,可分为单作用式和多作用式。若液压马达每旋转一周,柱塞做一次往复运动,则为单作用式;若液压马达每旋转一周,柱塞做多次往复运动,则为多作用式。低速液压马达的形式有多种,本节着重介绍较为常用的单作用连杆型径向柱塞液压马达和多作用内曲线型径向柱塞液压马达。

1. 单作用连杆型径向柱塞液压马达

单作用连杆型径向柱塞液压马达的工作原理如图 8-34 所示。其外形呈五星状(或七星状),壳体内含五个沿径向均匀分布的柱塞缸,柱塞与连杆铰接,连杆的另一端与曲轴的偏心轮外圆接触。在图 8-34(a)所示位置,压力油通过配流轴的流道 A 进入柱塞缸 1、2 的顶部,柱塞受压力油作用;柱塞缸 3 处于与压力进油腔和回油腔均不相通的过渡位置;柱塞缸 4、5 通过配流轴的流道 B 与回油腔相通。此时,压力油作用在柱塞缸 1 和 2 的液压合力为 $F$,力 $F$ 通过连杆传递至偏心轮,对曲轴旋转中心 $O$ 形成转矩 $T$,使曲轴按逆时针方向旋转。曲轴旋转时带动配流轴同步旋转,因此配流状态发生变化。当配流轴转到图 8-34(b)所示位置时,柱塞缸 1、2、3 同时通压力油,对曲轴旋转中心形成转矩,柱塞缸 4、5 仍通回油腔。当配流轴转到图 8-34(c)所示位置时,柱塞缸 1 退出高压区,处于过渡状态,柱塞缸 2、3 通压力油,杆塞缸 4、5 通回油腔。依此类推,在配流轴随曲轴旋转时,各柱塞缸将依次与高压进油腔和低压回油腔相通,保证曲轴连续旋转。若进、回油口互换,则液压马达反转,过程同上。

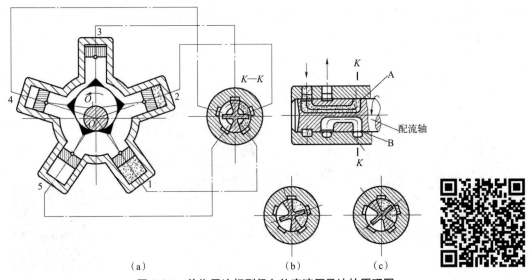

(a)　　　　　(b)　　　　　(c)

图 8-34　单作用连杆型径向往塞液压马达的原理图

以上讨论的是壳体固定、曲轴旋转的情况。若将曲轴固定,进、回油口直接接到固定的配流轴上,可使壳体旋转。这种壳体旋转的液压马达可作驱动车轮、卷筒之用。单作用连杆

型径向柱塞液压马达的排量为

$$V = \frac{\pi}{2} d^2 ez \qquad (8\text{-}35)$$

式中　　$d$——柱塞直径；

　　　　$e$——曲轴偏心距；

　　　　$z$——柱塞数。

　　单作用连杆型径向柱塞液压马达的优点是结构简单、工作可靠；缺点是体积和质量较大，转矩脉动和低速稳定性较差。近年来，因其主要的摩擦副大多采用静压支承或静压平衡结构，其低速稳定性有很大的改善，最低稳定转速可达 3 r/min。

　　2. 多作用内曲线型径向柱塞液压马达

　　多作用内曲线型径向柱塞液压马达的结构形式很多，就其输出形式而言，可分为轴转式和壳转式两种。从内部结构来看，根据不同的传动方式，柱塞部件的结构可以有多种形式，但液压马达的主要工作过程是相同的。

　　以图 8-35 所示的结构为例来说明多作用内曲线型径向柱塞液压马达的基本工作原理。该液压马达由定子（壳体）、转子、配流轴和柱塞等主要部件组成。其中，定子和配流轴固定不动，转子转动，故为轴转式内曲线液压马达；定子的内壁由若干段均布的、形状完全相同的曲面（导轨面）组成，每一相同形状的曲面又分为对称的两边，其中柱塞副向外伸的一边称为进油工作段，与它对称的另一边称为排油工作段；每个柱塞在液压马达每转一周中往复的次数等于定子曲面的段数 $x$，将 $x$ 称为该液压马达的作用次数。在转子的径向有 $z$ 个均匀分布的柱塞缸孔，每个缸孔的底部都有一个配油窗口，该窗口可与配流轴 6 上的配流孔相通。配流轴 6 上的配流孔分为进油孔和回油孔，进油孔的位置与定子内曲面上的进油工作段的位置相对应，回油孔的位置与定子内曲面上的回油工作段的位置相对应。因此，在配流轴的圆周上有 $2x$ 个配流窗口。

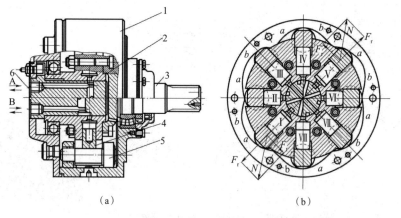

（a）　　　　　　　　　　　　　（b）

1—壳体；2—缸体；3—输出轴；4—柱塞；5—滚轮组；6—配流轴。

**图 8-35　多作用内曲线型径向柱塞液压马达的结构与工作原理图**

（a）结构　（b）工作原理

如图 8-35（b）所示，柱塞 Ⅰ、Ⅴ 处于压力油作用下时，柱塞 Ⅲ、Ⅶ 处于回油状态，柱塞 Ⅱ、Ⅳ、Ⅵ、Ⅷ 处于过渡状态（即高低压均不相通）。柱塞 Ⅰ、Ⅴ 在压力油作用下向外运动，使滚轮紧紧地压在导轨面上。滚轮受到法向反力 $N$ 的作用，可分解为径向分力 $F_{\mathrm{r}}$ 和切向分力 $F_{\mathrm{t}}$，其中径向分力 $F_{\mathrm{r}}$ 与柱塞端液压作用力相平衡，而切向分力 $F_{\mathrm{t}}$ 通过柱塞对缸体 2 产生转矩，带动输出轴 3 转动。同时，处于回油区的柱塞 Ⅲ、Ⅶ 受压缩后，将低压油从回油窗口排出。

由于导轨曲线段数 $x$ 和柱塞数 $z$ 不相等，所以总有一部分柱塞在任一时刻处于导轨面的 $a$ 段，相应的，也总有一部分柱塞处于 $b$ 段，使得缸体 2 带动输出轴 3 连续转动。总之，有 $x$ 个导轨曲面，缸体旋转一周，每个柱塞往复运动 $x$ 次，液压马达作用 $x$ 次。图 8-35 为一个六作用内曲线型柱塞液压马达。由于该液压马达作用次数多，并可设置较多柱塞（也可采用多排柱塞结构），可用较小的结构尺寸得到较大的排量。当进、回油口互换时，液压马达将反转。这种液压马达既可做成轴旋转结构，也可做成壳体旋转结构。多作用内曲线型径向柱塞液压马达的排量为

$$V = \frac{\pi d^2}{4} sxyz \tag{8-36}$$

式中　$d$——柱塞直径；

　　　$s$——柱塞行程；

　　　$x$——作用次数；

　　　$y$——柱塞排数；

　　　$z$——每排柱塞数。

当多作用内曲线型径向柱塞液压马达在作用次数 $x$ 与柱塞数 $z$ 之间存在一个大于 1 小于 $z$ 的最大公约数 $m$ 时，通过合理设计导轨曲面，可使径向力平衡，理论输出转矩大、均匀、无脉动。同时，这种液压马达的启动转矩大，并能在低速下稳定运转，故普遍应用于工程、建筑、起重、运输、煤矿、船舶等领域的机械中。

### 8.5.4　液压马达的选用及使用注意事项

1. 液压马达的选用

在选择液压马达时，要考虑液压系统的使用要求、工作压力、转速范围、运行扭矩、总效率、寿命等性能指标，同时要考虑液压马达在机械设备上的安装条件、外形尺寸及工作环境等外界因素。

液压马达的种类很多，特性不一样，应针对具体用途合理选择。若工作机构的速度高、负载小，应选用齿轮液压马达或叶片式液压马达；当对速度平稳性要求高时，应选用双作用叶片式液压马达；当负载较大时，则宜选用轴向柱塞液压马达。若工作机构的速度低、负载大，则有两种选择方案：一是选用高速、小扭矩液压马达，配合减速装置来驱动工作机构；二是选用低速、大扭矩液压马达，直接驱动工作机构。到底选用哪种方案，要经过技术、经济比较才能确定。常用液压马达的性能比较见表 8-1，供选用时参考。

表 8-1 常用液压马达的性能比较

| 类型 | 压力 | 排量 | 转速 | 扭矩 | 性能及适用工况 |
|---|---|---|---|---|---|
| 齿轮液压马达 | 中低 | 小 | 高 | 小 | 结构简单、价格低、抗污性能好、效率低。适用于负载扭矩不大、对速度平稳性要求不高、噪声限制不大及环境粉尘较多的场合 |
| 叶片式液压马达 | 中 | 小 | 高 | 小 | 结构简单、噪声低、流量脉动小。适用于负载扭矩不大,对速度平稳性和噪声要求较高的场合 |
| 双作用叶片式液压马达 | 高 | 小 | 高 | 较大 | 结构复杂、价格高、抗污性能差,但效率高、可变流量。适用于负载扭矩较大、高速运转、对速度平稳性要求较高的场合 |
| 连杆型径向柱塞液压马达 | 高 | 大 | 低 | 大 | 结构复杂、价格高、低速稳定性差、启动性能较差。适用于负载扭矩大、速度低,对速度平稳性要求不高的场合 |
| 静力平衡液压马达 | 高 | 大 | 低 | 大 | 结构复杂、价格高,但尺寸比连杆型径向柱塞液压马达小。适用于负载扭矩大、速度低(5~10 r/min),对速度平稳性要求不高的场合 |
| 内曲线型径向柱塞液压马达 | 高 | 大 | 低 | 大 | 结构复杂、价格高、径向尺寸较大,但低速稳定性和启动性能较好。适用于负载扭矩大、速度低(0~40 r/min),对速度平稳性要求较高的场合,可直接驱动工作机构 |

**2. 使用液压马达时的注意事项**

(1)液压马达的泄油腔不允许有压力。液压系统的回油一般具有一定的压力,所以不允许将液压马达的泄油口与其他回油管路连接在一起,以防止引起马达轴封损坏,导致漏油。

(2)液压马达在驱动大惯性负载时,不能简单地用关闭换向阀的方法使其停止。若关闭换向阀使其停止,当液压马达突然停止时,由于惯性的作用,其回油管路中的压力会大幅升高,严重时会将管路中的薄弱环节受冲击损坏或使液压马达的部件断裂失效。为此,应在马达的回油管路上设置合适的安全阀,以保证系统正常工作。

(3)在启动液压马达时,若液压油黏度过低,则会使整个液压马达的润滑性能下降;黏度过高,则会使液压马达有些部位得不到有效润滑。

(4)由于液压马达总存在一定的泄漏,因此用关闭液压马达的进、回油口来保持制动状态是不可靠的。关闭进、回油口的液压马达,其转轴仍会有轻微的转动,所以需要长时间保持制动状态时,应另行设置防止转动的制动器。

【例题 8-4】图 8-36 所示为一液压泵与液压马达组成的闭式回路。其中,液压泵输出油压力 $p_p=10$ MPa,机械效率 $\eta_{pm}=0.95$,容积效率 $\eta_{pv}=0.9$,排量 $V_p=10$ mL/r;液压马达机械效率 $\eta_{mm}=0.95$,容积效率 $\eta_{mv}=0.9$,排量 $V_m=10$ mL/r。若不计液压马达的出口压力和管路中的一切压力损失,当液压泵转速为 1 600 r/min 时,试求:(1)液压泵的输出功率 $P_{po}$;(2)所需电动机的输出功率 $P_{pi}$;(3)液压马达的输出转矩 $T_m$;(4)液压马达的输出功率 $P_{mo}$;(5)液压马达的输出转速 $n_m$。

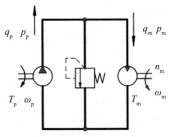

图 8-36 例题 8-4 示意图

解:(1)液压泵的输出功率 $P_{po}$ 为

$$P_{po} = \frac{p_p \cdot q_p}{60 \times 1\,000} = \frac{p_p \cdot V_p \cdot n_p \cdot \eta_{pv}}{60 \times 1\,000} = 2.4\,\text{kW}$$

(2)电动机所需功率 $P_{pi}$ 为

$$P_{pi} = \frac{P_{po}}{\eta_p} = \frac{P_{po}}{\eta_{pv} \cdot \eta_{pm}} = \frac{2.4}{0.9 \times 0.95} = 2.81\,\text{kW}$$

(3)液压马达的输出转矩 $T_m$ 为

$$T_m = \frac{p_p \cdot q_m}{2\pi} \cdot \eta_{mm} = \frac{p_m \cdot V_m}{2\pi} \cdot \eta_{mm} = 15.13\,\text{N} \cdot \text{m}$$

(4)液压马达的输出功率 $P_{mo}$ 为

$$P_{mo} = P_{mi} \cdot \eta_m = P_{po} \cdot \eta_{mv} \cdot \eta_{mm} = 2.05\,\text{kW}$$

(5)液压马达的输出转速 $n_m$ 为

$$n_m = \frac{q_{mi}}{V_m} = \frac{q_m \cdot \eta_{mv}}{V_m} = \frac{q_p \cdot \eta_{mv}}{V_m} = \frac{q_{pi} \cdot \eta_{pv} \cdot \eta_{mv}}{V_m} = \frac{V_p \cdot n_p \cdot \eta_{pv} \cdot \eta_{mv}}{V_m}$$
$$= 1\,296\,\text{r/min}$$

# 习题 8

(8-1)液压泵完成吸油和压油,必须具备哪些条件?

(8-2)液压泵的工作压力和额定压力分别指什么?

(8-3)何谓液压泵的排量、理论流量、实际流量? 它们的关系是怎样的?

(8-4)试述外啮合齿轮泵的工作原理。解释齿轮泵工作时,径向力为什么不平衡?

(8-5)双作用叶片泵和限压式变量叶片泵在结构上有何区别?

(8-6)为什么轴向柱塞泵适用于高压?

(8-7)试述叶片式液压马达的工作原理。

(8-8)有一台额定压力为 6.3 MPa 的液压泵,若将其出口通油箱,此时液压泵出口处的压力为多少?

(8-9)某液压泵的输出油压 $p=6$ MPa,排量 $V=100$ cm³/r,转速 $n=1\,450$ r/min,容积效率 $\eta_v=0.94$,总效率 $\eta=0.9$。试求泵的输出功率 $P$ 和电动机的驱动功率 $P_m$。

(8-10)有一齿轮泵,铭牌上注明额定压力为 10 MPa,额定流量为 16 L/min,额定转速为

1 000 r/min。拆开实测齿数 $z=12$,齿宽 $b=26$ mm,齿顶圆直径 $d_0=45$ mm。试求:①泵在额定工况下的容积效率 $\eta_v$;②在上述情况下,当电动机的输出功率为 3.1 kW 时,泵的机械效率 $\eta_m$ 和总效率 $\eta$。

(8-11)某轴向柱塞泵,柱塞直径 $d=20$ mm,柱塞孔的分布圆直径 $D=70$ mm,柱塞数 $z=7$,斜盘倾角 $\gamma=22°$,转速 $n=960$ r/min,输出压力 $p=18$ MPa,容积效率 $\eta_v=0.95$,机械效率 $\eta_m=0.9$。试求理论流量 $q_t$、实际流量 $q$ 及所需电动机功率 $P_m$。

(8-12)已知液压泵的额定压力和额定流量,若不计管道内的压力损失,试说明图 8-37 所示的各种工况下,液压泵出口的工作压力。

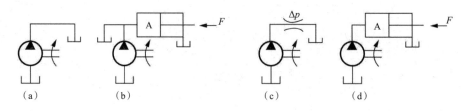

图 8-37 习题 8-12 示意图

(8-13)某液压马达排量 $V=250$ mL/r,入口压力为 10.5 MPa,出口压力为 1.0 MPa,其总效率 $\eta=0.828$,容积效率 $\eta_v=0.92$,输入流量 $q_i=22$ L/min。试求液压马达的输出转速 $n$ 和输出转矩 $T$。

(8-14)如图 8-38 所示的柱塞缸,其柱塞固定,缸筒移动,压力油从柱塞中心注入。已知柱塞外径 $d=200$ mm,内径 $d_0=100$ mm;进油压力 $p=2.5$ MPa,进油流量 $q=0.5 \times 10^{-3}$ m³/s。试求缸筒的移动速度 $v_0$ 和产生的推力 $F$。

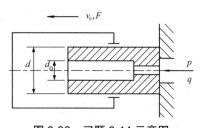

图 8-38 习题 8-14 示意图

# 第 9 章　液压缸

## 本章导读

【基本要求】了解液压缸的类型及特点;了解伸缩式、增压式、齿轮活塞式和摆动式液压缸的工作原理;理解液压缸的典型结构和液压缸的组成;掌握双作用单活塞杆液压缸、双作用双活塞杆液压缸和柱塞缸的工作原理、结构和输出参数的计算;掌握液压缸的设计计算。

【重点】双作用单活塞杆液压缸、双作用双活塞杆液压缸和柱塞缸的工作原理、结构形式及输出参数的计算和液压缸的设计计算。

【难点】液压缸的设计计算。

## 9.1　液压缸的类型及特点

为满足各种机械的不同需求,液压缸种类很多。

按供油方式,液压缸可分为单作用缸和双作用缸。单作用缸只向缸的一侧输入压力油,活塞仅做单向出力运动,靠外力使活塞返回;双作用缸则分别向缸的两侧输入压力油,活塞的正反向运动均靠液压力完成。

按结构形式,液压缸可分为活塞缸、柱塞缸和伸缩缸。

按活塞杆形式,液压缸可分为单活塞杆缸和双活塞杆缸。

按液压缸的用途,液压缸可分为串联缸、增压缸、增速缸、多位缸、步进缸等。此类液压缸不是一个单纯的缸筒,而是和其他的缸筒构件组合而成,又被称为组合缸。

### 9.1.1　双作用单活塞杆液压缸

双作用液压缸的往复运动由液压力实现,其中双作用单活塞杆液压缸只有一端有活塞杆伸出,它的两端作用面积不等。在输入相同的流量时,两个方向的运动速度不同;在液压缸作用压力相同时,两个方向的推力不同。双作用单活塞杆液压缸在长度方向上占用的空间大致为活塞杆长度的 2 倍,如图 9-1 所示。

1. 液压缸的往、返运动速度 $v_1$ 和 $v_2$

如图 9-1 所示,当两端的供油流量相等时,有

$$v_1 = \frac{q\eta_v}{A_1} = \frac{4q\eta_v}{\pi D^2} \tag{9-1}$$

$$v_2 = \frac{q\eta_v}{A_2} = \frac{4q\eta_v}{\pi(D^2 - d^2)} \tag{9-2}$$

式中　$q$——液压缸的输入流量；

　　　$A_1$——液压缸侧的活塞面积；

　　　$A_2$——活塞杆侧的活塞面积；

　　　$D$——活塞的直径；

　　　$d$——活塞杆的直径；

　　　$\eta_v$——液压缸的容积效率。

比较式（9-1）和式（9-2）可知，因为 $A_1 > A_2$，所以 $v_1 < v_2$。通常定义 $\varphi = v_2/v_1$ 为液压缸的往、返运动速比。显然，当 $d/D = \sqrt{2}/2$ 时，$\varphi = 2$。$\varphi = 2$ 的液压缸通常用作差动式缸，系统通过差动连接（图 9-2），使 $q_1 = q_B + q_2$，实现往、返运动速度相等，即 $v_1' = v_2'$。

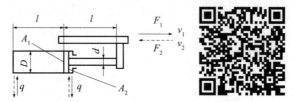

图 9-1　双作用单活塞杆液压缸原理图

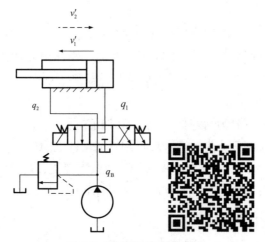

图 9-2　液压缸的差动连接

速比 $\varphi$ 是活塞返回速度与伸出速度之比，也称作面积比，等于单活塞杆液压缸无杆腔和有杆腔有效面积的标准比值，即

$$\varphi = \frac{v_2}{v_1} = \frac{A_1}{A_2} = \frac{D^2}{D^2 - d^2} = \frac{1}{1 - (d/D)^2} \tag{9-3}$$

液压缸的面积比 $\varphi$ 系列按《单活塞杆液压缸两腔面积比》（GB 7933—1987）规定，见表 9-1。

表 9-1　液压缸的两腔面积比 $\varphi$

| $\varphi$ | 1.06 | 1.12 | 1.25 | 1.40 | 1.60 | 2.00 | 2.50 | 5.00 |
|---|---|---|---|---|---|---|---|---|
| $d/D$ | 0.25 | 0.32 | 0.45 | 0.55 | 0.63 | 0.70 | 0.80 | 0.90 |

2. 液压缸的输出力 $F_1$ 和 $F_2$

当双作用单活塞杆液压缸往、返运动方向供油压力分别为 $p_1$ 和 $p_2$，回油压力分别为 $p_{10}$ 和 $p_{20}$ 时，液压缸往、返运动的输出力分别为

$$F_1 = (A_1 p_1 - A_2 p_{10})\eta_m = \frac{\pi}{4}\Big[D^2(p_1 - p_{10}) + d^2 p_{10}\Big]\eta_m \qquad (9\text{-}4)$$

$$F_2 = (A_2 p_2 - A_1 p_{20})\eta_m = \frac{\pi}{4}\Big[D^2(p_2 - p_{20}) - d^2 p_2\Big]\eta_m \qquad (9\text{-}5)$$

式中　　$F_1$——无活塞杆端产生的输出力；

　　　　$F_2$——有活塞杆端产生的输出力；

　　　　$\eta_m$——液压缸的机械效率。

由式（9-4）与式（9-5）可以看到，当 $p_1 = p_2$，$p_{10} = p_{20} = 0$ 时，由于 $A_1 > A_2$，因此 $F_1 > F_2$，即无活塞杆端输出压力大，常作为工作端，活塞杆受压。为保证液压缸的稳定性，一般取 $d \geqslant 0.5D$，必要时还需进行稳定性校核。

## 9.1.2　双作用双活塞杆液压缸

双作用双活塞杆液压缸的原理如图 9-3 所示。因为活塞两端同时有等直径的活塞杆伸出，因此两端的受力面积相等。当流量相等时，两个方向的运动速度相等；当两端的输入压力相等时，两个方向的输出力相等。这种两个方向等速、等力的特性使双作用双活塞杆液压缸可以用于双向负载基本相等的场合，如磨床的液压系统。

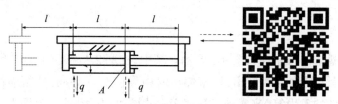

图 9-3　双作用双活塞杆液压缸的原理图

与双作用单活塞杆液压缸相比，双作用双活塞杆液压缸在长度方向占用的空间更大，约为活塞杆行程的 3 倍。

除图 9-1 和图 9-3 所示的这种缸体固定、活塞杆运动的结构形式外，还可以将活塞杆固定，由缸体驱动工作机构运动。例如，驱动平面磨床工作台运动的液压缸，经常采用这种形式。

## 9.1.3　增压液压缸

增压液压缸又称为增压器。在某些短时间或局部需要高压的液压系统中，常用增压液压缸与低压大流量泵配合使用。增压液压缸的工作原理如图 9-4 所示，它有单作用和双作用两种形式。当输入低压为 $p_1$ 的液体推动增压缸的大活塞（$D$）时，大活塞即推动与其相连的小活塞（$d$），同时输出压力为 $p_2$ 的高压液体。增压缸的特性方程为

$$\frac{p_2}{p_1} = \frac{D^2}{d^2}\eta_{\mathrm{m}} = K\eta_{\mathrm{m}} \tag{9-6}$$

$$\frac{q_2}{q_1} = \frac{d^2}{D^2}\eta_{\mathrm{v}} = \frac{1}{K}\eta_{\mathrm{v}} \tag{9-7}$$

式中，$K=D^2/d^2$，为增压比。

$K$ 代表增压器的增压能力。显然,增压能力是在降低有效流量的基础上得到的,也就是说增压缸仅仅是增大输出的压力,并不能增大输出的流量。

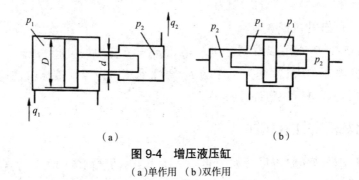

**图 9-4　增压液压缸**
（a）单作用　（b）双作用

单作用增压液压缸在小活塞运动到终点时,不能再输出高压液体,需要将活塞退回左端位置,再向右运动才输出高压液体,即无法连续输出高压液体。为了克服这一缺点,可采用双作用增压液压缸,其由两个高压端连续输出高压液体。

### 9.1.4　柱塞缸

柱塞缸的典型结构与原理如图 9-5 所示。其中,柱塞 2 与缸筒 1 的内孔不接触,压力油由进油口进入缸筒,推动柱塞伸出,柱塞伸出时由导向套 3 导向,柱塞缩回则要依靠外力（弹簧力、立式部件的重力等）来实现。柱塞产生的推力和运动速度分别为

$$F = Ap\eta_{\mathrm{m}} = \frac{\pi}{4}d^2 p\eta_{\mathrm{m}} \tag{9-8}$$

$$v = \frac{4q\eta_{\mathrm{m}}}{\pi d^2} \tag{9-9}$$

式中　$F$——柱塞产生的推力;

$A$——柱塞的横截面面积;

$d$——柱塞的直径;

$v$——柱塞的运动速度。

柱塞缸的特点是缸筒内壁与柱塞没有配合要求,因此缸筒的内孔可粗加工或不加工,仅柱塞与导向套有配合要求,这样就大大简化了缸筒的加工工艺。为减轻柱塞泵的质量,并减小柱塞的弯曲变形,柱塞一般做成空心的。

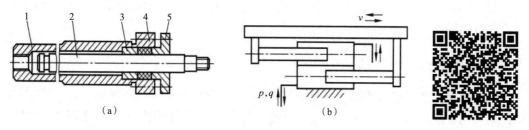

1—缸筒;2—柱塞;3—导向套;4—密封圈;5—压盖。

**图 9-5　柱塞缸的典型结构与原理**

(a)结构图　(b)原理图

柱塞缸因结构简单、制造容易,特别适用于行程较长的场合,如应用在龙门刨床、导轨磨床、大型拉床等大行程设备的液压系统中。

### 9.1.5　伸缩式液压缸

伸缩式液压缸(简称伸缩缸)由两个或多个活塞缸或柱塞缸组装而成,它的前一级缸的活塞杆或柱塞是后一级缸的缸筒。伸缩缸在各级活塞杆或柱塞依次伸出时可获得很长的行程,而当它们缩回后又能使伸缩缸的轴向尺寸很短。图 9-6 所示为一种双作用式伸缩缸的结构图。当压力油通入缸筒的左腔或右腔时,各级活塞按其有效作用面积的大小依次动作,伸出时作用面积大的先动、小的后动;缩回时动作次序反之。伸缩缸各级活塞的运动速度和推力是不同的,其值可按活塞缸的有关公式来计算。伸缩缸特别适用于工程机械及自动生产线上的步进式输送装置。

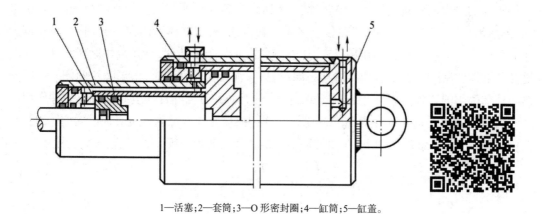

1—活塞;2—套筒;3—O 形密封圈;4—缸筒;5—缸盖。

**图 9-6　双作用式伸缩缸的结构图**

综上所述,伸缩缸具有如下特点。

(1)伸缩缸的工作行程可以相当长,不工作时整个缸的长度可缩得较短。

(2)伸缩缸的活塞杆或柱塞逐个伸出时,有效工作面积逐次减小。因此,当输入流量相同时,外伸速度逐次增大;当负载恒定时,工作压力逐次升高。

（3）单作用伸缩缸的外伸依靠油压,内缩依靠自重或负载作用,因此多用于缸体倾斜或垂直放置的场合。

### 9.1.6　齿条活塞式液压缸

齿条活塞式液压缸又称为无杆式活塞缸,它由带有齿条杆的双活塞缸 1 和一套齿轮齿条传动机构 2 组成,如图 9-7 所示。当压力油推动活塞左右往复运动时,齿条驱动齿轮轴往复转动,齿轮便驱动工作部件做周期性的往复旋转运动。齿条缸多用于自动生产线、组合机床等转位或分度机构的液压系统中。

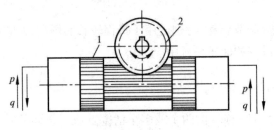

1—活塞缸;2—齿轮齿条传动机构。

**图 9-7　齿条活塞式液压缸**

### 9.1.7　摆动液压缸

摆动液压缸又称为摆动液压马达,它是一种输出轴能够直接输出转矩的、往复回转角度小于 360° 的回转式液压缸。其一般为叶片式,但由于叶片与隔板占有一定的厚度,因此实际能实现的最大回转角度约为 270°。图 9-8 所示为单叶片式摆动液压缸的结构图,它由缸体、支承盘、端盖、隔板、叶片、花键套等组成。其中,隔板与缸体紧固在一起,叶片与花键套连成一体。为防止泄漏,隔板内侧与叶片外侧各嵌有一个小叶片,有弹簧片保证小叶片与花键套或缸体的密合。当压力油接通某一油口,另一油口接通回油时,由于叶片两侧开有径向槽与外圆两端的三角槽相通,便于启动时通入压力油,并且当叶片摆至终点时起缓冲作用。

当转动叶片的轴向宽度为 $b$,叶片顶端直径为 $D$,叶片根部直径为 $d$,叶片数为 $z$ 时,则在进、出口压力差 $\Delta p$ 的作用下,摆动缸输出转矩 $T$ 及回转角速度 $\omega$ 的计算公式分别为

$$T = z\Delta pb \frac{D-d}{2}\cdot\frac{D+d}{2}\eta_{\mathrm{m}} = \frac{zb(D^2-d^2)}{4}\Delta p\eta_{\mathrm{m}} \tag{9-10}$$

$$\omega = \frac{\mathrm{d}\theta}{\mathrm{d}t} = \frac{8q\eta_{\mathrm{v}}}{z(D^2-d^2)b} \tag{9-11}$$

式中　$q$——输入摆动缸的流量;

$\theta$——输出轴的回转角度。

摆动缸的结构并不复杂,其技术难点是如何保证叶片工作腔的密封性。叶片的外缘及两侧与缸体、端盖之间必须保证密封,同时摩擦力又不能太大,以免影响机械效率和启动性能。摆动缸一般适用于中、低压的工作场合。

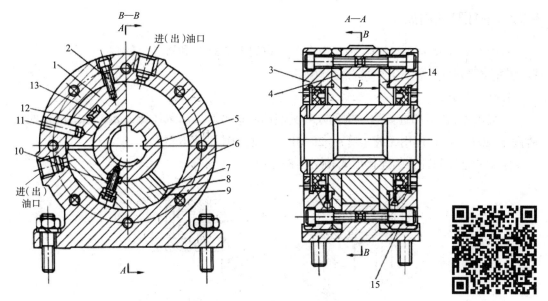

1—隔板；2、10—螺钉；3、15—端盖；4、14—支承盘；5—花键套；6—缸体；7—叶片；8—小槽；
9—三角槽；11—圆柱销；12—小叶片；13—弹簧片。

**图 9-8　单叶片式摆动液压缸的结构图**

## 9.2　液压缸的结构

### 9.2.1　液压缸的典型结构

图 9-9 所示为一个双作用单活塞杆液压缸的结构图,它由缸底、缸筒、缸盖、导向套、活塞、活塞杆等组成。其中,缸筒的一端与缸底焊接相连,另一端的缸筒与缸盖以内螺纹连接,以便拆装检修,两端设有油口 A 和 B;活塞 4 和活塞杆 7 利用卡键 2 连在一起;活塞与缸筒采用一对 Y 形聚氨酯密封圈 3 密封,由于活塞与缸筒之间有一定间隙,采用由 1010 尼龙制成的耐磨环(或称支承环)定心导向;活塞杆与活塞由 O 形密封圈 5 密封;较长的导向套可保证活塞杆不偏离中心,导向套外径由 O 形防尘圈 12 密封,内孔由 Y 形密封圈 11 连接,销孔内装有抗磨尼龙衬套。

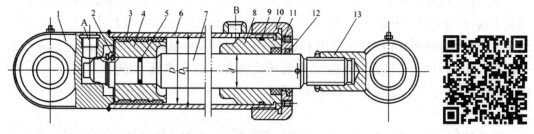

1—缸底；2—卡键；3、5、9、11—密封圈；4—活塞；6—缸筒；7—活塞杆；8—导向套；10—缸盖；12—防尘圈；13—耳轴。

**图 9-9　双作用单活塞杆液压缸的结构图**

## 9.2.2 液压缸的组成

从图 9-9 所示的结构来看,液压缸基本上可以分为缸筒和缸盖、活塞和活塞杆、密封装置、缓冲装置和排气装置五个部分,分述如下。

### 1.缸筒和缸盖

一般来说,缸筒和缸盖的结构形式和其使用的材料有关。工作压力 $p=10$ MPa 时,使用铸铁;$p<20$ MPa 时,使用无缝钢管;$p>20$ MPa 时,使用铸钢或锻钢。

常见的缸筒和缸盖的连接形式如图 9-10 所示。

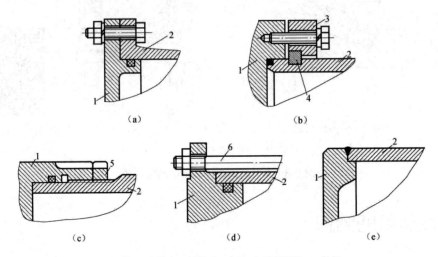

1—缸盖;2—缸筒;3—压板;4—半环;5—防松螺母;6—拉杆。

**图 9-10　常见的缸筒与缸盖的连接形式**
（a）法兰式连接　（b）半环式连接　（c）螺纹式连接　（d）拉杆式连接　（e）焊接式连接

图 9-10（a）所示为法兰式连接,这种连接结构简单、容易加工,也容易装拆,但外形尺寸和质量都较大,常用于铸铁制的缸筒。

图 9-10（b）所示为半环式连接,这种连接有外半环连接和内半环连接两种形式。半环式连接中,缸筒壁部因开了环形槽而削弱了强度,为此有时要加厚缸壁。这种连接容易加工和装拆,且质量较小。半环式连接是一种应用较普遍的连接形式,常用于无缝钢管或锻钢制的缸筒。

图 9-10（c）所示为螺纹式连接,这种连接有外螺纹连接和内螺纹连接两种方式。这种连接中,缸筒端部结构复杂,外径加工时要求保证内、外径同心,装拆要使用专用工具,但其外形尺寸和质量较小、结构紧凑,常用于无缝钢管或锻钢制的缸筒。

图 9-10（d）所示为拉杆式连接,这种连接结构简单、工艺性好、通用性强、易于装拆,但缸盖的体积和质量较大,拉杆受力后拉伸较长,影响密封效果,仅适用于长度不大的中、低压缸。

图 9-10（e）所示为焊接式连接,这种连接强度高、制造简单,但焊接时容易引起缸筒变形。

### 2. 活塞和活塞杆

活塞和活塞杆的结构形式很多,常见的除一体式、锥销式连接外,还有螺纹式连接和半环式连接等多种形式,如图 9-11 所示。其中,螺纹式连接结构简单、装拆方便,但在高压、大负载下需设有螺母防松装置;半环式连接结构复杂、装拆不便,但工作较可靠。

此外,活塞和活塞杆也有制成整体式结构的,但这种形式只适用于尺寸较小的场合。活塞一般用耐磨铸铁铸造,活塞杆不论是空心的还是实心的,大多用钢材制造。

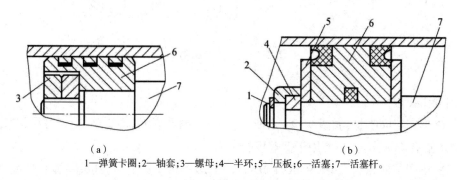

（a）　　　　　　　　　　　　　　　（b）

1—弹簧卡圈;2—轴套;3—螺母;4—半环;5—压板;6—活塞;7—活塞杆。

**图 9-11　活塞和活塞杆的结构**

（a）螺纹式连接　（b）半环式连接

### 3. 密封装置

#### 1）间隙密封

如图 9-12 所示,间隙密封依靠运动件间的微小间隙来防止泄漏。为了提高装置的密封能力,常在活塞的表面上制出几条微小的环形槽,以增大油液通过间隙时的阻力。间隙密封的结构简单、摩擦阻力小、可耐高温,但泄漏大、加工要求高、磨损后无法恢复原有能力,故只适合在尺寸较小、压力较低、相对运动速度较高的缸筒和活塞间使用。

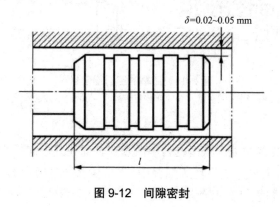

$\delta=0.02\sim0.05\ \mathrm{mm}$

$l$

**图 9-12　间隙密封**

#### 2）活塞环密封

如图 9-13 所示,活塞环密封依靠套在活塞上的活塞环(由尼龙或其他高分子材料制成)在 O 形密封圈弹力作用下贴紧缸壁而防止泄漏。活塞环密封的密封效果较好、摩擦阻力较小且稳定、可耐高温、磨损后有自动补偿能力,但加工要求高、装拆较不便,故适用于缸筒和活塞之间的密封。

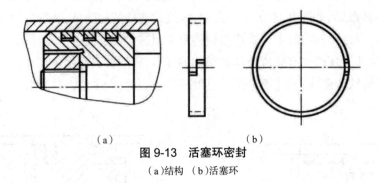

（a）　　　　　　　　　　　　　　　（b）
**图 9-13　活塞环密封**
（a）结构　（b）活塞环

3）密封圈密封

（1）O 形密封圈密封，如图 9-14（a）所示。O 形密封圈的结构简单、密封可靠、摩擦阻力小，但要求缸孔内壁光滑，主要用于低速场合。

（2）Y 形密封圈密封，如图 9-14（b）所示。Y 形密封圈的密封性能、弹性和强度都比较好，其唇部富有弹性，能自封，磨损后能自行补偿。其在压力变化较大、滑动速度较高的工况下工作时，要用支承环固定密封圈。

（3）小 Y 形密封圈密封，如图 9-14（c）所示。小 Y 形密封圈具有 Y 形密封圈的特点，因其两唇不等高，在选择短唇朝被密封的间隙安装时，唇尖不可能被挤入间隙，故无须支承环，结构更简单，而且这种密封圈的截面长宽比大于 2，在活塞运动时不会翻滚，使用可靠。

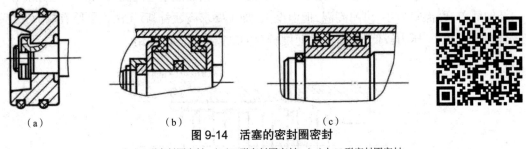

（a）　　　　　　　　　　（b）　　　　　　　　　　（c）
**图 9-14　活塞的密封圈密封**
（a）O 形密封圈密封　（b）Y 形密封圈密封　（c）小 Y 形密封圈密封

4.缓冲装置

液压缸中的缓冲装置的工作原理是利用活塞或缸筒在其走向行程终端时在活塞和缸盖之间封住一部分油液，强迫其从小孔或细缝中挤出，从而产生很大的阻力，使工作部件受到制动而逐渐减慢运动速度，达到避免活塞和缸盖相互撞击的目的。

液压缸中常用的缓冲装置有节流口可调式和节流口变化式两种，其工作原理和特点见表 9-2。

表 9-2　液压缸中常用的缓冲装置

| 类型 | 特点 |
| --- | --- |
| 节流口可调式<br> 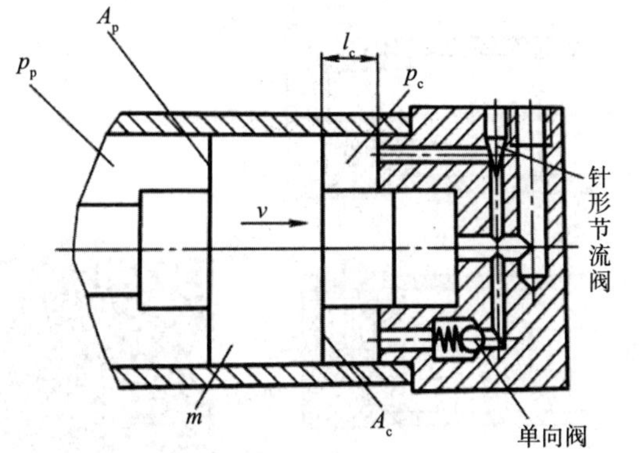 | 1. 被封在活塞和缸盖间的油液经针形节流阀流出；<br>2. 节流阀的开口可根据负载情况进行调节；<br>3. 起始缓冲作用强，随着活塞的行进，缓冲作用逐渐减弱，故制动行程长；<br>4. 缓冲腔中的冲击压力大；<br>5. 缓冲性能受油温影响；<br>6. 适用范围广 |
| 节流口变化式<br> 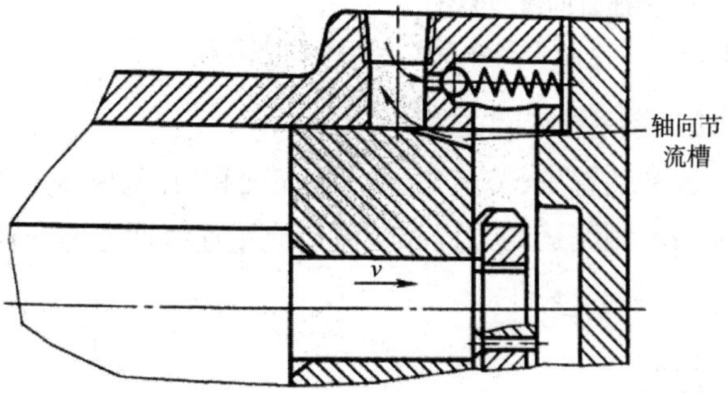 | 1. 被封在活塞和缸盖间的油液经活塞上的轴向节流阀流出；<br>2. 缓冲过程中，节流口通流截面不断减小，当轴向横截面为矩形，纵截面为抛物线形时，缓冲腔可保持恒压；<br>3. 缓冲作用均匀，缓冲腔压力较小，制动位置精度高 |

　　缓冲装置的工作原理是使活塞或缸筒在运动到行程终点时，将排油腔中的液压油封堵起来，迫使这部分液压油从缝隙或节流小孔流出，产生足够的缓冲压力，减缓活塞的运动速度。常见的缓冲装置如图 9-15 所示。

　　图 9-15（a）所示为圆柱形环隙式缓冲装置。当缓冲柱塞进入缸盖内孔时，排油腔中的液压油只能从环形间隙被挤出，增大了排油阻力和回油腔制动力，减缓了活塞的运动速度。这种缓冲装置在初始阶段效果明显，随后缓冲效果会明显减弱。但其结构简单、制造方便，适用于运动部件质量和速度都不大的液压缸。

　　图 9-15（b）所示为圆锥形环隙式缓冲装置。由于缓冲柱塞为圆锥形，所以环形间隙随位移量 $l$ 的变化而改变，即节流面积随缓冲行程的增大而减小，使机械能的吸收过程比较均匀，缓冲效果较好。

　　图 9-15（c）所示为可变节流槽式缓冲装置。其在缓冲柱塞上有轴向的三角槽，当缓冲柱塞进入端盖内孔时，油液经三角槽流出，活塞受到制动、缓冲作用，随着活塞移动，节流面积逐渐减小，使活塞在缓冲过程中速度变化均匀、冲击小，制动时的位置精度高。

　　图 9-15（d）所示为可调节流孔式缓冲装置。当缓冲柱塞进入端盖内孔时，排油腔被封堵，油液只能通过节流阀排油，排油腔缓冲压力升高，使活塞制动减速。调节节流阀的通流面积，可以改变回油流量，从而改变活塞缓冲时的加速度。单向阀的作用是当活塞返程时，

能迅速向液压缸供油,以避免因活塞推力不足而启动缓慢。这种缓冲装置的制动力可根据负载进行调节,故适用范围较广。

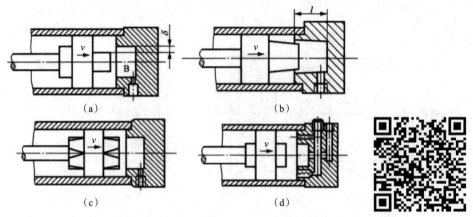

**图 9-15 液压缸的缓冲装置**
(a)圆柱形环隙式 (b)圆锥形环隙式 (c)可变节流槽式 (d)可调节流孔式

【例题 9-1】试推导表 9-2 中 2 种缓冲装置的特性方程。

解:(1)节流口可调式缓冲装置。这种装置中,节流口通流截面面积 $A_T$ 为常值。缓冲开始后,活塞产生负加速度,考虑到 $v=\mathrm{d}x/\mathrm{d}t$,则其运动方程和节流口流量连续性方程分别为

$$p_c A_c = -m\frac{\mathrm{d}v}{\mathrm{d}t} = -m\frac{\mathrm{d}^2 x}{\mathrm{d}t^2} \qquad (9\text{-}12)$$

$$q_c = A_c v = C_d A_T\sqrt{\frac{2\Delta p}{\rho}} = C_d A_T\sqrt{\frac{2p_c}{\rho}} \qquad (9\text{-}13)$$

式中:$p_c$ 是缓冲腔压力;$A_c$ 是缓冲腔工作面积;$m$ 是活塞等移动件质量;$v$ 是移动件的速度;$A_T$ 是节流口通流截面面积;$C_d$ 是节流口流量系数;$\rho$ 是油液密度;$x$ 是移动件的位移。

将式(9-12)代入式(9-13),经整理、积分、化简,并使用 $x=0$ 时 $v=v_0$($v_0$ 为缓冲开始的速度)的条件,得

$$v = v_0 \exp\left[-\frac{A_c\rho}{2m}\left(\frac{A_c}{C_d A_T}\right)^2 x\right] \qquad (9\text{-}14)$$

将式(9-14)代入式(9-12),并使用 $x=0$ 时,$a=a_0$,$p_c=p_0$($a_0$ 为缓冲开始时的加速度,$p_0$ 为缓冲开始时的缓冲压力),得

$$p_c = p_0 \exp\left(-\frac{A_c p_0}{mv^2}x\right) \qquad (9\text{-}15)$$

(2)节流口变化式缓冲装置。这种装置中,$A_T$ 为变量。由于要求 $p_c$(因此也有加速度 $a$)在整个缓冲过程中保持常值,又因为 $v^2 = v_0^2 - 2a_0 x$,则

$$v = v_0\sqrt{1-\frac{2a_0}{v_0^2}x} \qquad (9\text{-}16)$$

将式(9-16)代入式(9-13),整理后得

$$A_{T} = \frac{A_c v_0}{C_d} \sqrt{\frac{\left(1 - \frac{2a_0}{v_0^2} x\right)\rho}{2p_c}} \qquad (9\text{-}17)$$

式（9-17）表明节流槽的纵截面必须呈抛物线形。

5. 排气装置

液压缸中的排气装置通常有两种形式：一是在缸盖的最高处开排气孔，用长管道接向远处排气阀排气，如图 9-16（a）所示；二是在缸盖最高处安装排气管，如图 9-16（b）所示。两种排气装置都是在液压缸排气时（全行程往复移动多次）打开，排气完毕关闭。

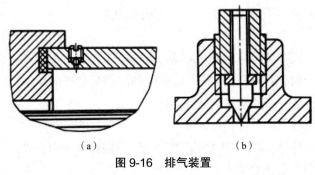

（a）　　　　　　　　　　　（b）

**图 9-16　排气装置**

（a）排气孔式　（b）排气管式

排气装置在液压缸中十分必要，这是因为油液中混入的空气或液压缸长期不使用时外界侵入的空气都集聚在缸内最高处，会影响液压缸的运动平稳性，包括低速时引起爬行、启动时造成冲击、换向时降低精度等。

# 9.3　液压缸的设计计算

液压缸的设计工作是在对整个液压系统进行工况分析、编制负载图、选定工作压力之后进行的。首先根据使用要求选择结构类型，然后按负载情况、运动要求、最大行程等确定其主要工作尺寸，并进行强度、稳定性和缓冲演算，最后进行结构设计。

## 9.3.1　液压缸设计中应注意的问题

（1）尽量使活塞杆在受拉状态下承受最大负载，或保证其在受压状态下具有良好的纵向稳定性。

（2）考虑液压缸行程终止处的制动问题和液压缸的排气问题。缸内如无缓冲装置和排气装置，系统中需要有相应的措施。但是并非所有的液压缸都要考虑这些问题。

（3）正确确定液压缸的安装、固定方式。液压缸只有一端定位。

（4）液压缸各部分的结构需要根据推荐的结构形式和设计标准进行设计，尽可能做到结构简单、紧凑，且加工、装配和维修方便。

### 9.3.2　液压缸基本参数确定

1. 工作负载与液压缸推力

液压缸的工作负载 $F_R$ 指工作机构在满负载情况下,以一定速度启动时对液压缸产生的总阻力,即

$$F_R=F_1+F_f+F_g \qquad (9-18)$$

式中　$F_1$——工作机构的负载、自重等对液压缸产生的作用力;

　　　　$F_f$——工作机构在满负载下启动时的静摩擦力;

　　　　$F_g$——工作机构满负载启动时的惯性力。

液压缸的推力 $F$ 应等于或略大于其工作时的总阻力。

2. 运动速度

液压缸的运动速度与其输入流量和活塞、活塞杆的面积有关。在工作机构对液压缸的运动速度有一定要求时,应根据所需的运动速度和缸径来选择液压泵;在速度没有要求时,可根据已选定的泵流量和缸径来确定运动速度。

3. 缸筒内径

缸筒内径即活塞外径,其为液压缸的主要参数,可根据以下原则确定。

1)按推力 $F$ 计算缸筒内径 $D$

在给定液压系统的工作压力 $p$ 后(设回油压力为零),推力应满足:

$$F=F_R=pA\eta_m \qquad (9-19)$$

式中:$A$ 为液压缸的有效工作面积。

对于无活塞杆腔,$A=\pi D^2/4$;对于有活塞杆腔,$A=\pi(D^2-d^2)/4$。

对于无活塞杆腔,当要求推力为 $F_1$ 时,有

$$D_1=\sqrt{\frac{4F_1}{\pi p\eta_m}} \qquad (9-20)$$

对于有活塞杆腔,当要求推力为 $F_2$ 时,有

$$D_2=\sqrt{\frac{4F_2\varphi}{\pi p\eta_m}} \qquad (9-21)$$

式中　$p$——液压缸的工作压力,在液压系统设计时给定(设回油压力为零);

　　　　$\varphi$——往、返速比,$\varphi=D^2/(D^2-d^2)$,在液压系统设计时给定;

　　　　$\eta_m$——液压缸机械效率,一般取 $\eta_m=0.95$。

缸筒的内径 $D$ 应取式(9-20)和式(9-21)计算值较大的一个,然后按照《流体传动系统及元件缸径及活塞杆直径》(GB/T 2348—2018)中所列的液压缸内径系列圆整为标准值。圆整后,液压缸的工作压力应做相应的调整。

2)按运动速度计算缸筒内径 $D$

当对液压缸的运动速度 $v$ 有要求时,可根据液压缸的流量 $q$ 计算缸筒内径。对于无活塞杆腔,当运动速度为 $v_1$,进入液压缸的流量为 $q_1$ 时,有

$$D_1 = \sqrt{\frac{4q_1}{\pi v_1} \eta_v} \qquad\qquad (9\text{-}22)$$

对于有活塞杆腔,当运动速度为 $v_2$ ,进入液压缸的流量为 $q_2$ 时,有

$$D_2 = \sqrt{\frac{4q_2}{\pi v_2} \varphi \eta_v} \qquad\qquad (9\text{-}23)$$

当液压缸有密封件密封时,泄漏很少,可取容积效率 $\eta_v = 1$ 。

同理,缸筒内径 $D$ 应以式( 9-22 )和式( 9-23 )中较小的一个圆整数为标准值。

3)推力 $F$ 与运动速度 $v$ 同时给定时,计算缸筒内径 $D$

如果系统中液压泵的类型和规格已定,则液压缸的工作压力和流量已知,此时可先根据其计算内径,然后校核工作速度。当计算速度与要求相差较大时,建议重新选择不同规格的液压泵。可供选择的液压泵种类很多,不同的泵有不同的额定值,其液压缸的工作压力 $p$ 应不超过液压泵的额定压力与系统总压力损失之差。

当然,在设计液压缸时还有一个系统的综合效益问题,这一点对多缸工作系统尤为重要,应充分予以考虑。

4. 活塞杆直径

确定活塞杆直径 $d$ 时,通常应先满足液压缸速度或速比的要求,然后再校核其结构强度和稳定性,若速比为 $\varphi$ ,则

$$d = D\sqrt{\frac{\varphi - 1}{\varphi}} \qquad\qquad (9\text{-}24)$$

5. 最小导向长度

当活塞杆全部外伸时,从活塞支承面中点到导向套滑动面中点的距离为最小导向长度 $H$ ,如图 9-17 所示。如果导向长度过小,将使液压缸的初始挠度( 间隙引发的挠度 )增大,影响液压缸的稳定性。因此,设计时必须保证有一定的最小导向长度。

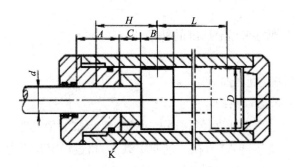

$H$—最小导向长度; $L$—液压缸的最大行程; $A$—导向滑动面长度; $B$—活塞宽度; $C$—隔套长度; $D$—缸筒内径; $d$—活塞杆直径。

**图 9-17　最小导向长度**

对于一般的液压缸,最小导向长度 $H$ 满足

$$H \geqslant \frac{L}{20} + \frac{D}{2} \qquad\qquad (9\text{-}25)$$

式中　　$L$——液压缸的最大行程;

$D$——缸筒内径。

活塞的宽度一般取 $B=(0.6\sim1.0)D$；导向滑动面的长度 $A$，在 $D<80$ mm 时取 $A=(0.6\sim1.0)D$，在 $D>80$ mm 时取 $A=(0.6\sim1.0)d$。为保证最小导向长度，过分增大 $A$ 和 $B$ 都是不适当的，必要时可在导向套与活塞之间装一隔套（零件 K），隔套的长度 $C$ 由需要的最小导向长度 $H$ 决定，即

$$C=H-\frac{1}{2}(A+B) \tag{9-26}$$

### 9.3.3 液压缸结构强度计算与稳定校核

1. 缸筒外径

缸筒内径确定后，由强度条件计算壁厚，然后求出缸筒外径 $D_1$。

当缸筒壁厚 $\delta$ 与内径 $D$ 的比值小于 0.1 时，为薄壁缸筒，壁厚按材料力学中薄壁圆筒的计算公式确定，即

$$\delta\geqslant\frac{p_{max}D}{2[\sigma_s]} \tag{9-27}$$

式中 $p_{max}$——液压缸的最大工作压力；

$[\sigma_s]$——缸筒材料的许用应力，其表达式为

$$[\sigma_s]=\frac{\sigma_b}{n}$$

式中 $\sigma_b$——缸筒材料的抗拉强度；

$n$——安全系数，一般取 $n=5$。

当缸筒壁厚 $\delta$ 与内径 $D$ 的比值大于 0.1 时，为厚壁缸筒，壁厚按材料力学中的第二强度理论计算，其计算式为

$$\delta\geqslant\frac{D}{2}\left[\sqrt{\frac{[\sigma_s]+0.4p_{max}}{[\sigma_s]-1.3p_{max}}}-1\right] \tag{9-28}$$

缸筒壁厚确定之后，即可求出液压缸的外径，即

$$D_1=D+2\delta \tag{9-29}$$

$D_1$ 值按有关标准圆整为标准值。

2. 液压缸的稳定性和活塞杆强度

按速比要求，初步确定活塞杆直径后，还必须满足液压缸的稳定性及强度要求。

按材料力学理论，一受压的直杆，在其轴向负载 $F_R$ 超过稳定临界力 $F_K$ 时，会失去原有直线状态的平衡，该状态称为失稳。对液压缸，其稳定条件为

$$F\leqslant\frac{F_K}{n_K} \tag{9-30}$$

式中 $F$——液压缸的最大推力，$F=F_R$；

$F_K$——液压缸的稳定临界力；

$n_K$——稳定性安全系数，一般取 $n_K=2\sim4$。

　　液压缸的稳定临界力 $F_K$ 与活塞和缸体的材料、长度、刚度及其两端支承状况等因素有关。

　　（1）当 $l/d>10$ 时，活塞杆的稳定性验算分为以下两种情况

　　当 $\lambda=\dfrac{\mu l}{r}>\lambda_1$ 时，活塞杆的强度由欧拉公式计算，即

$$F_K \leqslant \dfrac{\pi^2 EI}{(\mu l)^2} \qquad\qquad (9\text{-}31)$$

式中　$\lambda$——活塞杆的柔性系数；

　　　　$\mu$——长度折算系数，取决于液压缸的支承状况，见表9-3；

　　　　$E$——活塞杆材料的纵向弹性模量，对钢材，$E=2.1\times10^2$ Pa；

　　　　$I$——活塞杆断面的最小惯性力矩；

　　　　$r$——活塞杆断面的回转半径，$r=\sqrt{I/A}$，其中 $A$ 为断面面积；

　　　　$\lambda_1$——柔性系数，由表9-4选取。

表 9-3　不同液压缸的长度折算系数

| 液压缸的活塞杆的计算 $l/d$ | | | | |
|---|---|---|---|---|
| $\mu$ | 1 | 1 | 0.7 | 0.5 |

表 9-4　稳定校核相关系数

| 材料 | $a$ | $b$ | $\lambda_1$ | $\lambda_2$ |
|---|---|---|---|---|
| 钢（Q235） | 3 100 | 11.40 | 105 | 61 |
| 钢（Q275） | 4 600 | 36.17 | 100 | 60 |
| 硅钢 | 5 890 | 38.17 | 100 | 60 |
| 铸铁 | 7 700 | 120 | 80 | — |

　　当 $\lambda_1<\lambda<\lambda_2$ 时，活塞杆属于中柔度杆，其强度按雅辛斯基公式验算，即

$$F_K=A(a-b\lambda) \qquad\qquad (9\text{-}32)$$

式中　$a$ 和 $b$——与活塞杆材料有关的系数，由表9-4选取；

$\lambda_2$——柔性系数,由表 9-4 选取;

$A$——活塞杆的断面面积。

（2）当 $l/d<10$ 时,活塞杆的强度验算。当活塞杆受纯压缩或纯拉伸时

$$\sigma = \frac{4F}{\pi(d^2 - d_1^2)} \leq [\sigma] \qquad (9\text{-}33)$$

式中　$d_1$——空心活塞杆内径,对于实心杆,$d_1=0$;

$d$——活塞杆外径;

$F$——活塞杆最大推力;

$[\sigma]$——活塞杆材料的许用应力。

$$[\sigma] = \frac{\sigma_s}{n} \qquad (9\text{-}34)$$

式中,$\sigma_s$ 为材料的屈服强度,安全系数 $n = 1.4 \sim 2$。

【例题 9-2】如图 9-18 所示有一液压缸差动连接,无活塞杆腔的有效工作面积为 $A_1$,有活塞杆腔的有效工作面积为 $A_2$,且 $A_1 = 2A_2$。试求当供油流量 $q_v = 32$ L/min 时,回油流量 $q_v'$ 和进入液压缸无活塞杆腔的流量。

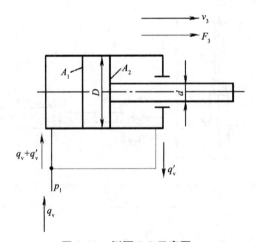

图 9-18　例题 9-2 示意图

解:液压缸运动速度满足 $q_v + vA_2 = vA_1$,则

$$v = \frac{q_v}{A_1 - A_2} = \frac{q_v}{A_2}$$

回油流量 $q_v' = vA_2 = \dfrac{q_v}{A_2} \cdot A_2 = q_v = 32$ L/min

进入液压缸无活塞杆腔的流量 $q = q_v + q_v' = 64$ L/min

【例题 9-3】如图 9-19 所示有三种结构形式的液压缸,它们的活塞与活塞杆直径分别为 $D$ 和 $d$。若进入液压缸的流量为 $q_v$,压力为 $p$。试分析各液压缸所能产生的推力、运动速度、运动方向及活塞杆的受力情况。

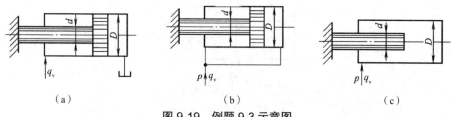

图 9-19　例题 9-3 示意图

（a）液压缸 1　（b）液压缸 2　（c）液压缸 3

解：（1）液压缸 1 的推力：$F_1 = \dfrac{\pi(D^2 - d^2)}{4} p\eta_m$。

液压缸 1 的运动速度：$v_1 = \dfrac{4q_v\eta_v}{\pi(D^2 - d^2)}$。

液压缸 1 的运动方向：向左（缸体）。

液压缸 1 的活塞杆受力状况：受拉。

（2）液压缸 2 的推力：$F_2 = \left[\dfrac{\pi D^2 - \pi(D^2 - d^2)}{4}\right] p\eta_m = \dfrac{\pi d^2 p\eta_m}{4}$。

液压缸 2 的运动速度：$q_v\eta_v + v_2 \dfrac{\pi(D^2 - d^2)}{4} = v_2 \dfrac{\pi D^2}{4} \Rightarrow v_2 = \dfrac{4q_v\eta_v}{\pi d^2}$。

液压缸 2 的运动方向：向右（缸体）。

液压缸 2 的活塞杆受力状况：受压。

（3）液压缸 3 的推力：$F_3 = \left[\dfrac{\pi D^2 - \pi(D^2 - d^2)}{4}\right] p\eta_m = \dfrac{\pi d^2 p\eta_m}{4}$。

液压缸 3 的运动速度：$v_3 = \dfrac{4q_v\eta_v}{\pi d^2}$。

液压缸 3 的运动方向：向右（缸体）。

液压缸 3 的活塞杆受力状况：受压。

【例题 9-4】图 9-20 所示为两个相同的液压缸串联组成的液压回路。液压缸的无杆腔有效工作面积 $A_1 = 70 \text{ cm}^2$，有杆腔有效工作面积 $A_2 = 50 \text{ cm}^2$，输入油液压力 $p=600 \text{ kPa}$，输入流量 $q=12 \text{ L/min}$。试求：（1）如果两液压缸的负载关系为 $F_1 = 2F_2$，两液压缸各自所承受的负载（不计一切损失），两液压缸的活塞运动速度；（2）若两液压缸承受相同的负载（$F_1 = F_2$），该负载的数值；（3）若液压缸 1 不承受负载（$F_1 = 0$），则液压缸 2 能承受的负载。

解：（1）活塞 A 产生的推力为

$$p_A A_1 = F_1 + p_B A_2$$

活塞 B 产生的推力为

$$F_2 = p_B A_1$$

当 $F_1 = 2F_2$ 时，有

$$p_A A_1 = 2p_B A_1 + p_B A_2$$

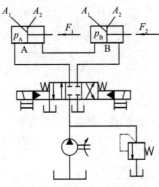

图 9-20　例题 9-4 示意图

又 $p_A = p$（液压泵的出口压力），所以有

$$p_B = p\frac{A_1}{2A_1+A_2} = 600\times10^3\frac{70}{2\times70+50} = 2.2\times10^5\ \mathrm{Pa}$$

活塞 B 承受的负载为

$$F_2 = p_B A_1 = 2.2\times10^5\times70\times10^{-4} = 1.54\ \mathrm{kN}$$

活塞 A 承受的负载为

$$F_1 = 2F_2 = 2\times1.54 = 3.08\ \mathrm{kN}$$

活塞的运动速度为

$$v_A = \frac{q}{A_1} = 2.85\ \mathrm{cm/s}$$

$$v_B = \frac{v_A A_2}{A_1} = 2.04\ \mathrm{cm/s}$$

（2）当两液压缸的负载关系为 $F_1 = F_2$ 时，则

$$p_A A_1 = p_B A_1 + p_B A_2$$

$$p_B = p\frac{A_1}{A_1+A_2} = 3.5\times10^5\ \mathrm{Pa}$$

于是

$$F_1 = F_2 = p_B A_1 = 2.45\ \mathrm{kN}$$

（3）当 $F_1 = 0$ 时，则

$$p_A A_1 = p_B A_2$$

$$p_B = \frac{p_A A_1}{A_2} = \frac{pA_1}{A_2} = 8.4\times10^5\ \mathrm{Pa}$$

$$F_2 = p_B A_1 = 5.88\ \mathrm{kN}$$

# 习题 9

（9-1）液压缸在液压系统中起什么作用？如何分类？

（9-2）比较液压缸、液压马达和摆动液压马达（也称摆动液压缸）三者的相同与不同之处。

（9-3）在何种情况下,液压缸需要设置缓冲装置? 如何实现缓冲? 若液压缸的缓冲压力过大（液压缸强度不足）,该如何改进?

（9-4）何为低摩擦液压缸? 它是如何降低摩擦力的?

（9-5）如图 9-21 所示,液压缸两腔面积分别为 $A_1$=100 cm²，$A_2$=40 cm²,液压源的供油量为 40 L/min,供油压力为 2 MPa,所有损失不计。①这种连接方式能否实现差动快进? 活塞快速运动速度为多少? 该工况下能产生的最大推力是多少? ②如果差动快进时,管内允许流速为 4 m/s,管的内径应为多少?

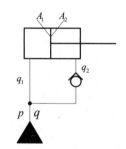

**图 9-21　习题 9-5 示意图**

（9-6）如图 9-22 所示,两个结构和尺寸均相同的液压缸串联连接。已知无杆腔面积 $A_1$=100 cm²,有杆腔面积 $A_1$=80 cm²,液压缸 1 输入压力 $p_1$=0.9 MPa,输入流量 $q_1$=10 L/min,不计力损失和泄漏。试求两液压缸负载相同时（$F_1$=$F_2$）的负载和运动速度。

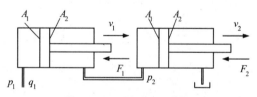

**图 9-22　习题 9-6 示意图**

（9-7）已知单杆活塞液压缸的内径 $D$=80 mm,活塞杆直径 $d$=55 mm,活塞杆推动重量 $G$=8 500 N 的工作台,并通过工作台推动 $F$=3 000 N 的负载。启动 0.4 s 后,液压缸达到其稳定速度 $v$=50 m/min。设工作台与导轨的摩擦系数 $f$=0.2,液压缸内的压力 $p_2$=0.5 MPa,机械效率为 0.95。试确定驱动液压缸的进油压力 $p_1$（重力加速度 $g$=10 m/s²）。

（9-8）一个双叶片式摆动液压缸的内径 $D$=200 mm,叶片宽度 $B$=100 mm,叶片轴的直径 $d$=40 mm,系统供油压力 $p$=16 MPa,流量 $q$=63 L/min,工作时回油直接接油箱。试求该液压缸的输出转矩 $T$ 和回转角速度 $\omega$。

（9-9）有一液压缸的缓冲装置,$L_c$=25 mm,缓冲柱塞直径 $d_c$=35 mm,活塞直径 $D$=63 mm,运动部件的总质量 $m$=2 000 kg,运动速度为 18 m/min,摩擦力 $F_f$=950 N,作用在无杆腔（无缓冲装置）的液压力为 21 850 N。试确定缓冲时的最大冲击力,并校核缸筒的强度是否足够。

（9-10）设计一单活塞杆液压缸，要求快进（差动连接）和快退（有杆腔进油）时的速度均为 6 m/min，工作进给（无杆腔进油）时，可驱动 $F$=25 000 N 的负载，回油背压为 0.25 MPa；采用额定压力为 6.3 MPa，额定流量为 25 L/min 的液压泵。试求：①缸筒内径和活塞杆直径；②缸筒壁厚最小值（材料选定为无缝钢管）；③校核液压缸的稳定性（假设安装长度 $L$=1.5 m，缸筒固定，活塞杆铰接）。

# 第 10 章　液压控制元件

## 本章导读

【基本要求】了解液压控制阀的基本类型和特点、性能参数、泄漏特性;理解单向阀、换向阀等方向阀的结构和工作原理,理解节流阀的特性,理解电液伺服阀、电液比例阀、插装阀和叠加阀、逻辑阀的结构、工作原理、特性及应用场合;掌握换向阀的性能及应用场合,掌握溢流阀、减压阀、顺序阀、平衡阀、压力继电器等压力控制阀的结构、工作原理、特性及应用场合,掌握节流阀、调速阀等流量控制阀的结构、工作原理、特性及应用场合。

【重点】液压换向阀、液压压力阀及液压流量阀的结构、工作原理、特性及应用场合。

【难点】各类液压控制阀的工作原理。

## 10.1　液压控制阀的基本类型及特点

在液压系统中,用于控制系统中液流压力、流量和方向的元件统称为液压控制阀。液压阀的种类繁多、结构复杂,新型阀不断涌现,因此分析和研究工程设备中常用液压阀的工作原理、工作特性及应用场合,对于分析液压设备的工作过程、工作性能和系统设计十分重要。液压阀的作用是控制液压系统的液流方向、压力和流量,从而控制整个液压系统的全部功能,如系统的工作压力,执行机构的动作程序,工作部件的运动速度、方向、变换频率、输出力或力矩等。无论是简单的或非常复杂的液压系统,其中都少不了液压阀。液压阀的性能是否可靠是关系到整个液压系统能否正常工作的重要问题。

### 10.1.1　液压阀的基本结构和原理

液压阀的基本结构主要包括阀芯、阀体和驱动阀芯在阀体内做相对运动的装置。阀芯的主要形式有滑阀、锥阀和球阀;阀体上除有与阀芯配合的阀体孔或阀座孔外,还有外接油管的进出油口;驱动装置可以是手调机构,也可以是弹簧或电磁铁,有时其上还作用有液压力。液压阀正是利用阀芯在阀体内的相对运动来控制阀口的开闭及开口大小,实现压力、流量和方向控制的。

液压阀工作时,始终满足压力流量方程,即流经阀口的流量 $q$ 与阀口前后的压力差 $\Delta p$ 和阀开口面积有关。至于作用在阀芯上的力是否平衡,则需要具体分析。

### 10.1.2　液压阀的分类

1. 根据结构形式分类

1）滑阀

阀芯为圆柱形,阀芯台肩的大、小直径分别为 $D$ 和 $d$;与进、出油口对应的阀体上开有沉割槽,一般为全圆周形式。阀芯在阀体孔内做相对运动,从而开启或关闭阀口,如图 10-1（a）所示。其中,$x$ 为阀口开度,$p_1$ 和 $p_2$ 为阀进、出油口压力。滑阀阀口的压力流量方程和液动力表达式分别为

$$q = C_{\mathrm{d}}\pi Dx\sqrt{\frac{2}{\rho}(p_1 - p_2)} \tag{10-1}$$

$$F_{\mathrm{s}} = 2C_{\mathrm{d}}\pi Dx\cos\theta(p_1 - p_2) \tag{10-2}$$

因滑阀为间隙密封,因此为保证封闭油口的密封性,除阀芯与阀体孔的径向间隙要尽可能小外,还需要有一定的密封长度。这样,在开启阀口时,阀芯需先位移一段距离（等于密封长度）,即滑阀的运动存在一个“死区”。

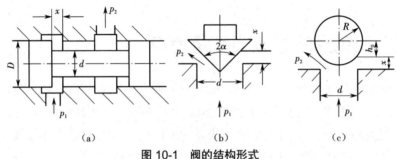

图 10-1　阀的结构形式
（a）滑阀　（b）锥阀　（c）球阀

2）锥阀

锥阀的阀芯半锥角 $\alpha$ 一般为 $12° \sim 20°$,有时为 $45°$;阀口关闭时为线密封,不仅密封性能好,而且开启阀口时无“死区”,即阀芯稍有位移即开启,动作灵敏。如图 10-1（b）所示,锥阀的阀座孔直径为 $d$,阀口开度为 $x$,进、出油口压力分别为 $p_1$、$p_2$。锥阀阀口的压力流量方程和液动力表达式分别为

$$q = C_{\mathrm{d}}\pi dx\sin\alpha\sqrt{\frac{2}{\rho}(p_1 - p_2)} \tag{10-3}$$

$$F_{\mathrm{s}} = C_{\mathrm{d}}\pi dx\sin 2\alpha(p_1 - p_2) \tag{10-4}$$

因一个锥阀只能有一个进油口和一个出油口,因此又被称为二通锥阀。

3）球阀

球阀的性能与锥阀相同,其阀口的压力流量方程为

$$q = C_{\mathrm{d}}\pi dh_0\frac{x}{R}\sqrt{\frac{2}{\rho}(p_1 - p_2)} \tag{10-5}$$

式中　$R$——钢球半径;

$h_0 = \sqrt{R^2 - (d/2)^2}$ 。

**2. 根据用途分类**

**1）压力控制阀**

压力控制阀是用来控制或调节液压系统的液流压力,以及利用压力实现控制的阀类,如溢流阀、减压阀、顺序阀等。

**2）流量控制阀**

流量控制阀是用来控制或调节液压系统的液流流量的阀类,如节流阀、调速阀、二通比例流量阀、溢流节流阀、三通比例流量阀等。

**3）方向控制阀**

方向控制阀是用来控制和改变液压系统中液流方向的阀类,如单向阀、液控单向阀、换向阀等。

**3. 根据控制方式分类**

**1）开关或定值控制阀**

开关或定值控制阀是最常见的一类液压阀,又被称为普通液压阀。此类阀采用手动、机动、电磁铁和控制压力油等控制方式启、闭液流通路,定值控制液流的压力和流量。

**2）伺服控制阀**

伺服控制阀是一种根据输入信号(电气、机械、气动等)及反馈量成比例地连续控制液压系统中液流的压力和流量的阀类,又被称为随动阀。伺服控制阀具有很高的动态响应和静态性能,但价格昂贵、抗污能力差,主要用于对控制精度要求很高的场合。

**3）比例控制阀**

比例控制阀的性能介于定值控制阀和伺服控制阀之间,它可以根据输入信号的大小连续且成比例地控制液压系统中的液流参量,满足一般工业生产对控制性能的要求。与伺服控制阀相比,其具有结构简单、价格较低、抗污能力强等优点,因此在工业生产中得到广泛应用。但电液比例控制阀存在中位死区,工作频宽较伺服控制阀低。比例控制阀又分为两种,一种是直接将开关定值控制阀的控制方式改为比例电磁铁控制的普通比例控制阀,另一种是带内反馈的新型比例控制阀。

**4）数字控制阀**

用计算机读写数字信息,并直接控制的液压阀称为电液数字控制阀,简称数字阀。数字阀可直接与计算机连接,不需要数/模转换器。与比例控制阀、伺服控制阀相比,数字阀具有结构简单、工艺性好、成本低、抗污能力强、重复性好、工作稳定可靠、放大器功耗小等优点。在数字阀中,最常用的控制方法有增量控制型和脉宽调制(Pulse Width Modulation,PWM)型。数字阀的出现至今已有三十多年,但它的发展速度不快,应用范围也不广。其主要原因是增量控制型存在分辨率限制,而 PWM 型主要受两方面的制约:一是控制流量小且只能单通道控制,难以用于流量较大或要求控制方向的场合;二是有较大的振动和噪声,影响可靠性和使用环境。此外,数字阀由于按照载频原理工作,故其控制信号的频宽较模拟器件低。

**4. 根据安装连接形式分类**

**1）管式阀**

管式阀阀体上的进、出油口通过管接头或法兰与管路直接连接。其连接方式简单、质量轻，在移动式设备或流量较小的液压元件中应用较广。其缺点是阀只能沿管路分散布置，装拆和维修不方便。

**2）板式阀**

板式阀由安装螺钉固定在过渡板上，阀的进、出油口通过过渡板与管路连接。过渡板上可以安装一个或多个阀。当过渡板安装有多个阀时，又被称为集成块。安装在集成块上的阀与阀之间的油路通过集成块内的流道连通，可减少连接管路。板式阀由于集中布置且装拆时不会影响系统管路，因此操控、维修方便，应用十分广泛。

**3）插装阀**

插装阀主要有二通插装阀、三通插装阀和螺纹插装阀。二通插装阀是将其基本组件插入特定设计并加工的阀体内，配以盖板、先导阀组成的一种多功能复合阀，因其基本组件只有两个油口，因此被称为二通插装阀，简称插装阀。该阀具有通流能力大、密封性好、自动化和标准化程度高等特点。三通插装阀具有压力油口、负载油口和回油箱油口，起到两个二通插装阀的作用，可以独立控制一个负载腔。但由于其通用化、模块化程度远不及二通插装阀，因此未能得到广泛应用。螺纹插装阀是二通插装阀在连接方式上的变革，由于采用螺纹连接，其安装简捷方便，阀的体积也相对减小。

**4）叠加阀**

叠加阀是在板式阀基础上发展起来的结构更为紧凑的一种形式。叠加阀的上下两面为安装面，并开有进、出油口。同一规格、不同功能的叠加阀的油口和安装连接孔的位置、尺寸均相同，使用时可根据液压回路的需要，将所需的阀叠加并用长螺栓固定在底板上，系统管路与底板上的油口相连。

## 10.1.3 液压阀的性能参数

**1. 公称通径**

公称通径代表液压阀的通流能量大小，对应于阀的额定流量。与阀的进、出油口连接的油管的规格应与阀的公称通径相一致。阀工作时的实际流量应小于或等于它的额定流量，最大不得超过额定流量的 1.1 倍。

**2. 额定压力**

额定压力是液压阀长期工作时所允许的最高压力。对于压力控制阀，其实际最高压力有时还与阀的调压范围有关；对于换向阀，其实际最高压力还可能受其功率极限的限制。

**3. 与流量有关的参数**

流量是衡量液压阀通流性能的主要参数，与流量有关的参数主要是公称流量。对于流量阀，还有最小稳定流量等。

国产中、低压液压阀（≤ 6.3 MPa）常用公称流量来表示阀的通流能力。公称流量是指液压阀在额定工作状态下通过的名义流量,用 $q_g$ 表示,常用的计量单位为 L/min。液压阀公称流量标准有:2、3、6、10、25、40、50、63、80、100、125、160、200、320、400、500、630、800、1 000、1 250、1 600 L/min。

公称流量对于液压阀的使用无实际意义,仅供市场选购时为便于与动力元件配套时参考。在实际情况下,液压元件厂商会在样本上给出液压阀在各种流量值时的特性曲线,此曲线对于元件的选择,以及了解元件在各种工作参数下的工作状态,具有更直接的实用价值。

## 10.2 方向控制阀

方向控制阀是用来使液压系统中的油路通断或油液的流动方向改变,从而控制液压执行元件的启动或停止或改变其运动方向的阀类,如单向阀、换向阀、压力表开关等。

### 10.2.1 单向阀

单向阀又被称为止回阀,它是一种只允许液流沿一个方向通过,而反向液流被截止的控制阀。根据在液压系统中的作用,对单向阀的主要性能要求是液流正向通过时,压力损失要小;反向截止时,密封性要好;且动作灵敏,工作时无撞击、噪声小。

单向阀包括普通单向阀和液控单向阀两类。

1. 普通单向阀

普通单向阀(单向阀)主要由阀体、阀芯和弹簧等零件组成。阀芯可以是球阀,也可以是锥阀。按进、出口流道的布置形式,单向阀可分为直通式和直角式两种。直通式单向阀的进、出口流道在同一轴线上;而直角式单向阀的进、出口流道则成直角布置。图 10-2 所示为管式连接的钢球式直通单向阀和锥阀式直通单向阀的结构及图形符号。液流从 $P_1$ 口(压力为 $p_1$)流入时,其克服弹簧力而将阀芯顶开,再从 $P_2$ 口流出(压力 $p_2=p_1-\Delta p$,$\Delta p$ 为阀口压力损失)。当液流反向流入时,由于阀芯被压紧在阀座密封面上,所以液流被截止,不能通过。

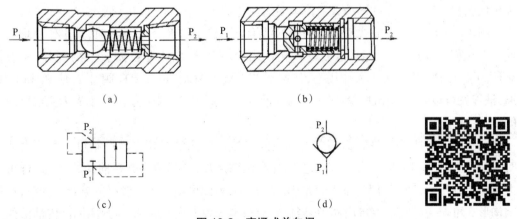

图 10-2　直通式单向阀

(a)钢球式直通单向阀　(b)锥阀式直通单向阀　(c)详细符号　(d)简化符号

钢球式直通单向阀的结构简单,但密封性不如锥阀式直通单向阀,并且由于钢球没有导向部分,所以其工作时容易产生振动和噪声,一般用在流量较小的场合。锥阀式直通单向阀的应用最多,虽然结构比钢球式复杂一些,但其导向性好、密封可靠。

图 10-3 所示为板式连接的直角式单向阀。在该阀中,液流从 $P_1$ 口流入,顶开阀芯后,直接经阀体的铸造流道 $P_2$ 口流出,压力损失小,而且只要打开端部螺塞即可方便地对内部进行维修。

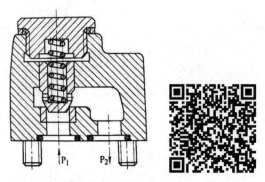

图 10-3　板式连接的直角式单向阀

单向阀中的弹簧主要用来克服摩擦力、阀芯的重力和惯性力,使阀芯在液流反向流动时能迅速关闭,所以单向阀中的弹簧较软。单向阀的开启压力一般为 0.03~0.05 MPa,并可根据需要更换弹簧。如将单向阀中的软弹簧更换成合适的硬弹簧,其就成为背压阀,这种阀通常安装在液压系统的回油路上,用以产生 0.3~0.5 MPa 的背压。此外,单向阀常被安装在泵的出口,一方面防止系统的压力冲击影响泵的正常工作,另一方面在泵不工作时可以防止系统的油液经泵倒流回油箱。单向阀还被用来分隔油路以防止干扰,并与其他阀并联组成复合阀,如单向顺序阀、单向节流阀等。

2. 液控单向阀

液控单向阀是可以用来实现逆向流动的单向阀。液控单向阀有不带卸荷阀芯的简式液控单向阀和带卸荷阀芯的卸载式液控单向阀两种结构形式,如图 10-4 所示。

图 10-4（a）所示为简式液控单向阀的结构。当控制口 K 无压力油时,其工作原理与普通单向阀相同,压力油只能从进油口 $P_1$ 流向出油口 $P_2$,反向流动被截止。当控制口 K 有控制压力 $p_k$ 作用时,在液压力作用下,控制活塞 1 向上移动,顶开单向阀芯 2,使 $P_1$ 和 $P_2$ 相通,油液就可以从 $P_2$ 口流向 $P_1$ 口。在简式液控单向阀中,控制压力 $p_k$ 最小需为主油路压力的 30%~50%。

图 10-4（b）所示为带卸荷阀芯的卸载式液控单向阀的结构。当控制口通入压力油 $p_k$ 时,控制活塞 1 上移,先顶开卸荷阀芯 3,使主油路卸压,然后再顶开单向阀芯 2。这样可大大减小控制压力,使其约为主油路工作压力的 5%,因此可用于压力较高的场合。同时,这种结构形式可避免简式液控单向阀中,当控制活塞推开单向阀芯时,高压封闭回路内油液的压力突然释放,及由此产生的较大冲击和噪声。

　　上述两种结构形式的液控单向阀,按其控制活塞处的泄油方式又可分为内泄式和外泄式。图 10-4(a)所示为内泄式,其控制活塞的背压腔与进油口 $P_1$ 相通。图 10-4(b)所示为外泄式,其控制活塞的背压腔直接通油箱,这样反向开启时就可减小 $P_1$ 腔压力对控制压力的影响,从而减小控制压力。故一般在液控单向阀反向工作时,如出油口压力较低,可采用内泄式,高压系统则采用外泄式。

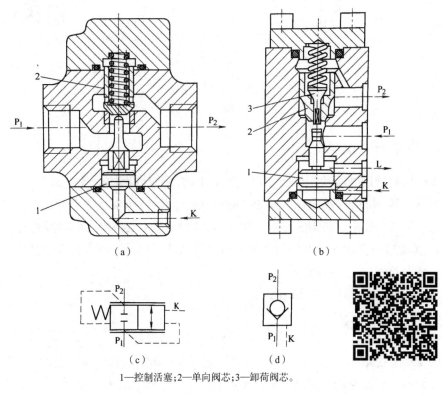

1—控制活塞;2—单向阀芯;3—卸荷阀芯。

**图 10-4　液控单向阀**

(a)简式液控单向阀　(b)卸载式液控单向阀　(c)详细符号　(d)简化符号

**3. 梭阀**

　　梭阀可看成是两个单向阀的组合,这两个单向阀共用一个阀芯。如图 10-5(a)所示,梭阀阀体上有两个进口 A、B 和一个出口 P,当 A 口接高压,B 口接低压时,阀芯在两端压力差的作用下,被推向右边,B 口被关闭,A 口来油通往 P 口。反之,B 口接高压,A 口接低压,B 口来油通往 P 口。显然,通过阀芯的往复运动,P 口始终选择与 A 口和 B 口中压力较高者相通。因此,该阀常被称为梭阀,又被称为压力选择阀。

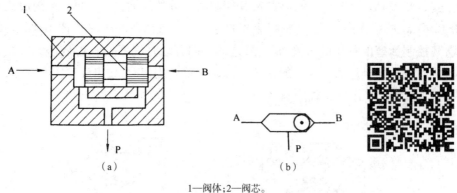

1—阀体;2—阀芯。

**图 10-5　梭阀**

（a）原理图　（b）简化符号

## 10.2.2　换向阀

换向阀是利用阀芯和阀体间相对位置的不同,来变换阀体上各主油口的开、闭关系,实现各油路连通、切断或改变液流方向的阀类。换向阀是液压系统中用量最大、品种和名称最复杂的一类阀。根据换向阀的作用,对换向阀性能的基本要求有:液流通过换向阀时压力损失要小;液流在各关闭油口之间的缝隙泄漏量要小;换向可靠,动作灵敏;换向平稳,无冲击。

1.换向阀的分类及结构

换向阀可以按下列方法进行分类。

1)按结构特点分类

按照结构特点,换向阀可分为滑阀型、锥阀型和转阀型。

（1）滑阀型换向阀的阀芯为圆柱滑阀,其相对于阀体做轴向运动。由于滑阀的液压轴向力和径向力容易实现平衡,因此操纵力较小。此外,滑阀型换向阀容易实现多种功能,因此在各种换向阀中应用最广。

（2）锥阀型换向阀通过锥阀芯相对于阀座的开启或闭合来实现换向。它的密封性好,动作灵敏,但单个锥阀只能实现二位二通机能,故如果要得到较复杂的机能,必须采用多个阀进行组合。此外,因锥阀的液压轴向力不能平衡,故需要较大的操纵力。

（3）转阀型换向阀因阀芯相对于阀体转动而得名。由于作用在该阀芯上的液压径向力不易平衡,加之密封性较差,因此只适用于低压、小流量的场合。

2)按换向阀的"位"和"通"分类

按照工作位置和控制的通道数,换向阀可分为二位二通、二位三通、二位四通、三位四通、三位五通等。

若换向阀的阀体上分布有二个、三个、四个和五个主油口,则分别称为"二通阀""三通阀""四通阀"和"五通阀"。

阀芯相对于阀体有二个或三个等不同的稳定工作位置,则该稳定的工作位置称为"位"。所谓"二位阀"或"三位阀",是换向阀的阀芯相对于阀体有二个或三个稳定的工作位置。当阀芯在阀体中从一个"位"移动到另一个"位"时,阀体上各油口的连通形式即发生变化。"通"和"位"是换向阀的重要概念,不同的"通"和"位"构成了不同类型的换向阀。

　　3)按换向阀的操纵方式分类

　　按照操纵方式,换向阀可分为手动、机动、电磁、液动、电液动和气动。

　　(1)手动换向阀是利用手动杠杆等机构来改变阀芯和阀体的相对位置,从而实现换向的阀类。图10-6(a)所示为弹簧自动复位式三位四通手动换向阀的结构。操纵手柄1,通过杠杆使阀芯3在阀体2内向左或向右移动,以改变油路的连通形式或液压油流动的方向。松开手柄1后,阀芯在弹簧4的作用下恢复到中位。这种换向阀的阀芯不能在两端工作位置上定位,故被称为自动复位式手动换向阀,其适用于动作频繁、持续工作时间较短的场合,且操作比较安全,常用于工程机械。

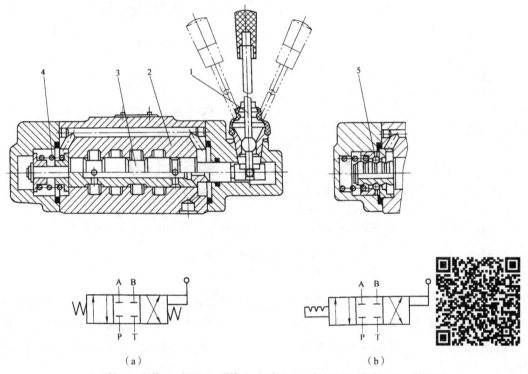

1—手柄;2—阀体;3—阀芯;4—弹簧;5—钢球;A、B—出油口;P—进油口;T—回油口。

**图 10-6　三位四通手动换向阀**

(a)弹簧自动复位式　(b)弹簧钢球定位式

　　若将图10-6(a)所示的手动换向阀的左端改为图10-6(b)所示的结构,即当阀芯向左或向右移动后,可借助钢球5使阀芯保持在左端或右端的工作位置上,就构成了弹簧钢球定位式手动换向阀,其适用于机床、液压机、船舶等需保持工作状态时间较长的场合。另外,手动换向阀还可改造成脚踏操纵的形式。

　　图10-7(a)所示为一种手轮操作换向阀,旋转手轮1,可通过螺杆3推动阀芯4改变工作位置,从而对油路进行切换。图示位置是其中间位置,若将手轮顺时针旋转,手轮会带动

螺杆旋转,并通过推杆使阀芯右移换向;若将手轮逆时针旋转,则会使阀芯左移换向。中间位置和换向位置都可由钢球定位机构 2 定位。这种结构具有体积小、调节方便等优点。由于这种换向阀的手轮带有锁,不打开锁不能调节,因此安全性较好。

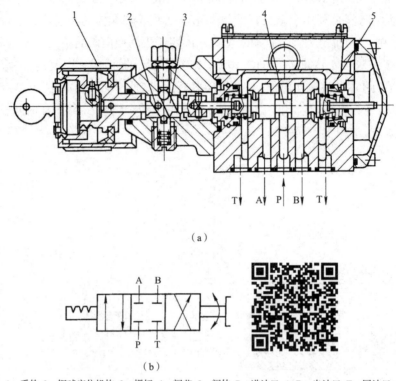

（a）

1—手轮;2—钢球定位机构;3—螺杆;4—阀芯;5—阀体;P—进油口;A,B—出油口;T—回油口。

**图 10-7　手轮操作换向阀**

（a)结构图　(b)图形符号

（2)机动换向阀是用挡铁或凸轮推动阀芯而实现换向的阀类,其常用来控制机械运动部件的行程,故又称为行程换向阀。如图 10-8 所示,当挡铁 1 的运动速度 $v$ 一定时,可通过改变挡铁 1 的斜面角度 $\alpha$ 来改变换向阀的阀芯 3 的移动速度,从而调节换向过程的快慢。

（3)电磁换向阀利用电磁铁通电后产生的磁力拉动阀芯来改变阀的工作位置。它是电气系统与液压系统之间的信号转换元件,可借助于按钮开关、行程开关、限位开关、压力继电器等发出控制信号,易于实现动作转换的自动化,因此应用广泛。

该换向阀按电磁铁所使用的电源,可分为交流型和直流型两种。还有一种本整型,其采用交流电源进行本机整流后,由直流进行控制,其使用的电磁铁仍为一般的直流型。

图 10-9 所示为交流干式二位三通电磁换向阀,阀体左端安装直流型或本整型电磁铁。图中推杆处设置了动密封,铁芯与轭铁间隙中的介质为空气,故该电磁铁为干式电磁铁。在电磁铁不得电,无电磁吸力时,阀芯在右端弹簧力的作用下处于最左端位置,油口 P 与 A 通,与 B 不通。若电磁铁得电,会产生一个向右的电磁吸力通过推杆推动阀芯向右移,则阀

左位工作,油口 P 与 B 通,与 A 不通。

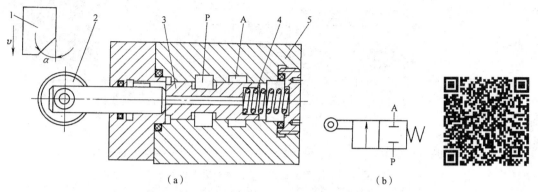

（a）　　　　　　　　　　　　　　　（b）

1—挡铁;2—滚轮;3—阀芯;4—弹簧;5—阀体;P—进油口;A—出油口。

**图 10-8　二位二通机动换向阀**

（a）结构图　（b）图形符号

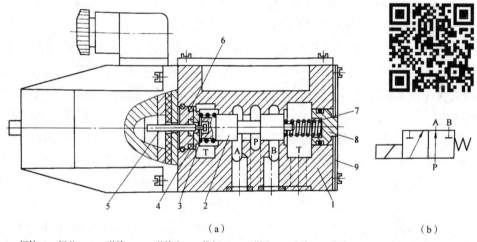

（a）　　　　　　　　　　　　　　　　（b）

1—阀体;2—阀芯;3、7—弹簧;4、8—弹簧座;5—推杆;6—O 形圈;9—后盖;P—进油口;A、B—出油口;T—回油口。

**图 10-9　交流干式二位三通电磁换向阀**

（a）结构图　（b）图形符号

　　图 10-10 为直流湿式三位四通电磁换向阀。其中,当两边电磁铁都不通电时,阀芯 3 在两边对中弹簧 4 的作用下处于中位,P、T、A、B 油口互不相通;当右边电磁铁得电时,推杆 2 将阀芯 3 推向左端,P 与 A 通,B 与 T 通;当左边电磁铁得电时,P 与 B 通,A 与 T 通。

　　（4）电液换向阀是由电磁换向阀和液动换向阀组合而成。其中,电磁换向阀作为先导阀,用来改变液动换向阀的控制油路,推动液动换向阀的阀芯移动。由于控制压力油的流量很小,因此电磁换向阀的工作位置相应确定。由于较小的电磁铁吸力被放大为较大的液压推力,因此主阀芯的尺寸可以做得较大,允许大流量通过。

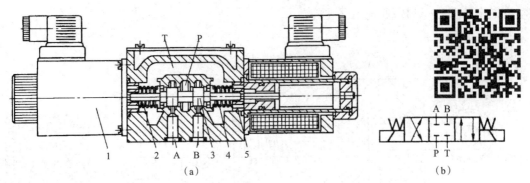

1—电磁铁;2—推杆;3—阀芯;4—对中弹簧;5—挡圈;P—进油口;A、B—出油口;T—回油口。

图 10-10　直流湿式三位四通电磁换向阀

(a)结构图　(b)图形符号

电液换向阀有弹簧对中和液压对中两种形式。若按控制压力油及其回油方式进行分类,则有外部控制、外部回油,外部控制、内部回油,内部控制、外部回油,内部控制、内部回油四种类型。图 10-11(a)所示为液压对中型不可调式三位四通电液换向阀(外部控制、外部回油)。其中,先导阀 4 为一小通径的电磁换向阀,主阀(液动换向阀)为液压对中型。设 $A_1$ 为柱塞 3 的截面面积,$A_2$ 为主阀芯 5 圆柱面的截面面积,$A_3$ 为缸套 2 的环形截面面积,且各面积设计成 $A_1:A_2:A_3=1:2:2$,即 $A_2=A_3=2A_1$。当先导电磁阀处于中位时,控制油经电磁阀通到主阀两端容腔中。如果控制油的压力为 $p_1$,则左端通过柱塞 3 作用在主阀芯上向右的推力为 $p_1A_1$,右端作用在主阀芯上向左的推力为 $p_1A_2$,这两个推力作用的结果是使主阀芯受到一个向左的推力($p_1A_2-p_1A_1$)$=p_1A_1$。而缸套 2 在控制油的作用下将产生向右的推力 $p_1A_3=2p_1A_1$,这个力大于主阀芯向左的推力 $p_1A_1$,因此缸套右端面将会紧压在阀体的定位面 $x$ 上,而主阀芯左端的台肩也将会紧压在缸套的右端面上,此时主阀芯就牢靠地停在中间位置。当先导电磁阀在 K″ 油口通控制压力油时,主阀芯 5 推动柱塞 3 和缸套 2 一起左移,P 与 A 通,B 与 T 通;当先导电磁阀在 K′ 油口通控制压力油时,柱塞 3 推动主阀芯 1 右移,P 与 B 通,A 与 T 通,实现了换向。液压对中的最大优点是回中位可靠性好,但其结构复杂、轴向尺寸大。

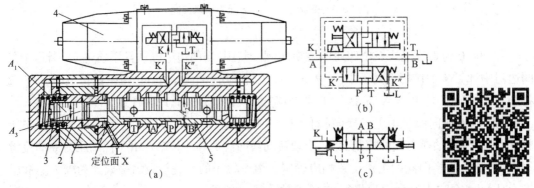

1—中盖;2—缸套;3—柱塞;4—先导阀;5—主阀芯;P—进油口;A、B—出油口;T—回油口;K—遥控口。

图 10-11　液压对中型不可调式三位四通电液换向阀

(a)结构图　(b)(c)图形符号

为了保证电液换向阀工作可靠且具有良好性能,应注意以下几点。

①当液动换向阀为弹簧对中型时,电磁换向阀必须采用 Y 形滑阀,以保证主阀芯左右两端油室通回油箱,否则主阀芯无法回到中位。

②控制油口 $K_1$ 的压力油可以取自主油路的 P 口(内控),也可以另设独立油源(外控)。采用内控而主油路又需要卸载时,必须在主阀的 P 口安装一预控压力阀(如开启压力为 0.4 MPa 的单向阀);采用外控时,独立油源的流量不得小于主阀最大通流量的 15%,以保证换向时间要求。

③为防止先导阀工作时受到回油压力的干扰,一般应将先导阀的回油口 $T_1$ 直接连通油箱(外泄),只有在主阀回油口 T 直接连通油箱,回油背压接近于零时,才可将控制油回油经阀内流道引到主阀回油口(内泄)。

2. 滑阀机能

多位阀处于不同工作位置时,各油口的不同连通方式体现了换向阀的不同控制机能,称为滑阀机能。对于三位四通(五通)滑阀,其左、右工作位置用于执行元件的换向,一般为 P 与 A 通,B 与 T 通,或 P 与 B 通,A 与 T 通;中位则有多种机能以满足该执行元件处于非运动状态时系统的不同要求。下面主要介绍三位四通滑阀的几种常用中位机能,见表 10-1。不同中位机能的滑阀,其阀体是通用的,仅阀芯的台肩尺寸和形状不同。

表 10-1　三位四(五)通滑阀的中位机能

| 机能代号 | 结构原理图 | 中位图形符号 | | 机能特点和作用 |
| --- | --- | --- | --- | --- |
| | | 三位四通 | 三位五通 | |
| O | | | | 各油口全部封闭,缸两腔封闭,系统不卸荷,液压缸充满油,从静止到启动时运行平稳;制动时液压惯性引起液压冲击较大;换向位置精度高 |
| H | | | | 各油口全部连通,系统卸荷,液压缸成浮动状态;液压缸两腔接油箱,从静止到启动时有冲击;制动时油口互通,故制动较 O 型平稳;换向位置变动大 |
| P | | | | 压力油口 P 与液压缸两腔连通,可形成差动回路,回油口封闭;从静止到启动时平稳;制动时液压缸两腔均通液压油,故制动平稳;换向位置变动比 H 型小,应用广泛 |
| Y | | | | 油泵不卸荷,液压缸两腔通回油,液压缸成浮动状态;由于液压缸两腔接油箱,从静止到启动时有冲击;制动性能介于 O 型与 H 型之间 |

续表

| 机能代号 | 结构原理图 | 中位图形符号 | | 机能特点和作用 |
|---|---|---|---|---|
| | | 三位四通 | 三位五通 | |
| K | | A B<br>P T | A B<br>T₁ P T₂ | 油泵卸荷,液压缸一腔封闭,一腔接回油箱,两个方向换向性能不同 |
| M | | A B<br>P T | A B<br>T₁ P T₂ | 油泵卸荷,液压缸两腔封闭,从静止到启动时较平稳,制动性能与O型相同,可用于油泵卸荷液压缸锁紧回路中 |
| X | | A B<br>P T | A B<br>T₁ P T₂ | 各油口半开启接通,P口保持一定的压力;换向性能介于O型与H型之间 |

### 3.换向阀的性能

#### 1)换向可靠性

换向阀的换向可靠性包括两个方面:换向信号发出后,阀芯能灵敏地移到预定的工作位置;换向信号撤出后,阀芯能在弹簧力的作用下自动恢复到常位。

换向阀在换向时需要克服的阻力包括摩擦力(主要是液压卡紧力)、液动力和弹簧力。其中,摩擦力与压力有关,液动力除与压力、通流量有关外,还与阀的机能有关。对于同一通径的电磁换向阀,其机能不同,可靠换向的压力和流量范围不同。换向阀的换向可靠性一般用工作性能极限曲线表示,如图 10-12 所示。其中,曲线 1 为四通阀封闭一个油口作三通阀用时的性能极限,显然其通流能力下降了许多。

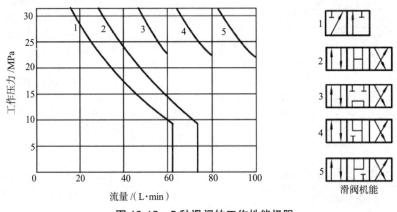

图 10-12　5 种滑阀的工作性能极限

#### 2)压力损失

换向阀的压力损失包括阀口压力损失和流道压力损失。当阀体采用铸造流道,流道形状接近于流线时,流道压力损失可降到很小。

对于电磁换向阀,因电磁铁行程较小,因此阀口开度仅 1.5~2.0 mm,阀口处流速较高,阀口压力损失较大。

换向阀的压力损失除与流量有关外,还与阀的机能、阀口流动方向有关,一般限定额定流量 $q_s$ 下,压力损失不超过一定值 $\Delta p_s$。实际流量为 $q$ 时,压力损失 $\Delta p = \Delta p_s \left( \dfrac{q}{q_s} \right)^2$。

3)内泄漏量

滑阀式换向阀为间隙密封,内漏不可避免。一般应尽可能减小阀芯与阀体孔的径向间隙,并保证其同心,同时阀芯台肩与阀体孔要有足够的封油长度。在间隙和封油长度一定时,内泄漏量随工作压力的升高而增大。泄漏不仅带来功率损失,而且会引起油液发热,影响系统的正常工作。

4)换向平稳性

要求换向阀换向平稳,实际上就是要求换向时压力冲击要小。手动和电液换向阀可通过控制换向时间来改变压力冲击。中位机能为 H、Y 型的电磁换向阀,因其液压缸两腔同时通回油,换向经过中位时压力冲击值迅速下降,因此换向较平稳。

# 10.3　压力控制阀

压力控制阀(简称压力阀)是用来控制液压系统中液体压力的阀类。压力阀按功能和用途可分为溢流阀、减压阀、顺序阀、压力继电器等。它们的共同特点是根据阀芯受力平衡的原理,利用受控液流的压力对阀芯的作用力与其他作用力的平衡条件,来调节阀的开口量以改变液阻的大小,从而达到控制液流压力的目的。

## 10.3.1　溢流阀

溢流阀在不同的场合中有不同的用途。例如,在定量泵节流调速系统中,溢流阀用来保持液压系统的压力(即液压泵出口压力)恒定,并将液压泵多余的流量溢流回油箱,这时溢流阀作为定压阀使用;在容积节流调速系统中,溢流阀在液压系统正常工作时处于关闭状态,只在系统压力大于或等于溢流阀调定压力时才开启溢流,对系统起过载保护作用,这时溢流阀作为安全阀使用;在需要卸荷回路的液压系统中,溢流阀还可以作为卸荷阀使用,这时只需通过电磁换向阀将溢流阀的控制口与油箱接通,液压泵即可卸荷,从而降低液压系统的功率损耗和发热量;溢流阀有时串联于执行元件出口的主油路上,使执行元件的出口侧产生较为恒定的背压。

1. 直动式溢流阀

直动式溢流阀是依靠系统中的压力油直接作用在阀芯上与弹簧力等相平衡,以控制阀芯的开、闭动作。直动式溢流阀的结构形式主要有滑阀、锥阀、球阀和喷嘴挡板等,其基本工作原理相同。图 10-13 所示为滑阀型直动式溢流阀的结构。该阀由滑阀阀芯 7、阀体 6、调压弹簧 3、上盖 5、调节杆 1、调节螺母 2 等组成。阀芯在调压弹簧力 $F_t$ 的作用下处于最下端位置,阀芯台肩的封油长度 $S$ 将进、出油口隔断,压力油从进油口 P 进入阀后,经径向孔 f 和阻尼孔 g 后作用在阀芯 7 的底面 C 上,阀芯 7 的底面 C 上受到油压的作用形成一个向上的液压力 $F$。当进油口压力 $p$ 较低,液压力 $F$ 小于弹簧力 $F_t$ 时,阀芯在调压弹簧的预压力作用下处于最下端,由底端螺塞 8 限位,阀处于关闭状态。当液压力 $F$ 等于或大于调压弹簧力 $F_t$ 时,阀芯向上运动,上移行程 $S$ 后阀口开启,进口压力油经阀口溢流回油箱,此时阀芯处于受力平衡状态。

图 10-13 中,L 为泄漏油口,回油口 T 与泄漏油流经的弹簧腔相通,L 口堵塞,这种连接方式称为内泄式。内泄时,回油口 T 的背压将作用在阀芯上端面,这时与弹簧相平衡的将是进、出油口压差。若将上盖 5 旋转 180°,卸掉 L 口螺塞,则直接将泄漏油引回油箱,这种连接方式称为外泄式。

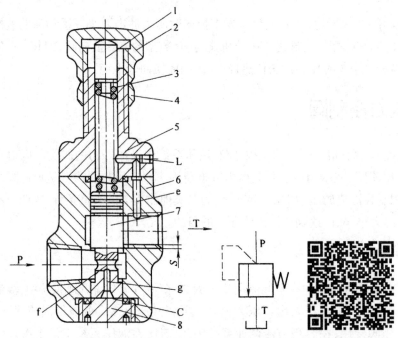

1—调节杆;2—调节螺母;3—调压弹簧;4—锁紧螺母;5—上盖;6—阀体;7—滑阀阀芯;8—底端螺塞;P—进油口;T—回油口;L—泄漏油口;g—阻尼孔;f—径向孔;C—阀芯底面。

图 10-13　滑阀型直动式溢流阀

阀口刚开启时的进油口压力称为开启压力 $p_k$,若忽略阀芯自重和阀芯与阀体之间的摩擦力,则有

$$p_k A = k(x_0 + S) \tag{10-6}$$

即

$$p_k = \frac{k(x_0 + S)}{A} \tag{10-7}$$

式中　$A$——滑阀端面面积,$A = \pi d^2 / 4$,其中 $d$ 为滑阀直径;

        $k$——弹簧劲度系数；

        $x_0$——弹簧预压缩量；

        $S$——滑阀与阀体之间的封油长度。

    由式(10-7)可见，调节弹簧的预压缩量 $x_0$，可以改变阀的开启压力 $p_k$。由于作用在滑阀上端的弹簧力直接与滑阀底部的液压力相平衡，同时滑阀直径由溢流阀的公称流量确定，因此溢流阀的开启压力取决于调压弹簧的劲度。若阀的工作压力较高，必然要加粗弹簧，以增大其劲度，这样在相同的滑阀位移下，弹簧力的变化较大。这将意味着，只有溢流阀进口压力变化量较大时阀芯才能移动，即阀控制的压力灵敏度较低。因而，这种滑阀型直动式溢流阀主要用于低压小流量场合。

    直动式溢流阀采取适当的措施也可用于高压大流量。例如，德国 Rexroth 公司开发的 DBD 型直动式溢流阀（通径为 6~20 mm，压力为 40~63 MPa；通径为 25~30 mm，压力为 31.5 MPa），最大流量可达 330 L/min。较为典型的锥阀式溢流阀如图 10-14（a）所示。图 10-14（c）所示为锥阀式溢流阀结构的局部放大图。图中在锥阀的右端有一阻尼活塞 3，阻尼活塞的侧面铣扁，以便将压力油引导至阻尼活塞底部，该阻尼活塞除了能增加运动阻尼以提高阀的工作稳定性外，还可以使锥阀导向而在开启后不会倾斜。此外，锥阀左端有一个偏流盘 1，盘上的环形槽用来改变液流方向，一方面可以补偿锥阀 2 的液动力；另一方面由于液流方向的改变而产生一个与弹簧力相反的射流力，当通过溢流阀的流量增加时，虽然因锥阀阀口增大引起弹簧力增加，但由于与弹簧力方向相反的射流力同时增加，结果抵消了弹簧力的增量，有利于提高阀的通流流量和工作压力。

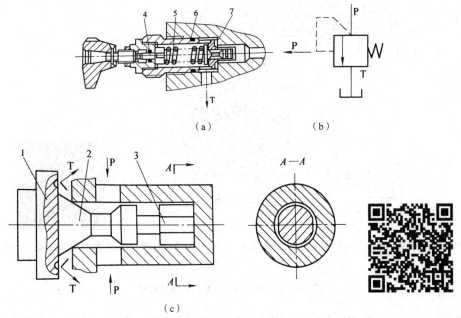

1—偏流盘；2—锥阀；3—阻尼活塞；4—调节杆；5—调压弹簧；6—阀套；7—阀座；P—进油口；T—回油口。

**图 10-14 锥阀式溢流阀**

（a）结构图 （b）图形符号 （c）局部放大图

## 2. 先导式溢流阀

先导式溢流阀是由先导阀和主阀两部分组成的。先导式溢流阀有多种结构,较常见的结构形式有三级同心式和二级同心式。

图 10-15 和图 10-16 分别为 YF 型三级同心式和 DB 型二级同心式溢流阀的结构图。其先导阀为锥阀结构,实际上是一个小流量的直动式溢流阀,主阀也为锥阀。

在图 10-15 所示的 YF 型溢流阀中,主阀芯 6 有三处分别与阀盖 3、阀体 4 和主阀座 7 有同心配合要求,因此称为三级同心式。当溢流阀的主阀进油口接压力油 $p$ 时,压力油除直接作用在主阀芯的下腔作用面积 $A$ 上外,还分别经过主阀芯上的阻尼孔 5 引到先导阀芯的前端,对先导阀芯形成一个液压力 $F_x$。若液压力 $F_x$ 小于先导阀芯另一端弹簧力 $F_{t2}$ 时,先导阀关闭,主阀上腔为密闭静止容腔,阻尼孔 5 中无液流流过,主阀芯上、下两腔压力相等。因上腔作用面积 $A_1$ 稍大于下腔作用面积 $A$($A_1/A$=1.03~1.05),作用于主阀芯上、下腔的液压力差与弹簧力共同作用将主阀芯紧压在主阀座 7 上,主阀阀口关闭。随着溢流阀的进口压力 $p$ 增大,作用在先导阀芯上的液压力 $F_x$ 也随之增大,当 $F_x \geq F_{t2}$ 时,先导阀阀口开启,压力油经主阀芯上的阻尼孔 5、阀盖上的流道 a、先导阀阀口、主阀芯中心泄油孔 b 流回油箱。由于液流通过阻尼孔 5 时将在两端产生压力差,使主阀上腔压力 $p_1$(先导阀阀口前腔压力)低于主阀下腔压力 $p$(主阀进口压力)。当压差($p-p_1$)足够大时,因压差形成向上的液压力克服主阀弹簧力推动阀芯上移,主阀阀口开启,溢流阀进口压力油经主阀阀口溢流至回油口 T,然后流回油箱。主阀阀口开度一定时,先导阀阀芯和主阀阀芯分别处于平衡状态。

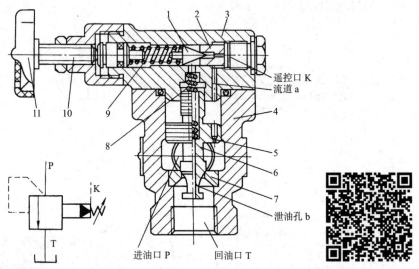

1—先导锥阀;2—先导阀座;3—阀盖;4—阀体;5—阻尼孔;6—主阀芯;7—主阀座;8—主阀弹簧;9—调压弹簧;10—调节螺钉;11—调节手轮。

图 10-15　YF 型先导式溢流阀结构图

在图 10-16 所示的 DB 型溢流阀中,为使主阀关闭时有良好的密封性,要求主阀芯 1 的圆柱导向面、圆锥面与阀套 11 配合良好,两处的同心度要求较高,故称为二级同心式。主阀芯上没有阻尼孔,而将三个阻尼孔 2、3、4 分别设在阀体 10 和先导阀体 6 上。该溢流阀的工作原理及图形符号与三级同心式溢流阀相同,只不过油液从主阀下腔到主阀上腔需经过三个阻尼孔。阻尼孔 2 和 4 串联,相当于三级同心式溢流阀主阀芯中的阻尼孔,其作用是在主阀下腔与先导阀前腔之间产生压力差,再通过阻尼孔 3 作用在主阀上腔,从而控制主阀芯开启;阻尼孔 3 的主要作用是提高主阀芯的稳定性。

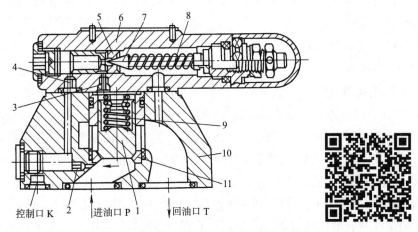

控制口 K　　2　　进油口 P 1　　回油口 T

1—主阀芯;2、3、4—阻尼孔;5—先导阀座;6—先导阀体;7—先导阀芯;8—调压弹簧;9—主阀弹簧;10—阀体;11—阀套。

**图 10-16　DB 型先导式溢流阀结构图**

与三级同心式结构相比,二级同心式结构具有以下特点。

(1)主阀芯的圆柱导向面和圆锥面与阀套的内圆柱面和阀座有同心度要求,与先导阀无配合,故结构简单,加工和装配方便。

(2)过流面积大,在相同流量的情况下,主阀开启度小;或者在相同开启情况下,其通流能力强。

(3)主阀芯与阀套可通用化,便于批量生产。

在上述传统的先导式溢流阀中,先导阀输入弹簧力与主阀上腔压力相平衡,由于先导阀的流量及作用在先导阀芯上的液动力和弹簧力变化均较小,因此先导阀直接控制的压力可视为恒定。但先导阀对主阀受控压力的控制则是开环的。流经主阀的流量变化所引起的主阀芯液动力的变化将影响主阀芯的力平衡,从而使输出压力随流量增大而升高,产生调压偏差。虽然主阀流量变化引起的主阀芯位移和主阀弹簧力变化以及先导阀液动力和弹簧力变化等均会引起调压偏差,但这些因素与主阀液动力变化的影响相比均不是主要的。对先导式溢流阀在控制原理上进行改进,采用受控压力与先导阀输入力直接比较反馈的闭环控制,可抑制主阀液动力等扰动的影响,使输出的受控压力基本不受主阀流量变化的影响。

### 10.3.2　减压阀

减压阀是一种利用液流流过缝隙产生压力损失,使其出口压力低于进口压力的压力控制阀。按调节要求,减压阀可分为定压减压阀、定比减压阀和定差减压阀。定压减压阀用于控制出口压力为定值,使液压系统中某一部分得到比供油压力低的稳定压力;定比减压阀用来控制它的进、出口压力保持调定不变的比例;定差减压阀则用来控制进、出口压力差为定值。这里只介绍定压减压阀。

1. 定压减压阀的结构和工作原理

定压减压阀有直动式和先导式两种结构形式,直动式定压减压阀较少单独使用。在先导式定压减压阀中,根据先导级供油的引入方式,有先导级由减压出口供油和先导级由减压进口供油两种结构形式。

2. 先导级由减压出口供油的减压阀

图 10-17 所示为 JF 型定压减压阀的结构图,该阀由先导阀调压,主阀减压。先导阀和主阀分别为锥阀和滑阀结构。该阀的工作原理是进口压力 $p_1$ 经减压后压力变为出口压力 $p_2$,出口压力油经过阀体 6 下部和端盖 8 上的通道进入主阀芯 7 的下腔,再经主阀芯上的阻尼孔 9 进入主阀上腔和先导阀前腔,然后通过锥阀座 4 中的阻尼孔后作用在锥阀 3 上。当出口压力低于调定压力时,先导阀口关闭,阻尼孔 9 中没有油液流动,主阀心上、下两端的油压力相等,主阀在弹簧力的作用下处于最下端位置,减压口全开,不起减压作用, $p_2 \approx p_1$。当出口压力超过调定压力时,出油口部分液体经阻尼孔 9、先导阀口、阀盖 5 上的泄油口 L 流回油箱。阻尼孔 9 有液体通过时,使主阀上、下腔产生压差( $p_2 > p_3$ ),当此压差所产生的作用力大于主阀弹簧力时,主阀上移,使节流口(减压口)关小,减压作用增强,直到主阀芯稳定在某一平衡位置,此时出口压力 $p_2$ 取决于先导阀弹簧所调定的压力值。

如果外来干扰使进口压力 $p_1$ 升高,则出口压力 $p_2$ 也升高,主阀芯上移,节流口减小, $p_2$ 又降低,主阀芯在新的位置上处于平衡,而出口压力 $p_2$ 基本维持不变;反之亦然。

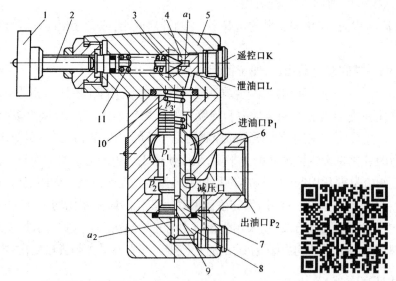

1—调压手轮;2—调节螺钉;3—锥阀;4—锥阀座;5—阀盖;6—阀体;7—主阀芯;
8—端盖;9—阻尼孔;10—主阀弹簧;11—调压弹簧。

**图 10-17　JF 型定压减压阀结构图**

### 3. 先导级由减压进口供油的减压阀

先导级供油既可从减压阀口的出口引入，也可从减压阀口的进口引入，各有特点。先导级供油从减压阀的出口引入时，该供油压力 $p_2$ 是减压阀稳定后的压力，波动不大，有利于提高先导级的控制精度，但导致先导级的控制压力（主阀上腔压力）$p_3$ 始终低于主阀下腔压力 $p_2$。若减压阀主阀芯上、下的有效面积相等，为使主阀芯平衡，不得不加大主阀弹簧劲度，但这又会使主阀的控制精度降低。

先导级供油从减压阀进口引入的优点是先导级的供油压力较高，先导级的控制压力（主阀上腔压力）$p_3$ 也可以较高，故不需要加大阀芯的弹簧劲度即可使主阀芯平衡，可提高主阀的控制精度。但减压阀进口压力 $p_1$ 未经稳压，压力波动可能较大，又不利于先导级控制。为了减小 $p_1$ 波动可能带来的不利影响，保证先导级的控制精度，采取的措施是在先导级进口处用一个小型"控制油流量恒定器"代替原固定阻尼孔，通过"控制油流量恒定器"的调节作用使先导级的流量及先导阀的开口量近似恒定，有利于提高主阀上腔压力 $p_1$ 的稳压精度。

图 10-18 所示是一种先导级由减压进口供油的减压阀。在该阀的控制油路上设有控制油流量恒定器 6，它由一个固定阻尼 I 和一个可变阻尼 II 串联而成。可变阻尼借助一个可以轴向移动的小活塞来改变通油孔 N 的过流面积，从而改变液阻。小活塞左端的固定阻尼孔，使小活塞两端出现压力差。小活塞在此压力差和右端弹簧的共同作用下，而处于某一平衡位置。

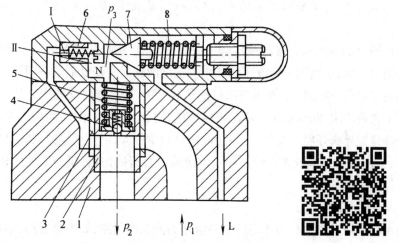

1—阀体；2—主阀芯；3—阀套；4—单向阀；5—主阀弹簧；6—控制油流量恒定器；7—先导阀；8—调压弹簧；
I—固定阻尼；II—可变阻尼；L—泄油口；N—通油孔。

**图 10-18　先导级由减压进口供油的减压阀**

如果由减压阀进口引入的压力油的压力达到调压弹簧 8 的调定值，先导阀 7 开启，液流经先导阀口流向油箱。这时，控制油流量恒定器前部的压力为减压阀开口压力 $p_1$，其后部的压力为先导阀控制压力（即主阀芯上腔的压力 $p_3$），$p_3$ 由调压弹簧 8 调定。由于 $p_3 < p_1$，主阀芯 2 在上、下腔压力差的作用下克服主阀弹簧力向上抬起，减小主阀开口，起减压作用，使主阀出口压力降低为 $p_2$。由于主阀芯 2 采用了对称设置许多小孔的结构作为主阀阀口，因此

液动力为零。如果忽略主阀芯的自重和摩擦力,则主阀芯的力平衡表达式为

$$p_2A = p_3A + k_1(y_0 + y_{max} - y) \qquad (10\text{-}8)$$

式中　$A$——主阀芯有效作用面积;

　　　$k_1$——主阀弹簧的劲度系数;

　　　$y_0$、$y$、$y_{max}$——主阀弹簧预压缩量、主阀开口量、主阀最大开口量。

由于主阀弹簧的劲度系数 $k_1$ 很弱,且 $y \ll (y_0 + y_{max})$,故 $k_1(y_0 + y_{max} - y) \approx k_1(y_0 + y_{max})$ $= C$(常数),则式(10-8)可写成

$$p_2A = p_3A + C \qquad (10\text{-}9)$$

由式(10-9)可见,要使减压阀出口压力 $p_3$ 恒定,就必须使先导阀控制压力 $p_3$ 稳定不变。在调压弹簧预压缩量一定的情况下,这取决于通过先导阀的流量是否恒定。

在图 10-18 中,当控制油流量恒定器 6 处于某一平衡位置时,其总液阻一定,在进油口压力 $p_1$ 一定的条件下,通过先导阀的流量一定,其与流经主阀阀口的流量无关。若因 $p_1$ 的上升而引起通过控制油流量恒定器 6 的流量增大,将因总液阻来不及变化而导致小活塞两端压力差增大,使之右移,导致通油孔 N 的面积减小,即控制油流量恒定器 6 总液阻增大,通过的流量反而减小,力图恢复到原来的值。最终使通过控制油流量恒定器 6 的流量得以恒定。因此,这种阀中出口压力 $p_2$ 与阀的进口压力 $p_1$ 和流经主阀的流量无关。

如果阀的出口压力出现冲击,主阀芯上的单向阀 4 将迅速开启卸压,使阀的出口压力很快降低。在出口压力恢复到调定值后,单向阀重新关闭,故单向阀在这里起压力缓冲作用。

作为定压输出的减压阀是各种减压阀中应用最多的一种,其作用是用来降低液压系统中某一回路的液压力,达到用一个液压源能同时输出两种或两种以上的不同液压力的目的。必须说明的是,减压阀的出口压力还与出口的负载有关,若负载建立的压力低于调定压力,则出口压力由负载决定,此时减压阀不起减压作用,进、出口压力相等,即减压阀保证出口压力恒定的条件是先导阀开启。此外,当减压阀出口负载很大,以至于使减压阀出口油液不流动时,仍有少量油液通过减压阀口经先导阀至泄油口 L 流回油箱,阀处于工作状态,减压阀出口压力保持在调定压力值。

4. 功能与特点

减压阀用在液压系统中获得压力低于系统压力的二次油路,如夹紧油路、润滑油路和控制油路。比较减压阀与溢流阀的工作原理和结构,可以将二者的差别归纳为以下三点。

(1)减压阀为出口压力控制,保证出口压力为定值;溢流阀为进口压力控制,保证进口压力恒定。

(2)减压阀阀口常开,进、出油口相通;溢流阀阀口常闭,进、出油口不通。

(3)减压阀出口压力油继续提供给执行元件,压力不等于零,先导阀弹簧腔的泄漏油需单独引回油箱;溢流阀出口压力油直接接回油箱,因此先导阀弹簧腔的泄漏油经阀体内流道内泄至出口。

与溢流阀相同是,减压阀亦可以在先导阀的遥控口接远程调压阀以实现远控或多级

调压。

### 10.3.3　顺序阀

顺序阀是一种利用压力控制阀口通断的压力阀,因用于控制多个执行元件的动作顺序而得名。实际上,除用来实现顺序动作的内控外泄形式(图 10-19)外,顺序阀还可以通过改变上盖或底盖的装配位置得到内控内泄、外控外泄、外控内泄三种类型。它们的图形符号如图 10-20 所示,其中内控内泄用在系统中作平衡阀或背压阀;外控内泄用作卸载阀;外控外泄相当于一个液控二位二通阀。上述四种控制形式的阀在结构上完全通用,因此又统称为顺序阀,其工作原理与溢流阀类似,这里就不做介绍。现将其特点归纳如下。

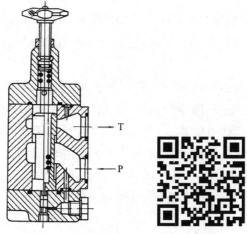

**图 10-19　直动式顺序阀结构图(内腔外泄)**

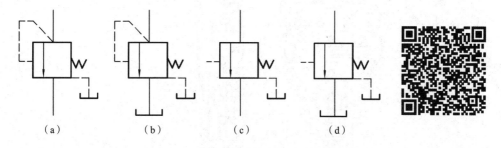

（a）　　　　（b）　　　　（c）　　　　（d）

**图 10-20　顺序阀的四种控制、泄油形式**

（a）内控外泄　（b）内控内泄　（c）外控外泄　（d）外控内泄

（1）内控外泄顺序阀与溢流阀的相同之处是阀口常闭,由进口压力控制阀口的开启。两者的区别是内控外泄顺序阀的出口压力油继续提供给执行元件,当负载建立的出口压力高于阀的调定压力时,阀的进口压力等于出口压力,作用在阀芯上的液压力大于弹簧力和液动力,阀口全开;当负载所建立的出口压力低于阀的调定压力时,阀的进口压力等于调定压力,作用在阀芯上的液压力、弹簧力、液动力平衡,阀的开口一定,满足压力流量方程。因阀的出口压力不等于零,因此弹簧腔的泄漏油需单独引回油箱,即外泄。

（2）内控内泄顺序阀的图形符号和动作原理与溢流阀相同,但实际使用时,内控内泄顺序阀串联在液压系统的回油路中使回油具有一定压力,而溢流阀则旁接在主油路中,如泵的出口、液压缸的进口。因性能要求上的差异,二者不能混用。

（3）外控内泄顺序阀在功能上等同于液动二位二通阀,且出口接油箱,因作用在阀芯上的液压力为外力,而且大于阀芯的弹簧力,因此工作时阀口全开,可用于双泵供油回路使大泵卸载。

（4）外控外泄顺序阀除作液动开关阀外,类似的结构还用在变重力负载系统,称为限速锁。

### 10.3.4　压力继电器

压力继电器是一种将液压系统的压力信号转换为电信号的元件。其作用是根据液压系统压力的变化,通过压力继电器内的微动开关,自动接通或断开电气线路,实现执行元件的顺序控制或安全保护。

按结构特点,压力继电器可分为柱塞式、弹簧管式、膜片式等。图 10-21 所示为单触点柱塞式压力继电器,它主要包括柱塞、调节螺帽和电气微动开关等。其中压力油作用在柱塞的下端,液压力直接与上端弹簧力相对抗。当液压力大于或等于弹簧力时,柱塞向上移,压下微动开关触头,接通或断开电气线路;当液压力小于弹簧力时,微动开关触头复位。显然,柱塞上移将引起弹簧的压缩量增加,因此压下微动开关触头的压力( 开启压力 )与微动开关复位的压力( 闭合压力 )存在一个差值,此差值对压力继电器的正常工作是必要的,但不易过大。

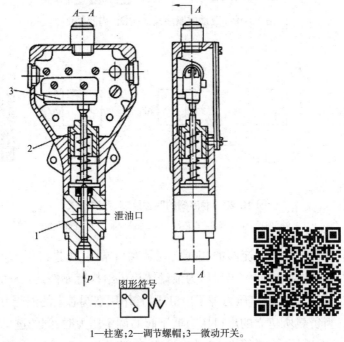

1—柱塞;2—调节螺帽;3—微动开关。

图 10-21　单触点柱塞式压力继电器

# 10.4　流量控制阀

流量控制阀（简称流量阀）是在一定的压力差下，依靠改变节流口液阻的大小来控制通过节流口的流量，从而调节执行元件（液压缸或液压马达）运动速度的阀类。流量阀包括节流阀、调速阀、溢流节流阀和分流集流阀等。

对流量控制阀的主要性能要求是有足够的调节范围，能保证稳定的最小流量，温度和压力变化对流量的影响小，调节方便，泄漏小等。

## 10.4.1　流量控制原理

由流体力学相关理论可知，孔口及缝隙作为液阻，其通用压力流量方程为

$$q = K_L A (\Delta p)^m \tag{10-10}$$

式中　$K_L$——节流系数，一般视为常数；

　　　$A$——孔口或缝隙的过流面积；

　　　$\Delta p$——孔口或缝隙的前后压力差；

　　　$m$——指数，$0.5 \leqslant m \leqslant 1$。

显然，当 $K_L$、$\Delta p$ 一定时，改变过流面积 $A$，即改变液阻的大小，调节通流量，这就是流量控制阀的控制原理。因此，称这些孔口及缝隙为节流口，称式（10-10）为节流方程。

常用节流口的结构形式如图 10-22 所示，图中锥形结构的 $A = \pi D x \sin \beta$，三角槽形结构的 $A = n x^2 \sin^2 \alpha \tan \varphi$，矩形结构的 $A = n b (x - x_d)$，三角形结构的 $A = n x^2 \tan \beta$，其中 $n$ 为节流槽的个数。

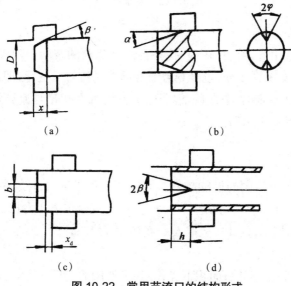

（a）　　　　　　　　　　（b）

（c）　　　　　　　　　　（d）

**图 10-22　常用节流口的结构形式**

（a）锥形　（b）三角槽形　（c）矩形　（d）三角形

### 10.4.2　节流阀

节流阀是一种最简单又最基本的流量控制阀,其实质相当于一个可变节流口,即一种借助于控制机构使阀芯相对于阀体孔运动来改变阀口过流面积的阀,常用在定量泵节流调速回路中实现调速。

**1. 结构与原理**

图 10-23 所示为一种典型的节流阀,其主要由阀芯、阀体和螺母组成。阀体上右边为进油口,左边为出油口。阀芯的一端开有三角尖槽,另一端加工有螺纹,旋转阀芯即可轴向移动改变阀口的过流面积,即阀的开口面积。

为平衡阀芯上的液压径向力,三角尖槽须对称布置,因此三角尖槽数 $n \geqslant 2$。

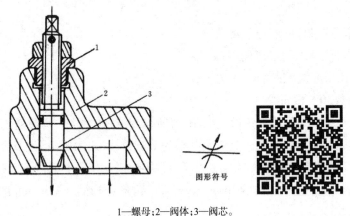

图形符号

1—螺母;2—阀体;3—阀芯。

**图 10-23　节流阀**

**2. 流量特性与刚性**

当节流阀用在系统中起调速作用时,往往会因外负载的波动引起阀前后压力差 $\Delta p$ 变化。此时,即使阀开口面积 $A$ 不变,也会导致流经阀口的流量 $q$ 变化,即流量不稳定。一般定义节流阀开口面积 $A$ 一定时,节流阀前后压力差 $\Delta p$ 的变化量与流经阀的流量变化量之比为节流阀的刚性 $T$,其可表示为

$$T = \frac{\partial \Delta p}{\partial q} = \frac{\Delta p^{1-m}}{K_{L} A m} \tag{10-11}$$

显然,刚性 $T$ 越大,节流阀的性能越好。因薄壁孔型的 $m=0.5$,故多作节流阀的阀口。另外,增大 $\Delta p$ 有利于提高节流阀的刚性,但 $\Delta p$ 过大,不仅会造成压力损失的增大,而且可能导致阀口因面积太小而堵塞,因此一般取 $\Delta p =0.15\sim0.4$ MPa。

**3. 最小稳定流量**

实验表明,当节流阀在小开口面积下工作时,虽然阀的前后压力差 $\Delta p$ 和油液黏度 $\mu$ 均不变,但流经阀的流量 $q$ 会出现时多时少的周期性脉动现象,随着开口继续减小,流量脉动现象加剧,甚至出现间歇式断流,使节流阀完全丧失工作能力。上述这种现象即为节流阀的堵塞现象。造成堵塞现象的主要原因是油液中的污物堵塞节流口,即污物时堵时清造成流

量脉动;另一个原因是油液中的极化分子在金属表面的吸附作用导致在节流缝隙表面形成吸附层,使节流口的大小和形状受到破坏。

节流阀的堵塞现象使节流阀在很小流量下工作时流量不稳定,以致执行元件出现"爬行"现象。因此,对节流阀有一个能正常工作的最小流量限制。这个限制值称为节流阀的最小稳定流量,用于系统时,其值限制了执行元件的最低稳定速度。

### 10.4.3　调速阀

节流阀因为刚性差,通过阀口的流量因阀口前后压差变化而波动,因此仅适用于执行元件工作负载变化不大且对速度稳定性要求不高的场合。为解决负载变化大的执行元件的速度稳定性问题,应采取措施保证负载变化时,节流阀的前后压差不变。其具体结构有节流阀与定差减压阀串联组成的调速阀,以及节流阀与差压式溢流阀并联组成的溢流节流阀。溢流节流阀又称为旁通型调速阀,故调速阀又称为普通调速阀。

1. 调速阀的工作原理

图 10-24 所示为调速阀的结构图,图 10-25 所示为调速阀的工作原理图。压力油由 $p_1$ 进入调速阀,先经过定差减压阀的阀口($x$),压力由 $p_1$ 减至 $p_2$,然后经节流阀阀口($y$)流出,出口压力减为 $p_3$。节流阀前的压力油 $p_2$ 经孔 a 和 b 作用在定差减压阀的右(下)腔;节流阀后的压力油 $p_3$ 经孔 c 作用在定差减压阀的左(上)腔。因此,作用在定差减压阀阀芯上的力有液压力、弹簧力和液动力。调速阀稳定工作时的静态方程如下。

定差减压阀阀芯受力平衡方程为

$$p_2A = p_3A + F_t - F_s \qquad (10\text{-}12)$$

$$F_t = k(x_0 + x_{max} - x)$$

$$F_s = 2C_{d1}\pi dx\cos\theta(p_1 - p_2)$$

流经定差减压阀阀口的流量为

$$q_1 = C_{d1}\pi dx\sqrt{\frac{2(p_1 - p_2)}{\rho}} \qquad (10\text{-}13)$$

流经节流阀阀口的流量为

$$q_2 = C_{d2}A_y\sqrt{\frac{2(p_2 - p_3)}{\rho}} \qquad (10\text{-}14)$$

流量连续性方程为

$$q_1 = q_2 = q \qquad (10\text{-}15)$$

式中　$A$——定差减压阀阀芯作用面积;

　　　$F_t$——作用在定差减压阀阀芯上的弹簧力;

　　　$k$——弹簧的劲度系数;

　　　$x_0$——弹簧预压缩量(阀开口 $x = x_{max}$ 时);

　　　$x_{max}$——定差减压阀最大开口长度;

　　　$x$——定差减压阀工作开口长度;

$F_s$——作用在定差减压阀阀芯上的液动力；

$d$——定差减压阀阀口处阀芯直径；

$\theta$——定差减压阀阀口处液流速度方向角，$\theta =69°$；

$C_{d1}$、$C_{d2}$——定差减压阀和节流阀阀口的流量系数；

$q_1$、$q_2$、$q$——流经定差减压阀、节流阀和调速阀的流量；

$A_y$——节流阀开口面积。

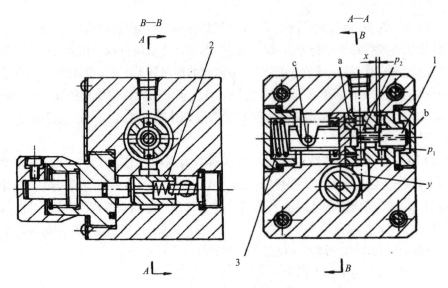

1—定差减压阀阀芯；2—节流阀阀芯；3—弹簧。

图 10-24　调速阀的结构图

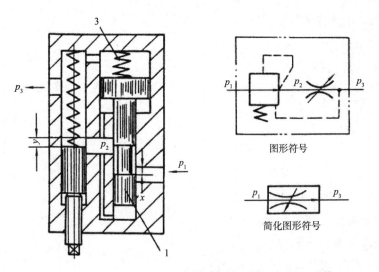

图形符号

简化图形符号

1—定差减压阀阀芯；2—节流阀阀芯；3—弹簧。

图 10-25　调速阀的工作原理图

当上述表达式成立时,对应于一定的节流阀开口面积 $A_y$,流经阀的流量 $q$ 一定。此时,节流阀的进、出口压力差 $(p_2-p_3)$ 由定差减压阀阀芯受力平衡方程确定,为一定值,即 $p_2-p_3=(F_t-F_s)/A=$ 常量。若结构上采用液动力平衡措施,则 $F_s=0$,$p_2-p_3=F_t/A$。

假定调速阀的进口压力 $p_1$ 为定值,当出口压力 $p_3$ 因负载增大而增加,导致调速阀的进、出口压力差 $(p_2-p_3)$ 突然减小时,$p_3$ 的增大势必破坏定差减压阀阀芯原有的受力平衡,于是阀芯向阀口增大方向运动,定差减压阀的减压作用削弱,节流阀进口压力 $p_2$ 随之增大,当 $p_2-p_3=F_t/A$ 时,定差减压阀阀芯在新的位置平衡。由此可知,因定差减压阀有压力补偿作用,可保证节流阀前、后压力差 $(p_2-p_3)$ 不受负载的干扰而基本保持不变。

调速阀的结构可以是定差减压阀在前、节流阀在后,也可以是节流阀在前、定差减压阀在后,二者在工作原理和性能上完全相同。

**2. 调速阀的流量稳定性**

在调速阀中,节流阀既是一个调节元件,又是一个检测元件。当阀的开口面积调定之后,它一方面控制流量的大小,另一方面检测流量信号并转换为阀口前、后压力差,反馈作用到定差减压阀阀芯的两端与弹簧力相比较。当检测的压力差值偏离预定值时,定差减压阀阀芯产生相应的位移,改变减压缝隙的大小进行压力补偿,保证节流阀前、后压力差基本不变。然而,定差减压阀阀芯的位移势必引起弹簧力和液压力波动,因此节流阀前、后压力差只能保持基本不变,即流经调速阀的流量基本稳定。另外,为保证定差减压阀能够起压力补偿作用,调速阀进、出口压力差应大于由弹簧力和液压力所确定的最小压力差,否则仅相当于普通节流阀,无法保证流量稳定。

**3. 旁通型调速阀**

旁通型调速阀原称溢流节流阀,其结构图和工作原理图分别如图 10-26 和图 10-27 所示。与调速阀不同,用于实现压力补偿的差压式溢流阀 1 的进口与节流阀 2 的进口并联,节流阀的出口接执行元件,差压式溢流阀的出口接油箱。节流阀的前、后压力 $p_1$ 和 $p_2$ 经阀体内部通道反馈作用在差压式溢流阀的阀芯两端,当溢流阀阀芯受力平衡时,压力差 $(p_1-p_2)$ 被弹簧力确定为基本不变,因此流经节流阀的流量基本稳定。

图 10-26 中,安全阀 3 的进口与节流阀的进口并联,用于限制节流阀的进口压力 $p_1$ 的最大值,对系统起安全保护作用。旁通型调速阀正常工作时,安全阀处于关闭状态。

若因负载变化引起节流阀出口压力 $p_2$ 增大,差压式溢流阀阀芯弹簧端的液压力将随之增大,阀芯原有的受力平衡被破坏,阀芯向阀口减小的方向移动,阀口减小使其阻尼作用增强,于是进口压力 $p_1$ 增大,阀芯受力重新平衡。因差压式溢流阀的弹簧劲度很小,因此阀芯的位移对弹簧力影响不大,即阀芯在新的位置平衡后,阀芯两端的压力差,也就是节流阀前、后压力差 $(p_1-p_2)$ 保持不变。在负载变化引起节流阀出口压力 $p_2$ 减小时,类似上面的分析,同样可保证节流阀前、后压力差 $(p_1-p_2)$ 基本不变。

旁通型调速阀用于调速时,只能安装在执行元件的进油路上,其出口压力 $p_2$ 随执行元件的负载而变。因工作时节流阀进、出口压差不变,因此阀的进口压力,即系统压力 $p_1=p_2+F_t/A$ 随之变化,系统为变压系统。与调速阀的调速回路相比,旁通型调速阀的调速回路效率较高。目前,国内外开发的负载敏感阀及功率适应回路正是在旁通型调速阀的基础上发展起来的。

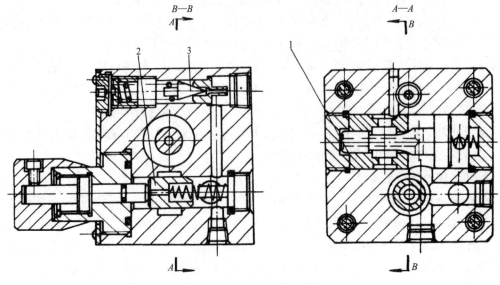

1—差压式溢流阀;2—节流阀;3—安全阀。

图 10-26　旁通型调速阀的结构图

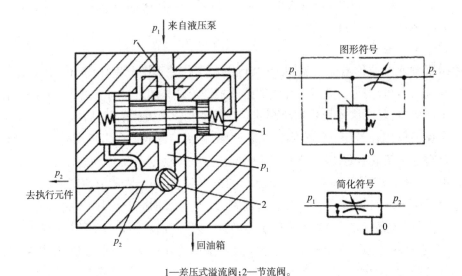

1—差压式溢流阀;2—节流阀。

图 10-27　旁通型调速阀的工作原理图

## 10.4.4　分流集流阀

有些液压系统中由一台液压泵同时向几个几何尺寸相同的执行元件供油,要求无论各执行元件的负载如何变化,执行元件均能够保持相同的运动速度,即速度同步。分流集流阀就是用来保证多个执行元件速度同步的流量控制阀,又称为同步阀。

分流集流阀包括分流阀、集流阀和分流集流阀三种类型。分流阀安装在执行元件的液流进口,保证进入执行元件的流量相等;集流阀安装在执行元件的回油路,保证执行元件回油路中流量相同。分流阀和集流阀只能保证执行元件单方向的运动同步,而要求执行元件的双向同步则可以采用分流集流阀。下面简单介绍分流阀和分流集流阀的工作原理。

1. 分流阀

图 10-28 所示为分流阀的结构图。它由固定节流孔 1 和 2、阀体 5、阀芯 6 和两个对中弹簧 7 等组成。阀芯的中间台肩将阀分成完全对称的左、右两部分。位于左侧的油室 a 通过阀芯上的轴向小孔与阀芯右侧弹簧腔相通,位于右侧的油室 b 通过阀芯上的另一轴向小孔与阀芯左侧弹簧腔相通。装配时,由对中弹簧 7 保证阀芯处于中间位置,阀芯两侧台肩与阀体沉割槽组成的两个可变节流口 3、4 的过流面积相等(液阻相等)。将分流阀装入系统后,液压泵的来油(压力为 $p_0$)被分成两条并联支路 I 和 II,经过液阻相等的固定节流孔 1 和 2 分别进入油室 a 和 b(压力分别为 $p_1$ 和 $p_2$),然后经可变节流口 3 和 4 流至出口(压力分别为 $p_3$ 和 $p_4$),通往两个几何尺寸完全相同的执行元件。在两个执行元件的负载相同时,两出口压力 $p_3=p_4$,即两条支路的进、出口压力差和总液阻(固定节流孔和可变节流口的液阻之和)均相等,因此输出的流量 $q_1=q_2$,两执行元件速度同步。

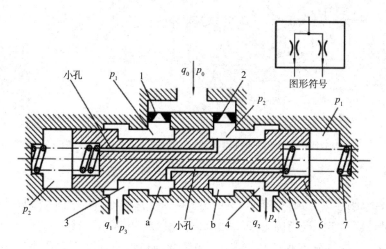

1、2—固定节流孔;3、4—可变节流口;5—阀体;6—阀芯;7—对中弹簧。

**图 10-28　分流阀的结构图**

若执行元件的负载变化导致支路 I 的出口压力 $p_3$ 大于支路 II 的出口压力 $p_4$,在阀芯未动作和两支路总液阻仍相等时,压力差 $(p_0-p_3)<(p_0-p_4)$ 势必导致输出流量 $q_1<q_2$。输出流量的偏差一方面使执行元件的速度出现不同步,另一方面又使固定节流孔 1 的压力损失小于固定节流孔 2 的压力损失,即 $p_1>p_2$。因 $p_1$ 和 $p_2$ 被分别反馈作用到阀芯的右端和左端,其压力差将使阀芯向左位移,可变节流口 3 的过流面积增大,液阻减小,可变节流口 4 的过流面积减小,液阻增大。于是支路 I 的总液阻减小,支路 II 的总液阻增大。总液阻的改变反过来会使支路 I 的流量 $q_1$ 增加,支路 II 的流量 $q_2$ 减小,直至 $q_1=q_2$,$p_1=p_2$,阀芯受力重新平衡,阀芯稳定在新的工作位置,两执行元件的速度恢复同步。显然,固定节流孔在这里起检测流量的作用,它将流量信号转换为压力信号 $p_1$ 和 $p_2$;可变节流口在这里起压力补偿作用,其过流面积(液阻)通过压力 $p_1$ 和 $p_2$ 的反馈作用进行控制。

**2. 分流集流阀**

图 10-29 所示为挂钩式分流集流阀的结构图,其阀芯分成左、右两段,两阀芯由挂钩连接。图示为右侧回油口压力 $p_4$ 大于左侧回油口压力 $p_3$ 的工况,因阀芯两端压力 $p_1$ 和 $p_2$ 高于中间出油口的压力 $p_0$,挂钩阀芯向中间靠拢。又因为 $(p_4-p_0)>(p_3-p_0)$ 导致 $q_2>q_1$, $p_2>p_1$,阀芯向左偏移,可变节流口 4 的开口面积 $A_2$ 小于可变节流口 1 的开口面积 $A_1$。而在阀芯稳定后,$p_1=p_2$, $q_2=K_L A_2\sqrt{p_4-p_2}=q_1=K_L A_1\sqrt{p_3-p_1}$,两支路回流流量相等。当 $p_3>p_4$ 时,阀芯向右偏移,$A_1<A_2$;当 $p_3=p_4$ 时,阀芯处于中位,$A_1=A_2$。由于阀芯对中弹簧的劲度很小,因此可认为在阀芯处于稳定平衡时,两端压力 $p_1=p_2$,即固定节流孔 7、8 前后压力差 $p_1-p_0=p_2-p_0$,流经节流孔的流量相等。与前述分流阀相同,固定节流孔在这里检测流量并转换为压力信号( $p_1$ 或 $p_2$ ),反馈作用于阀芯改变可变节流口开口面积,对进口压力 $p_3$ 和 $p_4$ 的变化进行补偿。

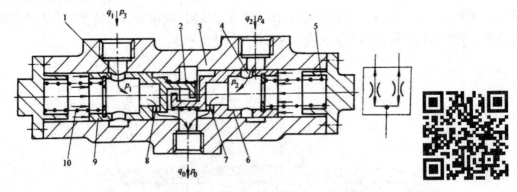

1、4—可变节流口;2—缓冲弹簧;3—阀体;5、10—对中弹簧;6、9—挂钩阀芯;7、8—固定节流孔。

**图 10-29　挂钩式分流集流阀的结构图**

在分流集流阀作为分流阀用时,因阀芯两端压力 $p_1$ 和 $p_2$ 低于中间进油口的压力 $p_0$,挂钩阀芯被推开,其工作原理与图 10-28 所示作分流阀的相同。

综上所述,无论是分流阀还是集流阀,保证两油口流量不受出口压力(或进口压力)变化影响,并始终保证相等是依靠阀芯的位移改变可变节流口的开口面积进行压力补偿的。显然,阀芯的位移将使对中弹簧的力的大小发生变化,即使是微小的变化也会使阀芯两端的压力 $p_1$ 与 $p_2$ 出现偏差,而两个固定节流孔也是很难完全相同的。因此,由分流阀和分流集流阀所控制的同步回路仍然存在一定的误差,一般为 2%~5%。

# 10.5　其他控制阀

## 10.5.1　插装阀

前文介绍的液压控制阀按安装形式属于管式连接和板式连接,它们一般按单个元件组织生产。早期,它们多是滑阀型结构,阀口关闭时为间隙密封,不仅密封性能不好,而且因为具有一定的密封长度,阀口开启时存在死区,阀的灵敏度差。为解决这一问题,首先在压力阀中采用锥阀代替滑阀,继而出现了锥阀型的逻辑换向阀,最后发展为可以实现压力、流量和方向控制的标准组件,即二通插装阀基本组件。根据液压系统的不同需要,将这些基本组件插入特定设计和加工的阀块,盖板和不同先导阀组合的形式灵活多样,加之密封性好、动作灵敏、通流能力强、抗污性能好,因此应用日益广泛,特别是一些大流量及介质为非矿物油的场合,其优越性更为突出。

1. 插装阀基本组件

插装阀基本组件由阀芯、阀套、弹簧和密封圈组成。根据其用途不同分为方向阀组件、压力阀组件和流量阀组件三种。同一通径的三种组件的安装尺寸相同,但阀芯的结构形式和阀座孔直径不同。图 10-30 所示为三种插装阀组件的结构图及符号图,三种组件均有两个主油口 A 和 B,一个控制油口 X。

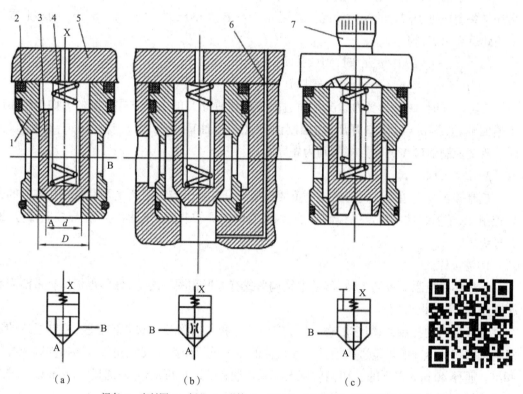

1—阀套;2—密封圈;3—阀芯;4—弹簧;5—盖板;6—阻尼孔;7—阀芯行程调节杆。

**图 10-30　插装阀基本组件结构图**
(a)方向阀组件　(b)压力阀组件　(c)流量阀组件

记阀芯直径为 $D$,阀座孔直径为 $d$,则油口 A、B、X 的作用面积 $A_A$、$A_B$、$A_X$ 分别为

$$A_A = \frac{\pi d^2}{4}$$

$$(10\text{-}16)$$

$$A_B = \frac{\pi(D^2 - d^2)}{4} \qquad\qquad (10\text{-}17)$$

$$A_X = \frac{\pi D^2}{4} \qquad\qquad (10\text{-}18)$$

面积比分别为

$$\alpha_{AX} = A_X / A_A, \quad \alpha_{BX} = A_X / A_B$$

方向阀组件的阀芯半锥角为45°,面积比 $\alpha_{AX}=\alpha_{BX}=2$,即油口 A 和 B 的作用面积相等,油口 A 和 B 可双向流动。

压力阀组件中的减压阀阀芯为滑阀,即 $\alpha_{AX}=1$,油口 B 进油,油口 A 出油;溢流阀和顺序阀的阀芯半锥角为15°,面积比 $\alpha_{AX}=1.1$,油口 A 为进油口,油口 B 为出油口。

流量阀组件中,为得到好的压力流量增益,常把阀芯设计成带尾部的结构,尾部窗口可以是矩形,也可以是三角形,面积比 $\alpha_{AX}=1$ 或1.1,一般 A 口为进油口、B 口为出油口。

因一个插装阀基本组件有进、出两个油口,因此又被称为二通插装阀。工作时阀口是开启还是关闭取决于阀芯的受力状况。若记油口 A、B、X 的压力分别为 $p_A$、$p_B$、$p_X$,阀芯上端的复位弹簧力为 $F_t$,则

(1) $p_X A_X + F_t > p_A A_A + p_B A_B$ 时,阀口关闭;

(2) $p_X A_X + F_t \leqslant p_A A_A + p_B A_B$ 时,阀口开启。

实际工作时,阀芯的受力状况是通过改变控制油口 X 的通油方式控制的。如控制油口 X 通回油箱,则 $p_X=0$,阀口开启;如控制油口 X 与进油口相通,则 $p_X=p_A$ 或 $p_X=p_B$,阀口关闭。改变控制油口 $X$ 通油方式的阀为先导阀。

2. 控制盖板

控制盖板是二通插装阀的另一个重要组成部分。由于控制盖板主要参与对插装件的先导控制,赋予插装件以指定的控制功能,因此它和先导控制阀一起构成了先导控制部分,即先导级。

1)盖板体

盖板体是控制盖板的主体,其基本结构形式有方形和圆形之分,方形盖板体有带凸肩和不带凸肩(平盖板)之分。

盖板体内的控制通道用来连通先导控制部分和主油路及主阀芯控制腔,控制通道的通径通常按相关标准的规定进行设计。盖板体的一个重要用途是安装先导电磁换向阀或叠加阀组。通径40 mm 以下的二通插装阀大都采用通径6 mm 的先导阀;通径50 mm 以上的二通插装阀大都采用通径10 mm 的先导阀。

2)内嵌先导控制元件

根据控制要求,控制盖板可内嵌不同的微型先导控制元件。常见的先导控制元件如下。

(1)梭形阀元件。其主要用来对两种不同压力进行比较和选择,也常称为选择阀元件,它实际上是一种液动的二位三通阀。

当先导阀的通径为6 mm 和10 mm 时,大部分梭形阀都采用钢球阀芯,如图10-31所示。

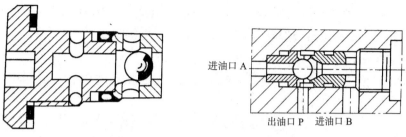

图 10-31　梭形阀（球形）元件结构图

（2）单向阀元件。其是控制盖板中大量采用的内嵌先导元件，其基本结构也有球形和锥形二种，它是一种二位二通阀。采用多个单向阀元件后，可以使控制盖板具有二通道、三通道、四通道等多种通道的压力选择功能。

（3）先导液控单向阀元件。在图 10-30 中，如果利用一个小控制活塞，由外部或内部引入控制压力油推动钢球，则可构成先导液控单向阀元件。一般应使控制活塞的液压作用面积大于钢球右端的液压作用面积，以降低控制活塞所需的控制压力。

（4）压力控制元件。其主要用于溢流阀、减压阀和其他压力阀的二通插装阀控制组件的控制盖板中。先导压力控制元件的典型结构如图 10-32 所示，它主要由锥阀芯、锥阀座、弹簧、弹簧座及调节机构等组成。

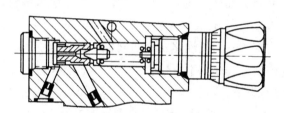

图 10-32　先导压力控制元件结构图

在进行减压阀控制时，还可在压力控制组件的前部嵌入微流量控制器，如图 10-33 所示。该结构能较恒定地将流量控制在 1 L/min 左右。

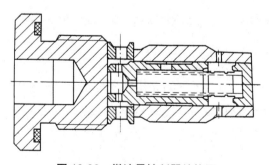

图 10-33　微流量控制器结构图

3. 先导控制阀

先导控制阀是二通插装阀的控制机构中一个非常重要的组成部分，先导控制阀的结构很多,常用的有滑阀型电磁换向阀、球式电磁换向阀、叠加阀、手动换向阀、机动换向阀、先导比例阀等。这里主要介绍滑阀型电磁换向阀和球式电磁换向阀。

1)滑阀型电磁换向阀

滑阀型电磁换向阀中最常用的是 6 mm 的微型电磁换向阀和 10 mm 的小型电磁换向阀。它们在结构上具有如下特点:

(1)阀芯为多台肩结构,和五槽式阀体配合构成"四边控制节流口";

(2)电磁铁多采用"湿式"结构,有直流、交流和本整型等种类。

滑阀型电磁换向阀有二位三通、二位四通、三位三通、三位四通等类型,滑阀位置及其与各油口的连接状态有十种,其中常用于二通插装阀控制的位置机能有 O 型、P 型、Y 型等。

2)球式电磁换向阀

球式电磁换向阀是 20 世纪 70 年代中期发展起来的一种座阀式电磁换向阀,它有二位三通和二位四通两种。

图 10-34 所示是二位三通球式电磁换向阀的原理图,它主要有左阀座 4、右阀座 6、钢球 5、弹簧 7、杠杆 3、操纵杆 2 和电磁铁 8 等组成。出油口 P 的压力油除通过右阀座孔作用在钢球 5 的右侧外,还经阀体上的通道 b 进入操作杆 2 的空腔,作用在钢球 5 的左侧,以保证钢球 5 两边承受的液压力平衡。这样,在图示的情况下,钢球 5 仅受弹簧 7 的弹簧力作用而被压向左阀座,出油口 P 与进油口 A 通,A 与回油口 T 的连接被切断。当电磁铁 8 得电后,电磁铁铁芯向左移动,推动杠杆 3,通过操纵杆 2 给钢球 5 一个向右的力。该力克服右边的弹簧力,将钢球 5 压向右阀座。于是油路实现换向,P 与 A 的连接被切断,A 与 T 通。当电磁铁失电后,钢球 5 在弹簧力的作用下复位。

球式电磁换向阀具有以下特点。

(1)电磁铁的推力通过杠杆放大和传递,使钢球的控制力比滑阀结构中阀芯的控制力要大 3~4 倍,有利于保证密封性。这种阀容易做到在高压下完全密封,没有内泄,最高工作压力可达 63 MPa。

(2)钢球阀芯的工作行程小(一般为 0.4~1.6 mm),又是线密封,因此开关快,适用于快速控制,有利于提高电磁换向频率。

(3)钢球阀芯工作可靠,不存在滑阀结构中阀芯因受液压卡紧力而卡住的现象,对污染不敏感。

(4)由于阀芯采用标准钢球,简化了加工工艺。

(5)电磁铁与主阀分离,扩大了它的介质使用范围,它既适用于各种矿物型液压油,也可应用于高水基或水介质的场合。

正是由于这类阀具有一系列良好的控制特性,正越来越广泛地应用到各种控制系统中,特别是应用在二通插装阀控制中。

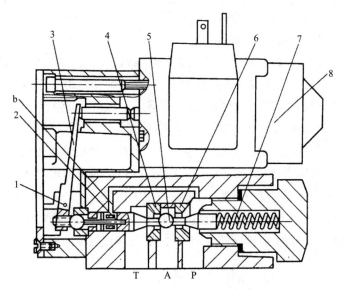

1—支点；2—操纵杆；3—杠杆；4—左阀座；5—钢球；6—右阀座；7—弹簧；8—电磁铁；

b—通道；A—进油口；P—出油口；T—回油口。

**图 10-34　二位三通球式电磁换向阀原理图**

### 10.5.2　伺服阀

伺服阀是一种通过改变输入信号，连续且成比例地控制流量和压力的液压控制阀。根据输入信号的方式，伺服阀可分为电液伺服阀和机液伺服阀。

1. 电液伺服阀

电液伺服阀既是电液转换元件，又是功率放大元件，它将小功率的电信号输入转换为大功率的液压能（压力和流量）输出，实现对执行元件的位移、速度、加速度及力的控制。

1）电液伺服阀的组成

电液伺服阀通常由电气－机械转换装置、液压放大器和反馈（平衡）机构三部分组成。电气－机械转换装置用来将输入的电信号转换为转角或直线位移输出，输出转角的装置为力矩马达，输出直线位移的装置为力马达。

液压放大器接收小功率的电气－机械转换装置输入的转角或直线位移信号，对大功率的压力油进行调节和分配，实现控制功率的转换和放大。

反馈和平衡机构使电液伺服阀输出的流量或压力获得与输入电信号成比例的特性。

2）电液伺服阀的工作原理

图 10-35 所示为喷嘴挡板式电液伺服阀的原理图。图中上半部分为力矩马达，下半部分为前置级（喷嘴挡板）和主滑阀。当无电信号输入时，力矩马达无力矩输出，与衔铁 5 固定在一起的挡板 9 处于中位，主滑阀阀芯亦处于中位（零位）。泵来油（压力为 $p_s$）进入主滑阀阀口，因阀芯两端台肩已将阀口关闭，油液不能进入进油口 A、B，经固定节流孔 10 和 13 分别引到喷嘴 8 和 7，经喷射后，油液回油箱。由于挡板处于中位，两喷嘴与挡板的间隙相

等(液阻相等),因此喷嘴前的压力 $p_1$ 和 $p_2$ 相等,主滑阀阀芯两端压力相等,阀芯处于中位。若线圈输入电流,控制线圈产生磁通,衔铁上产生顺时针方向的磁力矩,使衔铁连同挡板一起绕弹簧管中的支点顺时针偏转,左喷嘴 8 的间隙减小,右喷嘴 7 的间隙增大,即压力 $p_1$ 增大, $p_2$ 减小,主滑阀阀芯在两端压力差作用下向右运动,开启阀口,泵来油与 B 通,A 与回油口 T 通。在主滑阀阀芯向右运动的同时,通过挡板下端的反馈弹簧杆 11 反馈作用使挡板逆时针偏转,左喷嘴 8 的间隙增大,右喷嘴 7 的间隙减小,于是压力 $p_1$ 减小, $p_2$ 增大。当主滑阀阀芯向右移到某一位置,由两端压力差 $(p_1-p_2)$ 形成的液压力通过反馈弹簧杆作用在挡板上的力矩、喷嘴液流压力作用在挡板上的力矩和弹簧管的反力矩之和与力矩马达产生的电磁力矩相等时,主滑阀阀芯受力平衡,稳定在一定的位置。

显然,改变输入电流的大小,可成比例地调节电磁力矩,从而得到不同的主阀开口大小。若改变输入电流的方向,主滑阀阀芯反向位移,实现液流的反向控制。

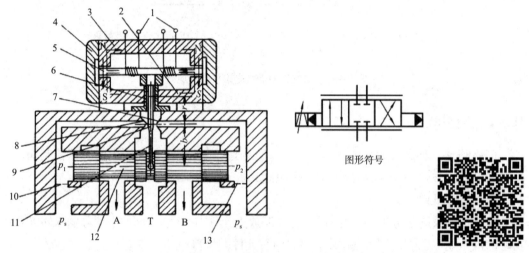

图形符号

1—线圈;2、3—导磁体极掌;4—永久磁铁;5—衔铁;6—弹簧管;7、8—喷嘴;9—挡板;
10、13—固定节流孔;11—反馈弹簧杆;12—主滑阀。

**图 10-35 喷嘴挡板式电液伺服阀原理图**

#### 2. 机液伺服阀

机液伺服阀的输入信号为机动或手控的位移。图 10-36 所示为轴向柱塞泵手动伺服变量机构的结构图,其主要由伺服阀阀芯 1、伺服阀阀套 2、变量活塞 5 等组成。该伺服阀为双边控制形式,压力油经变量机构下方的单向阀 7 进入变量活塞 5 的下腔 d,然后经变量活塞上的通道 b 到伺服阀的阀口 a。由于,阀口 a 和 e 均关闭,活塞上腔 g 为密闭容积。在变量活塞 4 下腔压力油的作用下,上腔油液形成相应的压力使活塞受力平衡,此时泵的斜盘倾角等于零,排量也为零。

当用力向下推压控制杆带动伺服阀阀芯向下位移,则阀口 a 开启,变量活塞下腔压力油经阀口 a 通到上腔,上腔压力增大,变量活塞向下位移,通过球形销带动斜盘摆动,使斜盘倾角增大。由于伺服阀阀套与变量活塞刚性地连成一体,因此在活塞下移的同时反馈作用给伺服阀阀套,当活塞的位移量等于控制杆的位移时,阀口 a 关闭,活塞的下移因油路切断而停止,活塞受力重新平衡。若反向提拉控制杆,则伺服阀阀口 e 开启,变量活塞上腔油液经变量活塞上的通道 f 和阀口 e 流出。于是上腔压力下降,变量活塞跟随控制杆向上位移,当变量活塞的位移量与控制杆的位移量相等时,阀口 e 封闭,活塞上移停止并受力平衡。

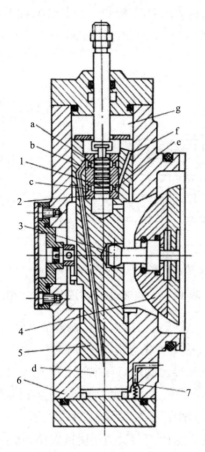

1—伺服阀阀芯;2—伺服阀阀套;3—球形销;4—斜盘;5—变量活塞;6—壳体;7—单向阀。

**图 10-36　轴向柱塞泵手动伺服变量机构的结构图**

由上述分析可知,输入给控制杆一个位移信号,变量活塞将随之产生一个同方向的位移,泵的斜盘摆动为某一角度,泵输出一定的排量,排量的大小与控制杆的位移信号成比例。

3. 电液比例阀

电液比例阀是一种根据输入的电气信号,连续按比例地对油液的压力、流量等参量进行控制的阀类。它不仅能实现复杂的控制功能,而且具有抗污染、低成本、响应较快等优点,在液压控制工程中获得越来越广泛的应用。

一些自动化程度较高的液压设备往往要求对压力或流量等参数实现连续控制或远程控制。如果采用普通开关或定值控制阀,会使系统过于复杂,或不可能实现。这时要采用比例阀或伺服阀。在比例控制系统中,比例阀既是电－液压转换元件,同时也是功率放大元件,它是比例控制系统的核心元件。为了正确地设计和使用电液比例阀,应对各类比例阀的类型和性能有深入了解。

1）电液比例压力阀

图 10-37 所示为电液比例压力先导阀的结构图,它与普通溢流阀、减压阀、顺序阀的组合可构成电液比例溢流阀、电液比例减压阀和电液比例顺序阀。与普通压力先导阀不同,它与阀芯上的液压力进行比较的是比例电磁铁的电磁吸力,而不是弹簧力。改变输入电磁铁的电流大小,即可改变电磁吸力,从而改变先导阀的前腔压力,即主阀上腔压力,对主阀的进口或出口压力进行控制。

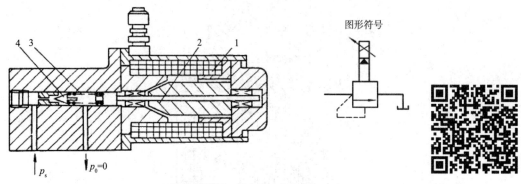

1—比例电磁铁;2—推杆;3—传力弹簧;4—阀芯。

**图 10-37　电液比例压力先导阀结构图**

图 10-38 所示为一种压力直接检测的电液比例溢流阀的原理图,它的先导阀为滑阀结构,溢流阀进口的压力油被直接引到先导滑阀反馈推杆 3 的左端,然后经过固定阻尼 $R_1$ 到先导滑阀阀芯 4 的左侧,进入先导滑阀阀口和主阀上腔,主阀上腔的压力油再被引到先导滑阀的右端。在主阀阀芯 2 处于稳定受力平衡状态时,先导滑阀阀口与主阀上腔之间的动压反馈阻尼 $R_3$ 不起作用,因此作用在先导滑阀阀芯两端的压力相等。若溢流阀的进压口处的压力因外界干扰突然升高,先导滑阀阀芯受力平衡被破坏,阀芯右移,阀口增大,使先导阀前腔压力减小,即主阀上腔压力减小,于是主阀阀芯受力平衡亦被破坏,阀芯上移使阀口扩大进口压力下降,当进口压力恢复到原来值时,先导滑阀阀芯和主阀阀芯重新回到受力平衡位置,阀在新的稳态下工作。阻尼 $R_3$ 在阀处于稳态时没有流量通过,主阀上腔压力与先导阀前腔压力相等。当阀处于动态即主阀阀芯向上或向下运动时,阻尼 $R_3$ 使主阀上腔压力高于或低于先导阀前腔压力,这一瞬态压力差不仅对主阀阀芯直接起动压反馈作用,而且反馈作用到先导滑阀的两端,通过先导滑阀的位移控制压力的变化,进一步对主阀阀芯的运动起动压反馈作用。因此,阀的动态稳定性好,超调量小。

2）电液比例流量阀

电液比例流量阀用于控制液压系统的流量,其与普通流量阀的主要区别是用某种电气－机械转换器取代原来的手调机构,来调节节流口的通流面积,使输出流量与输入的电信号成正比。

比例流量阀按是否对节流口两端压差进行压力补偿,可分为比例节流阀和比例流量阀两类。也有采用流量直接反馈原理的比例流量阀。按控制原理不同,比例流量阀又可分为直动式和先导式。

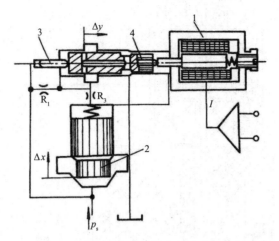

1—比例电磁铁；2—主阀阀芯；3—反馈推杆；4—先导滑阀阀芯。

**图 10-38　直接检测式电液比例溢流阀原理图**

Ⅰ.直动式比例流量阀

直动式比例节流阀是最简单的比例流量阀，它是在常规阀的基础上，利用某种电气－机械转换器来实现对节流口开度的控制。例如，对移动式节流阀采用比例电磁铁来推动；对旋转式节流阀采用伺服电机经过减速来驱动。前者为电磁式，后者为电动式。在比例节流阀中，通过节流口的流量除了与节流口的通流面积有关外，还与节流口前、后压差有关。为了补偿由于负载变化而引起的流量偏差，需要利用压力补偿控制原理来保持节流口前、后压差恒定，从而实现对流量的准确控制。

图 10-39 所示是直动式比例调速阀的结构图，其是将直动式比例节流阀与具有压力补偿功能的定差减压阀组合在一起构成的。图中比例电磁铁 1 的输出力作用在节流阀芯 2 上，与弹簧力、液动力、摩擦力相平衡，一定的控制电流对应一定的节流口开度。通过改变输入电流的大小，就可连续且按比例地调节调速阀的流量，并通过定差减压阀 3 的压力补偿作用来保持节流口前、后压差基本不变。

在图 10-39 所示的直动式比例流量阀中，虽然采用了位移－力反馈来改善性能，但实际上在节流阀上还存在液动力、摩擦力等外扰，而在位移－力反馈环路外的上述外扰会使阀芯的位置发生变化。

Ⅱ.先导式比例流量阀

由于受电气－机械转换器推力的限制，直动式比例流量阀只适用于较小通径的阀。当通径为 10~16 mm 时，就要采用先导控制的形式。先导式比例流量阀是利用较小的比例电磁铁驱动一个小尺寸的先导阀，再利用先导级的液压放大作用，对主节流阀进行控制，其适用于高压、大流量的液流控制。先导式比例流量阀按反馈类型可分为位置反馈型和流量反馈型。前者的控制对象是节流阀的位移，属于间接检测和控制；后者直接检测和控制节流阀的流量，因而比位置反馈型或传统的压力补偿型有更好的静态和动态性能。

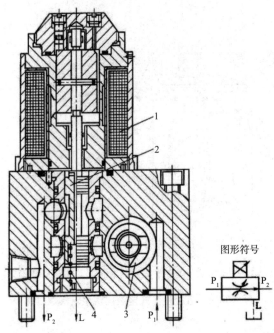

图形符号

1—比例电磁铁；2—节流阀芯；3—定差减压阀；4—弹簧。

**图 10-39　直动式比例调速阀结构图**

图 10-40 所示为流量－位移－力反馈型比例流量阀的原理图和结构图。它实际上是一个先导式的两级阀。比例电磁铁有控制信号时，先导阀开启并形成可控液阻，它与固定液阻 $R_1$ 构成先导液压半桥，对主节流级的弹簧腔压力 $p_2$ 进行控制。先导阀开启后，先导流量经 $R_1$、$R_2$、先导阀和流量传感器至负载，流经 $R_1$ 的液流产生压降使 $p_2$ 下降，在压差 $\Delta p = p_1 - p_2$ 的作用下，主阀开启。流经主阀的流量经流量传感器检测后，也流向负载。适当地设计流量传感器的开口形式，可使流量线性地转换成阀芯的位移量，并通过反馈弹簧转换为力作用在先导阀的左端，使先导阀有关小的趋势，当与电磁力平衡时稳定在某一位置。可见流量与阀芯位移量成正比，阀芯位移量与电磁力成正比，于是实现了受控流量与输入电流成比例的控制。

如果负载压力波动，如 $p_5$ 下降，则流量传感器右腔压力下降，使阀芯失去平衡，开度有增大的趋势，相应地使弹簧反馈力增大。将导致先导阀开口减小，并使主节流阀上腔压力 $p_2$ 增大，从而使主节流口关小，流量传感器入口压力 $p_4$ 随之减小，于是使流量传感器重新关小，回到原来设定的位置。由上面的分析可知，由于负载的变化引起的流量变化不是依靠压力差来补偿的，而是靠主节流口通流面积的变化来补偿。这点正是此流量阀与传统的压力补偿型流量阀的不同之处。

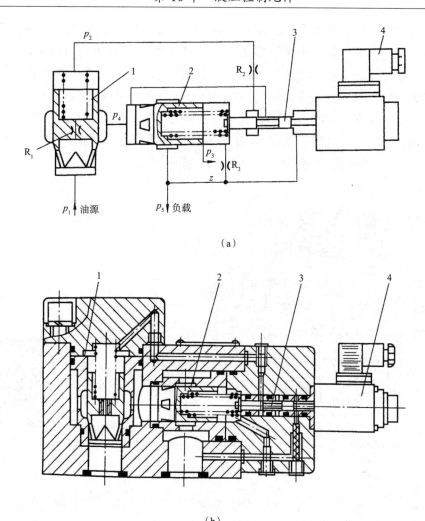

（a）

（b）

1—主节流阀；2—流量传感器；3—先导阀；4—比例电磁铁。

**图 10-40　流量－位移－力反馈型比例流量阀**
（a）工作原理图　（b）结构图

3）电液比例换向阀

图 10-41 所示为电液比例换向阀的结构图，它由前置级和放大级两部分组成。

前置级由两侧比例电磁铁 4、8 分别控制双向减压阀阀芯 1 的位移。如果左侧比例电磁铁 8 输入电流 $I_1$，并产生一电磁吸力 $F_{E1}$ 使减压阀阀芯 1 右移，右边阀口开启，供油压力 $p_s$ 经阀口后减压为 $p_c$。因 $p_c$ 经流道 3 反馈作用到阀芯右侧，形成一个与电磁吸力 $F_{E1}$ 方向相反的液压力 $F_1$，当 $F_1 = F_{E1}$ 时，阀芯停止右移并稳定在一定的位置，减压阀右边阀口开度一定，压力 $p_c$ 保持一个稳定值。显然压力 $p_c$ 与供油压力 $p_s$ 无关，仅与比例电磁铁的电磁吸力，即输入电流大小成比例。同理，当右侧比例电磁铁输入电流 $I_2$ 时，减压阀阀芯将左移，经左阀口减压后得到稳定的控制压力 $p_c'$。

放大级由阀体、主阀芯、左右端盖和阻尼器 6、7 等组成。当前置级输出的控制压力 $p_c$

经阻尼孔缓冲后作用在主阀阀芯 5 右端时,液压力克服左侧弹簧力使阀芯左移开启阀口,供油口与 B 通,A 与 T 通。随着弹簧压缩量增大,弹簧力增大,当弹簧力与液压力相等时,主阀阀芯停止左移并稳定在某一位置,阀口开度一定。因此,主阀开口大小取决于输入的电流大小。当前置级输出的控制压力为 $p'_c$ 时,主阀反向位移,开启阀口,连通供油口与 B、A 与 T,油流换向并保持一定的开口,开口大小与输入电流大小成比例。

综上所述,改变比例电磁铁的输入电流,不仅可以改变阀的工作液流方向,而且可以控制阀口大小,实现流量调节,即电液比例换向阀具有换向、节流的复合功能。

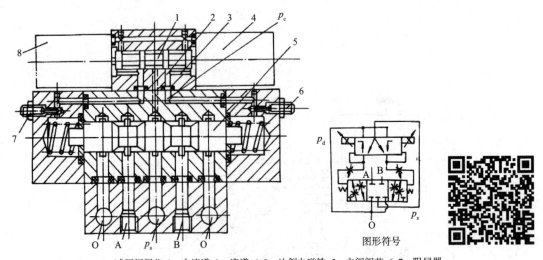

1—减压阀阀芯;2—主流道;3—流道;4、8—比例电磁铁;5—主阀阀芯;6、7—阻尼器。

**图 10-41  电液比例换向阀结构图**

【例题 10-1】 如图 10-42 所示,顺序阀与溢流阀串联,其调定压力分别为 $p_1$ 和 $p_2$,并随着负载压力而增加。试求:液压泵的出口压力 $p$;若将两阀位置互换,液压泵的出口压力 $p$。

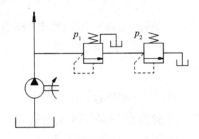

**图 10-42  例题 10-1 示意图**

解:当 $p_2 > p_1$ 时,在顺序阀开启接通油路的瞬间,泵的压力为 $p_1$,但因负载趋于无穷大,泵仍在不断地输出流量,所以当泵出口油压升高到溢流阀的调定值时,溢流阀打开,溢流定压。此时,泵的出口压力为溢流阀的调定值 $p_2$。

当 $p_2 < p_1$ 时,随着负载压力的增加,顺序阀入口油压逐渐升高到顺序阀的调定压力后,顺序阀打开,接通溢流阀入口,当溢流阀入口油压达到其调定压力时,溢流阀溢流,使其入口

压力恒定在 $p_2$ 上，泵的出口油压则为顺序阀的调定压力 $p_1$。

当两阀位置互换后，只有顺序阀导通，溢流阀才能工作。但当顺序阀导通时，其入口压力为其开启压力 $p_1$，此压力又经溢流阀出口和溢流阀体内孔道进入其阀芯上腔。所以，溢流阀开启时，其入口油压必须大于或等于其调定压力与顺序阀的开启压力之和，即泵的出口压力为 $p_1+p_2$。

【例题 10-2】如图 10-43 所示，先导溢流阀 1、2、3 分别控制系统各处的压力，其调定压力分别为 $p_1$、$p_2$ 和 $p_3$。试分析三个溢流阀调定压力的大小关系及如何控制系统压力。

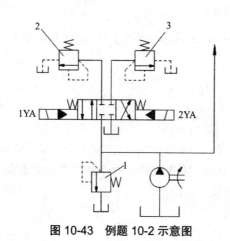

图 10-43　例题 10-2 示意图

解：此回路为三级调压回路。

（1）溢流阀调定压力 $p_1>p_2$，$p_1>p_3$。

（2）当阀芯处于中位时，回路的压力由溢流阀 1 确定；当泵的出口油压升高到溢流阀 1 的调定值时，溢流阀打开，溢流定压；当阀芯处于左位时，溢流阀 2 起作用；当阀芯处于右位时，溢流阀 3 起作用，从而组成了三级调压回路。

【例题 10-3】如图 10-44 所示，系统中负载 $F$ 随着活塞的运动呈线性变化。活塞运动到缸的最右端时，负载最小，值为 $F_2=5\,000\,\text{N}$；活塞运动到缸的最左端时，负载最大，值为 $F_1=1\times10^4\,\text{N}$。活塞无杆腔面积 $A=2\,000\,\text{mm}^2$，油液密度 $\rho=870\,\text{kg/m}^3$，溢流阀的调定压力 $p_Y=10\,\text{MPa}$，节流口的节流系数 $C_q=0.62$。（1）图中针阀的作用是什么？（2）若阀针不动，活塞移动时的最大速度与最小速度之比为多少？（3）若活塞位于液压缸中间，液压缸的输出功率 $P=15\,\text{kW}$，针阀节流口的面积为多少？

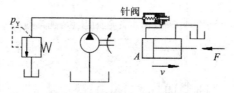

图 10-44　例题 10-3 示意图

解：（1）图中针阀为单向节流阀，泵经该阀供油给液压缸时，阀起节流作用；液压缸的油液经该阀回油时,阀反向导通,不起节流作用。

（2）节流口的进口压力为溢流阀的调定压力;出口压力为液压缸无杆腔压力,它随负载的不同而变化。由于负载随活塞的运动呈线性变化,所以压力也随活塞的运动呈线性变化。

最大压力为

$$p_1 = \frac{F_1}{A} = 5 \times 10^6 \text{ Pa}$$

最小压力为

$$p_2 = \frac{F_2}{A} = 2.5 \times 10^6 \text{ Pa}$$

所以,通过节流阀的最大流量与最小流量之比,即活塞的最大运动速度和最小运动速度之比为

$$\frac{v_{\max}}{v_{\min}} = \frac{q_{\max}}{q_{\min}} = \frac{C_q A_T \sqrt{\dfrac{2(p_Y - p_2)}{\rho}}}{C_q A_T \sqrt{\dfrac{2(p_Y - p_1)}{\rho}}} = \sqrt{\frac{10 - 2.5}{10 - 5}} \approx 1.22$$

（3）由于负载随活塞的运动呈线性变化,所以当活塞运动到液压缸中间时,压力为

$$p_3 = \frac{(F_1 + F_2)/2}{A} = 3.75 \times 10^6 \text{ Pa}$$

通过节流口的流量为

$$q_3 = \frac{P}{p_3} = \frac{15 \times 10^3}{3.75 \times 10^6} = 4 \times 10^{-3} \text{ m}^2/\text{s}$$

节流口面积为

$$A_T = \frac{q_3}{C_q \sqrt{\dfrac{2(p_Y - p_3)}{\rho}}} = 53.82 \times 10^{-6} \text{ m}^2$$

【例题 10-4】图 10-45 所示为某利用先导式溢流阀进行卸荷的回路。溢流阀调定压力 $p_Y = 3 \times 10^6$ Pa。要求考虑阀芯阻尼孔的压力损失,回答下列问题。（1）在溢流阀开启或关闭时,控制油路 $E$、$F$ 段与泵出口处 $B$ 点的油路是否始终是连通的? （2）在电磁铁 DT 断电时,若泵的工作压力 $p_B = 3 \times 10^6$ Pa, $B$ 点和 $E$ 点哪个压力大;若泵的工作压力 $p_B = 1.5 \times 10^6$ Pa, $B$ 点和 $E$ 点哪个压力大? （3）在电磁铁 DT 吸合时,泵的流量是如何流到油箱中去的?

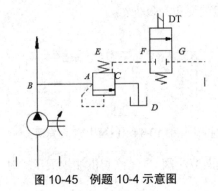

图 10-45  例题 10-4 示意图

解：（1）在溢流阀开启或关闭时，控制油路 $E$、$F$ 段与泵出口处 $B$ 点的油路始终保持连通。

（2）当泵的工作压力 $p_B = 3 \times 10^6$ Pa 时，先导阀打开，油流通过阻尼孔流出，这时在溢流阀主阀芯的两端产生压降，使主阀芯打开进行溢流，先导阀入口处的压力即远程控制口 $E$ 点的压力，故 $p_B > p_E$；当泵的工作压力 $p_B = 1.5 \times 10^6$ Pa 时，先导阀关闭，阻尼孔内无油液流动，故 $p_B = p_E$。

（3）二位二通阀的开启或关闭，对控制油液是否通过阻尼孔（即控制主阀芯的启闭）产生影响，但这部分的流量很小，溢流量主要是通过 $CD$ 段油管流回油箱。

# 习题 10

（10-1）滑阀的稳态液动力对阀的工作性能有何影响？有哪些措施减小稳态液动力？

（10-2）液压控制阀产生噪声的原因主要有哪几个方面？

（10-3）为什么溢流阀的弹簧腔的泄漏油采用内泄，而减压阀的弹簧腔的泄漏油必须采用外泄？

（10-4）先导式溢流阀中的阻尼小孔有何作用？若将阻尼小孔堵塞或加工成大的通孔，会出现什么问题？

（10-5）有一滑阀结构的直动式溢流阀，滑阀大直径 $D = 16$ mm，阀口密封长度 $L = 2$ mm，调压弹簧劲度系数 $k = 41.7$ N/mm，弹簧预压缩量 $x_0 = 6.5$ mm，试求阀的开启压力 $p_k$ 及流经阀的流量 $q = 25$ L/min 时阀的进口压力 $p_s$。阀口流量系数 $C_d = 0.65$，油液密度 $\rho = 900$ kg/m³，阀口开启后，作用在阀芯上的稳态液动力不得忽略。

（10-6）设计一先导式溢流阀，要求额定工作压力为 32 MPa，调压范围为 16~32 MPa，额定工作压力下的压力变动量不大于 5%，卸荷压力小于 0.5 MPa，采用板式连接方式。

（10-7）在节流调速系统中，如果调速阀的进、出油口接反，将会出现什么情况？试根据调速阀的工作原理进行分析。

（10-8）将调速阀和溢流节流阀分别安装在油缸的回油路上，能否起到稳定速度的作用？

（10-9）单向阀与普通节流阀能否作为背压阀使用？它们的作用有何不同之处？

（10-10）试设计 O 型三位四通液动换向阀。该阀采用弹簧对中方式，板式安装，油液密度 $\rho = 900$ kg/m³。要求公称压力 $p = 32$ MPa，公称流量 $q = 40$ L/min，阀口压力损失 $\Delta p = 0.4$ MPa，内泄漏量 $\Delta q \leqslant 400$ mL/min。

（10-11）与传统液压控制元件相比，二通插装控制元件有何特点？

（10-12）利用四个插装阀组合起来作为主级，以适当的电磁换向阀作为先导级，分别实现二位四通、O 型三位四通、H 型三位四通和四位四通电液换向阀的功能。

（10-13）如图 10-46 所示的系统中，两个溢流阀串联，已知每个溢流阀单独使用的调整压力 $p_{y1} = 2 \times 10^6$ Pa，$p_{y2} = 4 \times 10^6$ Pa，溢流阀卸载的压力损失忽略不计。试判断在二位二通电磁阀不同工况下, $A$ 点和 $B$ 点的压力各为多少?

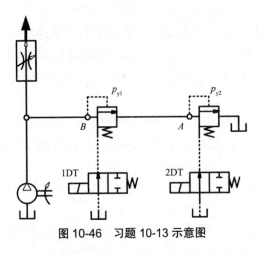

图 10-46　习题 10-13 示意图

( 10-14 )如图 10-47 所示的液压回路,已知液压缸的活塞无杆端面积为 $A_1=A_3=100\ \text{cm}^2$, 有杆端面积为 $A_2=A_4=50\ \text{cm}^2$,最大负载 $F_{L1}=1.4\times10^4\ \text{N}$, $F_{L2}=4\ 250\ \text{N}$,背压力 $p=1.5\times10^5\ \text{Pa}$, 节流阀 2 的压差 $\Delta p=2\times10^5\ \text{Pa}$。①$A$、$B$、$C$ 点的压力( 忽略管路损失 )各是多少? ②阀 1、2、3 最小应选用多大的额定压力? ③当快速进给速度 $v_1=3.5\times10^{-2}\ \text{m/s}$, $v_2=4\times10^{-2}\ \text{m/s}$ 时,各阀应选用多大的额定流量?

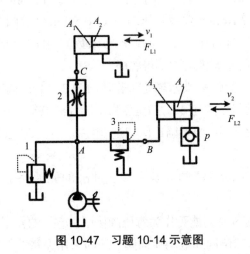

图 10-47　习题 10-14 示意图

( 10-15 )如图 10-48 所示的夹紧回路中,溢流阀的调整压力 $p_1=5\ \text{MPa}$,减压阀的调整压力 $p_2=2.5\ \text{MPa}$。①活塞快速运动时, $A$、$B$ 两点的压力各为多少? 减压阀的阀芯处于什么状态? ②工件夹紧后,$A$、$B$ 两点的压力各为多少? 减压阀的阀芯又处于什么状态?

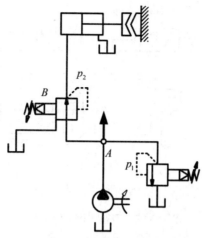

图 10-48　习题 10-15 示意图

（10-16）如图 10-49 所示的液压系统中,各溢流阀的调整压力分别为 $p_1$=7 MPa, $p_2$=5 MPa, $p_3$=3 MPa, $p_4$=2 MPa。试求:当系统的负载趋于无穷大时,电磁铁通电和断电的情况下,油泵出口压力各为多少?

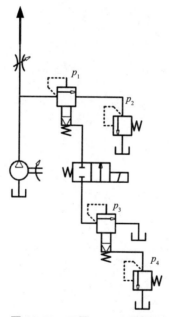

图 10-49　习题 10-16 示意图

（10-17）图 10-50 所示是由插装式锥阀组成的换向阀。如果阀关闭时,油口 A、B 有压差。试判断电磁铁通电和断电时,图 10-50( a )和( b )所示的条件下压力油能否开启锥阀,并分析这两种条件下,换向阀各自是作为何种换向阀使用的。

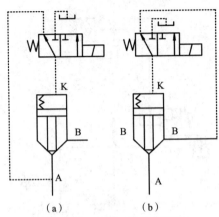

（a）　　　　　　　（b）

图 10-50　习题 10-17 示意图

# 第 11 章　液压辅助元件

## 本章导读

【基本要求】理解液压辅助元件是液压系统的组成部分之一;理解过滤器、蓄能器、管件、油箱等辅助元件的功用和类型;掌握油箱的设计要点和蓄能器的容积计算方法。

【重点】油箱的设计要点和蓄能器的容积计算方法。

【难点】工程实践中油箱的设计和蓄能器的容积计算。

液压系统中的辅助元件有油箱、蓄能器、过滤器、密封装置及其他辅件等,其对系统的动态性能、工作稳定性、工作寿命、噪声和温升等都有直接影响,是液压系统正常工作和运行的基本保障。其中,油箱作为重要的辅助元件,必须根据系统要求自行设计,其他辅助元件则可做成标准件,供设计时选用。

## 11.1　过滤装置

滤油装置的作用是滤去液压液中的杂质,以免有相对运动的零件的划伤、磨损、卡死,或防止受污染的液压液堵塞零件上的小孔及缝隙,影响液压传动系统正常工作。因此,为了保证液压系统正常的使用寿命,必须对系统中的污染物的颗粒大小及数量进行控制。

### 11.1.1　过滤装置选用的基本要求

#### 1.过滤精度

过滤掉的杂质颗粒的公称尺寸( μm )是衡量过滤装置的重要性能指标,用 $d$ 表示。按过滤精度,过滤装置可分为粗( 100 μm 以上 )、普通( 10~100 μm )、精( 5~10 μm )和特精( 5 μm 以下 )。由于液压元件相对运动的间隙较小,如果采用高精度过滤装置可有效地控制污染颗粒,使液压泵、液压马达、各种液压阀及液压液的使用寿命大大延长。各种液压系统的过滤精度见表 11-1。

表 11-1　各种液压系统的过滤精度

| 系统类型 | 润滑系统 | 传动系统 | | | 伺服系统 |
| --- | --- | --- | --- | --- | --- |
| 工作压力(MPa) | 0~25 | <14 | 14~32 | >32 | ≤ 21 |
| 过滤精度(μm) | ≤ 100 | 25~30 | ≤ 25 | ≤ 10 | ≤ 5 |
| 过滤装置选择 | 粗 | 普通 | 普通 | 普通 | 精 |

2.液压液的通过能力

通过能力是指在一定压降下允许通过过滤装置的最大流量。过滤装置的通过能力应大于通过它的最大流量,允许的压降为 0.03~0.07 MPa。

3.过滤装置的耐压能力

选用过滤装置时,须注意液压传动系统中冲击压力的发生。而过滤装置的耐压包含滤芯的耐压和壳体的耐压。一般滤芯的耐压为 0.01~0.1 MPa,因为滤芯有足够的通流面积,其压降较小。滤芯被堵塞,压降便增加。

4.其他要求

过滤装置的其他要求包括:滤芯要便于清洗和更换;滤芯抗腐蚀性好;装置能在规定的温度下长期工作。

## 11.1.2 过滤装置的结构类型

按过滤精度,过滤装置可分为粗过滤器和精过滤器两大类。按滤芯的结构,过滤装置可分为网式、线隙式、烧结式、纸芯式和磁性过滤器等。

1.网式过滤器

如图 11-1 所示,网式过滤器由上盖 1、下盖 4、开有许多小孔的金属或塑料骨架 2 和滤网 3 组成。筒形骨架 2 上包 1~2 层铜丝滤网 3,过滤精度由网孔的大小和层数决定。网式过滤装置的特点是结构简单、通油能力大、清洗方便,但过滤精度较低,常用于泵的吸油管路,对油液进行粗过滤。粗过滤器的图形符号如图 11-1 所示。

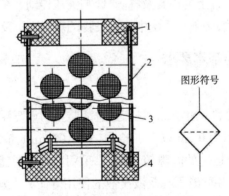

图形符号

1—上盖;2—骨架;3—滤网;4—下盖。

**图 11-1 网式过滤器**

2.线隙式过滤器

图 11-2 所示为线隙式过滤器,它由用铜线或铝线绕在筒形骨架的外部而成的滤芯 2 和外壳 1 组成。流入壳体内的油液经线间缝隙流入滤芯,再从上部的孔道流出。这种滤油器的过滤精度为 30~100 μm,属于普通过滤。

线隙式过滤器结构简单,过滤精度比网式过滤器高,通油能力较好,其主要缺点是杂质不易清洗,滤芯材料强度较低,主要应用在回油路或液压泵的吸油口。

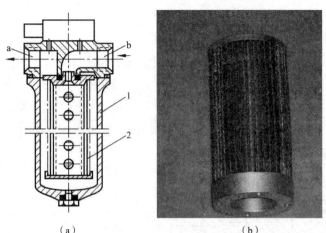

1—外壳;2—滤芯;a—出油口;b—进油口。

**图 11-2　线隙式过滤器**

（a)结构图　（b)实物图

### 3. 纸芯式过滤器

图 11-3 所示为纸芯式过滤器,其由滤芯外层 2、滤芯中层 3、滤芯里层 4、支承弹簧 5 和堵塞状态发信装置 1 组成。其滤芯为平纹或波纹的酚醛树脂或木浆微孔滤纸制成的纸芯,纸芯被围绕在带孔的镀锡铁做成的骨架上,以增大强度。为增加过滤面积,一般将纸芯做成折叠形。纸芯式过滤器工作时,杂质逐渐积聚在滤芯上,滤芯压差逐渐增大,为避免滤芯被破坏,防止未经过滤的油液进入液压系统,过滤器上设置了堵塞状态的发信装置,当压差越过 0.3 MPa 时,发信装置即发出信号。

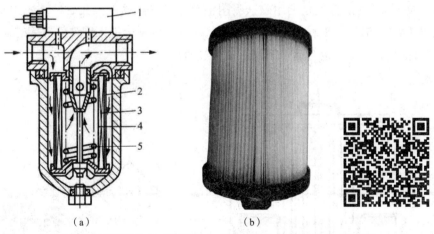

1—堵塞状态发信装置;2—滤芯外层;3—滤芯中层;4—滤芯里层;5—支承弹簧。

**图 11-3　纸芯式过滤器**

（a)结构图　（b)实物图

纸芯式过滤器过滤精度高、压力损失小、质量轻、成本低,但不能清洗,需定期更换,主要用于低压、小流量的精过滤,如在精密机床、数控机床、伺服机构、静压支承等要求过滤精度高的液压系统中与其他类型的过滤器配合使用。

### 4. 金属烧结式过滤器

金属烧结式过滤器主要由端盖、壳体和滤芯等部件组成,如图 11-4 所示。这种过滤器的滤芯由金属粉末烧结而成,利用金属颗粒间的微孔来滤除液压液中的杂质。通过选择不同粒度的金属粉末制成不同壁厚的滤芯,可获得不同精度的过滤效果。金属烧结式过滤器的过滤精度较高,一般为 10~60 μm,属于精过滤,压力损失为 0.1~0.2 MPa,其滤芯能够承受高压,但金属颗粒易脱落,且堵塞后不易清洗。

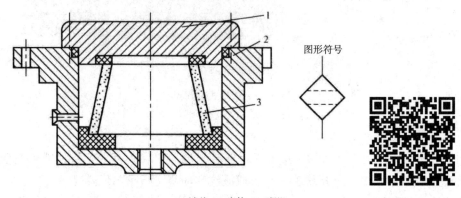

1—端盖;2—壳体;3—滤芯。

**图 11-4 金属烧结式过滤器**

### 5. 吸附型过滤器

如图 11-5 所示,吸附型过滤器中的滤芯材料可以把液压液中的杂质吸附在其表面,如磁性过滤器中的磁性滤芯就是利用磁铁吸附油液中的铁质微粒。其磁性滤芯由永磁铁制成,能吸附油液中的铁屑、铁粉或带磁性的磨料,因此十分适合加工钢铁件机床的液压系统。其也可与其他形式的滤芯组合起来制成复合式过滤器。

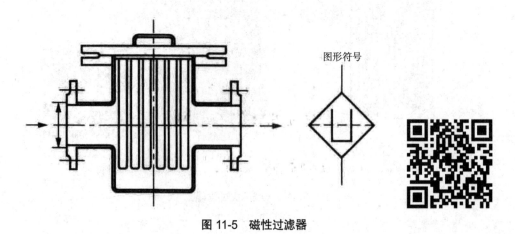

**图 11-5 磁性过滤器**

### 11.1.3　过滤器的安装位置及性能特点

如图 11-6 所示,过滤器在液压系统中的安装位置通常有以下几种。

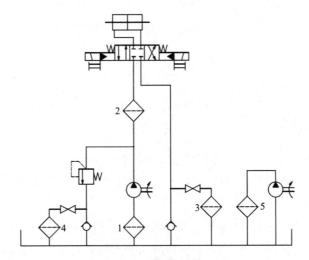

**图 11-6　过滤器的安装位置**

1. 安装在泵的吸油管路上(位置 1)

(1)要求过滤器有较大的通流能力和较小的阻力(0.01~0.02 MPa),一般常采用过滤精度较低的网式过滤器,其通油能力至少是泵流量的 2 倍。

(2)主要用来保护液压泵,但液压泵产生的磨损生成物仍会进入系统。

(3)必须通过液压泵的全部流量。

2. 安装在泵的出口(位置 2)

(1)可以保护液压泵以外的其他液压元件。

(2)滤油器应能承受油路上的工作压力和冲击压力。

(3)过滤阻力应小于 0.35 MPa,以减小过滤所引起的压力损失和滤芯所受的液压力。

(4)为了防止过滤器堵塞引起的液压泵过载或滤芯损坏,压力油路上宜并联一旁通阀或串联一堵塞指示装置。

(5)必须通过液压泵的全部流量。

3. 安装在系统的回油路上(位置 3)

(1)可以滤掉液压元件磨损后生成的金属屑和橡胶颗粒,保护液压系统。

(2)允许采用滤芯强度和刚度较低的过滤器,允许过滤器有较大的压降。

(3)与过滤器并联的单向阀起旁通阀作用,防止油液低温启动时,高黏度的油液通过滤芯或滤芯堵塞等引起的系统压力升高。

(4)必须通过液压泵的全部流量。

4. 安装在系统的旁油路上(位置 4)

(1)独立于主液压系统之外,可以不间断地清除系统中的杂质。

（2）特别适用于大型机械的液压系统。

5. 安装在独立的过滤系统上（位置5）

（1）系统工作时只需通过液压泵全部流量的 20%~30%，因此可以采用规格较小的过滤器。

（2）不会在主油路中造成压降，过滤器也不必承受系统的工作压力。

## 11.2 蓄能器

### 11.2.1 蓄能器的作用

蓄能器是能量储存装置，其内部存储油液的压力能，可在适当的时候将液压系统中的压力能储存起来，并在需要的时候将内部的压力能释放出来，使能量利用更合理。

1. 作为液压系统的辅助动力源

如图 11-7 所示，当执行元件做间歇运动或短时高速运动时，可利用蓄能器在执行元件工作时储存压力油，而在执行元件需快速运动时，由蓄能器与液压泵同时向液压缸供给压力油。这样就可以用流量较小的泵使运动元件获得较快的运动速度，不但可以减小功率损失，还可以降低系统的温升。

图 11-7　蓄能器作辅助动力源原理图

2. 作为液压系统的紧急动力源

如图 11-8 所示，某些系统要求当液压泵发生故障或停电而造成执行元件的供油突然中断时，执行元件应能继续完成必要的动作。例如，为了安全起见，液压缸的活塞杆必须回缩到缸内，而在液压泵停止工作时，蓄能器能够充当系统的紧急动力源，把储存的压力油液提供给系统，使活塞杆归位。

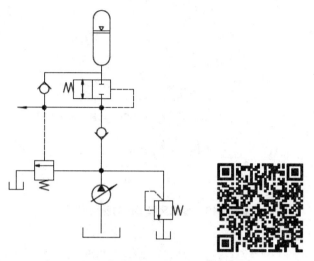

图 11-8　蓄能器作紧急动力源原理图

3. 减小液压冲击或压力脉动

如图 11-9 和图 11-10 所示,由于换向阀突然关闭或突然换向、液压阀突然关闭或开启、液压泵突然启动或停止、外负载突然运动或停止等原因,油液速度或方向会急剧变化,从而产生液压冲击,此时应用蓄能器可以吸收液压冲击。在冲击源之前安装蓄能器,可以吸收、缓和液压冲击,还能够减小液压泵工作时产生的压力脉动。

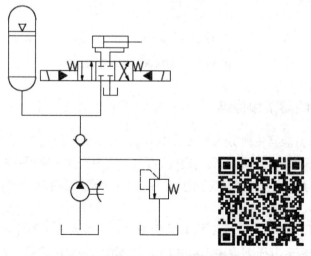

图 11-9　蓄能器减小液压冲击原理图

4. 补偿系统泄漏

如图 11-11 所示,对于执行元件长时间不动作且要保持系统恒定压力的情况,蓄能器能够在液压泵卸荷的情况下补偿系统泄漏,从而使系统的压力维持恒定。

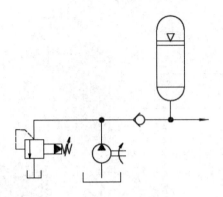

图 11-10　蓄能器降低压力脉动原理图

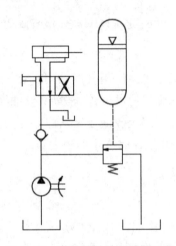

图 11-11　蓄能器补偿泄漏原理图

### 11.2.2　蓄能器的类型和特点

　　按储能方式,蓄能器主要分为重力加载式、弹簧加载式和气体加载式三种类型。其中,重力加载式因体积大、结构笨重、反应迟钝,目前工业中已很少使用;弹簧加载式虽结构较简单、反应较灵敏,但容量小,目前也已很少使用,只在个别低压系统中还能见到。

　　1. 重力加载式蓄能器

　　图 11-12 所示为重力加载式蓄能器原理图。它是用重力对液体加载,是用重物的位能来储存能量的蓄能器,其压力取决于重物的重力和液体的受压面积。其特点是结构简单,输油过程中油液压力不变,但笨重、惯性大、反应不灵敏,仅用于固定设备的蓄能。重力加载式蓄能器的最高工作压力可达 45 MPa。

　　2. 弹簧加载式蓄能器

　　图 11-13 所示为弹簧加载式蓄能器原理图。它是用弹簧力对液体加载,用弹簧的势能来储存能量的蓄能器,其压力取决于弹簧的劲度和压缩量。弹簧加载式蓄能器的特点是结

构简单、反应灵敏,但由于输油过程中油液压力发生变化,弹簧易疲劳,大容量时结构也较庞大,适用于循环频率较低、容量不大的低压系统($p \leqslant 1.2 \text{ MPa}$)。

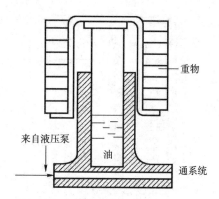

**图 11-12　重力加载式蓄能器原理图**

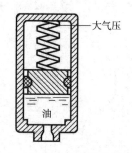

**图 11-13　弹簧加载式蓄能器原理图**

### 3. 气体加载式蓄能器

气体加载式蓄能器是用压缩气体对液体加载,利用压缩气体所具有的内能来储存能量的蓄能器,其压力取决于气体压力。所用气体一般为惰性气体,如氮气。根据气体和液体被隔离的方式,常用的气体加载式蓄能器分为活塞式、气囊式和隔膜式三种。

#### 1)活塞式气体加载蓄能器

如图 11-14 所示,活塞式气体加载蓄能器利用气体的压缩储存压力能,利用气体的膨胀释放压力能。活塞 2 的上部为压缩空气,其下部经油孔通向液压系统,活塞 2 随下部压力油的储存和释放而在蓄能器内部上下移动。其特点是气液隔离、油液不易氧化、结构简单、工作可靠、寿命长、安装和维护方便,但其反应较为迟缓、容量较小,对缸筒加工和活塞密封性能要求较高。这种蓄能器一般用来储能或供中、高压系统作吸收压力脉动之用。

#### 2)气囊式气体加载蓄能器

气囊式气体加载蓄能器的结构如图 11-15 所示。其主要由无缝耐高压的壳体 3、耐油橡胶制成的气囊 2、进油阀 4 和充气阀 1 组成。气囊 2 固定在壳体 3 的上部。工作时先向气囊内充一定量的惰性气体,然后用液压泵向蓄能器充油,压力油通过进油阀进入容器内,压缩气囊,当气腔和液腔的压力相等时,气囊处于平衡状态,这时蓄能器内压力为泵压力。当系统需要油时,在气体压力作用下,气囊膨胀,逐渐将油液挤出。进油阀的作用是让油液通过油口进入蓄能器,并防止气囊从油口被挤出。

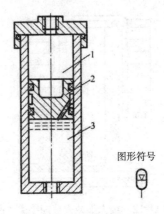

图形符号

1—气体;2—活塞;3—油箱。

**图 11-14　活塞式气体加载蓄能器结构图**

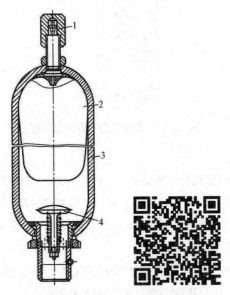

1—充气阀;2—气囊;3—壳体;4—进油阀。

**图 11-15　气囊式气体加载蓄能器结构图**

3)隔膜式气体加载蓄能器

如图 11-16 所示,隔膜式气体加载蓄能器由壳体、气体、隔膜、油液组成。它采用两个半球形钢制壳体扣在一起的结构形式。两个半球间夹一个橡胶隔膜,将蓄能器分为两部分,一端充入惰性气体(氮气),另一端充入液体,利用橡胶的可伸缩性和气体的可压缩性,对受压液体的能量进行储存和释放。隔膜式气体加载蓄能器的质量和容积比最小、反应灵敏,低压时消除脉动的效果显著,但由于橡胶隔膜面积较小,气体膨胀受到限制,所以充气压力有限,容气量小。

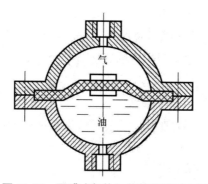

图 11-16　隔膜式气体加载蓄能器原理图

### 11.2.3　蓄能器的容量计算

容量是蓄能器选用的依据,其大小视用途而异。本小节以气囊式气体加载蓄能器为例加以说明。

#### 1. 蓄能器作辅助动力源时的容量计算

当蓄能器辅助作动力源时,蓄能器储存和释放的压力油容量和气囊中气体体积的变化量相等,而气体状态的变化遵循波义耳定律,即

$$p_1 V_1^n = p_2 V_2^n = p_0 V_0^n = 常量 \tag{11-1}$$

式中　$p_0$——气囊的充气压力;

$\quad\quad\ V_0$——气囊的充气体积,此时气囊充满壳体内腔,故也表示蓄能器容量;

$\quad\quad\ p_1$——系统的最大工作压力,即泵对蓄能器充油结束时的压力;

$\quad\quad\ V_1$——气囊被压缩后对应于 $p_1$ 时的气体体积;

$\quad\quad\ p_2$——系统的最小工作压力,即蓄能器向系统供油结束时的压力;

$\quad\quad\ V_2$——气体膨胀后对应于 $p_2$ 时的气体体积。

体积差 $\Delta V = V_2 - V_1$ 为供给系统油液的有效体积,将 $\Delta V$ 代入式(11-1),即可求得蓄能器容量 $V_0$。

$$V_0 = \left(\frac{p_2}{p_0}\right)^{1/n} V_2 = \left(\frac{p_2}{p_0}\right)^{1/n}(V_1 + \Delta V) = \left(\frac{p_2}{p_0}\right)^{1/n}\left[\left(\frac{p_0}{p_1}\right)^{1/n} V_0 + \Delta V\right] \tag{11-2}$$

因此

$$V_0 = \frac{\Delta V \left(\dfrac{p_2}{p_0}\right)^{1/n}}{1 - \left(\dfrac{p_2}{p_1}\right)^{1/n}} \tag{11-3}$$

气囊充气压力 $p_0$ 在理论上可与 $p_2$ 相等,但是为保证在蓄能时蓄能器仍有能力补偿系统泄漏,则应使 $p_0 < p_2$,一般取 $p_0 \approx (0.6 \sim 0.65)p_2$。

$$\Delta V = V_0 p_0^{1/n} \left[ \left( \frac{1}{p_2} \right)^{1/n} - \left( \frac{1}{p_1} \right)^{1/n} \right] \tag{11-4}$$

当蓄能器用于保压时,气体压缩过程缓慢,与外界的热交换得以充分进行,可认为是等温变化过程,这时取 $n=1$;而当蓄能器作辅助或应急动力源时,释放液体的时间短,热交换不充分,可视为绝热过程,取 $n=1.4$。

2. 蓄能器用来吸收冲击时的容量计算

当蓄能器用于吸收冲击时,一般按经验公式计算缓冲最大冲击力时所需要的蓄能器最小容量,即

$$V_0 = \frac{0.004 q p_1 (0.016\,4L - T)}{p_1 - p_2} \tag{11-5}$$

式中　$p_1$——系统允许的最大冲击力($MPa$);

　　　$p_2$——阀口关闭前管内压力($MPa$);

　　　$V_0$——用于吸收冲击时蓄能器的最小容量($L$);

　　　$L$——发生冲击的管长,即压力油源到阀口的管道长度($m$);

　　　$T$——阀口关闭的时间($s$),突然关闭时取 $T=0$。

## 11.2.4　蓄能器的使用和安装

蓄能器在液压回路中的安装位置随其功用而不同。例如,吸收液压冲击或压力脉动时,应该安装在冲击源或脉动源附近;补油保压时,宜安装在尽可能接近于有关执行元件处。

使用蓄能器应注意以下几点。

(1)充气式蓄能器中应使用惰性气体(一般为氮气),允许的工作压力视蓄能器的结构形式而定,如气囊式为 3.5~35 MPa。

(2)不同的蓄能器有其适用的工作范围,如气囊式蓄能器的气囊强度不高,不能承受很大的压力波动,且只能在 -20~70 ℃温度范围内工作。

(3)气囊式蓄能器原则上应垂直安装(油口向下),只有在空间位置受限时才允许倾斜或水平安装。

(4)装在管路中的蓄能器需要用支板或支架固定。

(5)蓄能器与管路系统之间应安装截止阀,供充气、检修时使用。蓄能器与液压泵之间应安装单向阀,以防止液压泵不工作时蓄能器内储存的压力油液倒流入泵。

(6)重力式蓄能器的重物应垂直安装,活塞运动的极限位置应设位置指示器。

(7)用于降低噪声、吸收脉动和吸收液压冲击的蓄能器应尽可能靠近振动源。

(8)蓄能器必须安装在便于检查、维修的位置,并远离热源。

# 11.3 油箱

## 11.3.1 油箱的作用与类型

1. 油箱的作用

（1）主要是储存油液,其必须能够盛放系统中的全部油液。

（2）散发系统工作中产生的热量。

（3）使渗入油液中的空气逸出,分离水分。

（4）沉淀油液污染物及杂质。

2. 油箱的分类

按油箱是否与大气相通,油箱可分为开式油箱与闭式油箱。开式油箱的上部开有通气孔,通过空气滤清器使油液与大气相通;闭式油箱中的油液与大气隔绝。开式油箱广泛用于一般的液压系统;闭式油箱则用于水下和高空等无稳定环境压力的场合。

按油箱与主机是否一体,油箱可分为整体式油箱和分离式油箱。整体式油箱利用机器设备的机身内腔作油箱,油箱和机体密不可分,这种油箱结构紧凑,但安装和维修油箱内部的元件不方便;分离式油箱是单独设置的油箱,油箱和主机通过管路连接。一般分离式油箱与泵等组成一个独立的供油单元(泵站)。

3. 油箱的符号

油箱的图形符号如图 11-17 所示

（a） （b） （c） （d）

**图 11-17 油箱的图形符号**

（a）管口在液面以上的油箱 （b）管口在液面以下的油箱
（c）管口连接于液面底部的油箱 （d）闭式油箱

## 11.3.2 油箱的容积与结构

1. 油箱的容积

在初步设计时,油箱的有效容积可按如下经验公式确定:

$$V=mq_{\mathrm{p}} \tag{11-6}$$

式中 $V$——油箱的有效容积;

$q_{\mathrm{p}}$——液压泵的流量;

$m$——经验系数,低压系统 $m=2\sim4$,中压系统 $m=5\sim7$,中高压或高压系统 $m=6\sim12$。

对于功率较大且连续工作的液压系统,必要时还要进行热平衡计算,以确定油箱容积。

2. 油箱的结构及设计要点

开式油箱的结构如图 11-18 所示,其由吸油管、回油管、滤清器、隔板、放油塞和箱盖等组成。

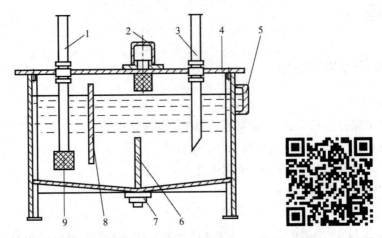

1—吸油管;2—滤清器;3—回油管;4—箱盖;5—液位计;6、8—隔板;7—放油塞;9—滤油器。

**图 11-18 开式油箱结构图**

下面根据图 11-18 所示的开式油箱结构图,分述油箱的设计要点。

(1)泵的吸油管与系统回油管之间的距离应尽可能远,管口都应插于最低液面以下,但离油箱底要大于管径的 2~3 倍,以免吸空和飞溅起泡。吸油管端部所安装的滤油器应离箱壁有 3 倍管径的距离,以便四面进油。回油管口应截成 45° 斜角,以增大回流截面,并使斜面对着箱壁,以利散热和沉淀杂质。

(2)在油箱中设置隔板,以便将吸、回油隔开,迫使油液循环流动,利于散热和沉淀杂质。

(3)设置空气滤清器与液位计。空气滤清器的作用是使油箱与大气相通,保证泵的自吸能力,滤除空气中的灰尘杂物,有时兼作加油口,它一般布置在顶盖上靠近油箱边缘处。液位计的作用是显示油液的量。

(4)设置放油口与清洗窗口。将油箱底面做成斜面,在最低处设置放油口,平时用放油塞或放油阀封堵,换油时将其打开放走油污。为了便于换油时清洗油箱,大容量的油箱一般会在侧壁设置清洗窗口。

(5)油箱正常工作温度应在 15~66 ℃,必要时应安装温度控制系统,或设置加热器和冷却器。

(6)最高油面只允许达到油箱高度的 80%,油箱底脚高度应在 150 mm 以上,以便散热、搬移和放油,油箱四周要有吊耳,以便起吊装运。

(7)新油箱的内壁须进行抛丸、酸洗和表面清洗处理,其内壁可涂一层与工作介质相容的塑料薄膜或耐油清漆,也可磷化处理,如为不锈钢板,则不必进行处理。

## 11.4 热交换器

液压系统工作时,压力损失及摩擦损失等消耗的能量基本转换为热量,这些热量一部分沿管路表面和液压元件表面散发到环境中,剩余部分则使油液温度升高。液压系统中常用油液的工作温度以 30~50 ℃为宜,最高不宜高于 65 ℃,最低不宜低于 15 ℃。温度过高或过低都将对液压元件产生影响。当温度太低时,就需要加装加热器;当温度太高时,则需要加装冷却器。

## 11.4.1　冷却器

根据冷却介质,冷却器有水冷式、风冷式和冷媒式三种。

1. 水冷式

水冷式冷却器有蛇形管式、多管式、板式等多种形式。其中,最简单的是蛇形管冷却器(图 11-19),它直接装在油箱内,冷却水从蛇形管内部通过,带走油液中的热量。蛇形管冷却器结构简单、制造容易、装设方便,但冷却效率低、耗水量大。

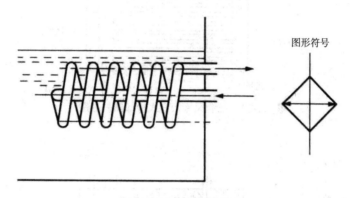

图 11-19　蛇形管冷却器

在液压系统中应用较多的多管式冷却器,如图 11-20 所示。其中,油液从进油口 5 流入,从出油口 3 流出;冷却水从进水口 7 流入,通过多根水管后由出水口 1 流出。冷却器内设置了隔板 4,在水管外部流动的油液行进路线因隔板的上下布置而变得迂曲,增强了热交换,因此冷却效果较好。

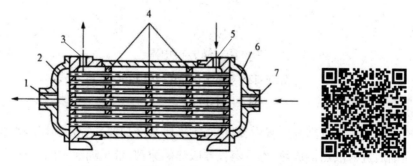

1—出水口;2、6—端盖;3—出油口;4—隔板;5—进油口;7—进水口。

图 11-20　多管式冷却器

### 2. 风冷式

在水源不方便取得的地方(如在行走设备上)可以采用风冷式冷却器。图 11-21 所示是一种强制风冷板翅式冷却器外形图。其优点是散热效率高、结构紧凑、体积小、强度大,缺点是易堵塞、清洗困难。图 11-22 所示为翅片管式(圆管、椭圆管)冷却器原理图。其圆管外设有大量的散热翅片,散热面积可达光圆管的 8~10 倍,而且体积和质量相对较小。其中,椭圆管因涡流区小,空气流动性好,故散热系数高。

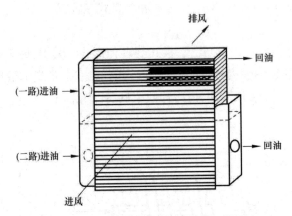

图 11-21 强制风冷板翅式冷却器外形图

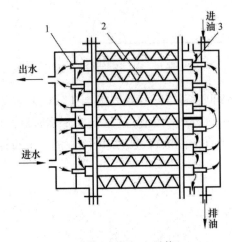

1—水管;2—翅片;3—油管。

图 11-22 翅片管式冷却器原理图

### 3. 冷媒式

在对冷却能力要求较高的装置中,可以采用冷媒式冷却器。它是利用冷媒介质在压缩机内绝热压缩后进入散热器放热,然后蒸发器吸热的原理,带走油液中的热量,从而使油液冷却。这种冷却器效果好,但价格较为昂贵。

冷却器所造成的压力损失为 0.01~0.1 MPa,一般应安装在回油管或低压管路上。图 11-23 所示为冷却器在液压系统中的各种安装位置。

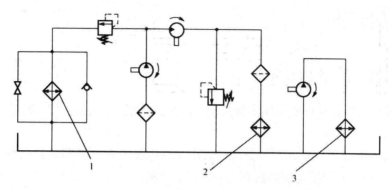

**图 11-23　冷却器在液压系统中的各种安装位置**

（1）主溢流阀的溢流口（位置 1）：溢流阀产生的热油直接冷却，同时不受系统冲击压力的影响；单向阀起保护作用；系统在启动时，截止阀可使油液直接回油箱。

（2）主回油路上（位置 2）：冷却速度快，但系统回路有冲击压力时，要求冷却器能承受较高的压力。

（3）单独的液压泵回油路上（位置 3）：冷却器不受液压冲击的影响。

### 11.4.2　加热器

液压系统开始工作时，如果油温低于 15 ℃，会因为油液黏度大而不利于泵的吸入和启动，所以必须加热油箱中的油液。对于需要油温保持稳定的液压实验设备，如精密机床等，其要求在恒温下工作，也必须在开始运行之前把油温提高到适当值，加热方法主要有蒸气加热和电加热。

目前，由于电加热结构简单、使用方便、能自动调温，因此得到了广泛应用，如图 11-24 所示。电加热器用法兰水平安装在油箱壁上，发热体全部浸在油液内。一般不垂直安装电加热器，以避免因油液蒸发而导致液面降低时电加热器表面露出液面。电加热器应安装在箱内油液流动处，以利于热量的交换。同时，单个电加热器的功率容量不能太大，一般不超过 3 W/cm$^2$，以免其周围油液因局部过度受热而变质。如有必要，可安装多个电加热器。在电路上应设置联锁保护装置，当油液没有完全包围加热元件或没有足够的油液进行循环时，电加热器不能工作。

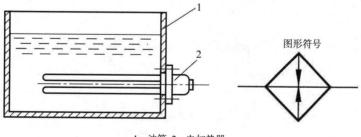

1—油箱；2—电加热器。

**图 11-24　电加热安装示意图及图形符号**

# 11.5　密封装置

## 11.5.1　密封装置的作用及要求

液压系统中,密封装置的作用主要是防止液压油的内、外泄漏,以及防止灰尘、空气、金属屑等异物侵入液压系统。

密封装量的性能直接影响液压系统的工作性能和效率,故对密封装置应有以下要求。

(1)在一定压力、温度范围内具有良好的密封性能。

(2)对运动表面产生的摩擦力小、磨损小,磨损后能自动补偿。

(3)密封性能可靠、抗腐蚀、不易老化、工作寿命长。

(4)结构简单,便于制造和拆装,成本低廉。

## 11.5.2　密封装置的分类和特点

液压设备中主要采用密封圈密封,密封圈有 O 形、V 形、Y 形及组合式等,其材料有耐油橡胶、尼龙、聚氨酯等。

1. O 形密封圈

O 形密封圈的截面为圆形,主要用于静密封。与唇形密封圈相比,其运动阻力较大,做运动密封时容易产生扭转,故一般不单独用于油缸运动密封。

O 形密封圈的优点是密封性能好,静密封可达到近似理想的零泄漏,结构简单,拆装方便,动摩擦阻力较小,单件 O 形密封圈可起到双向密封效果,密封可靠,寿命长,价格低廉。其缺点是用于动密封时,如设备闲置过久后再次启动,O 形密封圈的摩擦阻力会因与密封副耦合面的黏附而陡增,导致启动摩擦阻力较大,并出现蠕动现象;不适合高速运动,尤其是高速旋转运动的密封。

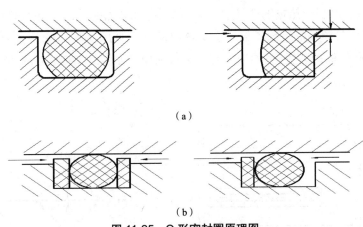

(a)

(b)

图 11-25　O 形密封圈原理图

(a)普通型　(b)有挡圈型

任何形状的密封圈在安装时,必须保证适当的预压缩量。预压缩量过小则不能密封;预压缩量过大则摩擦力增大,易造成密封圈损坏。因此,安装密封圈的沟槽尺寸和表面精度必须按有关规范给出的数据严格保证。

在动密封中,当压力大于 10 MPa 时,O 形密封圈就会被挤入间隙中而损坏,为此需在 O 形密封圈低压侧设置聚四氟乙烯或尼龙材料的挡圈,当双向受高压时,两侧都要加挡圈。

2. V 形密封圈

V 形密封圈的截面呈 V 形,也是一种唇形密封圈。根据制造材料不同,其可分为纯橡胶 V 形密封圈和夹织物(夹布橡胶)V 形密封圈等。V 形密封装置由压环、V 形密封圈和支承环三部分组成,如图 11-26 所示。

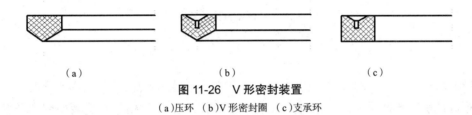

**图 11-26　V 形密封装置**
(a)压环　(b)V 形密封圈　(c)支承环

V 形密封圈主要用于液压缸活塞和活塞杆的往复动密封,其运动摩擦阻力较 Y 形密封圈大,但使用寿命长、密封性能可靠。当发生泄漏时,无须更换密封圈,只需调整压环或填片。当工作压力高于 10 MPa 时,可增加 V 形密封圈的数量,提高密封效果。安装时, V 形密封圈的开口应面向压力高的一侧。

3. Y 形密封圈

Y 形密封圈是截面呈 Y 形的耐油橡胶环,其结构简单、密封效果好,因此适应性很广。Y 形密封圈的密封作用来自其唇边对耦合面的紧密接触,并在压力油作用下产生较大的接触压力,达到密封的目的。当液压力升高时,唇边与耦合面贴得更紧,接触压力更高。图 11-27(a)所示为 Y 形密封圈的自由状态,图 11-27(b)和(c)所示为 Y 形密封圈安装和工作时的截面形状。

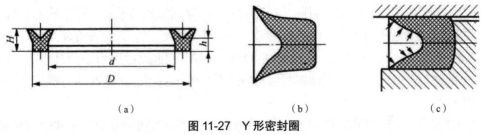

**图 11-27　Y 形密封圈**
(a)自由状态　(b)安装时截面形状　(c)工作时截面形状

Y 形密封圈的密封特点是密封性、稳定性和耐压性较好,摩擦阻力小,使用寿命较长。Y 形密封圈主要用于动密封,特别是往复直线运动的密封,如液压缸体和活塞之间、活塞杆和缸体端盖之间的密封等。

Y 形密封圈安装时,唇口端面应对着液压力高的一侧。当压力变化较大、滑动速度较高时,要使用支承环,以固定密封圈,如图 11-28 所示。

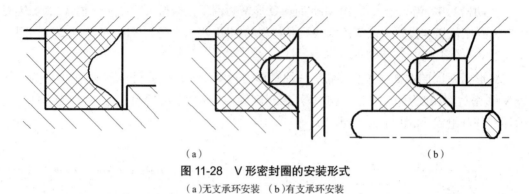

（a） （b）

**图 11-28 Ｖ形密封圈的安装形式**

（a）无支承环安装 （b）有支承环安装

4. 组合式密封圈

随着液压技术应用的日益广泛,系统对密封的要求越来越高,单独使用普通的密封圈已不能很好地满足各种要求,特别是使用寿命和可靠性的要求。因此,研究者研究和开发了由包括密封圈在内的两个以上元件组成的组合式密封装置,如图 11-29 所示。

**图 11-29 组合式密封圈实物图**

图 11-30（a）所示为 O 形密封圈与截面为矩形的聚四氟乙烯塑料滑环组成的组合密封圈。其中,滑环紧贴密封面, O 形密封圈为滑环提供弹性预压力,从而在介质压力等于零时构成密封,由于密封间隙靠近滑环,而不是 O 形密封圈,因此摩擦阻力小而且稳定,可用于 40 MPa 的高压。其用于往复运动密封时,速度可达 15 m/s;用于往复摆动与螺旋运动密封时,速度可达 5 m/s。

矩形滑环组合密封的缺点是抗侧倾能力稍差,在高低压交变的场合下工作时容易漏油。图 11-30（b）所示为由支持环和 O 形圈组成的轴用组合密封,由于支持环与被密封件之间为线密封,其工作原理类似于唇边密封。支持环采用一种经特别处理的化合物制造,因此具有极强的耐磨性、低摩擦性和保形性,且没有低速时的“爬行”现象,工作压力可达 80 MPa。组合式密封装置的使用寿命比单独使用普通橡胶密封圈提高了近百倍,在工程上应用日益广泛。

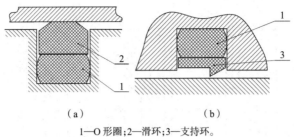

1—O 形圈；2—滑环；3—支持环。

**图 11-30　组合式密封圈**

（a）O 型密封圈与矩形截面滑环组合密封　（b）轴用组合密封

5. 其他密封装置

1）防尘圈

防尘圈属于唇形自紧式密封，设置在活塞杆或柱塞密封圈的外端，其唇部对活塞杆（柱塞）为过盈配合。因此，在活塞杆做往复运动时，唇部刃口可将黏附在活塞杆上的灰尘、砂粒清除掉，保护液压缸免遭异物侵害。

防尘圈分为无骨架式和有骨架式两种，图 11-31 所示为无骨架式防尘圈。防尘圈的材料一般为丁腈橡胶或聚氨酯橡胶。防尘圈的选取可参考《液压缸活塞杆用防尘圈沟槽型式、尺寸和公差》（ GB/T 6578—2008 ）。

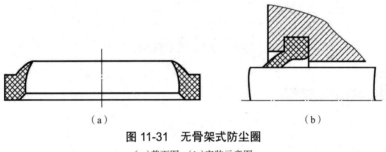

**图 11-31　无骨架式防尘圈**

（a）截面图　（b）安装示意图

2）油封

油封用在旋转轴上，用于防止润滑油外漏和外部灰尘进入，即同时起密封和防尘作用。油封一般由耐油橡胶制成，截面形状有 J 形、U 形等。图 11-32 所示为有骨架式橡胶油封。在自由状态下，油封的内径比轴的外径略小，有一定的过盈量（ 0.5~1.5 mm ）。当油封装在轴上后，油封的唇边对轴产生一定的径向压力，唇边与轴的表面之间形成稳定的油膜，既能封油又可润滑。在油封工作一段时间后，若因唇边磨损而导致径向压力减小，则卡紧弹簧可实现补偿。

常压型油封的使用压力应小于 0.05 MPa。当工作压力超过 0.05 MPa 时，应选用耐压型油封。选用油封时可参考《密封元件为弹性体材料的旋转轴唇形密封圈　第 1 部分：基本尺寸和公差》（ GB/T 13871.1—2007 ）。

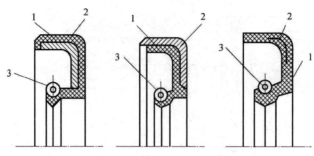

1—密封圈；2—骨架；3—卡紧弹簧。

**图 11-32　有骨架式橡胶油封**

　　3）组合密封垫圈

　　如图 11-33 所示，组合密封垫圈由金属环 2 和橡胶环 1 胶合而成，特别适用于管接头、螺塞与其自接元件之间的平面静密封。因安装后外围金属环起支承作用，内圈橡胶环受到适量的压缩，因此其在保证良好的密封性能的同时又不会损坏橡胶环。

　　组合密封垫圈的使用非常方便，密封面对加工精度要求不高，其规格尺寸可参见相关标准。

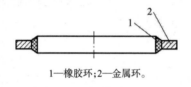

1—橡胶环；2—金属环。

**图 11-33　组合密封垫圈**

# 11.6　其他辅助装置

## 11.6.1　管件

　　液压管件包括油管和管接头，其主要功能是连接液压元件和输送油液。管件的选用原则是保证油管中油液做层流流动，对其要求是具有足够的强度、密封性好、压力损失小和拆装方便。

　　1. 油管

　　1）油管的作用与要求

　　油管用于输送液压系统中的油液。为了保证液压系统工作可靠，要求油管应有足够的强度和良好的密封，并且要求压力损失小、拆装方便。

　　2）油管的类型

　　液压系统中油管有多种类型，常用的有钢管、紫铜管、橡胶软管、尼龙管、塑料管等。考虑到配管和工艺的方便性，在高压系统中常用无缝钢管；中、低压系统一般用紫铜管；橡胶软管可用于两个相对运动件之间的连接；尼龙管和塑料管价格便宜，但承压能力差，可用于回油路、泄油路等。

3)油管的规格尺寸

液压系统油管的规格尺寸主要是指油管的内径和壁厚。

油管的内径是根据油管内允许的流速和所通过的流量来确定的,其计算公式为

$$d = \sqrt{\frac{4Q}{\pi v}}$$ （11-7）

式中　$d$——油管内径(m);

　　　$Q$——油管流量(m³/s);

　　　$v$——油管内流量的流速(m/s)。

对于吸油管,管内油液的流速 $v$=0.5~1.5 m/s;对于压油管,管内油液的流速 $v$=2.5~5 m/s。其中,压力高的取大值,压力低的取小值。例如,压力在 6 MPa 以上取 5 m/s;压力在 3~6 MPa 取 4 m/s;压力在 3 MPa 以下取 2.5~3 m/s。管道短时取大值;油液黏度大时取小值。

由式(11-7)计算所得到的油管内径,应查阅相关标准,按标准管径尺寸相近的值进行圆整。

油管壁厚 $\delta$ 的计算公式为

$$\delta = \frac{pdn}{2\sigma_b}$$ （11-8）

式中　$p$——管内油液的最大工作压力(Pa);

　　　$d$——油管内径(m);

　　　$n$——安全系数;

　　　$\sigma_b$——油管材料的抗拉强度。

对于铜管,可取 $\sigma_b/n \le 25$ MPa。

对于钢管, $p \le 7$ MPa 时,取 $n$=8; 7 MPa<$p$<17.5 MPa 时,取 $n$=6; $p \ge 17.5$ MPa 时,取 $n$=4。

4)油管的安装要求

(1)油管长度应尽量短,最好横平竖直、转弯少。为避免油管褶皱,并减少压力的损失,硬管装配时弯曲半径要足够大,见表 11-2。油管悬伸较长时,要适当设置管夹。

**表 11-2　硬管装配时允许的弯曲半径**　　　　单位:mm

| 管道外径 $D$ | 10 | 14 | 18 | 22 | 28 | 34 | 42 | 50 | 63 |
|---|---|---|---|---|---|---|---|---|---|
| 弯曲半径 $R$ | 50 | 70 | 75 | 80 | 90 | 100 | 130 | 150 | 190 |

(2)油管之间应尽量避免交叉,平行管间距要大于 100 mm,以防接触振动,并便于安装管接头。

(3)软管直线安装时,要留 30% 左右的余量,以适应油温变化、受拉和振动的需要。弯曲半径要大于 9 倍的软管外径,弯曲处到管接头的距离要至少等于 6 倍的软管外径。

5）油管的选用原则

吸油管路和回油管路一般用低压的有缝钢管,也可使用橡胶和塑料软管;控制油路中的流量小,多用铜管;考虑配管和工艺的方便性,在中、低压油路中也常使用铜管;高压油路一般使用冷拔无缝钢管,必要时也采用价格较高的高压软管（高压软管是由橡胶中间加一层或几层钢丝编织网制成,高压软管比硬管安装方便,并可以吸收振动）。

2. 管接头

管接头作为管与管、管与其他液压元件之间的可拆卸连接件,要求其连接可靠、无泄漏、液阻小、拆装方便。管接头的种类很多,依其连通的油路分有直通、直角、三通、四通和铰（万向）;依其与油管的连接方式分有焊接式、卡套式、扩口式和扣压式。下面介绍几种常见的管接头。

1）扩口式管接头

扩口式管接头如图 11-34 所示。其接管 2 的端部用扩口工具扩成 74° ~90° 的喇叭口,拧紧螺母 3 通过导套 4 压紧接管 2 扩口和接头体 1 的相应锥面形成连接与密封。其结构简单,重复使用性好,适用于一般不超过 8 MPa 的中、低压系统中薄壁管件的连接。

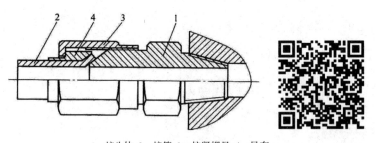

1—接头体;2—接管;3—拧紧螺母;4—导套。

**图 11-34　扩口式管接头结构图**

2）卡套式管接头

图 11-35 所示为卡套式管接头。这种管接头主要包括具有 24° 锥形孔的接头体 1、带有尖锐内刃的卡套 4、起压紧作用的螺母 3 等元件。旋紧螺母 3 时,卡套 4 被推进锥孔,并随之变形,使卡套与接头体内锥面形成球面接触密封。同时,卡套的内刃口嵌入接管 2 的外壁,并在外壁上压出一个环形凹槽,从而起到可靠的密封作用。卡套式管接头具有结构简单、性能良好、质量小、体积小、使用方便、不用焊接、钢管轴向尺寸要求不严等优点,且抗振性能好,工作压力可达 31.5 MPa,是液压系统中较为理想的管路连接件。但其对油管的径向尺寸要求较高,常用于对精度要求较高的冷拔钢管连接。

3）扣压式管接头

图 11-36 所示为扣压式管接头。这种管接头可用于工作压力为 6~40 MPa 的液压传动系统中的软管的连接。其在装配时须剥离胶层,然后在专门的设备上扣压而成。

4）焊接式管接头

图 11-37 所示为焊接式管接头。这种管接头主要由接头体 1、接管 2 和螺母 3 等组成,接头体和接管之间用 O 形密封圈 4 密封。焊接式管接头的连接牢固、密封可靠,可用工作

压力较高,可达 31.5 MPa;其缺点是装配时需焊接,因此必须采用厚壁钢管,焊接工作量大。

1—接头体;2—接管;3—螺母;4—卡套;5—组合密封垫。

图 11-35　卡套式管接头

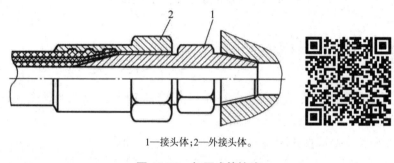

1—接头体;2—外接头体。

图 11-36　扣压式管接头

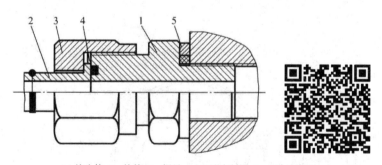

1—接头体;2—接管;3—螺母;4—O 形密封圈;5—组合密封垫。

图 11-37　焊接式管接头

5)快速管接头

快速管接头是一种不需要使用工具就能够实现管路快速连通或断开的接头。快速管接头有两种结构形式:两端开闭式和两端开放式。两端开闭式快速管接头如图 11-38 所示。其中,外接头体 2 和内接头体 6 的内腔各有一个单向阀阀芯,当两个接头体分离时,单向阀阀芯 7 由弹簧 8 推动,使阀芯紧压在接头体的锥形孔上,关闭两端通路,使介质不能流出。当两个接头体连接时,两个单向阀阀芯前端的顶杆相碰,迫使阀芯后退并压缩弹簧,使通路打开。两个接头体之间的连接是利用外接头体 2 上的 6 个(或 8 个)钢球 4 落在内接头体 6

上的 V 形槽内而实现的。工作时,钢球由外套 5 压住而无法退出,外套 5 由弹簧 3 顶住,保持在右端位置。

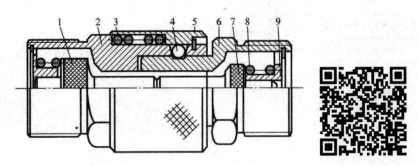

1—单向阀阀芯;2—外接头体;3—弹簧;4—钢球;5—外套;6—内接头体;7—单向阀阀芯;8—弹簧;9—弹簧座。

**图 11-38　两端开闭式快速管接头结构图**

### 11.6.2　压力表及压力表开关

1. 压力表

压力表用于观测液压传动系统中某一工作点的油液压力,以便调整系统的工作压力。在液压传动系统中,最常用的是弹簧管式压力表。

图 11-39 所示为弹簧管式压力表的原理图。当压力油进入弹簧弯管 1 时,弯管变形曲率半径加大,通过杠杆 4 使扇形齿轮 5 摆动,扇形齿轮 5 与齿轮 6 啮合,齿轮 6 带动指针 2 转动,在刻度盘 3 上就可读出压力值。

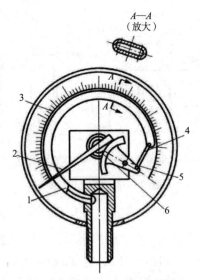

1—弹簧弯管;2—指针;3—刻度盘;4—杠杆;5—扇形齿轮;6—齿轮。

**图 11-39　弹簧管式压力表原理图**

压力表精度等级的数值是压力表最大误差占量程(压力表测量范围)的百分比。一般机床上的压力表用 2.5~4 级精度即可。选用压力表时,一般取系统压力为量程的 2/3~3/4。压力表必须直立安装。为了防止压力冲击损坏压力表,常在压力表的通道内设置阻尼小孔。

2. 压力表开关

压力表开关相当于一个小型转阀式截止阀,用来通、断压力表与油路通道之间的连接。根据可测压力的点数不同,压力表开关有一点、三点、六点等种类。

图 11-40 所示为板式连接的 K-6B 型压力表开关的结构图。压力表经油槽 a 和小孔 b 与油箱相通。当将手柄推进去时,阀芯上的油槽 a 一方面使压力表与测量点接通,另一方面又切断了压力表与油箱的通道,这样就可测出一个点的压力,若将手柄转到另一位置,便可测出另一点的压力。压力表的过油通道很小,可防止指针的剧烈摆动。在液压传动系统工作正常后,即可切断压力表与系统油路的通道。

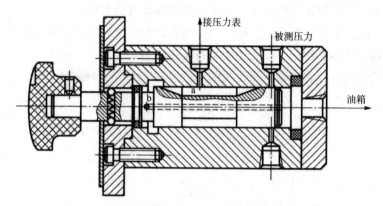

图 11-40　板式连接的 K-6B 型压力表开关的结构图

# 习题 11

## 1. 选择题

( 11-1 )强度高、耐高温、抗腐蚀性强、过滤精度高的精过滤器是(　　　)。

A. 网式过滤器　　　B. 线隙式过滤器　　　　C. 烧结式过滤器　　　　D. 纸芯式过滤器

( 11-2 )过滤器的作用是(　　　)。

A. 储油和散热　　　B. 连接液压管路　　　　C. 保护液压元件　　　　D. 指示系统压力

( 11-3 )如图 11-41 所示,图(　　　)是过滤器的图形符号,图(　　　)是压力继电器的图形符号。

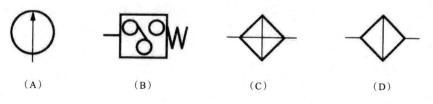

图 11-41　习题 11-3 示意图

**2. 判断题**

(11-4)通常泵的吸油口装精过滤器,出油口装粗过滤器。 （ ）

(11-5)液压系统中产生的故障,很大一部分原因是液压油变脏而引起的。 （ ）

(11-6)网式滤油器是精过滤器。 （ ）

(11-7)密封元件属于液压辅件。 （ ）

**3. 思考题**

(11-8)简述油箱的作用及结构特点。

(11-9)简述蓄能器的主要功用,举例说明其应用情况。

(11-10)使用过滤器的目的是什么？过滤器的安装位置有几处？

(11-11)液压系统在什么情况下需要安装冷却器？冷却器有哪几种类型？

(11-12)如何选用管接头？液压管接头主要有哪几种类型？

(11-13)液压缸为什么要密封？哪些部位需要密封？常见的密封圈有哪几种？

(11-14)热交换器的作用有什么？类型有哪些？

(11-15)试画出各种液压辅助元件的图形符号。

# 第 12 章  液压基本回路

## 本章导读

【基本要点】理解与掌握液压的基本回路;掌握节流阀、换向阀、溢流阀、变量泵与变量马达等液压元件在各回路中的作用。

【重点】压力控制回路、速度控制回路的特征与分类。

【难点】溢流阀、节流阀、换向阀、变量泵与变量马达等在各回路中的作用。

一些液压设备的液压系统虽然很复杂,但通常都由一些基本回路组成。液压的基本回路是由相关的液压元件组成,用来完成某种特定控制功能的典型回路。掌握这些基本回路的组成、原理和特点,有助于认识和分析一个完整、复杂的液压系统。

## 12.1  压力控制回路

压力控制回路在液压系统中不可缺少,它是利用压力控制阀来控制系统整体或某一部分的压力,以满足液压执行元件对力或转矩要求的回路。这类回路包括调压、减压、增压、保压、卸荷和平衡等多种控制回路。

### 12.1.1  调压回路

调压回路的作用是使液压系统整体或部分的压力保持恒定或不超过某个数值,或使执行元件在工作过程的不同阶段能够实现多种不同的压力变换。在定量泵系统中,液压泵的供油压力可以通过溢流阀来调节;在变量泵系统中,可通过安全阀来限定系统的最高压力,防止系统过载;若系统需要两种以上的压力,则可采用多级调压回路。

1. 单级调压回路

在液压泵出口处设置并联的溢流阀即可组成单级调压回路,它也可以是用来控制液压系统工作压力的安全阀。

2. 二级调压回路

图 12-1(a)所示为二级调压回路,它可实现两种不同的系统压力控制。其中,溢流阀 2 和溢流阀 4 各调一级。当二位二通电磁阀 3 处于图示的位置时,系统压力由溢流阀 2 调定。当电磁阀 3 得电后,处于右位时,系统压力由溢流阀 4 调定。其中,溢流阀 4 的调定压力一定要小于溢流阀 2 的调定压力,否则系统将无法实现两种压力的设定。当系统压力由溢流阀 4 调定时,溢流阀 2 的先导阀口关闭,但主阀开启,液压泵的溢流流量经主阀流回油箱。

3. 多级调压回路

图 12-1(b)中,由溢流阀 1、2、3 分别控制系统的压力,从而组成三级调压回路。当两电磁铁(1YA 和 2YA)均不通电时,系统压力由溢流阀 1 调定;当 1YA 得电时,系统压力由溢流阀 2 调定;当 2YA 得电时,系统压力由溢流阀 3 调定。同样,在这种调压回路中,溢流阀 2 和溢流阀 3 的调定压力都要小于溢流阀 1 的调定压力。

4. 连续、按比例调压回路

图 12-1(c)中,调节先导型比例电磁溢流阀的输入电流 $I$,即可实现系统压力的无级调节,这样不但回路结构简单、压力切换平稳,而且更容易使系统实现远距离控制或程序控制。

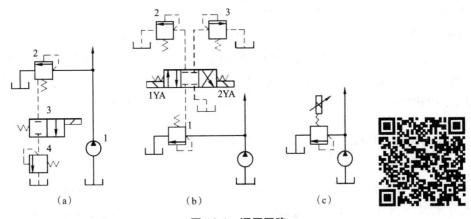

**图 12-1　调压回路**

(a)二级调压回路　(b)多级调压回路　(c)连续、按比例调压回路

## 12.1.2　减压回路

液压系统的压力是根据系统主要执行元件的工作压力来设计的,当系统中有较多的执行元件,且这些元件的工作压力又不完全相同时,就需要设计相应的减压回路或增压回路来满足各元件不同的压力要求。其中,减压回路的作用是使系统中的某一部分油路具有较系统压力低的稳定压力。

最常见的减压回路是通过定值减压阀与主油路相连,如图 12-2(a)所示。该回路中主油路在压力降低(低于减压阀调整压力)时,单向阀防止油液倒流。在减压回路中,也可以采用类似两级或多级调压的方法获得两级或多级减压,如图 12-2(b)所示。该回路中利用先导式减压阀的遥控口接入一远控溢流阀,则可由溢流阀 1、溢流阀 2 各调定一种低压,其中溢流阀 2 的调定压力须低于溢流阀 1 的调定压力。

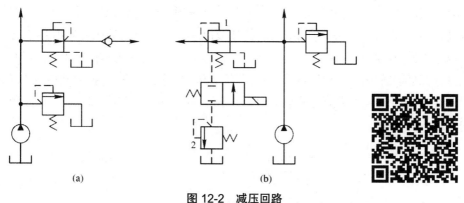

**图 12-2　减压回路**

（a）减压阀与主回路相连　（b）多级减压

### 12.1.3　增压回路

增压回路可使系统中的局部压力高于液压泵的输出压力,其中能够实现油液压力增大的主要元件是增压器。

1. 利用串联液压缸的增压回路

如图 12-3 所示,小直径液压缸和大直径液压缸串联,可使冲柱急速推出。当换向阀移到左位,泵所输出的油液全部进入小直径液压缸活塞的左侧,冲柱急速推出,此时单向阀将油液注入大直径液压缸,且充满大直径液压缸的左侧空间。当冲柱前进受阻时,泵输送的油液压力升高,从而使顺序阀动作,此时油液以溢流阀所设定的压力作用在大、小直径液压缸活塞的左侧,故推力等于大、小直径液压缸活塞左侧面积和与溢流阀所调定的压力之积。

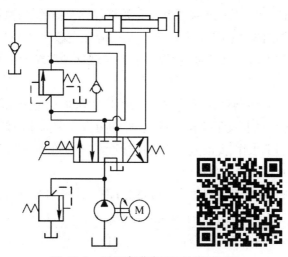

**图 12-3　利用串联液压缸的增压回路**

2. 利用增压器的增压回路

图 12-4 所示是利用增压器的增压回路。将三位四通换向阀移到右位工作时,液压油经液控单向阀送到液压缸活塞上方,冲柱下压。同时,增压器的活塞也受到油液作用向右移

动,当达到规定的压力后自然停止。当冲柱下降至碰到工件时(即产生负荷时),泵的输出压力升高,并打开顺序阀,经减压阀减压后的油液以减压阀所调定的压力作用在增压器的大直径活塞上,使增压器的小直径活塞侧产生3倍于减压阀调定压力的高压油液,该油液进入冲柱上方,起到增压的作用。当换向阀移到左位工作时,冲柱上升;当换向阀移到中位时,可以暂时防止冲柱下落。如果要完全防止冲柱下落,则必须在冲柱下降时的出口油处装一液控单向阀。

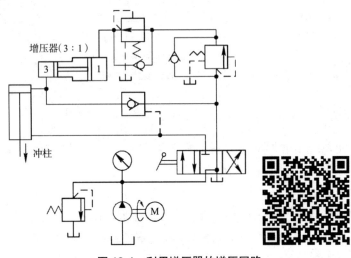

图 12-4　利用增压器的增压回路

### 12.1.4　卸荷回路

许多液压系统在使用时,其执行装置并不是始终连续工作的,当执行装置处于工作的间歇状态时,液压系统输出的功率应接近于零,即动力源在空载状况下工作,以减少动力源和液压系统的功率损失以及降低液压系统发热,能够实现这种功能的压力控制回路称为卸荷回路。

液压系统卸荷的方式有两种:一是将液压泵出口的流量通过液压阀的控制直接送回油箱,使液压泵在接近零压的状况下输出流量,这种卸荷方式称为压力卸荷;二是使液压泵在泵出流量接近零的状态下工作,此时其输出功率接近零,这种卸荷方式称为流量卸荷。

1. 利用主换向阀中位机能的卸荷回路

图 12-5 所示为利用换向阀中位机能的卸载回路。其采用 M 型中位机能的换向阀,当换向阀处于中位时,泵排出的液压油直接经换向阀的 P、T 通路流回油箱,泵的工作压力接近于零。采用这种方式卸载,方法比较简单,但三位四通换向阀的流量必须和液压泵的输出流量相匹配。

图 12-5　利用换向阀中位机能的卸荷回路

2. 利用二位二通阀旁路的卸荷回路

利用二位二通阀旁路的卸荷回路如图 12-6 所示,当二位二通阀在左位工作时,液压泵排出的液压油以接近零压的状态流回油箱,从而节省动力并避免油温上升,其中二位二通阀的额定流量必须和液压泵的输出流量相匹配。

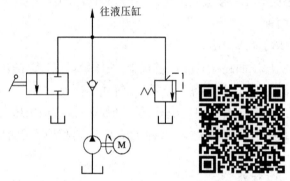

图 12-6　利用二位二通阀旁路的卸荷回路

3. 利用复合泵的卸荷回路

利用复合泵的卸荷回路如图 12-7 所示,其中将复合泵作为液压钻床的动力源。当液压缸快速推进时,推动液压缸活塞前进所需的压力比左、右两边的溢流阀的设定压力低,故大排量泵和小排量泵的压力油全部送到液压缸,使活塞快速前进。当钻头和工件接触时,液压缸活塞移动的速度变慢,且作用在活塞上的工作压力变大,当送往液压缸的油液压力上升至右边卸荷阀设定的工作压力时,卸荷阀开启,低压大排量泵所排出的液压油经卸荷阀流回油箱。在钻削进给阶段,液压缸的油液由高压小排量泵供给。此时,由于回路的动力主要由高压小排量泵提供,故可达到节约能源的目的。需要注意的是,系统中的溢流阀作为安全阀使用,以防止泵的过载,而卸荷阀的调定压力通常比溢流阀的调定压力低 0.5 MPa 以上。

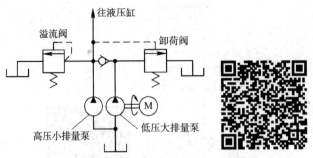

图 12-7 利用复合泵的卸荷回路

### 12.1.5 保压回路

有些机械设备在工作过程中,常常要求液压执行机构在其行程终止时仍能在一段时间内保持压力,或要求执行元件在工作循环的某一阶段内,继续保持一定压力,此时需采用保压回路。所谓保压回路,其指可使系统在液压缸不动或仅有工件变形所产生的微小位移的情况下,稳定地维持执行元件的输出压力。最简单的保压回路是使用密封性能较好的液控单向阀的回路,但由于阀类元件接缝处的泄漏,使这种回路的保压效果不能长时间维持。常用的保压回路有以下两种。

1. 利用液压泵保压的保压回路

利用液压泵保压的保压回路在其保压过程中,液压泵仍以较高的压力工作。此时,若采用定量泵,则压力油几乎全经溢流阀流回油箱,系统功率损失大,易发热,故只用在小功率的系统且保压时间较短的场合。若采用变量泵,虽然保压时泵的输出压力较高,但输出流量接近于"零",因此液压系统的功率损失小,这种保压方法能随泄漏量的变化自动调整输出流量,故效率较高。

2. 利用蓄能器的保压回路

利用蓄能器的保压回路是指借助蓄能器来保持系统压力,补偿系统由于泄漏产生的压力损耗。图 12-8 所示为利用虎钳进行工件夹紧的液压装置,当换向阀处于左位时,活塞前进,推动虎钳进行夹紧,此时液压泵继续输出压力油,同时也为蓄能器充能,直到卸荷阀被打开进行卸载为止;此时作用在活塞上的压力将由蓄能器来维持,并补充液压缸的泄漏和压力损失;当工作压力低于卸荷阀所调定的工作压力时,卸荷阀关闭,泵的液压油继续送往蓄能器进行充能。

### 12.1.6 平衡回路

许多液压执行机构是沿竖直方向运动的,为了防止立式液压缸与竖直运动的工作部件由于自重而自行下落,造成冲击或事故,通常在立式液压缸下行时的回路上设置适当的阻力,以阻止其下降或使其平稳地下降,称这种回路为平衡回路。平衡回路的作用在于防止竖直或倾斜放置的液压缸和与之相连的工作部件因自重而自行下落。

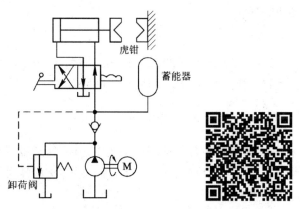

**图 12-8　利用蓄能器的保压回路( 虎钳夹紧装置 )**

　　图 12-9( a )所示为采用单向顺序阀的平衡回路,当 1YA 得电,活塞下行时,回油路上就存在着一定的背压,只要该背压能够承受活塞和与之相连的工作部件的自重,活塞及相连部件就可以平稳地下降。当换向阀处于中位时,活塞停止运动,不再继续下移。在这种回路中,当活塞向下快速运动时,其功率损耗大,锁住时活塞和与之相连的工作部件会因单向顺序阀和换向阀的泄漏而缓慢下落,因此它只适用于工作部件自重不大,且活塞锁住时定位要求不高的场合。

　　图 12-9( b )所示为采用液控顺序阀的平衡回路。当活塞下行时,控制压力油打开液控顺序阀,背压消失,该回路工作效率较高;当停止工作时,液控顺序阀关闭,以防止活塞和工作部件因自重而下降。这种平衡回路的优点是只有上腔进油时活塞才下行,比较安全、可靠;缺点是活塞下行时平稳性较差。因此,液控顺序阀始终处于启、闭的过渡状态,影响运动平稳性。这种回路适用于运动部件自重不大,且停留时间较短的液压系统。

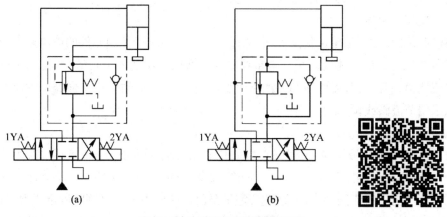

**图 12-9　采用顺序阀的平衡回路**

( a )单向顺序阀　( b )液控顺序阀

## 12.2 速度控制回路

液压系统中,当需要满足液压执行元件的工作速度的控制要求时,就需要采用速度控制回路,它主要包括调速回路、快速运动回路、速度换接回路等。

### 12.2.1 调速回路

在液压系统中,往往需要调节执行元件的运动速度,其工作速度或转速与其输入的流量及相应的几何参数有关。由第 9 章可知,在不考虑管路变形、油液压缩性和回路中各种泄漏因素的情况下,液压缸的运行速度为

$$v_0 = \frac{q}{A} \tag{12-1}$$

液压马达的转速为

$$n = \frac{q}{V_{\mathrm{m}}} \tag{12-2}$$

式中　$q$——输入液压缸或液压马达的流量;

$A$——液压缸的有效作用面积;

$V_{\mathrm{m}}$——液压马达的排量。

由式( 12-1 )和式( 12-2 )可知,要调节液压缸或液压马达的工作速度,既可以通过改变进入执行元件的流量来实现,又可以通过改变执行元件的几何参数来实现。那么,对于几何尺寸已经确定的液压缸和定量马达来说,只能通过改变进入液压缸或定量马达的流量的办法进行调速。对于变量液压马达,既可采用改变进入流量的办法来调速,又可采用改变马达排量的办法来调速。目前,常用的调速回路有节流调速、容积调速和容积节流调速( 又称联合调速 )三种。下面对常见的调速回路进行详细介绍。

1. 节流调速回路

节流调速回路中,采用定量泵供油,通过改变回路中流量控制元件的通流截面面积的大小来调节其执行元件的速度。根据流量控制元件在回路中的安放位置,节流调速可分为进油路节流调速、回油路节流调速和旁油路节流调速三种基本形式,其中回路中的流量控制元件可以采用节流阀或调速阀。

1)进油路节流调速回路

将节流阀串联在液压泵和液压缸之间,用它来控制进入液压缸的流量,以达到调速目的,这种回路称为进油路节流调速回路,如图 12-10 所示。定量泵输出的多余油液通过溢流阀流回油箱。由于溢流阀处在溢流状态,定量泵出口的压力为溢流阀的调定压力,且基本保持定位,与液压缸负载的变化无关,这是进油路节流调速回路能正常工作的条件。调节节流阀通流截面面积,即可改变通过节流阀的流量,从而实现液压缸工作速度的调节。

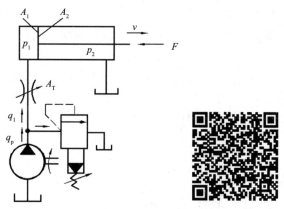

**图 12-10　进油路节流调速回路**

Ⅰ.速度－负载特性

当不考虑回路中各处的泄漏和油液的压缩时,活塞的运动速度为

$$v = \frac{q_1}{A_1} \tag{12-3}$$

活塞的受力方程为

$$p_1 A_1 = p_2 A_2 + F \tag{12-4}$$

式中　$F$——外负载;

　　　$p_2$——液压缸回油腔压力,$p_2 \approx 0$;

　　　$A_1$——液压缸活塞无杆腔面积;

　　　$p_2$——液压缸活塞有杆腔面积。

液压缸的流量方程为

$$q_1 = C_d A_T (2\Delta p/\rho)^{1/2} \tag{12-5}$$

$$q_1 = CA_T(\Delta p_T)^m = CA_T(p_p - p_1)^m = CA_T\left(p_p - \frac{F}{A_1}\right)^m \tag{12-6}$$

式中　$C$——与油液种类等有关的系数;

　　　$A_T$——节流阀的开口面积;

　　　$\Delta p_T$——节流阀前、后的压力差,$\Delta p_T = p_p - p_1$;

　　　$m$——节流阀的指数,当为薄壁孔口时,$m = 0.5$。

于是,活塞的运动速度可表示为

$$v = \frac{q_1}{A_1} = \frac{CA_T}{A_1^{1+m}}(p_p A_1 - F)^m \tag{12-7}$$

式(12-7)为进油路节流调速回路的速度－负载特性方程。以 $v$ 为纵坐标,$F$ 为横坐标,将式(12-7)按不同节流阀通流面积 $A_T$ 作图,可得一组抛物线,称其为进油路节流调速回路的速度－负载特性曲线,如图 12-11 所示。它反映了进油路节流调整回路的速度随负载的变化规律。曲线越陡峭,表明负载变化对速度的影响越大,即速度刚度越小。由图 12-11 可以看出:当节流阀通流截面面积 $A_T$ 一定时,负载越大,速度刚度越小;在相同负载下工作时,通流截面面积大的节流阀比通流截面面积小的速度刚度小,即速度高时速度刚度差;多条特性曲线汇交于横坐标轴上的一点,该点对应的 $F$ 值即为最大负载,这说明最大承载能力与速度调节无关。

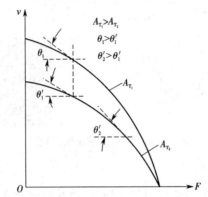

图 12-11　进油路节流调速回路速度 − 负载特性曲线

可见,进油路节流调速回路仅适用于轻载、低速、负载变化不大和对速度稳定性要求不高的小功率场合。

Ⅱ. 功率特性

调速回路的功率特性是以其自身的功率损失(不包括液压缸、液压泵和管路中的功率损失)、功率损失分配情况和效率来表达的。在图 12-10 中,液压泵的输出功率,即该回路的输入功率为

$$P_p = p_p q_p \tag{12-8}$$

液压缸输出的有效功率为

$$P_1 = Fv = F\frac{q_1}{A_1} = p_1 q_1 \tag{12-9}$$

回路的功率损失为

$$\Delta P = P_p - P_1 = p_p q_p - p_1 q_1 = p_p \Delta q + \Delta p_T q_1 \tag{12-10}$$

式中　$\Delta q$ ——溢流阀的溢流量,$\Delta q = q_p - q_1$。

由式(12-10)可知,进油路节流调速回路的功率损失由两部分组成:溢流功率损失 $\Delta P_1 = p_p \Delta q$ 和节流功率损失 $\Delta P_2 = \Delta p_T q_1$。

回路的效率是指回路的输出功率与回路的输入功率之比。进油路节流调速回路的回路效率为

$$\eta = \frac{P_p - \Delta P}{P_p} = \frac{p_1 q_1}{p_p q_p} \tag{12-11}$$

2)回油路节流调速回路

用溢流阀和串联在液压缸回油路上的节流阀来控制液压缸的排油量,达到调速目的液压回路,称为回油路节流调速回路,如图 12-12 所示。

采用相同分析方法,可得到与进油路节流调速回路相似的速度 − 负载特性,即

$$v = \frac{CA_{\text{T}}}{A_2^{1+m}} (p_{\text{p}} A_1 - F)^m \tag{12-12}$$

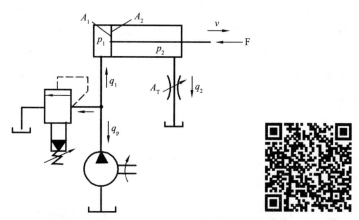

**图 12-12  回油路节流调速回路**

通过比较式（12-7）和式（12-12），可以发现回油路节流调速回路与进油路节流调速回路的速度–负载特性及速度刚度基本相同。若液压缸两腔有效工作面积相同，则两种节流调速回路的速度–负载特性和速度刚度就完全一样。因此，前文中对进油路节流调速回路的分析和结论基本上适用于回油路节流调速回路，但也有如下不同之处。

（1）承受负值负载的能力不同。回油路节流调速回路的节流阀使液压缸的回油腔形成一定的背压（$p_2 \neq 0$），因而能承受负值负载，并提高了液压缸运行的速度平稳性。而对于进油路节流调速回路，要使其能承受负值负载，就必须在回油路上加装能够提供背压的装置，这样会额外增加功率损耗和油液发热量。

（2）压力控制难度不同。进油路节流调速回路容易实现压力控制，即当工作部件在行程终点碰到固定挡铁后，液压缸的进油腔的油压会上升到液压泵的工作压力，利用这个压力变化，可使并联于此处的压力继电器发出信号，对系统的下一步动作进行控制。而在回油路节流调速回路中，进油腔压力没有显著变化，不易实现压力控制。

（3）低速稳定性不同。若回油使用单出杆缸，则无杆腔进油流量大于有杆腔回油流量。因此，在缸径、缸速相同的情况下，进油路节流调速回路的流量阀开口较大，低速时不易被堵塞，从而能获得更低的稳定速度。

（4）启动性能不同。若停止运行的时间较长，液压缸内的油液会流回油箱。当泵重新向液压缸供油时，对于回油路节流调速回路，由于进油路上没有流量阀控制流量，不能立即形成背压，会使活塞前冲；而对于进油路节流调速回路，活塞前冲量相对较小。

（5）油液发热及泄漏存在差异。进油路节流调速回路中，通过节流阀所产生的热量，一部分通过元件散失，另一部分则使油液温度升高，温度升高的油液直接进入液压缸会增加液压缸的泄漏，导致速度稳定性降低；而回油路节流调速回路中，升温后的油液直接回油箱，因此油温升高对整个回路影响较小。

在实际的使用中，进油路、回油路节流调速回路结构简单，但工作效率较低，常用在负载变化不大、低速、小功率场合。

3）旁油路节流调速回路

将节流阀安装在与液压缸并联的支路上,利用节流阀将液压泵供油的一部分油液排回油箱,实现执行元件的运动速度调节的回路,称为旁油路节流调速回路,如图 12-13 所示。在这种回路中,由于压力油输送功能由节流阀来完成,故正常工作时,溢流阀处于关闭状态,溢流阀作为安全阀来使用,其调定压力为最大负载压力的 1.1~1.2 倍。回路中,液压泵的供油压力取决于负载。

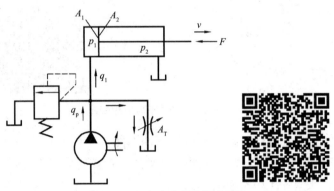

图 12-13　旁油路节流调速回路

Ⅰ.速度负载特性

考虑到泵的工作压力随负载的变化而变化,泵的输出流量 $q$ 应考虑因压力变化而造成的泄漏量,与前面的分析方法类似,可得速度表达式为

$$v = \frac{q_1}{A_1} = \frac{q_{pt} - \Delta q_p - \Delta q}{A_1} = \frac{q_{pt} - k\left(\dfrac{F}{A_1}\right) - CA_T\left(\dfrac{F}{A_1}\right)^m}{A_1} \tag{12-13}$$

式中　$q_{pt}$——泵的理论流量;

　　　$k$——泵的泄漏系数。

Ⅱ.功率特性

回路的输入功率为

$$P_p = p_1 q_p \tag{12-14}$$

回路的输出功率为

$$P_1 = Fv = p_1 A_1 v = p_1 q_1 \tag{12-15}$$

回路的功率损失为

$$\Delta P = P_p - P_1 = p_1 q_p - p_1 q_1 = p_1 \Delta q \tag{12-16}$$

回路的效率为

$$\eta = \frac{P_1}{P_p} = \frac{p_1 q_1}{p_1 q_p} = \frac{q_1}{q_p} \tag{12-17}$$

由式（12-16）和式（12-17）可以看出,旁油路节流调速回路中只有节流损失,而无溢流

损失,因此功率损失比前两种调速回路小,效率高。这种调速回路一般用于功率较大且对速度稳定性要求不高的场合。

使用节流阀的节流调速回路,其中执行元件的运动速度受负载变化的影响比较大,即速度-负载特性较"软",变载荷下的运动平稳性较差。为了克服这个缺点,回路中的节流阀可用调速阀来代替。由于调速阀本身能在负载变化的条件下保证节流阀进、出油口间的压力差基本不变,因此使用调速阀后,节流调速回路的速度-负载特性得到改善。但所有性能上的改进都是以加大流量控制阀的工作压力差,即增加泵的供油压力为代价的。调速阀的工作压力差一般最小需 0.5 MPa,高压调速阀的工作压力差需为 1.0 MPa 左右。

2. 容积调速回路

容积调速回路是通过改变变量液压泵的输出流量,或应用变量马达调节其排量来实现调速的回路,也可以采用变量泵和变量马达联合调速,从而使液压泵的全部流量直接进入执行元件,来调节其运动速度。由于容积调速回路中没有流量控制元件,回路工作时液压泵与执行元件(液压马达或液压缸)的流量完全匹配,因此这种回路没有溢流损失和节流损失,回路的效率高、发热少,适用于大功率液压系统。

容积调速回路有泵-缸式回路和泵-马达式回路。这里主要介绍泵-马达式容积调速回路。

按所用的变量元件,容积调速回路可分为变量泵-定量马达(或液压缸)容积调速回路、定量泵-变量马达容积调速同路、变量泵-变量马达容积调速回路。

1)变量泵-定量马达(或液压缸)容积调速回路

由变量泵和定量马达组成的容积调速回路,如图 12-14 所示。此回路为闭式回路,低压管路上的小流量辅助油泵 1,用以补偿泵 3 和定量马达 5 的泄漏,其供油压力由溢流阀 4 调定。辅助油泵 1 与溢流阀 6 使低压管路始终保持一定压力,不仅改善了主泵的吸油条件,而且可置换部分被加热的油液,降低系统温度。

执行元件的输出转矩 $T_M$ 和功率 $P_M$ 的特性曲线如图 12-15 所示。改变泵排量 $V_p$ 可使执行元件转速 $n_M$ 和功率 $P_M$ 成比例地变化。执行元件输出转矩 $T_M$ 及回路的工作压力 $p$ 都由负载决定,不因调速而发生变化,故称这种回路为等转矩或等推力调速回路。这种调速回路若采用高质量的轴向柱塞变量泵,其调速范围(即最高转速和最低转速之比)可达 40,当采用变量叶片泵时,其调速范围仅为 5~10。

2)定量泵-变量马达容积调速回路

由定量泵和变量马达组成的容积调速回路,如图 12-16 所示。其中,定量泵 1 的排量 $V_p$ 不变,变量马达 2 的排量 $V_M$ 的大小可以调节。改变马达排量 $V_M$ 时,马达输出转矩 $T_M$ 与马达排量 $V_M$ 呈正比变化,输出速度 $n_M$ 与马达排量 $V_M$ 呈反比变化。当马达排量 $V_M$ 减小到一定程度且不足以克服负载时,马达停止转动。这说明在马达运转过程中,不能用改变马达排量 $V_M$ 的办法,使马达通过 $V_M=0$ 点来实现反向。

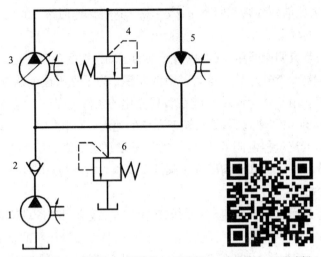

1—辅助油泵;2—单向阀;3—补偿泵;4—溢流阀;5—定量马达;6—溢流阀。

**图 12-14　变量泵－定量马达容积调速回路**

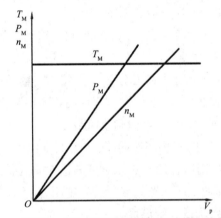

**图 12-15　变量泵－定量马达容积调速回路的工作特性曲线**

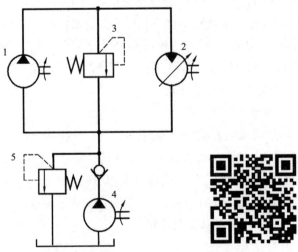

1—定量泵;2—变量马达;3—安全阀;4—补油泵;5—溢流阀。

**图 12-16　定量泵－变量马达容积调速回路**

若不考虑泵和马达机械效率的变化,由于定量泵的最大输出功率不变,变量马达的输出功率 $P_M$ 也不变,称这种回路为恒功率调速回路,其工作特性曲线如图 12-17 所示。要保证输出功率为常数,变量马达的调节系统应是一个自动的恒功率装置,其原理就是保证马达的进、出口压差为常数。

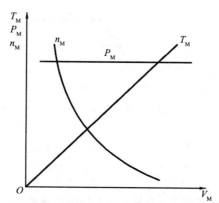

**图 12-17　定量泵－变量马达容积调速回路的工作特性曲线**

（3）变量泵－变量马达容积调速回路

由双向变量泵 1 和双向变量马达 2 组成的容积调速回路,如图 12-18 所示。回路中各元件对称布置,通过改变泵的供油方向,就可实现马达的正、反向旋转,单向阀 4 和单向阀 5 用于辅助泵 9 的双向补油,单向阀 6 和单向阀 7 使溢流阀 8 在两个方向上都能对回路起过载保护作用。

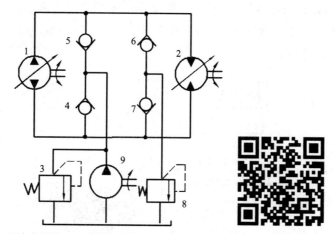

1—双向变量泵;2—双向变量马达;3—溢流阀;4~7—单向阀;8—溢流阀;9—辅助泵。

**图 12-18　变量泵－变量马达容积调速回路**

该回路能够在低速时输出较大转矩,高速时输出较大功率。在低速段,先将马达排量调到最大,用变量泵调速,将泵的排量由小调至最大,马达转速随之升高,输出功率随之线性增加,此时因马达排量最大,马达能获得最大的输出转矩,且处于恒转矩状态。在高速段,泵为最大排量,用变量马达调速,将马达排量由大调小,马达转速不断升高,输出转矩随之降低,此时因泵处于最大输出功率状态,故马达处于恒功率状态。该回路的工作特性曲线如图 12-19 所示,其调速范围可达 100。

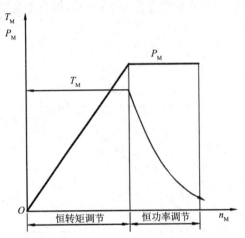

图 12-19　变量泵 – 变量马达容积调速回路时工作特性曲线

## 12.2.2　快速运动回路

快速运动回路可使执行元件获得尽可能大的工作速度,以提高工作机构的空载行程速度和系统的工作效率,并使功率得到合理的利用。实现快速运动的方法很多,下面介绍几种常用的快速运动回路。

### 1. 差动回路

图 12-20 所示为采用液压缸差动连接的差动回路,其特点是当液压缸工作时,从液压缸右侧排出的油再由左侧进入液压缸,增加了液压缸进油口处的油量,使液压缸能快速前进,但此时液压缸的推力变小。

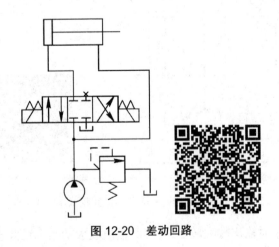

图 12-20　差动回路

### 2. 采用蓄能器的快速补油回路

图 12-21 所示为采用蓄能器的快速补油回路。当换向阀移到阀右位时,蓄能器所储存的液压油即可释放出来并传送至液压缸,使活塞快速前进。当换向阀移到阀左位时,蓄能器

液压油和泵排出的液压油同时送到液压缸的活塞杆端,使活塞快速返回。这样,系统中可选用流量较小的油泵及功率较小的电动机,以节约能源并降低油温。

**图 12-21   利用蓄能器的快速补油回路**

3. 利用双泵供油的快速运动回路

如图 12-22 所示,在工作行程中,系统压力升高,右侧卸荷阀打开,此时大流量泵卸荷,由小流量泵向主系统供油。当需要快速运动且系统处于较低的工作压力时,则由两台泵同时向主系统供油。

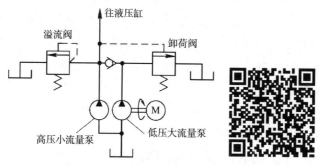

**图 12-22   利用双泵供油的快速运动回路**

## 12.2.3    速度换接回路

速度换接回路的功能是使液压执行机构在一个工作循环中从一种运动速度变换到另一种运动速度,因此这个转换不仅包括液压执行元件快速与慢速的换接,而且也包括两个慢速之间的换接。实现这些功能的回路应该具有较高的速度换接平稳性。

1. 快速与慢速的换接回路

用行程阀来实现快速与慢速的换接回路,如图 12-23 所示。在图示的状态下,液压缸的活塞快进,当活塞所连接的挡块压下行程阀 6 的开关时,行程阀关闭,液压缸右腔的油液必须通过节流阀 5 才能流回油箱,活塞运动速度转变为慢速工进(工作进给);当换向阀左侧接入回路时,压力油经单向阀 4 进入液压缸右腔,活塞快速返回。这种回路的优点是快、慢速换接过程比较平稳,换接点的位置比较准确;其缺点是行程阀的安装位置不能任意布置,管路连接较为复杂。若将行程阀改为电磁阀,则安装连接会比较方便,但速度换接的平稳性、可靠性和换向精度有所降低。

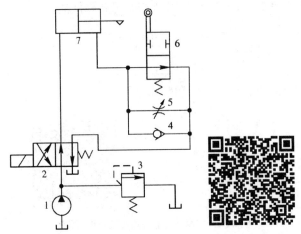

1—液压泵；2—换向阀；3—溢流阀；4—单向阀；5—节流阀；6—行程阀；7—液压缸。

**图 12-23　用行程阀实现的快、慢速换接回路**

2. 两种慢速的换接回路

图 12-24 所示为使用两个调速阀来实现不同工进速度的换接回路。图 12-24（a）中的两个调速阀并联，由换向阀实现换接。两个调速阀可以独立地调节各自的流量，互不影响；但是一个调速阀工作时，另一个调速阀内无油液通过，它的减压阀不起作用而处于最大开口状态，因此速度换接时大量油液通过该处，会使工作部件产生前冲现象。图 12-24（b）所示为两调速阀串联的速度换接回路。当主换向阀 4 左位接入系统时，调速阀 2 被电磁阀 3 短接，输入液压缸的流量由调速阀 1 控制。当电磁阀 3 右位接入时，由于通过调速阀 2 的流量调得比调速阀 1 小，因此输入液压缸的流量由调速阀 2 控制。在这种回路中，调速阀 1 一直处于工作状态，它在速度换接时限制着进入调速阀 2 的流量，因此这种回路的速度换接平稳性较好，但由于油液经过两个调速阀，因此能量损失较大。

（a）　　　　　　　　　　　（b）

1、2—调速阀；3—电磁阀；4—换向阀。

**图 12-24　用两个调速阀实现的速度换接回路**

（a）两阀并联　（b）两阀串联

## 12.3　方向控制回路

在液压系统中,如果用一个油源给多个液压缸输送压力油,这些液压缸会因压力和流量的彼此影响而在动作上相互牵制,此时需要使用一些特殊的回路才能达到预定的动作要求。

### 12.3.1　换向回路

#### 1. 采用换向阀的换向回路

在采用换向阀的换向回路中,二位阀只能使执行元件实现正、反方向运动,而三位换向阀可因其中位机能的不同使系统具有不同的性能。例如,M 型换向阀可使执行元件停止,液压泵卸载;Y 型换向阀可使执行元件处于浮动状态;等等。五通阀有两个回油口,可根据需要设置不同的背压。当然,对于利用重力或弹簧力等来回程的单作用液压缸或是差动液压缸,用二位三通阀即可使其换向。

#### 2. 采用顺序阀和液动阀的换向回路

如图 12-25 所示,液压泵输出的压力油进入液压缸的左腔,使活塞向右运动;当活塞右行到终点后,系统压力升高,当压力达到顺序阀 1 的开启压力时,顺序阀 1 打开,使液动换向阀换向,液压泵输出的压力油则进入液压缸的右腔,推动活塞向左运动。同样道理,活塞运动到左端后,压力升高又使顺序阀 2 打开,进而又使液动换向阀换向,活塞又开始向右运动。当然该回路可使活塞实现往复运动,而当二位二通电磁阀得电时,液压泵卸荷,活塞停止运动。

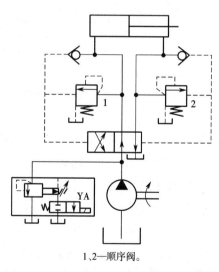

1、2—顺序阀。

**图 12-25　采用顺序阀和液动阀的换向回路**

#### 3. 采用双向变量泵的换向回路

在闭式系统中可用双向变量泵使执行机构换向和控制执行机构的速度。用双向定量泵使执行机构换向时,可通过液压泵驱动电机的反转,从而使双向定量泵输油方向改变。

图 12-26 所示为采用双向变量泵使液压缸换向的回路。双向变量泵 1 和液压缸 9 组成

闭式系统,补油泵 2 提供补油。液压缸活塞向右运动时,液压缸的排油量不能满足变量泵的需要,缺少的流量则由补油泵 2 经单向阀 5 补充。而当双向变量泵 1 改变输油方向时,液压缸活塞则向左运动。此时,因液压缸 9 两腔的有效作用面积不同,致使双向变量泵 1 的吸油侧产生多余油液(若执行机构为液压马达或对称的双杆液压缸则无此问题),为此回路中设置了液控单向阀 4。液控单向阀 4 在双向变量泵 1 输出的压力作用下打开,使液压缸无杆腔排出的多余油液经液控单向阀 4 从溢流阀 3 溢流,此时补油泵 2 输出的压力油也经溢流阀 3 溢流。

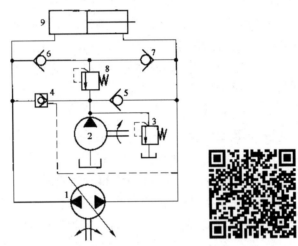

1—双向变量泵;2—补油泵;3—溢流阀;4—液控单向阀;5、6、7—单向阀;8—溢流阀;9—液压缸。

**图 12-26　采用双向变量泵的换向回路**

### 12.3.2　锁紧回路

　　锁紧回路的功能是使执行元件停止在规定的位置上,且能防止其受外界影响而发生漂移或窜动。

　　通常采用 O 型或 M 型中位机能的三位换向阀构成锁紧回路,当接入回路时,执行元件的进、出油口都被封闭,可将执行元件锁紧不动。这种锁紧回路由于受到换向阀泄漏的影响,执行元件仍可能产生一定漂移或窜动,锁紧效果较差。

　　图 12-27 所示为由两个液控单向阀组成的锁紧回路。活塞可以在行程中的任何位置停止并锁紧,其锁紧效果只受液压缸泄漏的影响,因此锁紧效果较好。

　　在采用液压锁的锁紧回路中,换向阀的中位机能应使液压锁的控制油液卸压(即换向阀应采用 H 型或 Y 型中位机能),以保证换向阀中位接入回路时,液压锁能立即关闭,活塞停止运动并锁紧。如采用 O 型中位机能的换向阀,且换向阀处于中位时,由于控制油液仍存在一定的压力,液压锁不能立即关闭,直至由于换向阀泄漏而使控制油液压力下降到一定值后,液压锁才能关闭,这就降低了锁紧效果。

图 12-27　液压锁紧回路

# 12.4　多缸动作回路

在多缸液压系统中,往往需要按照一定的要求完成顺序动作,以实现工作部件的特定功能。常见的多缸动作回路有以下几种。

## 12.4.1　同步回路

若需要使用两个以上的液压缸做同步运动,依靠流量控制即可达到这一目的;但若要做到精密的同步,则需采用比例阀或伺服阀配合传感器和相应的控制器来实现。以下介绍几种基本的同步回路。

1. 使用调速阀的同步回路

使用调速阀的同步回路如图 12-28 所示。因为很难将两个调速阀的通过流量调整到完全一致,所以其控制精度相对较差。

2. 使用分流阀的同步回路

使用分流阀的同步回路如图 12-29 所示。该回路的同步精度较高,当换向阀在左位工作时,压力为 $p_Y$ 的油液经两个尺寸完全相同的节流孔 4 和节流孔 5 及分流阀上 $a$、$b$ 处两个可变节流孔进入液压缸 1 和液压缸 2,并推动两缸活塞前进。当分流阀的滑轴 3 处于某一平衡位置时,滑轴两侧压力相等,即 $p_1 = p_2$,节流孔 4 和节流孔 5 处的压差( $p_Y - p_1$ )和( $p_Y - p_2$ )相等,则进入液压缸 1 和液压缸 2 的流量相等。当液压缸 1 的负荷增加时, $p_1'$ 上升,滑轴 3 右移,$a$ 处节流孔加大,$b$ 处节流孔变小,使压力 $p_1$ 下降,$p_2$ 上升。当滑轴 3 移到某一平衡位置时, $p_1$ 又重新和 $p_2$ 相等,滑轴 3 不再移动,此时 $p_1 = p_2$,两缸保持速度同步,但 $a$、$b$ 处开口大小和开始时是不同的。活塞后退,液压油经单向阀 6 和单向阀 7 流回油箱。

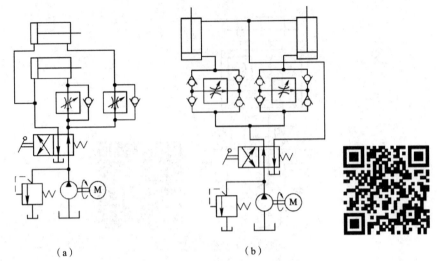

（a）　　　　　　　　　　　（b）

**图 12-28　使用调速阀的同步回路**

（a）单向同步　（b）双向同步

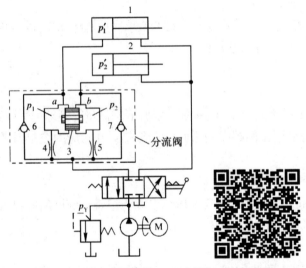

1、2—液压缸；3—分流阀滑轴；4、5—节流孔；6、7—单向阀。

**图 12-29　使用分流阀的同步回路**

### 3. 通过机械连接实现同步的回路

通过机械连接实现同步的回路如图 12-30 所示。该回路将两个或多个液压缸的活塞杆使用机械装置连接在一起，使它们的运动相互牵制，这样即实现同步。这种同步方法简单、工作可靠，但不宜在两缸距离大或负载差别大的场合使用。

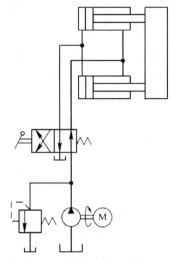

**图 12-30　通过机械连接实现同步的回路**

### 12.4.2　顺序动作回路

顺序动作回路的作用是使多缸液压系统中的各个液压缸严格地按规定的顺序动作,其按照控制方式可分为行程控制和压力控制两大类。

1. 行程控制顺序动作回路

两个行程控制的顺序动作回路如图 12-31 所示。图 12-31(a)所示为行程阀控制的顺序动作回路。图中 A、B 两液压缸的活塞均在右侧,推动手柄使手动换向阀 C 左位接通时,液压缸 A 的活塞左行,完成动作①;在挡块压下行程阀 D 后,液压缸 B 的活塞左行,完成动作②;手动换向阀 C 复位后,液压缸 A 的活塞先复位,实现动作③;随着挡块右移,行程阀 D 复位,液压缸 B 的活塞返回,实现动作④。至此,顺序动作全部完成。这种回路工作可靠,但动作顺序一经确定,不宜改变。

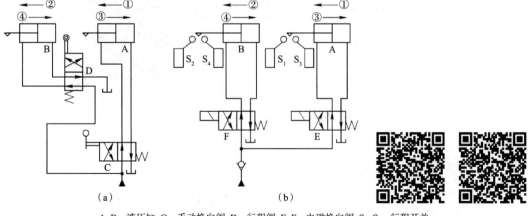

A、B—液压缸;C—手动换向阀;D—行程阀;E、F—电磁换向阀;$S_1 \sim S_4$—行程开关。

**图 12-31　行程控制顺序动作回路**

(a)行程阀控制　(b)行程开关控制

图 12-31（b）所示为由行程开关控制的顺序动作回路。当换向阀 E 的电磁铁得电换向时，液压缸 A 的活塞左行，完成动作①；触动行程开关 $S_1$ 使换向阀 F 的电磁铁得电换向，控制液压缸 B 的活塞左行，完成动作②；当液压缸 B 的活塞左行至触动行程开关 $S_2$ 时，换向阀 E 的电磁铁断电，液压缸 A 的活塞返回，实现动作③；触动行程开关 $S_3$ 使换向阀 F 的电磁铁断电，液压缸 B 的活塞返回，完成动作④；最后触动行程开关 $S_4$ 使液压泵卸荷或引起其他动作，完成一个工作循环。这种回路的优点是控制灵活、方便，但其可靠程度主要取决于电气元件的控制精度和质量。

2. 压力控制顺序动作回路

使用顺序阀的压力控制顺序动作回路如图 12-32 所示。当换向阀左位接入回路，且顺序阀 D 的调定压力大于液压缸 A 的最大前进工作压力时，压力油先进入液压缸 A 的左腔，实现动作①；当液压缸行至终点时，压力上升，压力油打开顺序阀 D，进入液压缸 B 的左腔，实现动作②；同样地，当换向阀右位接入回路，且顺序阀 C 的调定压力大于液压缸 B 的最大返回工作压力时，两液压缸则按③和④的顺序返回。显然，这种回路动作的可靠性取决于顺序阀的性能及其压力调定值，即对应调定压力应比前一个动作的工作压力高出 0.8~1.0 MPa，否则顺序阀可能在系统压力脉冲中产生错误的动作。这种回路适用于液压缸数目不大，负载变化不大的场合。其优点是动作灵敏、安装连接较方便；缺点是可靠性不高、位置精度偏低。

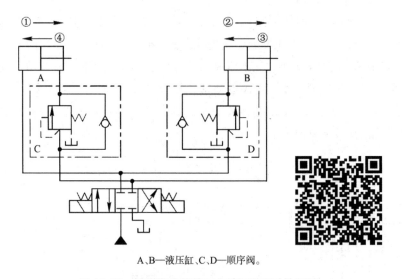

A、B—液压缸、C、D—顺序阀。

**图 12-32  使用顺序阀的压力控制顺序动作回路**

### 12.4.3  多缸快、慢速互不干涉回路

在多缸系统中，由于各液压缸负载不同、工作速度不同，会在运动中发生相互干扰的情况，因此实际工作中需要采用多缸快速运动（快进、快退）和慢速运动（工进）互不干涉的回路，如图 12-33 所示。该回路中，液压缸活塞的快、慢速运动各由一台泵控制，两个液压缸各自完成"快进→工进→快退"自动循环。工作过程如下：2YA、4YA 通电；1YA、3YA 断电；液

压泵 2 向 A、B 两液压缸供油,且两液压缸均为差动连接;两缸活塞快速向右运动。若液压缸 A(或液压缸 B)活塞先完成快进工进,其挡块压下行程开关,使 1YA 通电、2YA 断电(或 3YA 通电、4YA 断电),则液压缸 A(液压缸 B)就由液压泵 1 供油(液压泵 1 输出油液经调速阀 5、换向阀 7、单向阀 9、换向阀 11,进液压缸 A 左腔),右腔排油至油箱,实现慢速工进,不受另一缸的影响。当液压缸 A 和液压缸 B 都转入工进时,两缸均由液压泵 1 供油。若液压缸 A 工进完毕,压下行程终端行程开关,2YA 通电、1YA 通电,则液压缸 A 由液压泵 2 供油实现快退。待液压缸 B 完成工进后,由液压泵 2 供油。只有两液压缸都返回到初始位置时,全部电磁铁断电。该回路的特点是液压缸活塞的快速运动(快进、快退)由液压泵 2 承担;慢速运动(工进)由液压泵 1 承担;两泵分开供油,消除单泵供油的相互干扰。

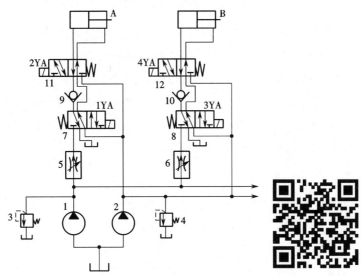

1、2—液压泵;3、4—溢流阀;5、6—调速阀;7、8、11、12—电磁换向阀;9、10—单向阀。

图 12-33　多缸快、慢速互不干涉回路

# 习题 12

(12-1)什么是液压基本回路? 常见的液压基本回路有几类? 各起什么作用?

(12-2)在工件推出装置的液压回路中,液压缸活塞伸出速度和缩回速度的关系是怎样的? 为何活塞空载返回时的工作压力往往高于活塞空载伸出时的工作压力?

(12-3)在图 12-34 所示的回路中,不计管道损失和调压偏差,若溢流阀的调整压力分别为 $P_{Y1}=6$ MPa, $P_{Y2}=4.5$ MPa,负载阻力无限大。①换向阀下位接入回路时,泵的工作压力为多少? B 点和 C 点的压力各是多少? ②换向阀上位接入回路时,泵的工作压力为多少? B 点和 C 点的压力各是多少?

(12-4)液压系统中为什么要设置快速运动回路? 实现执行元件的快速运动的方法有哪些?

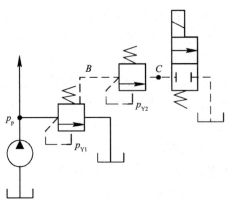

图 12-34　习题 12-3 示意图

（12-5）多缸液压系统中，如果要求以相同的位移或相同的速度运动，应采用什么回路？这种回路通常有几种控制方法？哪种方法的同步精度最高？

（12-6）在图 12-35 所示的进油节流调速回路中，若液压缸无杆腔截面面积 $A_1 = 20$ cm²，溢流阀调定压力 $p_p = 3$ MPa，泵流量 $q_p = 6$ L/min，负载 $F = 4\,000$ N，节流阀通流面积 $A_T = 0.01$ cm²，节流阀孔口为薄壁孔，流量系数 $C_d = 0.62$，忽略管道损失。试求：①活塞运动速度 $v$；②通过溢流阀的流量 $q_Y$；③溢流功率损失 $\Delta P_Y$ 和节流功率损失 $\Delta P_T$；④回路的效率 $\eta$。

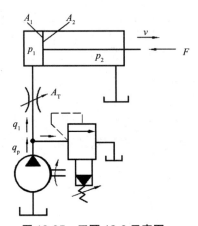

图 12-35　习题 12-6 示意图

（12-7）在变量泵 - 变量马达的容积调整回路中，应按什么顺序进行调速？为什么？

（12-8）液压泵和液压马达组成一系统。已知液压泵输出压力 $p_p = 10$ MPa，排量 $V_p = 10$ cm³/r，机械效率 $\eta_{pm} = 0.95$，容积效率 $\eta_{pv} = 0.9$；液压马达排量 $V_m = 10$ cm³/r，机械效率 $\eta_{mm} = 0.95$，容积效率 $\eta_{mv} = 0.9$。液压泵出口处到液压马达入口处管路的压力损失不计，泄漏量不计，液压马达回油管和液压泵吸油管的压力损失不计。试求：①液压泵转速为 1 500 r/min 时，液压泵输出的液压功率 $P_{po}$；②液压泵所需的驱动功率 $P_{pr}$；③液压马达的输出转速 $n_m$；④液压马达的输出转矩 $T_{mo}$；⑤液压马达的输出功率 $P_{mo}$。

（12-9）如图 12-36 所示为某经济型精密数控车床液压系统回路。该型号数控车床中采用了液压卡盘和液压尾座来提高机床自动化程度并获得较大的输出力,请简要说明各元件的作用及回路的工作原理。

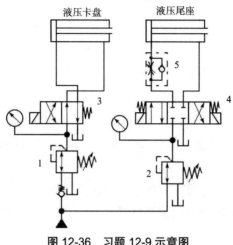

图 12-36  习题 12-9 示意图

(12-10)如图 12-37 所示的回路中,旁通型调速阀(溢流节流阀)装在液压缸的回油路上。通过分析其调速性能判断下面哪些结论是正确的:①液压缸的运动速度不受负载变化的影响,调速性能较好;②溢流节流阀相当于一个普通节流阀,只起回油路节流调速的作用,缸的速度受负载变化的影响;③溢流节流阀两端压差很小,液压缸回油腔背压很小,不能进行调速。

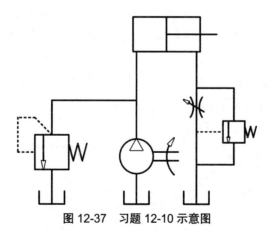

图 12-37  习题 12-10 示意图

# 第 13 章　典型液压系统及其设计

## 本章导读

【基本要点】学习典型液压传动系统的应用实例;掌握分解液压系统构成、剖析各种元件在系统中的作用以及分析系统性能的方法;学习典型液压系统设计实例;掌握液压系统设计的一般步骤、注意事项、设计计算方法。

【重点】分析液压系统的步骤和方法;液压系统的设计。

【难点】典型液压系统的压力与速度控制。

## 13.1　液压机液压系统

### 13.1.1　液压机液压系统概述

液压机是一种用于加工多种材料的压力加工机械,能完成锻压、冲压、折边、冷挤、校直、弯曲、成型、打包等多种工艺,具有压力和速度可大范围无级调整,可在任意位置输出全部功率和保持所需压力等优点,用途广泛。液压机的结构形式很多,其中以四柱式液压机最为常见,其通常由横梁、立柱、工作台、滑块和顶出机构等组成。其液压系统的特点是压力高、流量大、功率大。液压机工作时,以压力变换和控制为主,典型的工作循环如图 13-1 所示。在液压机的工作循环中,要求有"快进→减速接近工件及加压→保压延时→快速回程,保持活塞停留在行程的任意位置"等基本动作。

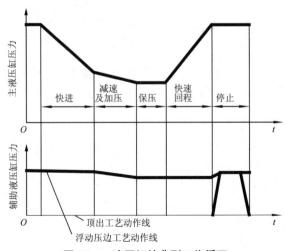

图 13-1　液压机的典型工作循环

双动薄板冲压机液压系统如图 13-2 所示,该液压机最大工作压力为 450 kN,适用于金属薄板零件的拉伸成型、翻边、弯曲和冲压工艺,也可用于一般压制工艺。

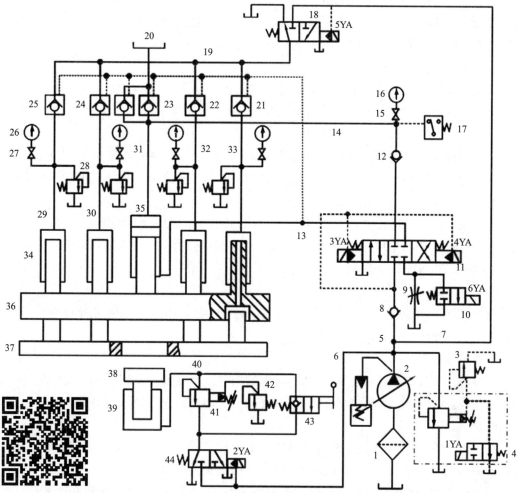

1—滤油器;2—变量泵;3、42—远程调压阀;4—电磁溢流阀;8、12—单向阀;9—节流阀;10—电磁换向阀;11—电液换向阀;17—压力继电器;18、44—二位三通电液换向阀;20—高位油箱;21、22、23、24、25—液控单向阀;28—安全阀;34—压边缸;35—拉伸缸;36—拉伸滑块;37—压边滑块;38—顶出块;39—顶出缸;41—先导溢流阀;43—手动换向阀;其他为辅助元件。

**图 13-2　双动薄板冲压机液压系统**

## 13.1.2　液压机液压系统工作原理

### 1. 启动

按启动按钮,电磁阀的电磁铁全部处于失电状态,恒功率变量泵输出的油以很低的压力经电磁溢流阀溢流回油箱,液压泵空载启动。

### 2. 拉伸滑块和压边滑块快速下行

电液换向阀 11 在左位工作,拉伸缸 35 上腔进油,下腔回油箱,拉伸滑块 36 快速下行,同时带动压边缸 34 快速下行。电磁铁 1YA、3YA、6YA 得电,电磁溢流阀 4 通电,切断泵的卸荷通路。压边缸 34 通过高位油箱 20 补油。

**3. 减速、加压**

在滑块与板料接触之前,首先碰到一个行程开关,发出电信号使电磁铁 6YA 失电;在压边滑块接触工件后,又一个行程开关被触发,发出电信号使电磁铁 5YA 得电,此时液压泵向压边缸 34 加压;拉伸缸 35 回油须经节流阀 9,此过程可实现慢进。

**4. 拉伸、压紧**

滑块接触工件后,由于负载阻力增加,拉伸缸 35 中的压力亦增加;此时单向阀 23 关闭,液压泵输出的流量自动减小,而拉伸缸 35 继续下行,完成拉延工艺。

**5. 保压**

当拉伸缸 35 压力达到预定值时,压力继电器 17 发出信号,使电磁铁 1YA、3YA、5YA 均失电,电液换向阀 11 回到中位,拉伸缸 35 及压边缸 34 封闭,拉伸缸 35 上腔实现短时保压。

**6. 快速回程**

电磁铁 1YA、4YA 得电,电液换向阀 11 右位工作,压力油进入拉伸缸 35 下腔,同时控制油路打开液控单向阀 21、22、23、24,拉伸缸 35 快速回程,其上腔的油回到高位油箱 20;拉伸缸 35 回程的同时,带动压边缸 34 快速回程。

**7. 原位停止**

当拉伸缸 35 滑块上升到触动行程开关时,电磁铁 4YA 失电,电液换向阀 11 中位工作,使拉伸缸 35 下腔封闭,主缸原位停止。

**8. 顶出缸上升**

在行程开关发出信号使电磁铁 4YA 失电的同时也使电磁铁 2YA 得电,压力油经过二位三通电液换向阀 44、手动换向阀 43 进入顶出缸 39,顶出缸 39 上行完成顶出工作。

**9. 顶出缸下降**

在顶出工件后,行程开关发出信号,使电磁铁 1YA、2YA 均失电,变量泵 2 卸荷,二位三通电液换向阀 44 左位工作,手动换向阀 43 右位工作,顶出缸因自重而下降。

双动薄板冲压机液压系统电磁铁动作顺序见表 13-1,其中"+"表示电磁铁通电,"-"表示电磁铁断电。

**表 13-1 双动薄板冲压机液压系统电磁铁动作顺序表**

| 拉伸滑块 | 压边滑块 | 顶出缸 | 电磁铁 | | | | | | 手动换向阀 |
|---|---|---|---|---|---|---|---|---|---|
| | | | 1YA | 2YA | 3YA | 4YA | 5YA | 6YA | |
| 快速下降 | 快速下降 | | + | - | + | - | - | + | |
| 减速 | 减速 | | + | - | + | - | + | | |
| 拉伸 | 压紧工件 | | + | - | + | - | + | + | |
| 快退返回 | 快退返回 | | + | - | - | + | - | | 左位 |
| | | 上升 | + | + | - | - | - | | 右位 |
| | | 下降 | + | - | - | - | - | | |
| 液压泵卸荷 | | | - | - | - | - | - | - | |

## 13.2　组合机床动力滑台液压系统

### 13.2.1　组合机床动力滑台液压系统概述

动力滑台是组合机床的一种通用部件,在滑台上可以配置各种工艺用途的切削头。YT4543 型组合机床的液压动力滑台可以实现多种不同的工作循环,其中一种比较典型的工作循环是快进→一(次)工进→二(次)工进→死挡铁停留→快退→停止,如图 13-3 所示。其工作液压系统如图 13-4 所示。

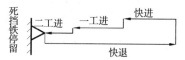

图 13-3　YT4543 型组合机床液压动力滑台工作循环

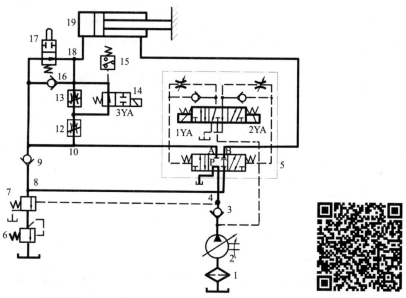

1—滤油器;2—变量泵;3、9、16—单向阀;5—电液换向阀;6—溢流阀;7—液控顺序阀;
12、13—调速阀;14—电磁换向阀;15—压力继电器;17—行程阀;19—液压缸;其他为辅助元件。

图 13-4　YT4543 型组合机床的液压动力滑台液压系统

### 13.2.2　组合机床动力滑台液压系统工作原理

1. 快进

当按下启动按钮时,电液换向阀 5 的先导电磁换向阀中的 1YA 得电,使阀芯右移,左位进入工作状态,此时使液压缸差动连接,结合变量泵可实现快速运动。

2. 一次工进

通过行程阀 17、液控顺序阀 7 可实现快进与工进的转换。在快进行程结束时,滑台上的挡铁压下行程阀 17 的手柄,此时调速阀 12 接入进油路,控制一次工进的速度。

### 3. 二次工进

通过电磁换向阀 14 可实现一次工进和二次工进之间的速度换接,当 3YA 得电时,调速阀 13 接入进油路,控制二次工进的速度。

### 4. 死挡铁停留

在动力滑台二次工进过程中,若碰上死挡铁,液压缸活塞停止,随着系统的工作压力继续升高,一旦达到压力继电器 15 的调定值时,经过时间继电器的延时后,发出电信号使动力滑台退回。在时间继电器延时动作前,滑台停留在死挡铁限定的位置上。

### 5. 快退

时间继电器发出电信号后,电液换向阀 5 中的 2YA 通电,右位工作,此时系统压力较低,变量泵 2 输出流量大,动力滑台快速退回。由于活塞杆的面积大约为活塞的一半,故动力滑台快进、快退的速度大致相等。

### 6. 原位停止

当动力滑台退回到原始位置时,挡铁压下行程开关,电液换向阀 5 中位接通,此时动力滑台停止运动,变量泵卸荷。

组合机床动力滑台液压系统的电磁铁和行程阀的动作见表 13-2。

表 13-2　组合机床动力滑台液压系统的电磁铁和行程阀的动作表

| | 1YA | 2YA | 3YA | 行程阀 |
|---|---|---|---|---|
| 快进 | + | − | − | 导通 |
| 一次工进 | + | − | − | 切断 |
| 二次工进 | + | − | + | 切断 |
| 死挡铁停留 | + | − | + | 切断 |
| 快退 | − | + | − | 切断－导通 |
| 原位停止 | − | − | − | 导通 |

该型组合机床的动力滑台液压系统采用了由限压式变量泵和调速阀组成的调速回路,在进油路上设置调速阀,在回油路上设置背压阀。该液压系统利用限压式变量泵在低压时输出流量大的特点,同时采用液压缸的差动连接来实现快速前进;同时使用两个调速阀串联的回路结构,对两种工作进给进行换接,并且利用行程换向阀实现快速运动与工作进给的换接;采用电液换向阀实现换向,通过压力继电器与时间继电器发出的电信号控制电磁阀换向。

## 13.3　汽车起重机液压系统

### 13.3.1　汽车起重机液压系统概述

汽车起重机是将起重机安装在汽车底盘上的一种起重运输设备。对汽车起重机的液压系统,一般要求输出力大、动作平稳、耐冲击、操作灵活且方便、可靠、安全。它主要由起升、回转、变幅、伸缩和支腿等工作机构组成,如图 13-5 所示。这些工作机构需要图 13-6 所示的液压系统来驱动与操作。

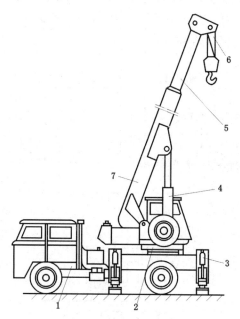

1—载重汽车;2—回转机构;3—支腿;4—吊臂变幅缸;5—吊臂伸缩缸;6—起升机构;7—基本臂。

**图 13-5　汽车起重机工作机构**

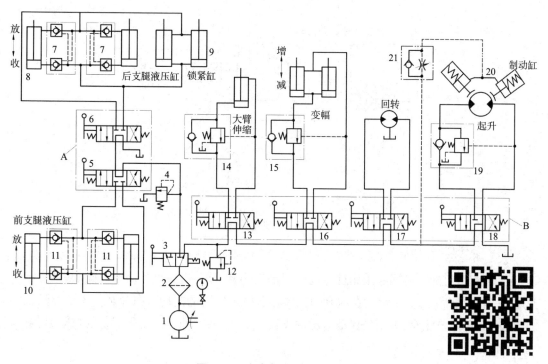

**图 13-6　汽车起重机液压系统**

### 13.3.2　汽车起重机液压系统工作原理

1. 支腿回路

汽车起重机起吊时,须由支腿液压缸来承受所有负载,由液压缸9锁紧后桥板簧,同时液压缸8放下后支腿到所需位置,再由液压缸10放下前支腿。作业结束后,先收前支腿,再收后支腿,整个液压系统回路如图13-7所示。

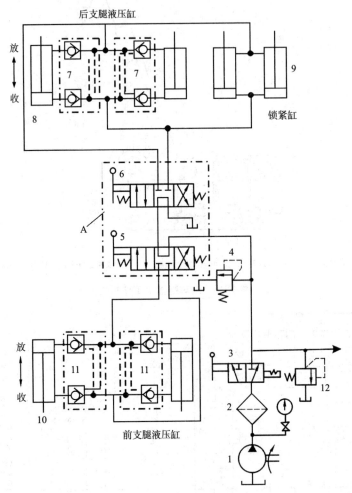

1—液压泵;2—过滤器;3、5、6—手动换向阀;4、12—溢流阀;7、11—双向液压锁;8、9、10—液压缸。

**图 13-7　支腿回路**

2. 起升回路

汽车起重机的起升回路采用柱塞马达驱动重物升降,通过液控单向顺序阀19来限制重物超速下降,如图13-8所示。在起升回路中,制动缸20上的制动瓦在弹簧作用下使液压马达制动,而单向节流阀21则是保证液压油先进入液压马达,使马达产生一定的扭矩,再解除马达制动。

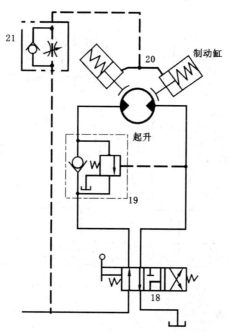

18—手动换向阀；19—液控顺序阀；20—制动缸；21—单向节流阀。

**图 13-8 起升回路**

重物下降时,手动换向阀 18 切换至右位工作,液压马达反转,经液控顺序阀 19 回油,通过手动换向阀 18 的右位回油箱。需要停止作业时,使手动换向阀 18 处于中位,液压泵卸荷。

**3. 大臂伸缩回路**

如图 13-9 所示,大臂伸缩采用单级长液压缸驱动,大臂缩回时液压力与负载力方向一致。为防止吊臂在重力作用下自行收缩,在收缩缸的回油腔(下腔)安置了平衡阀 14。

**4. 变幅回路**

大臂变幅机构用于改变作业高度,本机采用双液压缸并联,不仅提高了变幅机构承载能力,也提高了机构的工作稳定性,其工作要求及油路与大臂伸缩油路相同。

**5. 回转回路**

汽车起重机采用双向柱塞式液压马达,该回转机构要求大臂能在任意方位展开工作。

对于汽车起重机工作机构的液压系统,因重物在下降时及大臂收缩和变幅时,负载与液压力方向相同,执行元件会失控,因此需要在其回油路上设置平衡阀。采用手动弹簧复位的多路换向阀来控制各动作,换向阀常用 M 型中位机能,当换向阀处于中位时,各执行元件的进油路均被切断,液压泵出口通油箱使泵卸荷,减少功率损失。

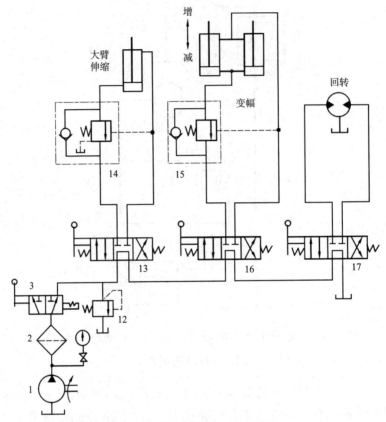

13、16、17—手动换向阀；14、15—平衡阀。

**图 13-9　大臂伸缩、变幅、回转回路**

# 13.4　汽车自动变速器液压控制系统

## 13.4.1　汽车自动变速器液压控制系统概述

汽车自动变速器能根据车速与发动机负荷的变化情况及时、自动地进行换挡,从而减轻驾驶者的疲劳强度,消除驾驶者之间的换挡技术差异,有利于行车安全。汽车自动变速器液压控制系统由动力源、执行机构和控制机构三部分组成,如图 13-10 所示。

## 13.4.2　汽车自动变速器液压控制系统工作原理

### 1. 变速器挂入 1 挡

如图 13-10 和图 13-11 所示,汽车的电子控制单元( Electronic Control Unit,ECU )给出信号,关闭电磁阀 A,并让电磁阀 B 通电,1~2 挡换挡阀的阀芯向左移动,2 挡油路关闭,2~3 挡换挡阀的阀芯右移, 3 挡油路关闭,同时主油路油压作用在 3~4 挡换挡阀的阀芯右端,使 3~4 挡换挡阀的阀芯停留在右位,即只有 1 挡油路连通,变速器挂入 1 挡。

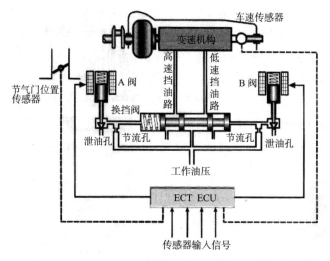

图 13-10　汽车自动变速器液压控制系统组成

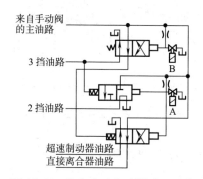

图 13-11　汽车自动变速器液压系统

**2. 变速器挂入 2 挡**

ECU 给出信号让电磁阀 A 和电磁阀 B 同时通电，1~2 挡换挡阀右端油压下降,阀芯向右移动,打开 2 挡油路,变速器挂入 2 挡。

**3. 变速器挂入 3 挡**

ECU 给出信号使电磁阀 A 和电磁阀 B 均不通电,3~4 挡换挡阀的阀芯右端控制压力升高,阀芯向左移动,关闭直接离合器油路,接通超速制动器油路,由于 1~2 挡换挡阀的阀芯左端作用着主油路油压,虽然右端有压力油作用,但阀芯仍然保持在右端不能左移。如要强制挂入 3 挡,换挡电磁阀 A 通电,换挡电磁阀 B 不通电。

# 13.5　压缩式垃圾运输车液压系统

压缩式垃圾运输车装备有液压举升机构和尾部填塞器,其是能将垃圾自行装入、压缩、转运和倾卸的专用自卸汽车,主要用于收集、转运袋装生活垃圾。它与其他形式的垃圾运输汽车的区别是能压缩、破碎垃圾,增大装载质量。经压缩,其可将密度为 200~400 kg/m³ 的生活垃圾压缩到密度为 400~600 kg/m³。

压缩式垃圾运输车的专用工作装置主要由车厢和装载厢两部分组成。这种垃圾车的结构如图 13-12 所示。车厢 1 固连于汽车底盘车架上，装载厢 2 位于车厢后端，其上角与车厢铰接，并可由举升液压缸驱动其绕铰接轴转动。垃圾从装载厢后部入口处装入，再经装载厢内的压缩机构进行压缩处理，最后向前挤压入车厢内压实。车厢内设有液压缸驱动的推板，卸出垃圾时，首先装载厢被举升液压缸向后掀起，车厢后端呈敞开状态，然后推板将垃圾向后推出车厢。该车既可采用手工方式收集垃圾，也可采用吊升机构将桶装垃圾倾倒入装载厢内。

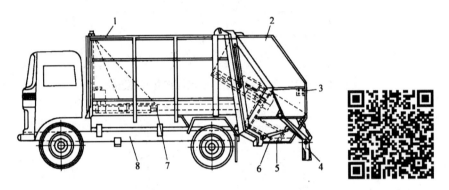

1—车厢；2—装载厢；3—电器按钮；4—吊升机构；5—压缩机构；6—液压装置；7—推板；8—汽车底盘。

**图 13-12 后装压缩式垃圾运输车**

### 13.5.1 压缩式垃圾车液压系统工作原理

压缩式垃圾车各主要机构的运动均为液压驱动。各液压缸运动应按顺序动作，不得出现干涉。图 13-13 所示为一种压缩式垃圾运输车的液压系统图。该系统采用双联高压齿轮泵供油，其中右泵向压缩机构、填装机构提供动力；左泵向推板机构、装载厢举升机构和车厢举升机构提供动力。其中右泵的排量大于左泵排量，这样的设计能加快装填速度，满足各部分的工况要求。

当常开式电磁溢流阀不通电时，右泵处于卸载状态，压力油经电磁溢流阀和回油过滤器回流到油箱。当电磁溢流阀通电时，压力油由右泵经单向阀 4，通过电磁先导的双联电液换向阀驱动压缩液压缸 13 和 14 工作，对垃圾进行压缩。电磁先导换向阀 15 受电控系统控制。

当多路换向阀 9（三位六通）处于中位时，左泵输出的压力油经单向阀 5、串联多路换向阀 9 中位流到举升机构换向阀 6（三位四通）；换向阀 6 处于中位时，左泵处于卸载状态。操纵手动举升机构换向阀 6 可控制车厢举升液压缸 8 工作。操纵串联多路换向阀 9，可分别控制推板液压缸 10 和装载厢举升液压缸 12。推板液压缸 10 进油口装有液控单向阀 11，以保证推板液压缸在装载厢被举升到最大转角后才能开始工作，将垃圾推出车厢。

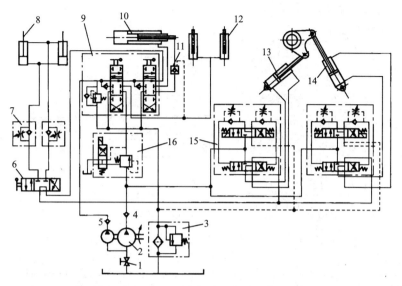

1—截止阀；2—双联高压齿轮泵；3—回油过滤器；4、5—单向阀；6—举升机构换向阀；7—单向节流阀；
8—举升液压缸；9—多路换向阀；10—推板液压缸；11—液控单向阀；12—装载厢举升液压缸；
13、14—压缩液压缸；15—电液换向阀；16—电磁溢流阀。

**图 13-13　压缩式垃圾运输车的液压系统图**

### 13.5.2　压缩式垃圾车液压系统特点

（1）车厢举升液压缸的运动采用双向节流调速回路调速，当手动换向阀 6 处于中位时，由于单向节流阀 7 中单向阀的锁闭作用，车厢举升液压缸 8 可以在任意位置停止，因此车厢可以在工作倾角内停留在任意倾角上卸载垃圾。

（2）车厢举升液压缸 8、推板液压缸 10、装载厢举升液压缸 12 采用串联手动多路换向阀 9、手动举升机构换向阀 6 操纵。推板液压缸 10 和装载厢举升液压缸 12，通过液控单向阀 11 构成顺序动作回路，只有装载厢举升液压缸 12 到最大位置，推板液压缸 10 才能工作。

（3）采用并联的两个电液换向阀 15 控制两个压缩液压缸 13、14 的动作，实现复杂的压缩机构运动。

（4）小流量的左泵采用换向阀 6 的 M 型中位机能卸荷，而大流量的右泵采用电磁溢流阀卸荷，卸荷方式与流量相适应。

# 13.6　路面清扫车液压系统

路面清扫车是一种环保专用车，它有 4 个清扫装置，前面 2 个清扫装置布置在车辆的两侧，称为外扫，工作时伸出、放下，转场时提升、收回；后面 2 个清扫装置布置在车辆底盘下，将垃圾扫入真空吸口，吸入箱体，称为内扫。图 13-14 所示为一种路面清扫车液压系统原理图，整个系统分为清扫工作装置和箱体倾卸机构两个独立的液压传动系统，但共用一个油箱。

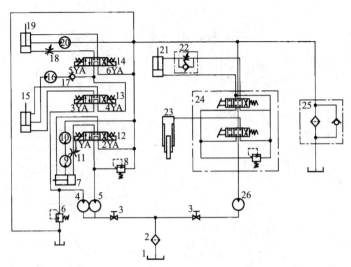

1—油箱；2—过滤器；3—截止阀；4、5—双联液压泵；6、8—溢流阀；7—内扫提升缸；9、10—内扫液压马达；
11、18—节流阀；12、13、14—电磁换向阀；15—左扫提升缸；16—左扫液压马达；17—背压阀；19—右扫提升缸；
20—右扫液压马达；21—后门开闭缸；22—单向节流阀；23—倾卸缸；24—多路换向阀；25—回油过滤器；26—液压泵。

**图 13-14　路面清扫车液压系统图**

### 13.6.1　清扫工作装置液压动力系统

双联液压泵 4、5 由辅助发动机驱动，其中液压泵 4 向外扫（左扫和右扫）装置供油，液压泵 5 向内扫装置供油。电磁换向阀 12 控制吸口与内侧装置的双作用内扫提升缸 7 动作，可以实现吸口与内扫装置的提升与放下，以及两串联的内扫液压马达 9 和 10 的旋转。电磁换向阀 13 和 14 分别控制左、右扫提升缸 15 和 19 的提升与放下，以及左、右扫液压马达 16 和 20 的旋转。

三个清扫装置的提升缸采用了特殊结构，只有当清扫装置放下后，液压马达才能带动清扫扫帚工作。溢流阀 6 和 8 分别限定双联液压泵 4 和 5 的最大工作压力。清扫工作方式与电磁铁动作见表 13-3。

### 13.6.2　箱体倾卸机构液压系统

液压泵 26 的动力来自汽车底盘上的取力箱，因此倾卸机构动作时必须先使取力箱工作，其操纵手柄位于驾驶室内。采用并联油路的两个多路换向阀 24 分别控制举升用多级套筒倾卸缸 23 及后门开闭缸 21。单向节流阀 22 可以调节后门的关闭速度。系统的压力由多路换向阀 24 中的溢流阀调节，在多路换向阀上有测压排气接头。系统工作时，应避免两个换向阀同时动作，一般是先操纵后门开闭缸 21 打开箱体后门，然后操纵多级套筒倾卸缸 23 举升箱体倾卸垃圾。

**表 13-3　清扫工作方式与电磁铁动作**

| 清扫工作方式 | 电磁铁动作 | | | | | |
|---|---|---|---|---|---|---|
| | 1YA | 2YA | 3YA | 4YA | 5YA | 6YA |
| 内扫单独工作 | - | + | - | - | - | - |
| 内扫和左扫同时工作 | - | + | - | + | - | - |
| 内扫和右扫同时工作 | - | + | - | - | - | + |
| 内扫和外扫同时工作 | - | + | - | + | - | + |
| 内扫和吸口提升 | + | - | - | - | - | - |
| 左侧外扫提升 | - | - | + | - | - | - |
| 右侧外扫提升 | - | - | - | - | + | - |
| 原位状态 | - | - | - | - | - | - |

# 13.7　公路养护车液压系统

我国高速公路的总里程迅猛增长,急需各种高效、多功能的公路养护工程车辆。图 13-15 所示为一种具有五个自由度的全液压自动凿槽机械手的多功能公路养护车的示意图。

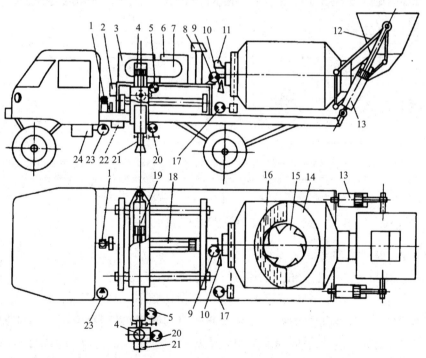

1—空压机;2—逆变器;3—液压油箱;4—z 轴液压缸;5—φ转角液压马达;6—柴油箱;7—储气罐;
8—控制器;9—沥青泵液压马达;10—电子计数器;11—燃烧器;12—上料斗;13—上料斗液压缸;
14—保温筒;15—拌合筒;16—沥青槽;17—拌合筒液压马达;18—y 轴液压缸;19—x 轴液压缸;
20— θ转角液压马达;21—液压冲击镐;22—蓄电池;23—液压泵;24—取力器。

**图 13-15　多功能公路养护车示意图**

公路养护车行驶至公路养护点后,机械手持液压冲击镐 21 将待维修路面切成所要求的形状,然后铺上拌合的沥青－石料混合物,再用机械手压平。机械手的五个自由度,($x$、$y$、$z$、$\varphi$、$\theta$),分别由液压缸 19、18、4 和液压马达 5、20 驱动。沥青泵由液压马达 9 驱动。熔化的沥青送入拌合筒 15 与上料斗 12 送入的石料拌合,拌合筒由液压马达 17 驱动,拌合后出料。液压冲击镐 21 的功率控制可以通过控制其输入流量及压力来实现。

### 13.7.1　公路养护车液压系统工作原理

公路养护车液压系统原理图如图 13-16 所示。

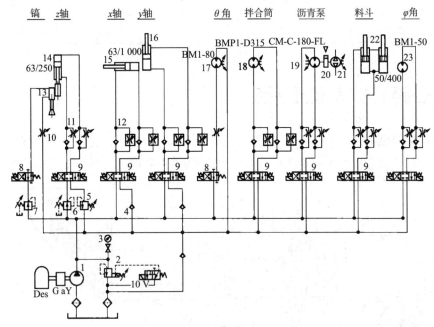

1—液压泵;2—电磁溢流阀;3—压力表;4、5—背压阀;6、7—减压阀;8—二位四通电磁阀;9—三位四通电磁阀;10—节流阀;11—单向节流阀;12—单向调速阀;13—液压冲击镐;14—$z$ 轴液压缸;15—$x$ 轴液压缸;16—$y$ 轴液压缸;17—$\theta$ 转角液压马达;18—拌合筒驱动马达;19—沥青泵驱动马达;20—电子计数器;21—沥青泵;22—上料液压缸;23—$\varphi$ 转角液压马达。

**图 13-16　公路养护车液压系统原理图**

1. 液压冲击镐操纵回路

液压冲击镐 13 是一个特殊的专用装置,它将液压能转换为一定频率、一定冲击力的机械能对路面进行凿切加工。调节节流阀 10 可控制凿切频率。当液压冲击镐向地面进给时,进给力必须稳定,太小影响进给速度,太大会将车身顶起,故采用恒定减压。调节减压阀 7 可获得稳定的工作压力。二位四通电磁阀 8 堵塞两个通油口后成为开停阀,控制液压冲击镐的开停。

2. 机械手控制回路

全液压自动凿槽机械手有五个自由度。其中,$z$ 轴液压缸 14 负责液压镐的升降,采用双向节流调速,当电磁换向阀 9 处于中位时,两个单向节流阀 11 中的单向阀构成液压锁,使

$z$ 轴液压缸不能上下移动,保证液压冲击镐冲击凿切地面时有足够刚性的支承。

$x$ 轴液压缸 15、$y$ 轴液压缸 16 确定液压冲击镐的工作点,以及沿 $x$ 轴、$y$ 轴的双向进给速度。$x$、$y$ 轴方向的运动速度要求平稳可调,因此采用由两个单向调速阀 12 构成的双向节流调速阀回路。

由于路面凿切工况比较复杂,因此要求液压冲击镐必须具有绕 $x$ 轴、$y$ 轴回转的两个自由度。绕 $x$ 轴的回转由 $\varphi$ 转角液压马达 23 实现;绕 $y$ 轴的回转由 $\theta$ 转角液压马达 17 实现。

3. 沥青泵驱动回路

熔化的沥青由沥青泵送入拌合筒,沥青泵由沥青泵驱动马达 19 驱动,采用两个单向节流阀的双向节流调速回路。

4. 拌合筒驱动回路

用上料液压缸 22 将上料斗中的石料送入拌合筒,由拌合筒驱动马达 18 驱动拌合筒回转,将石料与沥青拌合。由于拌合筒的转动惯量大,三位四通电磁换向阀 9 采用 O 型中位机能,换向阀中位时,能迅速制动。为使拌合筒正反转速度平稳,采用由两个单向调速阀构成的双向节流调速回路。

### 13.7.2　公路养护车液压系统特点

(1)机械手采用双向调速阀回路,既能调速,又具有自锁功能。

(2)对速度平稳性要求高的机械手的 $x$ 轴、$y$ 轴运动,以及拌合筒的转动,采用两个单向调速阀双向调速。

(3)由于拌合筒的转动惯量大,三位四通电磁换向阀采用 Y 型中位机能,其制动性能良好。

由于该系统中有多达 17 个电磁铁,因此一般加入相应的传感器后,采用可编程控制器(Programmable Logic Controller,PLC)进行控制,可实现半自动或全自动工作。

# 13.8　液压系统设计及其实例

液压传动系统的设计与主机的设计是紧密联系的,两者往往同时进行,相互协调。液压传动系统的设计是整机设计的一部分,目前液压系统的设计主要基于经验法,即便是使用计算机辅助设计,也是在专家的经验指导下进行的。因此,就设计步骤而言,往往随设计的实际情况和设计者经验的不同而各有差异。但是,从总体上看,液压系统设计的基本内容是一致的,具体包含以下六个:

(1)根据设计要求进行工况分析;

(2)拟定液压系统的原理图;

(3)确定液压系统的主要性能参数;

(4)计算和选择液压元件;

(5)验算液压系统的性能;

（6）绘制液压系统的工作图,编写技术文件。

## 13.8.1 根据设计要求进行工况分析

1. 明确设计要求

液压系统设计通常是主机设计的一部分,设计要求主要是基于主机并根据工艺过程提出的。因此,需要了解:主机的工艺流程、作业环境和主要技术参数;主机的总体布局和对液压系统在空间尺寸上的限制。在此基础上,明确液压系统的任务与要求,具体如下。

（1）主机的动作要求。这里指主机的哪些动作需要由液压传动来完成,这些动作有无联系。

（2）主机的性能要求。这里指主机内采用液压传动的各执行元件在力和运动方面的要求。各执行元件在各工作阶段所需力和速度的大小、调速范围、速度平稳性、完成一个循环所需的时间等方面应有明确的数据。

（3）液压系统的工作环境。这里指液压系统工作环境的温度、湿度、污染和振动冲击情况,以及有无腐蚀性和易燃性物质存在等。这涉及液压元件和工作介质的选用,以及所需采取的防护措施等,应有明确的说明。

（4）其他要求。这里主要指液压系统在自重、外形尺寸、经济性等方面的要求。

2. 工况分析

工况分析是分析主机内采用液压传动的执行元件在工作过程中的速度和负荷的变化规律。对于动作较复杂的系统,需绘制速度循环图和负载循环图;对较简单的系统,可以不绘图,但需找出其最大负载和最大速度点。实际上,工况分析就是进一步明确主机在性能方面的要求。

1）速度分析

速度分析是根据工况要求,求出各执行元件在一个完整的工作循环内各阶段的速度,并用图表示出来。一般用速度－位移($v\text{-}s$)或速度－时间($v\text{-}t$)曲线表示,称为速度循环图。若主机对执行元件的一个完整工作循环有时间要求,则用速度－时间($v\text{-}t$)曲线表示较好,否则用速度－位移($v\text{-}s$)曲线表示。图 13-17 所示为组合机床动力滑台的速度－位移曲线,左侧图为其工作循环图。应指出,该图为稳态下的速度－位移曲线,没有考虑瞬态脉动,同时把反行程的速度曲线绘在了横坐标轴的下方。图中,变速段均作为匀变速看待,这样处理有利于简化计算。绘制速度－位移曲线时,要用到运动学的有关知识,准确求出各阶段的位移量,以确定横坐标。

2）负载分析

负载分析是根据工况要求,求出各执行元件在整个工作循环内各阶段所需克服的外负载,必要时用图表示出来。一般用负载－时间($F\text{-}t$)或负载－位移($F\text{-}s$)曲线表示,称为负载循环图。若主机对执行元件的一个完整工作循环有时间要求,则用负载－时间($F\text{-}t$)曲线表示较好,否则用负载－位移($F\text{-}s$)曲线表示。

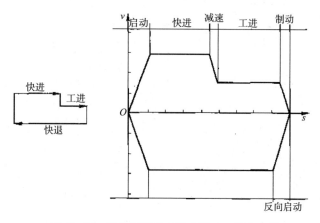

图 13-17　组合机床动力滑台速度 – 位移曲线

Ⅰ. 液压缸的负载分析

液压缸所需克服的外负载 $F$ 包括三种类型,即

$$F=F_\text{w}+F_\text{a}+F_\text{f} \tag{13-1}$$

$$F_\text{f} = \sum_{i=1}^{n} N_i\mu_i \tag{13-2}$$

$$F_\text{a} = ma = \frac{G}{g}\frac{\Delta v}{\Delta t} \tag{13-3}$$

式中　$F_\text{w}$——工作负载(有效负载)(N),不同机械的工作负载的形式各不相同;

$F_\text{f}$——摩擦阻力负载(N);

$N_i$——作用在第 $i$ 个导轨面或支承面上的法向力(N);

$\mu_i$——第 $i$ 个摩擦副的摩擦系数,其与润滑条件、摩擦副的配对材料和运动状态有关,见表 13-4;

$F_\text{a}$——惯性负载(N),指运动部件在启动(变速)过程中的惯性力;

$m$——运动部件的质量(kg);

$a$——运动部件的加速度(m/s²);

$G$——运动部件所受的重力(N);

$g$——重力加速度(m/s²);

$\Delta v$——运动部件的速度变化量(m/s);

$\Delta t$——完成变速过程所需的时间(s)。

此外,液压缸运动时还需克服内密封装置的摩擦阻力,其大小与密封形式、液压缸的工作压力和制造质量有关。为使问题简化,可不做专门计算,将其包括在液压缸的机械效率 $\eta_\text{g}$ 内,一般取 $\eta_\text{g} = 0.90 \sim 0.97$。

计算出工作循环中各阶段的外负载后,便可作出负载循环图。上述组合机床动力滑台的负载循环图(负载 – 位移曲线)如图 13-18 所示。

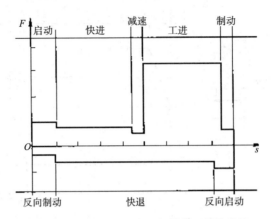

图 13-18　组合机床动力滑台负载－位移曲线

表 13-4　导轨摩擦系数

| 导轨种类 | 导轨材料 | 工作状态 | 摩擦系数 |
|---|---|---|---|
| 滑动导轨 | 铸铁 | 启动 | 0.16~0.2 |
| | | 低速运行（ $v < 10$ m/min ） | 0.1~0.12 |
| | | 高速运行（ $v > 10$ m/min ） | 0.05~0.08 |
| | 自润滑尼龙 | 低速中载（也可润滑） | 0.12 |
| | 金属－塑料复合材料 | | 0.042~0.15 |
| 滚动导轨 | 铸铁导轨＋滚柱（珠） | | 0.005~0.02 |
| | 淬火钢导轨＋滚柱（珠） | | 0.003~0.006 |
| 静压导轨 | 铸铁 | | 0.005 |
| 气浮导轨 | 铸铁、钢或大理石 | | 0.001 |

Ⅱ.液压马达的负载分析

液压马达所需克服的外负载力矩 $T_m$ 也有三种类型,即

$$T_m = T_w + T_a + T_f \tag{13-4}$$

式中　$T_w$——工作负载折合到液压马达输出轴上的力矩的总和（N·m）;

　　　$T_f$——摩擦阻力负载折合到液压马达输出轴上的力矩的总和（N·m）;

　　　$T_a$——执行机构、传动装置在启动或制动时的惯性力（力矩）折合到液压马达输出轴上的力矩的总和（N·m）。

与液压缸一样,液压马达的内摩擦力矩也包含在其机械效率 $\eta_m$ 中,不进行专门计算。一般,齿轮式和柱塞式液压马达取 $\eta_m = 0.9 \sim 0.95$ ;叶片式液压马达取 $\eta_m = 0.8 \sim 0.9$ 。

根据式（13-4）可以确定液压马达在工作循环中各阶段所需克服的外负载力矩,并可画出其负载循环图。

## 13.8.2　拟定液压系统原理图

　　确定液压系统原理图是整个液压系统设计中最重要的一环,其质量的高低会从根本上影响整个液压系统的运行质量。而拟定液压系统原理图所需的知识面较广,要综合应用前面的各章内容。一般的方法:首先根据具体的动作性能要求,选择液压基本回路;然后将基本回路加上必要的措施有机地组合成一个完整的液压系统。拟定液压系统原理图时,应考虑以下几个方面的问题。

　　1. 所用液压执行元件的类型

　　液压执行元件有提供往复直线运动的液压缸、提供往复摆动运动的摆动缸和提供连续回转运动的液压马达。在设计液压系统时,可按设备所要求的运动情况来选择,在选择时还应比较、分析,以使设计的系统整体效果最佳。例如,系统若需要输出往复摆动运动,既可采用摆动缸,又可使用齿条式液压缸,也可以使用直线往复式液压缸和滑轮钢丝绳等传动机构来实现。因此,具体的设计要根据实际情况进行比较、分析与综合考虑,再做出合理的选择。若设备的工作行程比较长,为了提高其传动刚性,常采用液压马达通过丝杆螺母机构实现往复直线运动。在实际设计中,应灵活应用各种元件及液压回路,同时它们的选用往往还受到使用范围和使用习惯的限制。

　　2. 液压回路的选择

　　在确定液压执行元件后,要根据设备的工作特点和性能要求,确定对主机的主要性能具有决定性影响的主要回路。例如,对于机床液压系统,调速和速度换接回路是主要的工作回路;对于压力机液压系统,调压回路则是主要回路,等等。再考虑其他辅助回路,如有竖直运动部件的系统要考虑平衡回路,有多个执行元件的系统要考虑顺序动作、同步和防干扰等。同时,也要考虑节省能源、减少发热和冲击以及保证动作精度等问题。

　　3. 控制方式的选择

　　控制方式主要根据主机的要求来确定。如果只要求手动操作,则系统中采用手动换向阀;如果要求实现一定程度的自动循环,就涉及采用行程控制、压力控制和时间控制的问题。一般来说,行程控制动作可靠,是最常用的控制方式;合理使用压力控制可以简化系统,但在一个系统中不宜多次使用;时间控制不单独使用,往往与行程或压力控制配合使用,且由于其难以准确控制换接点,故使用得较少。按不同控制方式设计出的系统,其简繁程度可能相差很大,故应合理选择各种控制方式,以得到既结构简单,又性能完善的系统。

　　4. 合成液压系统原理图

　　根据选定的各基本回路,配上一些辅助元件或回路,如过滤器、压力表、压力表开关等,即可合成液压系统原理图。合成时,应注意以下三点。

　　(1)尽可能去掉多余的液压元件,力求系统简单,元件数量和品种规格要少。

　　(2)应避免各回路间的干扰,保证各回路能满足动作和性能的设计要求。例如,在用单液压泵驱动两个执行元件的系统中,一个执行元件需保压,而另一个执行元件运动时的负载变化会使油路压力变化,对保压有干扰,这就需在系统中增设单向阀、蓄能器等元件。

（3）合理布置测压点。测压点的布置应便于调整压力阀的压力和观察系统中的压力。合理布置测压点对于调试系统和寻找系统故障是很重要的。一般在液压泵的出口、液压缸的前后腔、减压阀出口、顺序阀的控制油路上和需保压的回路上等位置,应布置测压点。若系统有多个测压点,可采用多点压力表开关,以减少台面上压力表的数目。

### 13.8.3 确定液压系统主要性能参数

液压系统的主要性能参数是指液压执行元件的工作压力 $p$ 和最大流量 $q$,它们均与执行元件的结构参数(即液压缸的有效工作面积或液压马达的排量)有关。液压执行元件的工作压力和最大流量是计算与选择液压元件、原动机(电机),以及进行液压系统设计的主要依据。

**1. 确定执行元件工作压力 $p$**

通常,执行元件工作压力是指执行元件的输入压力。由于主机的性能和使用场合不同,执行元件的工作压力也不尽相同。系统的工作压力是在设计液压系统时,由设计者自行选定的。工作压力越低,执行元件的容量越大,即尺寸大、质量大,系统所需的流量也大,但对液压元件的制造精度与密封要求较低;工作压力越高,则相反。因此,系统工作压力的选择取决于尺寸、成本、使用可靠性等多方面因素。一般可参考现有的同类液压系统来初步确定系统工作压力。目前,常用液压设备的工作压力见表 13-5。

表 13-5 常用液压设备工作压力

单位:MPa

| 磨床 | 车、铣、刨床 | 组合机床 | 珩磨机床 | 拉床、龙门刨床 | 农业机械、小型工程机床 | 液压机、挖掘机、重型机械、起重机械 |
|---|---|---|---|---|---|---|
| 0.8~2 | 2~4 | 3~5 | 2~5 | <10 | 10~16 | 20~32 |

**2. 确定执行元件主要结构参数**

主要结构参数包括液压缸的有效工作面积、活塞直径和活塞杆直径,以及液压马达的排量。

**1)液压缸**

液压缸的有效工作面积由下式确定:

$$A = \frac{F_{max}}{(p - cp_{B})\eta_{g}} \tag{13-5}$$

式中　$A$——液压缸的有效工作面积( $m^2$ );

　　　$F_{max}$——液压缸的最大外负载( N ),计算见式( 13-1 );

　　　$p$——液压缸的工作压力( Pa ),即进油腔压力;

　　　$p_{B}$——液压缸的回油压力( Pa ),即背压,可参考表 13-6 选取;

　　　$c$——液压缸两腔有效工作面积之比( $c \leqslant 1$ ),可根据液压缸往返运动速度或其他给定条件确定;

　　　$\eta_{g}$——液压缸的机械效率。

**表 13-6　执行元件背压的估计值**

| 系统类型 | | 背压 /MPa |
|---|---|---|
| 中、低压系统(0~8 MPa) | 简单系统和一般轻载的节流调速系统 | 0.2~0.5 |
| | 回油路带调速阀的调速系统 | 0.5~0.8 |
| | 回油路带背压阀 | 0.5~1.5 |
| | 采用带补油泵的闭式回路 | 0.8~1.5 |
| 中、高压系统(>8~16 MPa) | 简单系统和一般轻载的节流调速系统;回油路带调速阀的调速系统;回油路带背压阀,采用带补油泵的闭式回路 | 比中、低压系统高 50%~80% |
| 高压系统(>16~32 MPa) | 锻压机械等 | 初算时背压忽略不计 |

对于节流调速系统,当工作速度很低时,按式(13-5)计算出的有效工作面积不符合最低稳定工作速度的要求,还需按最低稳定工作速度来验算,即有效工作面积应满足

$$A \geqslant \frac{q_{Fmax}}{v_{min}} \tag{13-6}$$

式中　$q_{Fmin}$——流量阀最小稳定流量(m³/s),由产品样本查取;

　　　$v_{min}$——主机要求的液压缸最低稳定工进速度(m/s)。

如果验算结果不满足要求,应由式(13-6)确定液压缸的有效工作面积,然后回头调整执行元件的工作压力 $p$。求得有效工作面积后,根据液压缸的结构形式,不难求出活塞和活塞杆直径,此处不再赘述。

2)液压马达

液压马达的排量 $V_m$ 由负载条件确定,即

$$V_m = \frac{2\pi T_{max}}{(p - p_B)\eta_m} \tag{13-7}$$

式中　$T_{max}$——液压马达的最大外负载力矩(N·m),计算见式(13-4);

　　　$p$——液压马达的工作压力(Pa),即进油压力;

　　　$p_B$——液压缸的回油压力(Pa),即背压,可参考表 13-6 选取;

　　　$\eta_m$——液压马达的机械效率。

对于节流调速系统,必要时也需按最低速度要求进行验算,即排量应满足

$$V_m \geqslant \frac{q_{Fmax}}{n_{min}} \tag{13-8}$$

式中　$V_m$——液压马达的排量(m³/r);

　　　$q_{Fmin}$——流量阀最小稳定流量(m³/min),由产品样本查取;

　　　$n_{min}$——主机要求的液压马达最低转速(r/min)。

3. 绘制执行元件工况图

绘制执行元件工况图的主要目的是明确系统在整个工作循环中,各个阶段的流量、功率和压力的变化情况,为确定系统的动力源提供依据。

执行元件工况图包括压力循环图 $p$-$t$ 或 $p$-$s$、流量循环图 $q$-$t$ 或 $q$-$s$ 和功率循环图 $P$-$t$

或 $P$-$s$,绘制方法如下。

（1）利用负载循环图,根据负载、压力和有效工作面积（或每转排量）三者之间的关系,求出各阶段的压力值,即可绘出压力循环图。

（2）利用速度循环图,根据流量、速度和有效工作面积（或每转排量）三者之间的关系,求出各阶段的流量值,即可绘出流量循环图。若同时有多个执行元件工作,应将各执行元件在同一时刻的流量叠加,绘出总流量循环图。

（3）根据压力循环图和流量循环图,利用公式 $P=pq$,可求出各阶段的功率值,即可绘出功率循环图。

前述组合机床动力滑台液压缸的工况图如图 13-19 所示。经比较可以看出,速度循环图与流量循环图相似,负载循环图与压力循环图相似。了解这一点,可以加深记忆和理解。

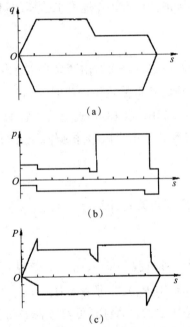

（a）

（b）

（c）

**图 13-19　组合机床动力滑台液压缸工况图**
（a）流量循环图　（b）压力循环图　（c）功率循环图

执行元件的工况图具有如下用途。

（1）通过工况图可以找出最大压力、最大流量、最大功率点,它们是选择液压泵、电动机和控制阀的依据。

（2）对系统的动力配置有指导意义。例如,在流量循环图中,若各阶段流量相差很大,并且在各流量下的工作时间也较长,则该系统不宜采用单定量泵供油,应考虑采用"一大一小"的双泵供油或采用限压式变量泵供油,或者在单泵供油系统中增设蓄能器。

（3）用来评定工作循环中各阶段所定工作参数的合理性。例如,在功率循环图上,若各阶段功率相差太大,说明在设计依据中所定的速度参数不合理。在工艺条件允许的情况下,适当调整各阶段的速度,使系统在各阶段所需的功率趋于均匀,可提高系统的效率。

### 13.8.4 计算和选择液压元件

1.执行元件的计算

液压系统的执行元件是液压缸和液压马达。一般来说,液压缸大都需要根据主机性能要求自行设计;而液压马达大都作为标准件来看待,只需根据主机性能要求在产品系列中选取。

对于液压缸,在 13.8.3 节中已经给出了液压缸的有效工作面积的计算方法,并确定了活塞直径和活塞杆直径,此处的任务是确定液压缸的其他结构参数,并进行必要的校核。其中主要包括确定液压缸的有效行程(从速度、负载 – 位移曲线可直接求出)和缸筒壁厚,校核活塞杆的强度和稳定性。应该指出,若此处活塞杆稳定性校核不合格,则要重新确定液压缸的主要结构参数。

对于液压马达,其类型、规格可根据计算确定,只需按确定的类型、规格选用即可,此处不再赘述。

所谓液压元件的计算,是计算该元件在工作中承受的压力和通过的流量,以便确定元件的规格和型号。

2.动力元件的选择

1)液压泵的选择

Ⅰ.计算液压泵的工作压力 $p_b$

液压泵的工作压力是执行元件工作压力和执行元件进油路的总压力损失之和,其表达式为

$$p_b = p + \sum \Delta p_1 \tag{13-9}$$

式中 $p$——执行元件的工作压力(MPa);

$\sum \Delta p_1$——执行元件进油路的总压力损失。

在液压元件规格及管道尺寸未确定前,可对总压力损失进行粗略估计。对于简单系统,$\Delta p_1 = 0.2 \sim 0.5$ MPa;对于复杂系统,$\Delta p_1 = 0.5 \sim 1.5$ MPa。

Ⅱ.计算液压泵的流量 $q_b$

液压泵的供油量是执行元件的最大需求量与各种泄漏量之和,其表达式为

$$q_b = K \left( \sum q_{max} \right) \tag{13-10}$$

式中 $\left( \sum q_{max} \right)$——同时工作的执行元件所需流量之和的最大值($m^3/s$),可从流量循环图中得出;

$K$——考虑系统泄漏时的修正系数,一般取 $K = 1.1 \sim 1.3$(大流量取小值,小流量取大值)。

若系统中设有蓄能器,则泵的流量按一个工作循环中的平均流量选取,即

$$q_b = \frac{K}{T} \sum_{i=1}^{n} q_i \Delta t_i \tag{13-11}$$

式中 $q_i$——整个工作循环中第 $i$ 阶段所需流量($m^3/s$);

$\Delta t_i$——第 $i$ 阶段持续的时间( s );

$T$——整个工作循环的周期( 时间 )( s );

$n$——整个工作循环的阶段数。

Ⅲ. 选择液压泵的规格。

由式( 13-9 )得到的液压泵工作压力 $p_b$ 是系统处于稳态时,泵的工作压力。而系统在工作中会出现瞬时超载或动态压力超调等现象,使动态压力峰值远高于 $p_b$,故在选泵时,其额定压力( 公称压力 )应比计算值 $p_b$ 高 25%~60%。泵的额定流量与计算值相当即可。应指出,由于泵的规格有限,所选泵往往并不能在额定转速下工作,而是降速工作。这时,应根据所需的流量、泵的排量、泵的容积效率来计算所需泵的转速,再配以转速相当的电机便可。

2)电动机的选择

选择电动机时,主要依据电动机功率;至于电动机的额定转速,其与液压系统所需转速相当即可。

确定电动机功率时,应考虑实际工况的差异。若在整个工作循环中,液压泵功率变化较小或较大,但高功率持续时间较长,可根据液压泵最大功率点来选择电动机,其计算式为

$$P_b = \frac{(p_b \cdot q_b)_{max}}{\eta_b} \tag{13-12}$$

式中　　$P_b$——电动机功率( W );

　　　　$p_b$——液压泵的输出压力( Pa );

　　　　$q_b$——液压泵的输出流量( m³/s );

　　　　$\eta_b$——液压泵的总效率,齿轮泵一般取 0.6~0.7,叶片泵取 0.7~0.8,柱塞泵取 0.8~0.9,具体可查产品说明书或相关液压传动手册。

利用液压缸功率循环图可查出最大功率点( 节流调速回路中液压缸的最大功率点可能并不与液压泵的最大功率点相对应,要慎重 ),根据该点所对应的执行元件工作压力 $p$ 和流量 $q$ 利用式( 13-9 )和式( 13-10 )便可求出。

3. 液压控制阀的选择

选择液压控制阀的主要依据是该阀在系统中的最大工作压力和流经该阀的最大流量。同时还应结合使用要求,确定阀的操作方式、安装方式( 板式、管式和法兰式 )等。

在选择时,应注意以下问题。

( 1 )尽量选择标准产品。

( 2 )控制阀的额定压力应大于该阀在系统中的最大工作压力。

( 3 )控制阀的额定流量一般应不小于通过该阀的最大流量;必要时,也允许实际流量大于额定流量,但不得超过 20%。

( 4 )流量阀应按系统所需的流量调节范围来选择,其最小稳定流量应满足主机最低速度要求。

( 5 )应注意单出杆液压缸由于面积差造成的不同回油量对控制阀的影响,如有杆腔进油而无杆腔回油时,回油流量将远大于进油流量。

**4. 液压辅助元件的选择**

液压辅助元件包括过滤器、蓄能器、油箱、管道、管接头、仪表等,可按第 11 章中的有关原则选用。其中,油管和管接头的通径最好与其相连接的液压元件的通径一致,以简化设计和安装。

### 13.8.5　验算液压系统性能

液压系统设计初步完成后,应对系统的技术性能指标进行一些必要的验算,以初步判断设计的质量,或从几个方案中评选出最好的设计方案。然而由于影响系统性能的因素较多且较复杂,加上具体的液压装置尚未设计出来,所以本阶段的验算只能采用一些简化公式近似估算。如果有经过生产实践考验的同类型系统作参照,这项工作可省略。

液压系统性能验算的项目很多,常见的有系统的压力损失验算和发热及温升验算。

**1. 系统的压力损失验算**

当系统的液压元件、安装形式确定之后,画出管路安装图,便可对系统的压力损失进行较准确地计算。其目的在于较准确地确定液压泵的工作压力,为较准确地调节有关液压元件提供依据,以保证系统的工作性能。

在前面的计算中,初估了执行元件的背压 $p_B$ 和进油路压力损失 $\Delta p_1$。事实上,背压也是由执行元件回油路的压力损失造成的。压力损失的验算,就是要算出执行元件进、回油路的准确压力损失,并与前面的初估值相比较。若计算值小于初估值,之前的设计是安全的;否则,是不安全的,应对之前的设计重新进行计算或调整。

系统总压力损失的计算基于能量叠加原理。按压力损失各管的路段叠加,其表达式为

$$\sum \Delta p = \sum \Delta p_1 + \sum \Delta p_2 \tag{13-13}$$

式中　$\sum \Delta p$——系统的总压力损失(MPa);

　　　$\sum \Delta p_1$——执行元件进油路上的总压力损失(MPa),包括沿程压力损失和局部压力损失;

　　　$\sum \Delta p_2$——执行元件回油路上的总压力损失(MPa),包括沿程压力损失和局部压力损失。

压力损失的计算方法参照流体力学部分内容,此处不再赘述。

在计算压力损失时,应注意以下几点。

(1)产品样本中查出的液压阀的压力损失是在公称流量下的压力损失,当流经阀的实际流量与公称流量相差较大时,应按下式折算:

$$\Delta p_r = \Delta p_e \left( \frac{q}{q_e} \right)^2 \tag{13-14}$$

式中　$\Delta p_r$——实际流量下,阀的压力损失(MPa);

　　　$\Delta p_e$——公称(额定)流量下,阀的压力损失(MPa);

　　　$q$——流经阀的实际流量(L/min);

　　　$q_e$——阀的公称(额定)流量(L/min)。

（2）流经节流阀、调速阀时应保证的最小压力损失和流经背压阀时的压力损失与通过的流量基本无关，无须折算。

（3）执行元件快速、慢速工况时，流量不同，压力损失也不同。快速时压力损失大，慢速时压力损失小，应分别计算。

（4）执行元件为单杆液压缸时，进油路和回油路的流量不同，压力损失应分别计算。当验算出的压力损失与初估值相差较大时，应以验算值代替初估值，重新调整工作压力（已设计出的或选用的执行元件不变，以减少工作量），具体做法如下。

①执行元件为液压缸时，根据式（13-5）和式（13-9），可得液压缸输入压力和输出压力分别为

$$\begin{cases} p_i = \dfrac{F_{max}}{A\eta_g} + c\sum\Delta p_2 \\[3mm] p_o = \dfrac{F_{max}}{A\eta_g} + c\sum\Delta p_2 + \sum\Delta p_1 \end{cases} \tag{13-15}$$

②执行元件为液压马达时，根据式（13-7）和式（13-9），可得液压马达输入压力和输出压力分别为

$$\begin{cases} p_i = \dfrac{2\pi T_{max}}{V_m\eta_m} + \sum\Delta p_2 \\[3mm] p_o = \dfrac{2\pi T_{max}}{V_m\eta_m} + \sum\Delta p_2 + \sum\Delta p_1 \end{cases} \tag{13-16}$$

式（13-15）和式（13-16）中，用验算后的进、回油路压力损失分别代替原式中初估的进油路压力损失和背压。式（13-15）和式（13-16）的结果将作为系统压力调节和选择元件的依据。

**2. 液压系统的发热及温升验算**

系统工作时的各种能量损失最终都转化为热能，使系统中的油温升高。油温升高会使油液黏度下降，泄漏增加，并使油液经过节流元件时的节流特性变化，造成执行元件速度不稳定。此外，油温升高，还会加速油液氧化变质。因此，必须使油温控制在允许范围内。各种机械的允许最高工作温度和油箱温升见表13-7。

表 13-7    各种机械的允许最高温度和油箱温升        单位：℃

| 设备类别 | 正常工作温度 | 最高允许温度 | 油和油箱允许温升 |
|---|---|---|---|
| 数控机床 | 30~55 | 55~70 | ≤ 25 |
| 一般机床 | 30~55 | 55~70 | ≤ 30~35 |
| 船舶 | 30~55 | 80~90 | |
| 机车车辆 | 40~60 | 70~80 | |
| 冶金机械、液压机 | 40~70 | 80~90 | ≤ 35~40 |
| 工程机械、液压机械 | 50~80 | 70~90 | |

1）系统发热量的计算

系统发热量计算一般只是粗略估算，要准确计算出系统发热量是很困难的。下面介绍一种近似计算的方法。

把液压系统看作一个能量载体，电动机为它输入能量（功率），而它又通过执行元件向外输出能量（功率），进、出能量之差便是发热能量（功率）。因此，液压系统单位时间内的发热量表达式为

$$Q = P_\mathrm{e} - P_\mathrm{o} \tag{13-17}$$

对液压缸

$$P_\mathrm{o} = Fv$$

对液压马达

$$P_\mathrm{o} = 2\pi Tn$$

式中　$Q$——系统单位时间发热量（W）；

$P_\mathrm{e}$——系统的输入功率（W），即液压泵的输入功率，可用式 $P_\mathrm{e} = p_\mathrm{b} \cdot q_\mathrm{b}/\eta_\mathrm{b}$ 计算；

$P_\mathrm{o}$——系统的输出功率（W），即执行元件的输出功率；

$F$——液压缸外负载（N），见式（13-1）；

$v$——液压缸的运动速度（m/s）；

$T$——液压马达的外工作负载力矩（N·m），见式（13-4）；

$n$——液压马达的转速（r/s）。

若在整个工作循环内，功率有变化，则应根据单位时间内系统在各阶段的发热量求出系统单位时间内的平均发热量，其计算式为

$$Q = \frac{1}{T} \sum_{i=1}^{n} (p_{ei} - p_{oi}) \cdot \Delta t_i \tag{13-18}$$

式中　$p_{ei}$——在整个工作循环中（W），系统（液压泵）在第 $i$ 阶段的输入功率；

$p_{oi}$——在整个工作循环中（W），系统（执行元件）在第 $i$ 阶段的输出功率；

$\Delta t_i$——第 $i$ 阶段持续的时间（s）；

$T$——整个工作循环的周期（时间）（s）。

2）系统散热量的计算

由于液压系统管线不长，液体在管路中的流速相对较快，故近似认为系统发热量全部由油箱散发。油箱单位时间的散热量 $Q'$ 的计算式为

$$Q' = 1\,000 C_\mathrm{T} A \Delta T \tag{13-19}$$

$$\Delta T = t_2 - t_1$$

式中　$\Delta T$——系统温升（℃）；

$t_2$——系统达到热平衡时的油温（℃）；

$A$——油箱的散热面积（m²）；

$C_\mathrm{T}$——油箱散热系数（kW/(m²·℃)），自然通风良好时取 $15 \times 10^{-3} \sim 17.5 \times 10^{-3}$，自然通风较差时取 $8 \times 10^{-3} \sim 9 \times 10^{-3}$。

3）系统热平衡温度的计算

当液压系统达到热平衡时，系统发热量等于系统散热量，即 $Q=Q'$。根据式（13-19）可得出系统的热平衡温度（简称系统油温）为

$$t_2 = t_1 + \frac{1000Q}{C_T \cdot A} \qquad (13\text{-}20)$$

如果油箱三个边长尺寸比在 $1:1:1$ 到 $1:2:3$ 之间，油液面高度为油箱高度的80%，则油箱散热面积为

$$A = 0.065 V^{\frac{2}{3}} \qquad (13\text{-}21)$$

式中　　$V$——油箱的有效容积（L）。

为保证液压系统能正常工作，系统油温应满足

$$t_2 \leqslant [t] \qquad (13\text{-}22)$$

式中　　$[t]$——液压系统的允许油温（℃）。

允许油温视具体系统而异，如组合机床 $[t]=55\sim70$ ℃。一般来说，系统温度保持在 $30\sim50$ ℃，且最高不超过 60 ℃，最低不低于 15 ℃。如果系统油温超过允许值，必须采取降温措施，如增设冷却器、增大油箱体积等。对于寒冷地区的冬季，当油温低于 15 ℃时，还应考虑设加热器。

## 13.8.6　绘制工作图和编制技术文件

所设计的液压系统经验算后，即可对初步拟定的液压系统进行修改，并绘制各种工作图。

（1）液压系统原理图。图上除画出整个系统的回路之外，还应注明各元件的规格、型号、压力调整值，并给出各执行元件的工作循环图，列出电磁铁及压力继电器的动作顺序表。

（2）集成油路装配图。若选用油路板，应将各元件画在油路板上，便于装配；若采用集成块或叠加阀，因有通用件，设计者只需选用，最后将选用的产品组合起来绘制成装配图。

（3）泵站装配图。将集成油路装置、泵、电动机与油箱组合在一起画成装配图，表明它们各自之间的相互位置、安装尺寸及总体外形。

（4）非标准专用件的装配图及零件图。

（5）管路装配图。其表示油管的走向，应注明管道的直径及长度，各种管接头的规格、管夹的安装位置和装配技术要求等。

（6）电气线路图。其表示电动机的控制线路、电磁阀的控制线路、压力继电器和行程开关等。

所编写的技术文件一般包含液压系统设计计算说明书、液压系统的使用及维护技术说明书、零部件目录表、标准件通用件及外购件总表等。

### 13.8.7　液压系统设计实例

1. 设计一

某厂要设计制造一台双头车床（图 13-20），加工压缩机拖车上一根长轴两端的轴颈。由于零件较长，拟采用零件固定，刀具旋转和进给的加工方式。其加工动作循环是"快进→工进→快退→停止"。同时要求各个车削头能单独进行调整。其主切削力 $F_z$=40 000 N，最大切削进给力在导轨中心线方向估计为 $F_w$=12 000 N，所要移动的总重量估计为 $G$=15 000 N；工作进给要求能在 0.020~1.2 m/min 范围内进行无级调速，快速进、退的速度一致，为 4 m/min；导轨的动摩擦系数 $\mu_d$=0.1。试设计该液压传动系统。

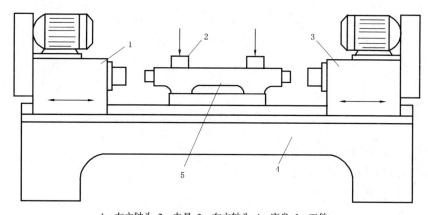

1—左主轴头；2—夹具；3—右主轴头；4—床身；5—工件。

**图 13-20　双头机床外形示意图**

1）确定对液压系统的工作要求

根据加工要求，刀具旋转由机械传动方式实现；主轴头沿导轨中心线方向的"快进→工进→快退→停止"工作循环采用液压传动方式实现。故拟选定液压缸作执行机构。

考虑到车削进给系统传动功率不大（但要求低速稳定性好），粗加工时负载有较大变化，因此拟选用由调速阀、变量泵组成的容积节流调速方式。

为了自动实现上述工作循环，并保证一定的加工长度（该长度并无过高的精度要求），拟采用行程开关及电磁换向阀实现顺序动作。

2）拟定液压系统工作原理图

根据系统的工作要求，该液压系统采用一系列液压元件实现不同的动作，最终拟定的液压系统工作原理图如图 13-21 所示。

（1）系统同时驱动两个车削头，且动作相同，为保证快速进、退的速度相等，并减小液压泵的流量规格，拟选用差动连接回路。

（2）快进转工进时，采用机动滑阀；工进终了时，压下电器行程开关，返回；快退到终点时，压下电器行程开关，运动停止。

（3）分别调节两个调速阀，可使两个车削头有较高的同步精度。

（4）快进转工进后，系统压力升高，遥控顺序阀打开，回油经背压阀回油箱；背压阀使工进运动平稳。

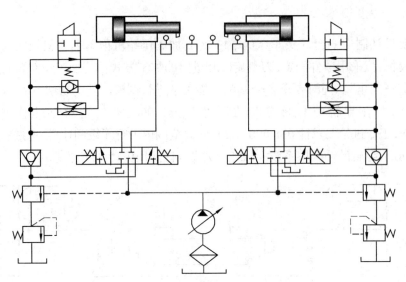

图 13-21　双头机床液压系统工作原理图

3）计算和选择液压元件

Ⅰ. 液压缸的计算（图 13-22）

Ⅰ）工作负载及惯性负载计算

工作负载：$F_w$=12 000 N。

液压缸所要移动负载总重量：$G$=15 000 N。

选取工进时速度的最大变化量：$\Delta v$=0.02 m/s。

选取启动时间：$\Delta t$=0.2 s。

惯性力：$F_a = \dfrac{G}{g}\dfrac{\Delta v}{\Delta t} = \dfrac{15\,000}{9.8}\dfrac{0.02}{0.2} = 153 \text{ N}$。

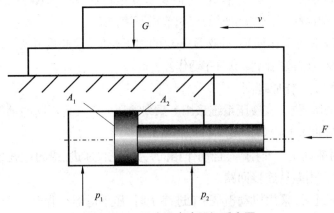

图 13-22　双头机床液压缸受力图

Ⅱ）密封阻力的计算

液压缸的密封阻力通常折算为克服密封阻力所需的等效压力与液压缸的有效面积的乘积。若密封结构为 Y 型，可取 $p_{eq}$=0.2 MPa，对应液压缸的有效面积初估值为 $A_1$=80 cm²，则密封阻力为

$$F_s = p_{eq}A_1 = 2 \times 10^5 \times 0.008 = 1\ 600\ \text{N} \quad （启动时）$$

$$F_s = \frac{p_{eq}A_1}{2} = 2 \times 10^5 \times 0.008 \times 0.5 = 800\ \text{N} \quad （运动时）$$

Ⅲ）导轨动摩擦阻力的计算

导轨结构受力图如图 13-23 所示，经查相关资料，V 形导轨的动摩擦阻力为 $F_d = \dfrac{G + F_z}{\sin \alpha / 2} \mu_d$，则切削时导轨的最大动摩擦阻力为

$$F_f = \left( \frac{G + F_z}{2} \right) \cdot \mu_d + \left( \frac{G + F_z}{2} \right) \cdot \frac{\mu_d}{\sin \dfrac{\alpha}{2}} = 6\ 639\ \text{N}$$

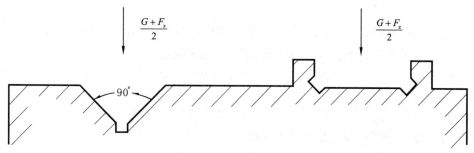

**图 13-23 导轨结构受力图**

Ⅳ）回油背压造成的阻力计算

回油背压 $p_b$ 一般为 0.3~0.5 MPa，取 $p_b$=0.3 MPa，考虑两边差动比为 2，且已知液压缸进油腔的活塞面积 $A_1$=80 cm²，取有杆腔活塞面积 $A_2$=40 cm²。因此，回油背压造成的阻力为

$$F_b = p_b A_2 = 3 \times 10^5 \times 0.004 = 1\ 200\ \text{N}$$

分析液压缸各工作阶段中受力情况，可知在工进阶段受力最大，作用在活塞上的总载荷为

$$F = F_w + F_a + F_s + F_f + F_b$$
$$= 12\ 000 + 153 + 800 + 6\ 639 + 1\ 200$$
$$= 20\ 792\ \text{N}$$

Ⅴ）确定液压缸的结构尺寸和工作压力

根据经验确定系统工作压力，选取 $p = 3$ MPa，则工作腔的有效工作面积和活塞直径分别为

$$A_1 = \frac{F}{p} = \frac{20\ 792}{3 \times 10^6} = 6.93 \times 10^{-3}\ \text{m}^2$$

$$D = \sqrt{\frac{4A_1}{\pi}} = \sqrt{\frac{4 \times 0.006\ 93}{\pi}} = 0.094\ \text{m}$$

因为液压缸的差动比为 2，所以活塞杆直径为

$$d = \frac{D}{\sqrt{2}} = \frac{0.094}{\sqrt{2}} = 0.066 \text{ m}$$

根据液压技术行业标准，选取标准直径

$D$=90 mm

$d$=63 mm

则液压缸实际计算工作压力为

$$p = \frac{4F}{\pi D^2} = \frac{4 \times 20\ 792}{\pi \times 0.09^2} = 3.27 \times 10^6 \text{ Pa}$$

实际选取的工作压力为

$p$=3.3 × 10$^6$ Pa

由于左右两个切削头工作时需做低速进给运动，在确定油缸活塞面积 $A_1$ 后，还必须按最低进给速度验算油缸尺寸。即应保证油缸有效工作面积 $A_1$ 满足

$$A_1 \geqslant \frac{q_{min}}{v_{min}} = \frac{50 \times 10^{-6}}{2 \times 10^{-2}} = 2.5 \times 10^{-3} \text{ m}^2$$

式中    $q_{min}$——流量阀最小稳定流量，在此取调速阀最小稳定流量为 50 mL/min；

          $v_{min}$——活塞最低进给速度，本例给定为 20 mm/min。

根据上面确定的液压缸直径，油缸的计算有效工作面积为

$$A_1 = \frac{\pi}{4} D^2 = \frac{\pi}{4} \times 0.09^2 = 6.36 \times 10^{-3} \text{ m}^2 > 2.5 \times 10^{-3} \text{ m}^2$$

验算说明活塞面积能满足最小稳定速度要求。

Ⅱ. 液压泵的计算

Ⅰ）确定液压泵的实际工作压力

对于调速阀进油节流调速系统，其管路的局部压力损失一般取 $5 \times 10^5 \sim 15 \times 10^5$ Pa，取总压力损失 $\Delta p_1$=1 × 10$^6$ Pa，则液压泵的实际计算工作压力为

$$\begin{aligned} p_p &= p + \Delta p_1 \\ &= 3.3 \times 10^6 + 1 \times 10^6 \\ &= 4.3 \times 10^6 \text{ Pa} \end{aligned}$$

当液压缸左、右两个切削头快进时，所需的最大流量之和为

$$q_{max} = 2 \times \frac{\pi}{4} d^2 \times v_{max} = 2 \times \frac{\pi}{4} \times 0.63^2 \times 40 = 25 \text{ L/min}$$

取液压系统的泄漏系数 $k_1$=1.1，则液压泵的流量为

$q_p$=$k_1 q_{max}$=1.1 × 25=27.5 L/min

根据求得的液压泵的流量和压力，又要求为变量泵，最终选取 YBN-40M 型叶片泵。

Ⅱ）确定液压泵电机的功率

因为系统选用变量泵，所以应算出空载快速和最大工进时所需的功率，按两者的最大值选取电机的功率。

最大工进时，所需的最大流量为

$$q_{\text{wmax}} = \frac{\pi}{4} D^2 u_{\text{wmax}} = \frac{\pi}{4} \times 0.9^2 \times 12 = 7.6 \text{ L/min}$$

选取液压泵的总效率为 $\eta = 0.8$，则工进时所需的液压泵的最大功率为

$$P_{\text{w}} = 2 \times \frac{p_{\text{p}} q_{\text{wmax}}}{\eta} = 2 \times \frac{4.3 \times 10^6 \times 7.6 \times 10^{-6}}{60 \times 0.8} = 1.36 \text{ kW}$$

空载时导轨动摩擦力为

$$F_{\text{f}} = \frac{G}{2} \cdot \mu_{\text{d}} + \frac{G}{2} \cdot \frac{\mu_{\text{d}}}{\sin\dfrac{\alpha}{2}}$$

$$= \frac{15\,000}{2} \times 0.1 + \frac{15\,000}{2} \times \frac{0.1}{\sin 45°} = 1811 \text{ N}$$

空载条件下的总负载为

$$F_{\text{e}} = F_{\text{a}} + F_{\text{s}} + F_{\text{f}} = 153 + 155 + 1\,811 = 2\,119 \text{ N}$$

选取空载快速条件下的系统压力损失 $\Delta p_{\text{el}} = \dfrac{1}{2} \Delta p_1$，则空载快速条件下液压泵的输出压力为

$$p_{\text{ep}} = \frac{4F_{\text{e}}}{\pi d^2} + \Delta p_{\text{el}} = \frac{4 \times 2\,119}{\pi \times 0.063^2} + 5 \times 10^5 = 11.8 \times 10^5 \text{ Pa}$$

空载快速时液压泵所需的最大功率为

$$P_{\text{e}} = \frac{p_{\text{e}} q_{\text{p}}}{\eta} = \frac{11.8 \times 10^5 \times 27.5 \times 10^{-6}}{60 \times 0.8} = 0.68 \text{ kW}$$

故应按最大工进时所需功率选取电机。

Ⅲ. 选择控制元件

控制元件的规格应根据系统最高工作压力和通过该阀的最大流量，在标准元件的产品样本中选取。

方向阀按 $p=4.3 \times 10^6$ Pa，$q=12.5$ L/min，选 35D-25B 型（滑阀机能 O 型）。

单向阀按 $p=3.3 \times 10^6$ Pa，$q=25$ L/min，选 I-25B 型。

调速阀按 $p=3.3 \times 10^6$ Pa，工进最大流量 $q=7.6$ L/min，选 Q-10B 型。

2. 设计二

设计一台钻镗两用组合机床液压传动系统，完成 8 个 $\phi14$ mm 孔的加工进给传动。设计过程如下。

1）明确液压传动系统设计要求

根据加工需要，该系统的工作循环是"快速前进→工作进给→快速退回→原位停止"。

调查研究及计算结果表明，快进快退速度约为 4.5 m/min（0.075 m/s），工进速度应能在 20~120 mm/min（0.000 3~0.002 m/s）范围内无级调速，最大行程为 400 mm（其中工进行程为 180 mm），进给方向最大切削力 $F_{\text{w}}=18$ kN，运动部件自重 $G=25$ kN，启动换向时间 $t=0.05$ s，采用水平放置的平导轨，静摩擦系数 $\mu_{\text{s}}=0.2$，动摩擦系数 $\mu_{\text{d}}=0.1$，油缸机械效率 $\eta_{\text{m}}=0.9$。

2）分析系统工况

液压缸在工作过程各阶段的负载如下。

在启动加速阶段为

$$F = (F_s + F_a)\frac{1}{\eta_m} = \left(\mu_s G + \frac{G}{g}\frac{\Delta v}{\Delta t}\right)\frac{1}{\eta_m}$$

$$= \left(0.2 \times 25\,000 + \frac{25\,000}{9.8} \times \frac{0.075}{0.05}\right)\frac{1}{0.9} = 9\,807\,\text{N}$$

在快进或快退阶段为

$$F = \frac{F_f}{\eta_m} = \frac{\mu_d G}{\eta_m} = \frac{0.1 \times 25\,000}{0.9} = 2\,778\,\text{N}$$

在工进阶段为

$$F = \frac{F_w + F_f}{\eta_m} = \frac{F_w + \mu_d G}{\eta_m} = \frac{18\,000 + 0.1 \times 25\,000}{0.9} = 22\,778\,\text{N}$$

3）确定执行元件的工作压力

Ⅰ. 初选液压缸的工作压力

取液压缸工作压力为 3 MPa。

Ⅱ. 确定液压缸的主要结构参数

最大负载为工进阶段的负载 $F = 22\,778$ N，则有

$$D = \sqrt{\frac{4F}{\pi p}} = \sqrt{\frac{4 \times 22\,778}{3.14 \times 3 \times 10^6}} = 9.83 \times 10^{-2}\,\text{m}$$

圆整为标准直径，取 $D = 100$ mm。

为了实现快进速度与快退速度相等，采用差动连接，则 $d = 0.707D$，所以

$d = 0.707 \times 100 = 70.7$ mm

同样圆整成标准系列活塞直径，取 $d = 70$ mm。

工进若采用调速阀调速，调速阀最小稳定流量 $q_{min} = 0.05$ L/min，因最小工进速度 $v_{min} = 20$ mm/min，能满足低速稳定性要求。

Ⅲ. 计算液压缸的工作压力、流量和功率

Ⅰ）计算工作压力

本系统的背压估计值可在 0.5~0.8 MPa 范围内选取，故暂定工进时 $p_b = 0.8$ MPa，快速运动时 $p_b = 0.5$ MPa。液压缸在工作循环各阶段的工作压力 $p_1$ 可按本书第 9 章中的相关公式计算得出。

差动快进阶段　$p_1 = 1.24$ MPa；

工作进给阶段　$p_1 = 3.31$ MPa；

快速退回阶段　$p_1 = 1.67$ MPa。

Ⅱ）计算液压缸的输入流量

因快进快退速度 $v = 0.075$ m/s，最大工进速度 $v_2 = 0.002$ m/s，则液压缸各阶段的输入流量为

快进阶段　$q_1 = 17.4$ L/min；

工进阶段　$q_1 = 0.96$ L/min；

快退阶段　$q_1$=18 L/min。

Ⅲ)计算液压缸的输入功率

快进阶段　$P$=0.36 kW;

工进阶段　$P$=0.05 kW;

快退阶段　$P$=0.5 kW。

4)拟定系统原理图

Ⅰ.速度控制回路的选择

该机床的进给运动要求有较好的低速稳定性和速度负载特性,故采用调速阀调速。因此,有三种方案可供选择,即进口节流调速、出口节流调速、限压式变量泵加调速阀调速。这个系统为小功率系统,效率和发热问题并不突出,此外钻镗加工属于连续切削加工,切削力变化不大,而且是正负载,在其他条件相同的情况下,进口节流调速比出口节流调速能获得更低的稳定速度,所以该机床液压传动系统采用调速阀进口节流调速,为防止钻孔加工中孔钻通时发生工件前冲,在回油路上加背压阀。

液压传动系统的供油主要为快进、快退时低压大流量和工进时高压小流量两种工况,若采用单个定量泵,显然系统的功率损失大、效率低。为了提高系统效率和节约能源,采用双定量泵供油回路。

由于选定了节流调速方案,所以油路采用开式循环回路。

Ⅱ.换向和速度换接回路的选择

该系统对换向平稳性的要求不很高,流量不大,压力不高,所以选用价格较低的电磁换向阀控制换向回路。为便于差动连接,选用三位五通电磁换向阀。为了调整方便和便于增设液压夹紧支路,所以选用 Y 型中位机能。由计算可知,当滑台从快进转为工进时,进入液压缸的流量由 17.4 L/min 降为 0.96 L/min,可选二位二通行程换向阀来进行速度换接,以减少液压冲击。由工进转为快退时,在回路上并联了一个单向阀以实现速度换接。为了控制轴向加工尺寸,提高换向位置精度,采用死挡块加压力继电器的行程终点转换控制方式。

Ⅲ.压力控制回路的选择

由于采用双泵供油回路,故用液控顺序阀实现低压大流量泵卸荷,用溢流阀调整高压小流量泵的供油压力。为了便于观察和调整压力,在液压泵的出口处、背压阀和液压缸无杆腔进口处设测压点。

将上述所选定的液压回路进行归并,并根据需要进行必要的修改调整,最后画出液压系统的原理图,如图 13-24 所示。

5)选择液压元件

Ⅰ.选择液压泵

在工进阶段,液压缸的工作压力最大,如果取进油路总的压力损失是 $\sum \Delta p_1 = 0.5 \, \text{MPa}$,经计算,液压泵的最高工作压力 $p$ =3.81 MPa

快进、快退时泵的流量为 $q_p$=19.8 L/min;

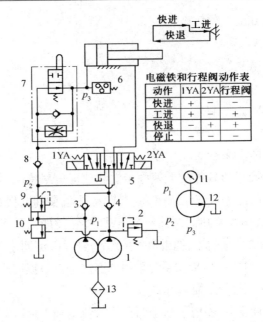

**图 13-24　钻镗两用组合机床液压传动系统原理示意图**

工进时泵的流量为 $q_p$=1.06 L/min。

考虑到节流调速系统中溢流阀的性能特点,尚需加上溢流阀稳定工作的最小溢流量,一般取为 3 L/min,所以小流量泵的流量为 $q_p$=4.04 L/min。

查产品样本,选用小泵排量为 $V_1$=6 mL/r,大泵排量为 $V_2$=16 mL/r 的 YB1 型双联叶片泵,其额定转速为 $n$=960 r/min,容积效率 $\eta_{pv}$=0.95。

选用 Y90L-6 型异步电动机,$P$=1.1 kW,$n$=960 r/min。

Ⅱ. 选择液压阀

根据所拟定的液压系统原理图,计算分析通过各液压阀油液的最大压力和最大流量,选择各液压阀的型号规格。

Ⅲ. 选择辅助元件

油管内径一般可参照所接元件尺寸确定,也可按管路允许的流速进行计算,本系统油管选 $\phi18 \times 16$(直径 × 管壁厚,mm)无缝钢管。

油箱容量按 11.3 节确定,即 $V$=100~140 L。

6)系统性能验算

由于本液压系统比较简单,压力损失验算可以忽略。又由于系统采用双泵供油方式,在液压缸工进阶段,大流量泵卸荷,功率使用合理;同时油箱容量可以取较大值,系统发热温升不大,故不必进行系统温升的验算。

# 习题 13

(13-1)某卧式铣床要在切削力变化范围较大的场合下进行顺铣和逆铣工作。已确定采用定量泵节流调速作为进给动作的设计方案。试问:选取如下所列哪种具体方案作为节流调速回路比较合适,为什么? ①节流阀进口;②节流阀出口;③调速阀进口;④调速阀出口;⑤调速阀进口,回油路设背压阀。

(13-2)某铣床工作台要求完成"快进→工作给进→快退→停止"的自动工作循环。铣床工作台重 4 000 N,工件及夹具重 1 500 N,最大切削阻力为 9 000 N;工作台快进、快退速度均为 0.075 m/s,工作进给速度为 0.001 3 m/s,启动和制动时间均为 0.2 s;工作台采用水平导轨,静、动摩擦因数分别为 0.2、0.1;工作台快进行程为 0.3 m,工作进给行程为 0.1 m。试设计该铣床工作台的给进液压系统。

(13-3)如图 13-25 所示的液压系统,若按规定的顺序接收电器信号,试列表说明各液压阀和两液压缸的工作状态。

| 动作顺序 | 1YA | 2YA |
|---|---|---|
| 1 | − | + |
| 2 | − | − |
| 3 | + | − |
| 4 | + | + |
| 5 | + | − |
| 6 | − | − |

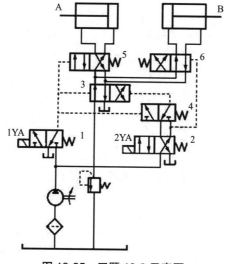

**图 13-25 习题 13-3 示意图**

(13-4)如图 13-26 所示,液压系统可实现"快进→工进→快退→原位停留"工作循环,分析并回答以下问题:①写出元件 2,3,4,7,8 的名称及其在系统中的作用;②列出电磁铁动作顺序表(通电"+",断电"−");③分析系统由哪些液压基本回路组成。

(13-5)根据图 13-27 所示的液压系统,按动作循环表(表 13-8)中提示进行阅读,并将表填写完整。

表 13-8　系统动作循环

| 动作名称 | 1YA | 2YA | 11YA | 12YA | 21YA | 22YA | YJ | 备注 |
|---|---|---|---|---|---|---|---|---|
| 定位、夹紧 | | | | | | | | 1. I、II 两个回路各自进行独立循环动作、互不约束；<br>2. 12YA、22YA 中任一个通电时，1YA 便通电；12YA、22YA 均断电时，1YA 才断电 |
| 快进 | | | | | | | | |
| 工进、卸荷（低） | | | | | | | | |
| 快退 | | | | | | | | |
| 松开、拨销 | | | | | | | | |
| 原位、卸荷（低） | | | | | | | | |

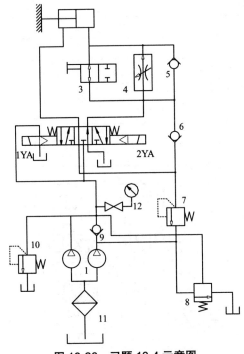

图 13-26　习题 13-4 示意图

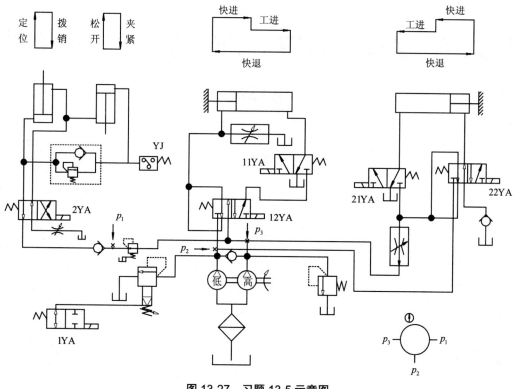

图 13-27 习题 13-5 示意图

# 附录 A　流体力学有关物理量的法定单位和量纲

| 常见物理量 | 符号 | 单位名称（简称） | 单位符号 | 量纲 |
|---|---|---|---|---|
| 长度 | $l$、$L$ | 米 | m | $L$ |
| 时间 | $t$、$T$ | 秒 | s | $T$ |
| 质量 | $m$ | 千克 | kg | $M$ |
| 力、压力 | $F$ | 牛顿（牛） | N | $MLT^{-2}$ |
| 体积 | $V$ | 立方米,升 | $m^3$,L | $L^3$ |
| 热力学温度 | $T$ | 开尔文（开） | K | $\theta$ |
| 摄氏温度 | $t$ | 摄氏度 | ℃ | $\theta$ |
| 速度 | $v$ | 米每秒 | m/s | $LT^{-1}$ |
| 加速度 | $a$ | 米每二次方秒 | $m/s^2$ | $LT^{-2}$ |
| 功、能、热量 | $W$、$E$、$Q$ | 焦耳（焦） | J | $ML^2T^{-2}$ |
| 功率 | $P$ | 瓦特（瓦） | W | $ML^2T^{-3}$ |
| 力矩 | $T$、$M$ | 牛·米 | N·m | $ML^2T^{-2}$ |
| 转速 | $n$ | 转每分 | r/min | $T^{-1}$ |
| 角速度 | $\omega$ | 弧度每秒 | rad/s | $T^{-1}$ |
| 切应力,压强 | $\tau$、$p$ | 帕斯卡（帕） | Pa | $ML^{-1}T^{-2}$ |
| 密度 | $\rho$ | 千克每立方米 | $kg/m^3$ | $ML^{-3}$ |
| 比体积 | $\upsilon$ | 立方米每千克 | $m^3/kg$ | $M^{-3}L$ |
| 膨胀系数 | $\alpha_v$ | 负一次方开 | $K^{-1}$ | $\theta^{-1}$ |
| 等温压缩系数 | $\beta_T$ | 每帕 | $Pa^{-1}$ | $LT^2M^{-1}$ |
| 体积模量 | $K$ | 帕 | Pa | $ML^{-1}T^{-2}$ |
| 气体常数 | $R_g$ | 焦耳每千克·开 | J/(kg·K) | $L^2T^{-2}\theta^{-1}$ |
| 动力黏度 | $\mu$ | 帕斯卡·秒（帕·秒） | Pa·s | $ML^{-1}T^{-1}$ |
| 运动黏度 | $\nu$ | 米二次方每秒 | $m^2/s$ | $L^2T^{-1}$ |
| 恩氏度 | $r$ | 恩氏度 | °E | |
| 单位质量力 | $f$ | 米每二次方秒 | $m/s^2$ | $LT^{-2}$ |
| 单位质量力的投影 | $f_x$、$f_y$、$f_z$ | 米每二次方秒 | $m/s^2$ | $LT^{-2}$ |
| 压力体体积 | $V_F$ | 立方米 | $m^3$ | $L^3$ |
| 汞柱高度 | $h$ | 毫米 | mm | $L$ |
| 水柱高度 | $h$ | 米 | m | $L$ |
| 惯性矩 | $I_m$、$I_c$ | 四次方米 | $m^4$ | $L^4$ |

| 常见物理量 | 符号 | 单位名称(简称) | 单位符号 | 量纲 |
|---|---|---|---|---|
| 偏距 | $\varepsilon$ | 米 | m | $L$ |
| 管壁上的应力 | $\sigma$ | 帕 | Pa | $ML^{-1}T^{-2}$ |
| 机械效率 | $\eta$ | | | 1 |
| 体积流量 | $Q_v$ | 立方米每秒,升每分 | m³/s、L/min | $L^3T^{-1}$ |
| 质量流量 | $Q_m$ | 千克每秒 | kg/s | $MT^{-1}$ |
| 断面上的平均速度 | $v$ | 米每秒 | m/s | $LT^{-1}$ |
| 流体质点的速度 | $u$ | 米每秒 | m/s | $LT^{-1}$ |
| 动能 | $T$ | 焦耳(焦) | J | $ML^2T^{-2}$ |
| 动量 | $p$ | 牛·秒 | N·s | $MLT^{-1}$ |
| 动能修正系数 | $\alpha$ | | | 1 |
| 动量修正系数 | $\beta$ | | | 1 |
| 旋转角速度 | $\omega$ | 弧度每秒 | rad/s | $T^{-1}$ |
| 水头损失 | $h_f$ | 米 | m | $L$ |
| 扬程 | $H$ | 米 | m | $L$ |
| 驻点压强 | $p_0$ | 帕 | Pa | $ML^{-1}T^{-2}$ |
| 流速系数 | $C_v$ | | | 1 |
| 流量系数 | $C_q$ | | | 1 |
| 管壁上的切应力 | $\tau_0$ | 帕 | Pa | $ML^{-1}T^{-2}$ |
| 沿程阻力系数 | $\lambda$ | | | 1 |
| 局部阻力系数 | $\zeta$ | | | 1 |
| 水力直径 | $d_H$ | 米 | m | $L$ |
| 混合长度 | $L$ | 米 | m | $L$ |
| 湍动黏度 | $\eta$ | 帕斯卡·秒(帕·秒) | Pa·s | $ML^{-1}T^{-1}$ |
| 黏性底层厚度 | $\delta$ | 米 | m | $L$ |
| 绝对粗糙度 | $\Delta$ | 米 | m | $L$ |
| 当量管长 | $l_e$ | 米 | m | $L$ |
| 当量阻力系数 | $\zeta_e$ | | | 1 |
| 管路总阻力系数 | $\zeta$ | | | 1 |
| 孔口收缩系数 | $C_c$ | | | 1 |

# 附录 B　常用液压元件图形符号
## （GB/T 786.1—2009）

| 动力元件 | | | | |
|---|---|---|---|---|
| 类型 | 名称 | 符号 | 名称 | 符号 |
| 液压泵 | 单向定量液压泵 | | 单向变量液压泵 | |
| | 双向定量液压泵 | | 双向变量液压泵 | |
| 液压泵—马达 | 定量液压泵—马达 | | 变量液压泵或变量马达 | |
| | 液压整体式传动装置 | | | |

| 执行元件 | | | | |
|---|---|---|---|---|
| 类型 | 名称 | 符号 | 名称 | 符号 |
| 液压缸 | 单作用单活塞杆缸 | | 单作用柱塞缸 | |
| | 双作用单活塞杆缸 | | 摆动马达 | |
| | 单作用伸缩缸 | | 双作用伸缩缸 | |
| | 不可调双向缓冲缸 | | 可调双向缓冲缸 | |
| | 双作用磁性无杆缸 | | 单作用增压缸 | |

续表

| | | | | |
|---|---|---|---|---|
| 液压<br>马达 | 单向定量<br>液压马达 | | 单向变量<br>液压马达 | |
| | 双向定量<br>液压马达 | | 双向变量<br>液压马达 | |

| 控制元件 | | | | |
|---|---|---|---|---|
| 类型 | 名称 | 符号 | 名称 | 符号 |
| 液压<br>方向<br>控制阀 | 单向阀 | | 先导式三<br>位四通液<br>动换向阀 | |
| | 液控<br>单向阀 | | 三位四通<br>电磁换向<br>阀 | |
| | 液压锁 | | 二位五通<br>换向阀 | |
| | 二位二通<br>换向阀 | | 三位五通<br>换向阀 | |
| | 二位三通<br>换向阀 | | 三位五通<br>手动换向<br>阀 | |
| | 二位四通<br>换向阀 | | 二位三通<br>锁定阀 | |
| | 液控式二位四<br>通方向控制阀 | | 二位三通<br>液压电磁<br>换向阀 | |
| 液压<br>压力<br>控制阀 | 直动式<br>溢流阀 | | 先导式<br>溢流阀 | |
| | 先导式电磁溢<br>流阀 | | 先导式<br>比例电磁<br>溢流阀 | |

| | | | | |
|---|---|---|---|---|
| 液压压力控制阀 | 双向溢流阀 | | 直动式顺序阀 | |
| | 直动式减压阀 | | 先导式顺序阀 | |
| | 先导式减压阀 | | 单向顺序阀 | |
| | 先导式比例电磁式溢流减压阀 | | 卸荷阀 | |
| | 定差减压阀 | | 定比减压阀 | |
| 液压流量控制阀 | 不可调节流阀 | | 可调节流阀 | |
| | 可调单向节流阀 | | 调速阀 | |
| | 带温度补偿的调速阀 | | 单向调速阀 | |
| | 减速阀 | | 分流阀 | |
| | 集流阀 | | 三流量控制阀 | |

| 辅助元件 | | | | |
|---|---|---|---|---|
| 类型 | 名称 | 符号 | 名称 | 符号 |
| 油箱 | 管口在液面以上 | | 管口在液面以下 | |
| | 管端连接于油箱底部 | | 封闭式油箱 | |
| 管路 | 工作管路 | | 控制管路 | |
| | 连接管路 | | 交叉管路 | |
| | 柔性管路 | | 组合连接线 | |
| 接头 | 三通路旋转接头 | | 带双单向阀的快换接头 | |
| | 不带单向阀的快换接头 | | 带单向阀的快换接头 | |
| 过滤器 | 过滤器 | | 吸附式过滤器 | |
| | 带压力表的过滤器 | | 旁路节流过滤器 | |

| 检测器 | 压力表 | | 压差计 | |
|---|---|---|---|---|
| | 带选择功能的压力表 | | 计算器 | |
| | 声音指示器 | | 开关式定时器 | |
| 其他元件 | 液压源 | | 电动机 | |
| | 原动机 | | 冷却器 | |
| | 加热器 | | 隔膜式蓄能器 | |
| | 温度调节器 | | 压力继电器 | |

| 控制方法 | | | | |
|---|---|---|---|---|
| 类型 | 名称 | 符号 | 名称 | 符号 |
| 人力与机动控制 | 定位销人力控制 | | 手动锁定控制 | |
| | 可调行程限制装置顶杆控制 | | 滚轮式机械控制 | |
| | 踏板式人力控制 | | 单向滚轮式机械控制 | |
| | 弹簧控制 | | 步进电机控制 | |
| 先导控制 | 电气先导控制 | | 液压双先导控制 | |
| | 电液先导控制 | | 气液先导控制 | |
| | 液压先导泄压控制 | | 电液先导泄压控制 | |
| 电磁控制 | 单作用电磁控制 | | 单作用电磁连续控制 | |
| 电气控制 | 双作用电气控制 | | 双作用电气连续控制 | |
| 反馈控制 | 机械反馈控制 | | | |

# 参 考 文 献

[1] 龙天渝,童思陈,钟亮,等. 流体力学 [M]. 重庆:重庆大学出版社,2018.

[2] 于勇,雷娟棉. 流体力学基础 [M]. 北京:北京理工大学出版社,2017.

[3] 蒋新生. 工程流体力学 [M]. 重庆:重庆大学出版社,2017.

[4] 张攀,李红艳,郑海成,等. 流体力学基础 [M]. 北京:北京理工大学出版社,2017.

[5] 韩占忠,王国玉. 工程流体力学基础 [M]. 北京:北京理工大学出版社,2016.

[6] 李伟峰,刘海峰,龚欣. 工程流体力学 [M].2 版. 上海:华东理工大学出版社,2016.

[7] 赵琴,杨小林,严敬. 工程流体力学 [M].2 版. 重庆:重庆大学出版社,2014.

[8] 孔珑. 工程流体力学 [M].4 版. 北京:中国电力出版社,2014.

[9] 江宏俊. 流体力学 [M]. 北京:高等教育出版社,1985.

[10] 清华大学工程力学系. 流体力学基础:上册 [M]. 北京:机械工业出版社,1980.

[11] 清华大学工程力学系,流体力学基础:下册 [M]. 北京:机械工业出版社,1982.

[12] 张也影. 流体力学 [M].2 版. 北京:高等教育出版社,1996.

[13] 李玉柱,范明顺. 流体力学 [M]. 北京:高等教育出版社,1998.

[14] 张兆顺. 流体力学 [M].3 版. 北京:清华大学出版社,2015.

[15] FINNEMORE E J. Fluid mechanics with engineering applications [M].10th ed. 北京:清华大学出版社,2003.

[16] POTTER M C. Mechanics of fluids[M].3rd ed. 北京:机械工业出版社,2003.

[17] FOX R W, MCDONALD A T, PRITCHARD P J. Introduction to fluid mechanics[M]. 5th ed. New York:John Wiley & Sons,Inc,2001.

[18] YOUNG D F, MUNSON B R, OKIISHI T H. A brief introduction to fluid mechanics[M]. 2nd ed. New York:John Wiley & Sons,Inc.,2001.

[19] 胡海清,万伟军. 气压与液压传动控制技术 [M]. 北京:北京理工大学出版社,2018.

[20] 韩慧仙. 工程车辆液压传动与控制新技术 [M]. 北京:北京理工大学出版社,2017.

[21] 谢苗,毛君. 液压传动 [M]. 北京:北京理工大学出版社,2016.

[22] 王永仁,陈璟,张娟. 液压传动技术 [M]. 西安:西安交通大学出版社,2013.

[23] 赵新泽. 液压传动基础 [M]. 武汉:华中科技大学出版社,2012.

[24] 左建民. 液压与气压传动 [M]. 北京:机械工业出版社,1998.

[25] 刘新德. 袖珍液压气动手册 [M]. 北京:机械工业出版社,2004.

[26] 王积伟,章宏甲,黄谊. 液压与气压传动 [M].2 版. 北京:机械工业出版社,2006.

[27] 马胜刚. 液压与气压传动 [M]. 北京:机械工业出版社,2011.

[28] 许福玲,陈尧明. 液压与气压传动 [M]. 北京:机械工业出版社,2000.

[29] 杨培元,朱福元. 液压系统设计简明手册 [M]. 北京:机械工业出版社,2011.

[30] 成大先. 机械设计手册:第 5 卷 [M].5 版. 北京:化学工业出版社,2008.

[31] 雷天觉. 新编液压工程手册 [M]. 北京:北京理工大学出版社,1999.

[32] 毛智因,张强 . 液压与气压传动 [M]. 北京:机械工业出版社,2012.

[33] 陆全龙. 液压技术 [M]. 北京:清华大学出版社,2011.

[34] 周士吕. 液压气动系统设计运行禁忌 470 例 [M]. 北京:机械工业出版社,2002.

[35] 胡海清. 气压与液压传动控制技术基本常识 [M]. 北京:高等教育出版社,2005.

[36] 中国机械工程学会设备维修分会,《机械设备维修问答丛书》编委会. 液压与气动设备维修问答 [M]. 北京:机械工业出版社,2002.

[37] 钱浆芳.H 钢三维数控钻孔机床的液压系统设计 [J]. 液压与气动,2004(2):21-22.

[38] 陈秀梅,韩福生,钟建琳,等. 采样机的液压驱动系统设计 [J]. 液压与气动, 2005(9): 45-46.

[39] 张磊. 实用液压技术 300 题 [M]. 北京:机械工业出版社,1998.